高职高专电子类规划教材精品课程建设教材

电工电子技术基础

主　编	王少华　　陶炎焱
副主编	柴霞君　　王雪琴　　杨爱民　　唐　进
	曹晓娟　　段楚凡　　刘红武　　李瑛瑛
	熊小艳
编　委	（按姓氏笔画排序）
	王雪琴　　王少华　　龙安国　　刘芳芳
	刘红武　　李瑛瑛　　吴　进　　谷立新
	罗晓东　　杨爱民　　段楚凡　　柴霞君
	唐　进　　陶炎焱　　曹晓娟
主　审	刘晓魁

中南大学出版社

高职高专电子类 规划教材 精品课程 建设教材编委会

总　序

为落实《国务院关于大力发展职业教育的决定》的精神,教育部、财政部决定在十一五期间实施国家示范性高等职业教育院校建设计划,并重点建设100所高职院校,通过深化改革,促进高等职业教育与经济社会发展紧密结合,加强内涵建设,提高教育质量,增强服务经济社会的能力,提升我国高等职业教育的整体水平。示范院校建设,专业建设是核心。其中三项重点工作之一是:"课程体系和教学内容改革,按照高技能人才培养的特点和规律,参照职业岗位要求,改革课程体系和教学内容,每个专业建设3~5门工学结合的优质核心课程和配套教材。"在十一五期间,"国家将启动1000门工学结合的精品课程,带动学校和地方加强课程建设。加强教材建设,重点建设好3000种左右国家规划教材,与行业企业共同开发紧密结合生产实际的实训教材,并确保优质教材进课堂"。

为了落实教育部、财政部有关要求,适应电子类高等职业教育教学改革与发展的形势,在湖南省教育厅职成处和湖南省教育科学研究院的支持、指导和帮助下,湖南省高等职业教育电子类专业教学研究会和中南大学出版社进行了广泛的调研,探索出版符合高职教育教学模式、教学方式、教学改革的新教材的路子。他们组织全国30多所高职院校的院系领导及骨干教师召开了多次教材建设研讨会,充分交流了教学改革、课程设置、教材建设的经验,把教学研究与教材建设结合起来,并对电子类专业高职教材的编写指导思想、教材定位、特色、名称、内容、篇幅进行了充分的论证,统一了思想,明确了思路。在此基础上,由湖南省高等职业教育电子类专业教学研究会牵头,成立了"湖南省电子类规划教材建设教材编委会",组织编写出版高等职业教育电子类专业系列教材。编委会成员是由业内权威教授、专家、高级工程技术人员组成,该系列教材的作者都是具有丰富的教学经验、较高学术水平和实践经验的教授、专家及骨干教师、双师型教师。编委会通过推荐、招标、遴选确定了每本书的主编,并对每本书的编写大纲、内容进行了认真审定,还聘请了知名教授、专家担任教材主审,确保教材的高质量、权威性和专业性。

根据高职教育应用型人才培养目标的要求,这套教材既具有高等教育的知识内涵,又具有职业教育的职业能力内涵,主要体现了以下特点:

(1) 以培养综合素质为基础,以提高能力为本位

本套教材把提高学生能力训练放在突出的位置,符合教育部电子类专业教学基本要求和人才培养目标,注重创新能力和综合素质培养,做到理论与实践的相结合。教材的编写注重技能性、实用性,加强实验、实训、实习等实践环节,力求把学生培养成为电子行业一线迫切需要的应用型人才。

（2）以社会需求为基本依据，以就业为导向

适应社会需求是职业教育生存和发展的前提，也是职业教育课程设置的基本出发点。本套教材以电子企业的工作需求为依据，探索和建立根据企业用人"订单"进行教育与培训的机制，明确职业岗位对核心技能和一般专业能力的要求，重点培养学生的技术运用能力和岗位工作能力。以真实的项目或任务为载体设计专业课教学内容，使教学内容既具针对性，又具适应性，充分体现工学结合，使学生具有较强的就业岗位适应能力。

（3）反映电子领域的新知识、新技术、新材料、新工艺、新设备、新方法

本套教材充分反映了电子行业内最新发展趋势和最新研究成果，体现了应用电子领域的新知识、新技术、新工艺、新方法。

（4）贯彻学历教育与职业资格证、技能证考试相结合的精神

本套教材把职业资格证、技能证考证的知识点与教材内容相结合，将实践教学体系与国家职业技能鉴定标准相结合，把电子制图（Protel）等工种技能考证的基本内容融入教材体系中，并安排了相应的考证训练题及考证模拟题，使学生在获得学分的同时，也能通过职业资格证考试。

（5）教材内容精练

本套教材以工程实践中"会用、管用"为目标，理论以"必需、够用"为度，对传统教材内容进行了精选、整合、优化，能更好地适应高职教改的需要。由于做了统一规划，相关教材之间内容安排合理，基础课与专业课有机衔接，全套教材具有系统性、科学性。

（6）教材体系立体化

为了方便老师教学和学生学习，本套教材提供了电子课件、电子教案、教学指导、学习指导、实训指导、题库、案例素材等教学资源支持服务平台。

教材的生命力在于质量，提高质量是永恒的主题。教材编委会及出版社将根据高职教育改革发展的形势及电子类专业技术发展的趋势，不断对教材进行修订、完善，精益求精，使之更好地适应高等职业教育人才培养的需要。

杨利军

2007 年 7 月于株洲

（序作者为湖南省高等职业教育电子类专业教学研究会会长、湖南铁道职业技术学院副院长、教授）

前　言

　　"电工电子技术"是一门重要的技术基础课,该课程的任务是培养学生具备不同程度的电工电子技术基本技能。本书作为高等职业院校用的电工电子技术教材主要有以下几个特点:

　　(1)针对高等职业教育注重培养实践能力和职业技能的目标,本教材内容与高职学生的知识、能力结构相适应,重点突出职业岗位技能,加强针对性、实用性,体现职业教育特色。

　　(2)本教材课程知识内容的完整性、系统性强。本书将电工技术、电子技术、电工电子实训的内容进行了有机地结合,形成了一个较为完整的体系,给教学组织提供了方便。

　　(3)本教材课程知识内容简明扼要、通俗易懂。编写时教材内容本着"必需、够用"为度的原则,尽量多采用实例来代替烦琐的理论分析和论证,以掌握概念、突出实用、培养技能为教学重点。力争体现简洁明了、通俗易懂、利于接受和掌握的编写风格。同时,又提供了部分选修内容,使得教学内容组织具备一定的弹性。故本书既可面向以电工技术为重点的机电类专业,又可面向以电子技术为重点的计算机等非电类专业;既适用单学期教学,也适用上、下双学期教学。

　　总体来讲,本教材力图体现高职培养目标和教学改革指导思想,在建立以学生为主体、以能力为中心、以分析解决实际问题为目标的新的教学模式上做了一定的尝试。

　　本书由湖南生物机电院王少华、湖南商务职院陶炎焱担任主编。上篇第1、2、3章由湖南交通工程职院杨爱民编写,第4、5章由湖南交通工程职院柴霞君编写,第6章由长沙航空职院吴进编写,第7、9章由湖南生物机电职院王少华、唐进及郴州市第一人民医院电气工程师刘红武和湖南城建职业技术学院熊小艳合编,第8章由湖南化工职院段楚凡编写,第10章由湖南机电职院曹晓娟编写。下篇第1、2章由湖南交通工程职院杨爱民编写,第3章由湖南交通工程职院柴霞君编写,第4、10章由永州职院龙安国编写,第5、9章由湖南商务职院王雪琴编写,第6、7章由湖南商务职院刘芳芳编写,第8章由湖南商务职院陶炎焱编写。全书图形由湖南生物机电职院罗晓东统一绘制。

　　本书由湖南生物机电职院王少华、湖南商务职院陶炎焱统稿,湖南生物机电职院刘晓魁老师主审。

　　本书在编写过程中参考并引用了大量的资料,除在参考文献中列出外,谨向这些资料的作者表示衷心的感谢!

　　由于编者水平有限,书中难免有错漏和不当之处,恳请读者批评指正。

编　者

2007 年 5 月

目　　录

上　篇

模块一　电工技术基础知识

模块二　直流电路

模块三　交流电路

模块四　电动机、变压器

模块五　常用低压电器、基本电气控制线路

下　篇

模块一　半导体器件基本知识

模块二　模拟电路

模块三　数字电路

模块四　典型电路及应用

上篇　电工技术

模块一　电工技术基础知识

第 1 章　电力系统概述

1.1　发电厂和电力系统概述

1.1.1　发电厂

发电厂是将自然界蕴藏的一次能源转换为电能的工厂。根据一次能源的不同，可将发电厂分为火力发电厂、水力发电厂、原子能发电厂、风能发电厂、太阳能发电厂、地热发电厂等。目前，我国电力能源主要是由火力发电厂与水力发电厂提供的。由于火力发电厂的一次能源是煤炭，给自然环境、交通运输带来较大的压力，因此其在电力能源中的比重将会逐步减少。国家对电力能源的发展是积极发展核电和水电，全面发展新能源，要开展生物制能，鼓励风力发电、太阳能发电等清洁环保的发电方式。生物发电也是我国电力能源发展的一个有效的补充。现以水力、火力发电厂为例简述电能的生产过程。

水力发电厂是把水的位能和动能转换成电能的工厂，基本生产过程是：河流从高处或从水库内引水，利用水的压力或流速冲动水轮机旋转，将水能转变成机械能，然后水轮机带动发电机旋转，将机械能转变成电能，如图 1 - 1 - 1 所示。目前我国最大的水力发电厂是三峡

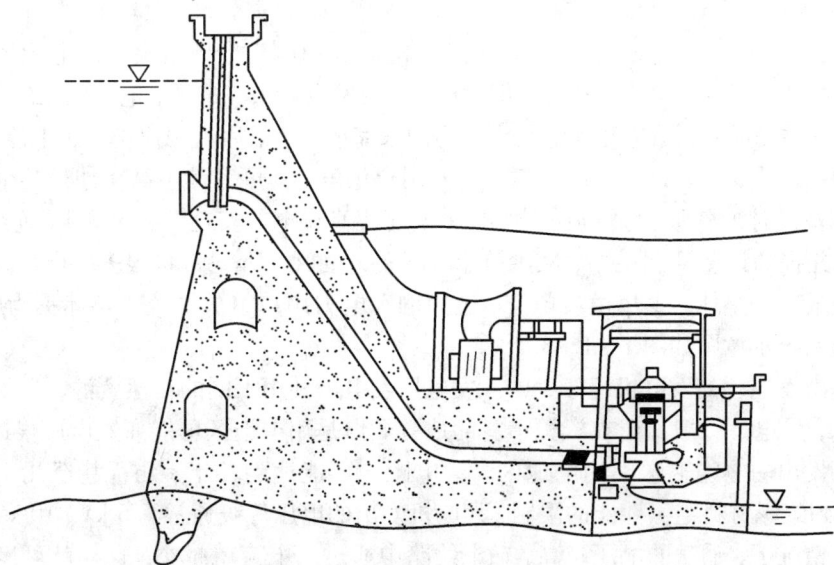

图 1 - 1 - 1　水力发电厂示意图

水电站,装机容量1820万kW,26台70万kW机组。

　　火力发电厂是利用燃料(主要是煤)的化学能来生产电能的。它的生产过程是:把煤块粉碎成煤粉,煤粉在炉腔内充分燃烧,将锅炉中的水加热蒸发成高温、高压蒸汽,燃料的化学能转化为蒸汽的热能。蒸汽经过管道送入汽轮机,推动其旋转;汽轮机与发电机是联轴的,带动发电机转子转动。这样,汽轮机旋转的机械能就转换成了电能,如图1-1-2所示。

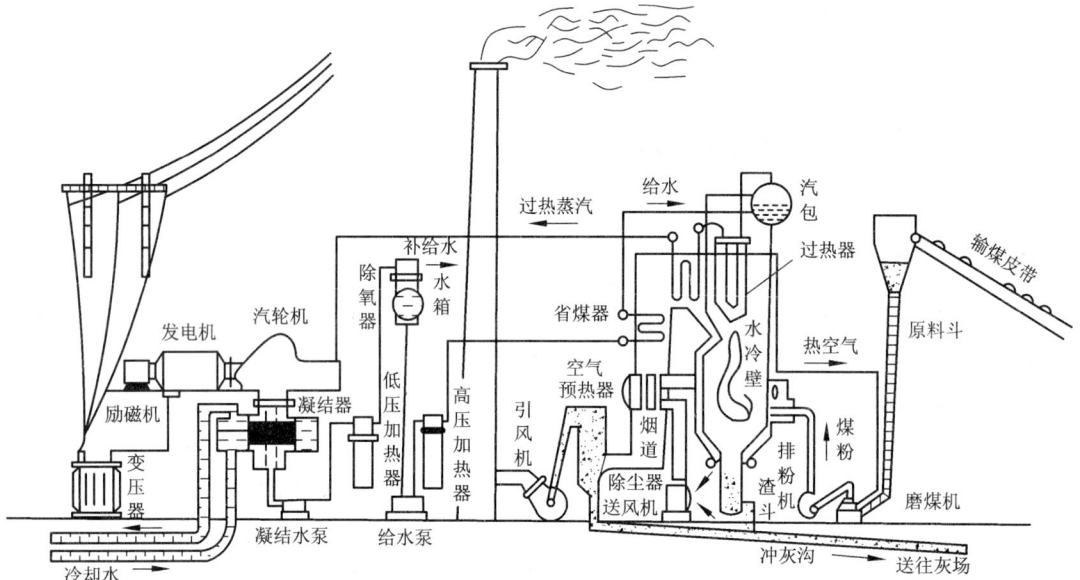

图 1-1-2　火力发电厂示意图

1.1.2　电力系统

　　所谓电力系统,就是由发电、变电、输电、配电和用电五个环节组成的电能生产与消耗的系统。在电力系统中,电能的生产,即发电,是由发电厂来完成的;电能电压的变换,即变电,是由变电站完成的;输电和配电是由电力网来完成的;最后由用户来使用电能。

　　在电力系统中,如果每个发电厂孤立地向用户供电,其可靠性不高。如当某个电厂发生故障或停机检修时,该地区将被迫停电,因此为了提高供电的安全性、可靠性、连续性、运行的经济性,并提高设备的利用率,减少整个地区的总备用容量,常将很多发电厂、电力网和电力用户连成一个整体。这里由发电厂、电力网和电力用户组成的统一整体称为电力系统。典型的电力系统示意图如图1-1-3所示。

　　电能是由发电厂的发电机组产生的。发电厂发电可利用不同的自然资源,为了合理地利用自然资源,发电厂一般都建在资源丰富的地方。但是用电地区可能离发电厂很远,这就需要将发电厂发出的电能输送到用电地区。输电距离可能达到几十、几百甚至几千公里。目前,由于受到绝缘材料绝缘性能的限制,发电机发出的电压等级通常为6 kV、10 kV。在输送功率一定的情况下,输送的电压越高,输电线路中通过的电流就越小,这样就可以减小输电导线的截面积,节约材料,又可以减少导线因发热而产生的电能损耗。因此,发电厂生产出

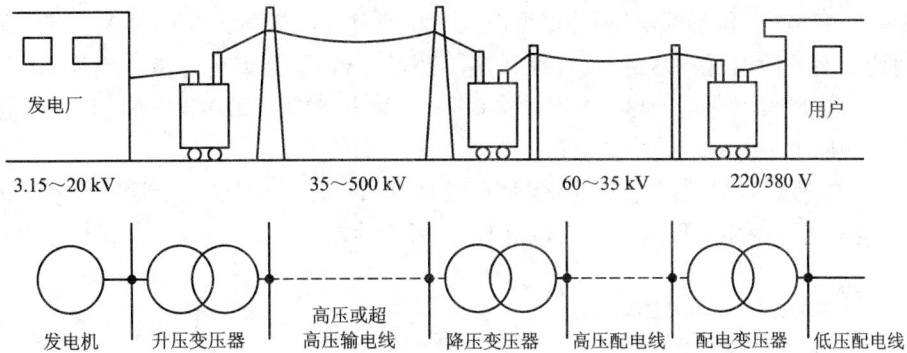

图 1－1－3 电力系统示意图

来的电能需要升高电压(如 110 kV，220 kV，330 kV 甚至为 500 kV 等)，电能输送到用电区以后，再经变电所的降压变压器把电压降为较低的电压(如 6 kV、10 kV)，把电能分配给用电工厂或生活小区的配电所，配电所的降压变压器再把电压降为用户能使用的 380V/220V。

通常，把升压变压器、输电线路及降压变电所叫做电力网，简称电网。电网是发电厂和用户之间的中间环节，起着输送和分配电能的作用。目前我国电力网标准电压等级为：0.22 kV、0.38 kV、3 kV、6 kV、10 kV、35 kV、110 kV、220 kV、330 kV、500 kV、750 kV 等，习惯上把 1 kV 以下的电压叫做低压，把 1 kV 以上的电压叫做高压。

1.2 工厂供电系统概述

1.2.1 工厂供电的意义和要求

工厂是电力用户，它接受从电力系统送来的电能。工厂供电就是指工厂把接受的电能进行降压，然后再进行供应和分配。工厂供电是企业内部的供电系统。

工厂供电工作要很好地为工业生产服务，切实保证工厂生产和生活用电的需要，并做好节能工作，这就需要有合理的工厂供电系统。合理的供电系统需达到以下基本要求。

(1)安全：在电能的供应分配和使用中，不应发生人身和设备事故。

(2)可靠：应满足电能用户对供电的可靠性要求。

(3)优质：应满足电能用户对电压和频率的质量要求。

(4)经济：供电系统投资要少，运行费用要低，并尽可能地节约电能和材料。此外，在供电工作中，应合理地处理局部和全局、当前和长远的关系，既要照顾局部和当前利益，又要顾全大局，以适应发展要求。

1.2.2 工厂供电系统组成

工厂供电系统由高压及低压两种配电线路、变电所(包括配电所)和用电设备组成。一般大、中型工厂均设有总降压变电所，把 35～110 kV 电压降为 6～10 kV 电压，向车间变电所或高压电动机和其他高压用电设备供电，总降压变电所通常设有一两台降压变压器。

在一个生产车间内，根据生产规模、用电设备的布局和用电量的大小等情况，可设立一个或几个车间变电所(包括配电所)，也可以几个相邻且用电量不大的车间共用一个车间变电所。车间变电所一般设置一两台变压器(最多不超过三台)，其单台容量一般为 1000 kVA 或 1000 kVA 以下(最大不超过 1800 kVA)，将 6～10 kV 电压降为 220/380 V 电压，对低压用电设备供电。一般大、中型工厂的供电系统如图 1-2-1 所示。

小型工厂，所需容量一般为 1000 kVA 或稍大些，因此，只需设一个降压变电所，由电力网以 6～10 kV 电压供电，其供电系统如图 1-2-2 所示。

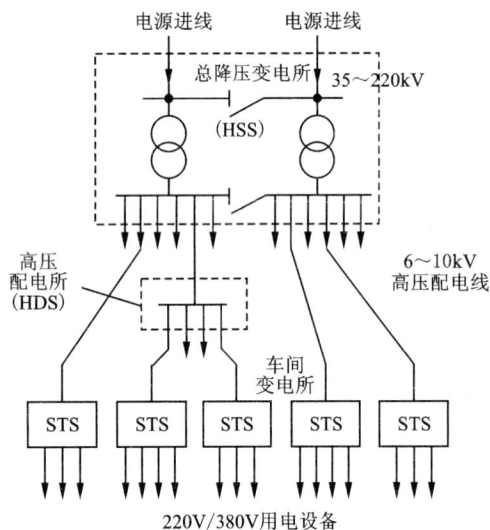

图 1-2-1　大、中型工厂供电系统图

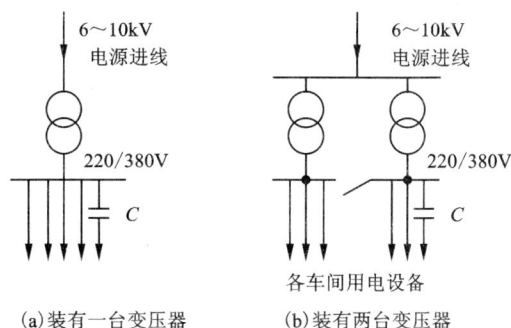

图 1-2-2　小型工厂供电系统图

变电所中的主要电气设备是降压变压器和受电、配电设备及装置。用来接受和分配电能的电气装置称为配电装置，其中包括开关设备、母线、保护电器、测量仪表及其他电气设备等。对于 10 kV 及 10 kV 以下系统，为了安装和维护方便，总是将受电、配电设备及装置做成成套的开关柜。

工业企业高压配电线路主要作为厂区内输送、分配电能之用。高压配电线路应尽可能采用架空线路，因为架空线路建设投资少且便于检修维护。但在厂区内，由于对建筑物距离的要求和管线交叉、腐蚀性气体等因素的限制，不便于架设架空线路时，可以敷设地下电缆线路。

工业企业低压配电线路主要作为向低压用电设备输送、分配电能之用。户外低压配电线路一般采用架空线路，因为架空线路与电缆相比有较多优点，如成本低、投资少、安装容易、维护和维修方便、易于发现和排除故障。电缆线路与架空线路相比，虽具有成本高、投资大、维修不便等缺点，但是它具有运行可靠、不易受外界影响、不需架设电杆、不占地面空间、不碍观瞻等优点，特别是在有腐蚀性气体和易燃、易爆场所，不宜采用架空线路时，则只有敷设电缆线路。随着经济的发展，在现代化工厂中，电缆线路得到了越来越广泛的应用。在车间内部则应根据具体情况，或用明敷配电线路或用暗敷配电线路。

在工厂内，照明线路与电力线路一般是分开的，可采用 220 V/380 V 三相四线制，尽量由一台变压器供电。

变(配)电所是联系发电厂与用户的中间环节,它起着变换与分配电能的作用。本节仅介绍常见的 10 kV 变电所。10 kV 变电所主要由变压器、高压开关柜(断路器)、低压开关柜(隔离开关、空气开关、电流互感器、计量仪表)、母线等组成。

1.3　用电负荷与低压供配电系统

1.3.1　用电负荷的分级

不同的用户,对供电可靠性的要求不一样。根据用户对供电可靠性的要求及中断供电造成的危害或影响的程度,我们把用电负荷分为三级。

1. 有下列情况之一者为一级负荷

(1)中断供电将造成人身伤亡。

(2)在政治、经济上造成重大损失。

(3)影响有重大政治、经济意义的用电单位的正常工作的用电负荷。

在一级负荷中,当中断供电将发生中毒、爆炸和火灾等情况的负荷,以及特别重要场所的不允许中断供电的负荷,应视为特别重要的负荷。

2. 有下列情况之一者为二级负荷

(1)中断供电将在政治上、经济上造成较大损失时。

(2)中断供电将影响重要用电单位的正常工作。

3. 三级负荷

不属于一级和二级负荷的一般负荷,即为三级负荷。

在上述三类负荷中,一级负荷应采用两个电源供电;当一个电源发生故障时,另一个电源不应同时受到损坏。一般把重要的医院、铁道信号、大型商场、体育馆、影剧院、重要宾馆和电信电视中心列为一级负荷。对于指挥火车运行的车站信号楼内的信号、通信设备用电源,可采用铁路专用的自闭线、贯通线两路电源供电。

对特别重要负荷,除采用两个独立电源外,还应增设应急电源。对于二级负荷,一般由两个回路供电,两个回路的电源线应尽量引自不同的变压器或两段母线。对于三级负荷无特殊要求,则采用单电源供电即可。

1.3.2　常用的低压供配电系统

国际电工委员会(IEC)对建筑工程所使用的低压供电系统作了统一规定,分为 TT 系统、TN 系统、IT 系统。其中 TN 系统又分为 TN - C、TN - S、TN - C - S 系统。下面对各种供电系统做一个扼要的介绍。

TT 方式供电系统是指将电气设备的金属外壳直接接地的保护系统,也称为保护接地系统。用 TT 表示,这种接地系统目前很少采用。TN 方式供电系统是将电气设备的金属外壳与工作零线相接的保护系统,也称作接零保护系统,用 TN 表示。一旦设备出现外壳带电,接零保护系统能将漏电流上升为短路电流,这个电流很大,是 TT 系统的 5.3 倍,实际上就是单相对地短路故障,熔断器的熔丝会熔断,低压断路器的脱扣器会立即动作而跳闸,使故障设备断电，比较安全。IT 方式供电系统中，I 表示电源侧没有工作接地，或经过高阻抗接地。第二个字母 T 表示负载侧电气设备进行接地保护。

在 TN 方式供电系统中，根据其保护零线是否与工作零线分开而划分为 TN－C、TN－S 和 TN－C－S 三种供电系统。

（1）TN－C 方式供电系统　它是用工作零线兼作接零保护线，可以称作保护中性线，可用 PEN 表示，如图 1－3－1 所示。

（2）TN－S 方式供电系统　它是把工作零线 N 和专用保护线 PE 严格分开的供电系统，称作 TN－S 供电系统，即三相五线制供电系统，如图 1－3－2 所示。

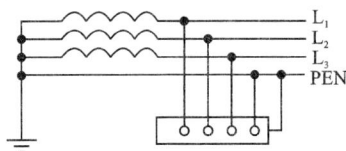

图 1－3－1　TN－C 供电系统示意图　　　　图 1－3－2　TN－S 供电系统示意图

TN－S 供电系统的特点如下。

①系统正常运行时，专用保护线上没有电流，只是工作零线上有不平衡电流。PE 线对地没有电压，所以电气设备金属外壳接零保护是接在专用的保护线 PE 上，安全可靠。

②工作零线只用作单相照明负载回路。

③专用保护线 PE 不许断线，也不许进入漏电开关。

④干线上使用漏电保护器，工作零线不得有重复接地，而 PE 线有重复接地，但是不经过漏电保护器，所以 TN－S 系统供电干线上也可以安装漏电保护器。

⑤TN－S 方式供电系统安全可靠，适用于工业与民用建筑等低压供电系统。在建筑工程开工前的"三通一平"（电通、水通、路通和地平）必须采用 TN－S 方式供电系统。

（3）TN－C－S 供电系统　它是指电气设备的工作零线和保护零线在整个供电系统中，一部分功能合一，一部分分开的供电系统，即由三相四线制供电系统变为局部的三相五线制供电系统，如图 1－3－3 所示。

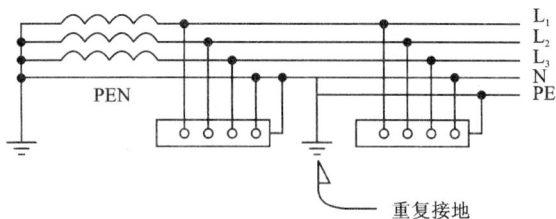

图 1－3－3　TN－C－S 供电系统示意图

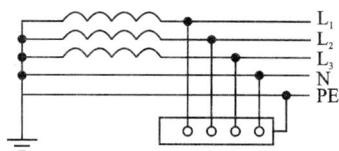

TN－C－S 方式供电系统，在建筑施工临时供电中，如果前部分是 TN－C 方式供电，而施工规范规定施工现场必须采用 TN－S 方式供电系统，则可以在系统后部分现场总配电箱分出 PE 线，TN－C－S 系统的特点如下。

（1）PE 线在任何情况下都不能进入漏电保护器，因为线路末端的漏电保护器动作会使前级漏电保护器跳闸造成大范围停电。

（2）对 PE 线除了在总箱处必须和 N 线相接以外，其他各分箱处均不得把 N 线和 PE 线相连，PE 线上不许安装开关和熔断器。

通过上述分析，TN－C－S 供电系统是在 TN－C 系统上临时变通的做法。当三相电力变压器工作接地情况良好、三相负载比较平衡时，TN－C－S 系统在施工用电实践中效果还是可行的。但是，在三相负载不平衡、建筑施工工地有专用的电力变压器时，必须采用 TN－S 方式供电系统。

PEN 线分为保护线和中性线以后，N 线应对地绝缘。为了防止分开后的 PE 线与 N 线混淆，应按国标 GB7947－87 的规定，给 PE 线和 PEN 线涂以黄绿相间的色标，给 N 线涂以浅蓝色色标。PEN 自分开后，PE 线与 N 线不能再合并，否则将丧失分开后形成的 TN－S 系统的特点。

TN－C－S 是广泛采用的配电系统，在工矿企业中，对电位敏感的电气设备往往设置在线路末端，而线路前端大多数为固定设备，因此，到了线路末端改为 TN－S 系统十分不利。在民用建筑中，电源线采用 TN－C 系统，进入建筑物内改为 TN－S 系统。这种系统，线路结构简单又能保证一定的安全水平。在电源侧的 PEN 线上难免有一定的电压降，但对工矿企业的固定设备及作为民用建筑的电源线都没有影响，PEN 分开后即有专用的保护线，可以确保 TN－S 所具有的特点。

在三相四线制供电方式中，主要采用 TN－C 供电系统，对于单相回路存在较大的安全缺陷。单相二线供电方式，最大缺陷是在发生电器外壳碰相线时，直接将 220V 相电压施加给此时正巧触摸到的人，从而发生触电事故。

本章小结

1．电力系统，就是由发电、变电、输电、配电和用电五个环节组成的电能生产与消耗的系统。

2．电网由升压变压器、输电线路及降压变电所组成，电网是发电厂和用户之间的中间环节，起着输送和分配电能的作用。

3．供电系统需达到安全、可靠、优质、经济的基本要求。

4．工厂供电系统由高压及低压两种配电线路、变电所（包括配电所）和用电设备组成。

5．不同的用户，对供电可靠性的要求不一样。根据用户对供电可靠性的要求及中断供电造成的危害或影响的程度，我们把用电负荷分为三级：一级负荷、二级负荷、三级负荷。

6．在 TN 方式供电系统中，根据其保护零线是否与工作零线分开而划分为 TN－C、TN－S 和 TN－C－S 三种供电系统。

7．在 TN－C－S 供电系统中，对 PE 线除了在总箱处必须和 N 线相接以外，其他各分箱处均不得把 N 线和 PE 线相连，PE 线上不许安装开关和熔断器。

复习思考题

1-1　通常所说的电力系统是由哪几部分组成的?

1-2　什么叫 TT 供电系统、IT 供电系统、TN 供电系统? 目前民用建筑常用的是哪一种供电系统? 该供电系统具有什么样的特点?

1-3　某电工师傅为了供电的安全, 在 TN-C-S 的供电系统中, 给三根火线(L_1、L_2、L_3)、工作接零线 N 与保护接零线 PE 都接上了保险丝, 请问这种做法对吗? 请给出简要的说明。

1-4　请简要回答 TN-S 供电系统与 TN-C-S 供电系统的区别。

1-5　请简要说明电力负荷的分级。一级负荷、二级负荷、三级负荷供电有哪些要求?

第 2 章　常用电工仪表的使用

常用电工仪表按测量方法可分为比较式和直读式两类。比较式仪表需将被测量与标准量进行比较后才能得出被测量的数量，常用的比较式仪表有电桥、电位差计等。直读式仪表将被测量的数量由仪表指针在刻度盘上直接指示出来，常用的电流表、电压表等均属直读式仪表。直读式仪表测量过程简单，操作容易，但准确度不太高；比较式仪表的结构较复杂，造价较昂贵，测量过程也不如直读法简单，但测量的结果较直读式仪表准确。

常用电工仪表按被测量的种类可分为电流表、电压表、功率表、频率表、相位表等。

若按电流的种类，可分为直流、交流和交直流两用仪表。

若按工作原理，可分为磁电式、电磁式、电动式仪表等。

若按显示方法，可分为指针式（模拟式）和数字式。指针式仪表用指针和刻度盘指示被测量的数值；数字式仪表先将被测量的模拟量转化为数字量，然后用数字显示被测量的数值。

按准确度可分为 0.1、0.2、0.5、1.0、1.5、2.5 和 5.0 共 7 个等级。

2.1　万用表

万用表是电工电子专业中使用得最频繁的测量仪表之一，万用表可以分为指针式万用表与数字式万用表，如图 2 – 1 – 1(a)(b)所示。

1. 万用表通常具有以下测量功能

(1)直流电流的测量。转换开关置于直流电流挡，被测电流从 +、– 两端接入，便构成直流电流测量电路。通过改变转换开关的挡位来改变测量电流量程的目的。

(2)直流电压的测量。转换开关置于直流电压挡，被测电压接在 +、– 两端，便构成直流电压的测量电路。同样可以改变转换开关的挡位来改变倍压电阻，从而达到改变电压量程的目的。

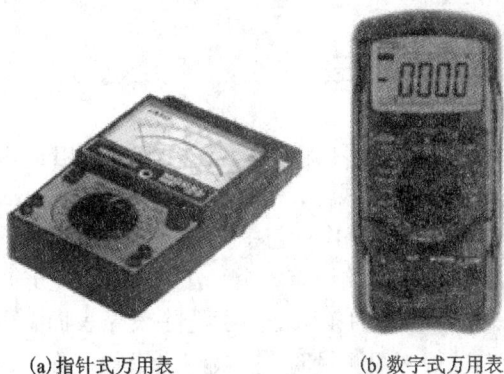

(a)指针式万用表　　　　(b)数字式万用表

图 2 – 1 – 1

(3)交流电压的测量。转换开关置于交流电压挡，被测交流电压接在 +、– 两端，便构成交流电压测量电路。表盘刻度反映的是交流电压的有效值。电压量程的改变与测量直流电压时相同。

(4)电阻的测量。转换开关置于电阻挡，被测电阻接在 +、– 两端，便构成电阻测量电路。电阻自身不带电源，因此接入电池 E。电阻的刻度与电流、电压的刻度方向相反，且标度尺的分度是不均匀的。

2. 指针式万用表使用方法

（1）红表笔插入"＋"极，黑表笔插入"－"极。

使用前必须把测量范围的选择开关旋到与被测电量相应的挡位和量程上，并注意插孔（或接线柱）的选择。

（2）测量电阻前，除测量范围的选择开关旋到相应的电阻挡外，还应将表笔短接，进行电气调零。在电路中测电阻时，一般应将该电阻的一端与电路断开，严禁在电阻通电时，用万用表测量电阻。

（3）测量电压时，决不允许把测量范围的选择开关旋到电流或电阻挡位，否则电表将被损坏。

（4）万用表使用完毕后，一般应把转换开关旋到交流电压的最大量程挡，或旋至"OFF"挡。

3. 数字式万用表使用方法

数字式万用表以数字显示被测量值，因而消除了视差和减少了人为误差。数字式万用表的精确度和灵敏度都比指针式万用表高。

（1）先用选择开关选择被测量的项目及其量程。

（2）输入插孔"COM"为公用插孔，其他插孔按被测量项目选择。

（3）电源开关扳向"ON"为开，此时显示屏上即有显示。

4. 万用表使用注意事项

（1）测电压、电流时，如开始测量前无法估计合适量程，则应先用万用表的最高量程进行粗测，然后再改换到合适量程进行测量。

（2）测量电阻时，需表内电池提供电源，这时，黑表笔接内部电池正极，红表笔接内部电池负极。

2.2　兆欧表

有时要求对众多的电力设备如：电缆、电机、发电机、变压器、互感器、高压开关、避雷器等进行绝缘性能试验，就需要用到兆欧表。兆欧表俗称摇表，是测量绝缘体电阻的专用仪表，主要由磁电式流比计与手摇直流发电机组成。

兆欧表的接线端钮有 3 个，分别标有"G（屏）"、"L（线）"、"E（地）"。被测的电阻接在 L 和 E 之间，G 端的作用是为了消除表壳表面 L、E 两端间的漏电和被测绝缘物表面漏电的影响。在进行一般测量时，把被测绝缘物接在 L、E 之间即可。但测量表面不干净或潮湿的对象时，为了准确地测出绝缘材料内部的绝缘电阻，就必须使用 G 端。

兆欧表使用注意事项：

（1）测量电气设备的绝缘电阻，必须先切断电源，遇到有电容性质的设备，例如电缆，线路必须先进行放电。

（2）兆欧表使用时，必须平放。

（3）兆欧表在使用之前应先进行开路实验，看看指针是否指在"∞"处，然后再将"L"和"E"两个接线柱短路，慢慢地转动兆欧表，查看指针是否指在"0"处。

（4）兆欧表引线必须绝缘良好，线不要绞在一起。

（5）兆欧表进行测量时，以转动一分钟后的读数为准。

（6）在测量时，应使兆欧表转数达到 120 r/min。

（7）兆欧表的量限往往达几千兆欧。最小刻度在 1 兆欧左右，因而不适合测量 100 千欧以下的电阻。

2.3　钳形电流表

钳形电流表携带方便，在测量交流大电流时，无需断开电源和线路即可直接测量运行中电气设备的工作电流，以便及时了解设备的工作状况，十分方便。钳形电流表如图 2 - 3 - 1 所示。

使用钳形电流表应注意以下问题：

（1）测量前应先估计被测电流的大小，选择合适量程。若无法估计，为防止损坏钳形电流表，应从最大量程开始测量，逐步变换挡位直至量程合适。改变量程时应将钳形电流表的钳口断开。

（2）为减小误差，测量时被测导线应尽量位于钳口的中央。

（3）测量时，钳形电流表的钳口应紧密接合，若指针抖晃，可重新开闭一次钳口，如果抖晃仍然存在，应仔细检查，注意清除钳口杂物、污垢，然后进行测量。

（4）测量小电流时，为使读数更准确，在条件允许时，可将被测载流导线绕数圈后放入钳口进行测量。此时被测导线实际电流值应等于仪表读数值除以放入钳口的导线圈数。

图 2 - 3 - 1　钳形电流表

（5）测量结束，应将量程开关置于最高挡位，以防下次使用时因疏忽未选准量程进行测量而损坏仪表。

*2.4　接地电阻测试仪

接地电阻测试仪，是用于建筑物防雷接地电阻、电源的重复接地的接地电阻、保护接地的接地电阻等的测量仪器。

接地电阻测试仪使用的注意事项：

（1）将仪表放置水平位置，检查检流计的指针是否在中心线上，否则应用零位调整器将其调整于中心线上。

（2）将"倍率标度"置于最大倍数，慢慢转动发电机的摇把，同时转动"测量标度盘"使检流计的指针指于中心线上。

（3）当检流计的指针接近平衡时，加快发电机摇把的转速，使其达到每分钟 120 转以上，同时调整"测量标度盘"，使指针指于中心线上。

（4）如"测量标度盘"的读数小于 1 时，应将倍率置于较小的倍数，在重新调整"测量标度盘"以得到正确的读数。

(5)在填写接地电阻测试记录时,应附以电阻测试点的平面图,并应对测试点进行顺序编号。

(6)接地线路要与被保护设备断开,以保证测量结果的准确性。

(7)下雨后,土壤吸收水分太多的时候,以及气候、温度、压力等急剧变化时不宜测量。

(8)被测地极附近不能有杂散电流和已极化的土壤。

(9)探测针应远离地下水管、电缆、铁路等较大金属体,其中电流极应远离10 m以上,电压极应远离50 m以上。

(10)注意电流极插入土壤的位置,应使接地棒处于零电位的状态。

(11)连接线应使用绝缘良好的导线,以免有漏电现象。

(12)测试宜选择土壤电阻率大的时候进行,如初冬或夏季干燥季节时进行。

(13)用接地电阻测试仪测量接地电阻,要把电压和电流探测针与接地极排成一条直线。

测量前,将被测的接地体与接地线断开,仪表水平摆放,使指针位于中心线的零位上,并合理选择倍率盘上的倍率,测量时,转动摇把逐渐加速,在升速过程中随时调整指示盘,当摇把转速达到120转/分钟时,指针平稳指零后,停止转动调节,这时倍率盘倍数乘以指示盘读数,即为接地电阻阻值。

本章小结

1. 电工仪表按测量准确度可分为0.1、0.2、0.5、1.0、1.5、2.5和5.0共7个等级。

2. 万用表通常可以测量直流电流、直流电压、交流电压与电阻。

3. 在万用表测量电阻时,重新改变挡位测量时,需重新调零。

4. 严禁带电测量电阻。

5. 在使用万用表测电压、电流时,如开始测量前无法估计合适量程,则应先用万用表的最高量程进行粗测,然后再改换到合适量程进行测量。

6. 兆欧表,俗称摇表,是对电缆、电机、发电机、变压器、互感器、高压开关、避雷器等进行绝缘性能试验时使用的测量仪表

7. 钳形电流表在测量交流大电流时,无需断开电源和线路即可直接测量运行中电气设备的工作电流。

8. 接地电阻测试仪,是用于建筑物防雷接地电阻、电源的重复接地的接地电阻、保护接地的接地电阻等的测量仪器。

复习思考题

2－1 万用表通常可以测量哪几种电气参数?

2－2 请简要说明万用表测量电阻的使用步骤。

2－3 接地电阻测试仪通常使用在哪些领域?

2－4 万用表测量电阻时,是如何读数的?

能力训练一　常用电工仪表的使用

1. 训练目的

(1)掌握指针式万用表、数字式万用表的使用方法，并学会使用万用表查找简单电路故障的方法。

(2)掌握运用兆欧表对电力设备进行绝缘性能测定。

(3)掌握运用钳形电流表在线测量交流电路中的电流。

2. 训练能力要求

能正确使用常用电工仪表中的万用表、兆欧表、钳形电流表；能正确运用常用电工仪表进行电路测量和查找简单电路故障。

3. 实训器材

指针式万用表、数字式万用表各一块，兆欧表一台，钳形电流表一块，电工实验装置。

4. 实训步骤

(1)认真阅读电工仪表使用说明书，充分了解万用表、兆欧表、钳形电流表的性能和使用方法。

(2)使用万用表检查电工实验装置中的开关、灯泡、镇流器等元器件是否正常，检查三相交流输入电源的线电压、相电压是否正常。

(3)使用兆欧表对电工实验装置中的三相交流输入电源进行相线(火线)与地线(零线)、相线与相线之间的绝缘性能测定，对三相交流异步电动机的绕组与绕组之间、绕组与外壳之间进行绝缘性能测定。

(4)使用钳形电流表测量流过灯泡的电流大小，测量流过三相交流异步电动机三相交流电流的大小。

5. 注意事项

(1)必须严格遵守电工实验安全操作规程，注意防止安全事故。

(2)进行以上各操作步骤时，应先估算电压和电流值，合理选择仪表的量程，勿使仪表超量程，仪表的极性亦不可接错，避免损坏电工仪表。

第3章 电工安全必备知识

3.1 电流对人体的伤害

当人体触及带电体承受过高的电压而导致死亡或局部受伤的现象称为触电。触电依据伤害程度不同可分为电击和电伤两种。

1. 电击

电击是指电流触及人体而使内部器官受到损害，是最危险的触电事故。当电流通过人体时，轻者使人体肌肉痉挛，产生麻电感觉，重者会造成呼吸困难，心脏麻痹，甚至导致死亡。电击多发生在对地电压为 220 V 的低压线路或带电设备上，因为这些带电体是人们日常工作和生活中易接触到的。

2. 电伤

电伤是由于电流的热效应、化学效应、机械效应以及在电流的作用下使熔化或蒸发的金属微粒等侵入人体皮肤，使皮肤局部发红、起泡、烧焦或组织破坏，严重时也可危及生命。电伤多发生在 1000 V 及 1000 V 以上的高压带电体上，其危险虽不像电击那样严重，但也不容忽视。

人体触电伤害程度主要取决于流过人体电流的大小和电击时间长短等因素，我们把人体触电后最大的摆脱电流，称为安全电流。我国规定安全电流为 30 mA·s，即触电时间在 1 s 内，通过人体的最大允许电流为 30 mA。人体触电时，如果接触电压在 36 V 以下，通过人体的电流就不致超过 30 mA，故我国规定，在一般条件下安全电压规定为 36 V，但在潮湿地面和能导电的厂房，安全电压则规定为 24 V 或 12 V。

3.2 触电方式

1. 单相触电

在人体与大地之间互不绝缘情况下，人体的某一部位触及三相电源线中的任意一根导线，电流从带电导线经过人体流入大地而造成的触电伤害。单相触电又可分为中性点接地和中性点不接地两种情况。

(1) 中性点接地电网的单相触电

在中性点接地的电网中，发生单相触电的情形如图 3-2-1(a) 所示。这时，人体所触及的电压是相电压，在低压动力和照明线路中为 220 V。电流经相线、人体、大地和中性点接地装置而形成通路，触电的后果往往很严重。

(2) 中性点不接地电网的单相触电

在中性点不接地的电网中，发生单相触电的情形如图 3-2-1(b) 所示。当站立在地面的人手触及某相导线时，由于相线与大地间存在电容，所以，有对地的电容电流从另外两相

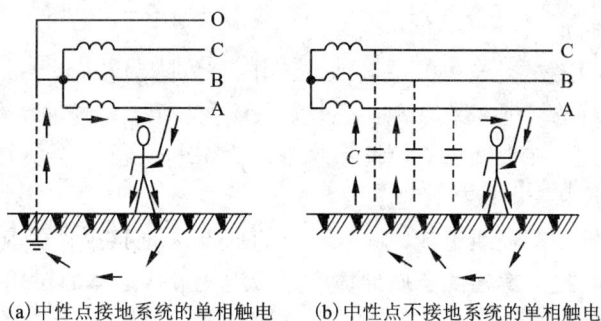

(a)中性点接地系统的单相触电　　(b)中性点不接地系统的单相触电

图 3 – 2 – 1　单相触点示意图

流入大地，并全部经人体流入到人手触及的相线。一般说来，导线越长，对地的电容电流越大，其危险性越大。

2.两相触电

两相触电，也叫相间触电，这是指在人体与大地绝缘的情况下，同时接触到两根不同的相线，或者人体同时触及电气设备的两个不同相的带电部位时，电流由一根相线经过人体到另一根相线，形成闭合回路，两相触电比单相触电更危险，因为此时加在人体上的是线电压。

3.跨步电压触电

当电气设备的绝缘损坏或线路的一相断线落地时，落地点的电位就是导线的电位，电流就会从落地点(或绝缘损坏处)流入地中。离落地点越远，电位越低。根据实际测量，在离导线落地点 20 m 以外的地方，由于入地电流非常小，地面的电位近似等于零。如果有人走近导线落地点附近，由于人的两脚电位不同，则在两脚之间出现电位差，这个电位差叫做跨步电压。离电流入地点越近，则跨步电压越大。离电流入地点越远，则跨步电压越小。在 20 m 以外，跨步电压很小，可以看作为零。跨步电压触电情况，如图 3 – 2 – 2 所示。当发现跨步电压威胁时

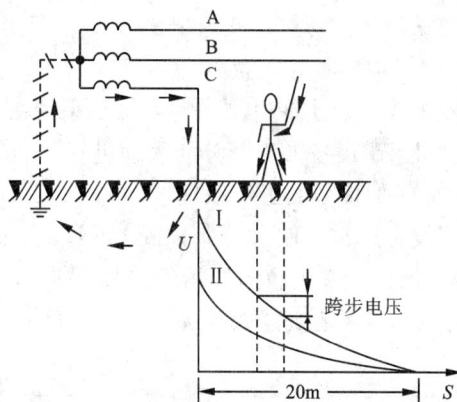

图 3 – 2 – 3　跨步电压触电示意图

应赶快把双脚并在一起，或赶快用一条腿跳着离开危险区，否则，因触电时间长，也会导致触电死亡。

3.3　触电预防措施

电气设备在使用中，若设备绝缘损坏或击穿而造成外壳带电，人体触及外壳时有触电的可能。为此，电气设备必须与大地进行可靠的电气连接，即接地保护，使人体免受触电的危害。

1. 保护接地的概念及原理

(1) 保护接地的概念

接地按功能可分为工作接地和保护接地。工作接地是指电气设备(如变压器中性点)为保证其正常工作而进行的接地,保护接地是指为保证人身安全,防止人体接触设备外露部分而触电的一种接地形式。在中性点不接地系统中,设备外露部分(金属外壳或金属构架)必须与大地进行可靠电气连接,即保护接地。

接地装置由接地体和接地线组成,埋入地下直接与大地接触的金属导体,称为接地体,连接接地体和电气设备接地螺栓的金属导体称为接地线。接地体的对地电阻和接地线电阻的总和,称为接地装置的接地电阻。

(2) 保护接地的原理

在中性点不接地系统中,设备外壳不接地且意外带电,外壳与大地间存在电压,人体触及外壳,人体将有电容电流流过,如图 3-3-1(a) 所示,这样,人体就遭受触电危害。如果将外壳接地,人体与接地体相当于电阻并联,流过每一通路的电流值将与其电阻的大小成反比。人体电阻比接地体电阻大得多,人体电阻通常为 $600 \sim 1000\ \Omega$,接地电阻通常小于 $4\ \Omega$,流过人体的电流很小,这样就完全能保证人体的安全,如图 3-3-1(b) 所示。

保护接地适用于中性点不接地的低压电网。在不接地电网中,由于单相对地电流较小,利用保护接地可使人体避免发生触电事故。但在中性点接地电网中,由于单相对地电流较大,保护接地就不能完全避免人体触电的危险,而要采用保护接零。

2. 保护接零的概念及原理

(1) 保护接零的概念

保护接零是指在电源中性点接地系统中,将设备需要接地的外露部分与电源中性线直接连接,相当于设备外露部分与大地进行了电气连接。

(2) 保护接零的工作原理

当设备正常工作时,外露部分不带电,人体触及外壳相当于触及零线,没有危险,如图 3-3-2 保护接零示意图所示。采用保护接零时,应注意不宜将保护接地和保护接零混用,而且中性点工作接地必须可靠。

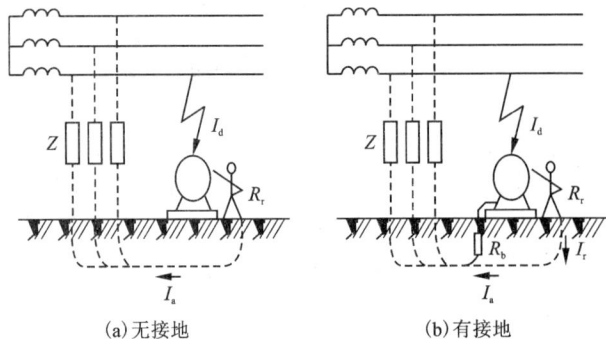

(a) 无接地　　　　　　　　(b) 有接地

图 3-3-1　保护接地原理图

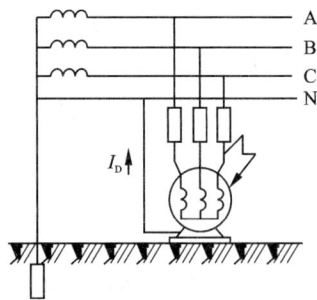

图 3-3-2　保护接零原理图

(3) 重复接地

在电源中性线采用了工作接地的系统中，为确保保护接零的可靠，还需相隔一定距离将中性线或接地线重新接地，称为重复接地。

从图 3 - 3 - 3(a)可以看出，一旦中性线断线，设备外露部分带电，人体触及同样会有触电的可能。而在重复接地的系统中，如图 3 - 3 - 3(b)，即使出现中性线断线，但外露部分因重复接地而使其对地电压大大下降，对人体的危害也大大下降。不过应尽量避免中性线或接地线出现断线的现象。

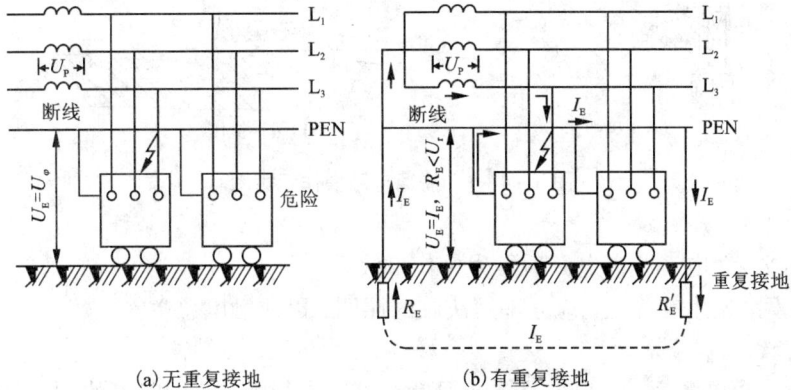

(a)无重复接地　　　　　　　　　(b)有重复接地

图 3 - 3 - 3　重复接地原理图

3.漏电保护

漏电保护为近年来推广采用的一种新的防止触电的保护装置。在电气设备中发生漏电或接地故障而人体尚未触及时，漏电保护装置已切断电源；或者在人体已触及带电体时，漏电保护器能在非常短的时间内切断电源，减轻对人体的危害，目前应用较多的是电流动作型漏电保护装置，它是由测量元件、放大元件、执行元件、检测元件组成，电流动作型漏电保护装置原理图如图 3 - 3 - 4 所示。

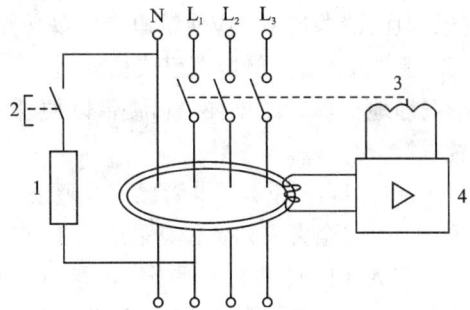

图 3 - 3 - 4　电流动作型漏电保护装置原理图

3.4　触电急救

当我们发现有人触电时，首先要尽快地使触电者脱离电源，然后再根据具体情况，采取相应的急救措施。

触电急救步骤如下：

1.脱离电源

发生触电事故，首先应脱离电源。如果电源开关或插头离触电地点很近，可以迅速拉开开关，切断电源。在高压线路或设备上触电应立即通知有关部门停电，为使触电者脱离电源应戴上绝缘手套，穿绝缘靴，使用适合该挡电压的绝缘工具，按顺序打开开关或切断电源。

脱离电源注意事项：

（1）救护人员不能直接用手、金属及潮湿的物体作为救护工具，救护人员最好单手操作，以防自身触电，见图 3 – 4 – 1 所示。

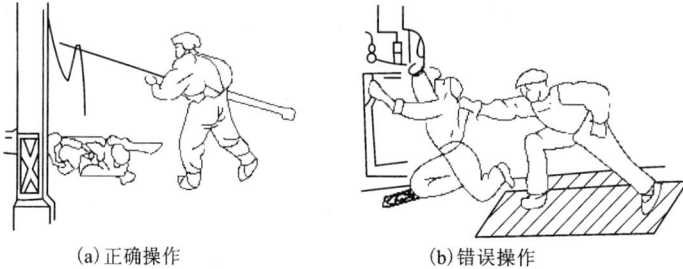

(a)正确操作　　　　　　　　　　　(b)错误操作

图 3 – 4 – 1　脱离电源操作示意图

（2）防止高空触电者脱离电源后发生摔伤事故。

（3）如果事故发生在晚上，应立即解决临时照明，以便触电急救。

2. 现场急救

当触电者脱离电源后，应根据具体情况就地迅速进行救护，同时赶快派人请医生前来抢救，触电者需要急救的大体有以下几种情况。

（1）触电不太严重，触电者神志清醒，但有些心慌，四肢发麻，全身无力，或触电者曾一度昏迷，但已清醒过来，应使触电者安静休息，不要走动，严密观察并请医生诊治。

（2）触电较严重，触电者已失去知觉，但有心跳，有呼吸，应使触电者在空气流通的地方舒适、安静地平躺，解开衣扣和腰带以便呼吸，如天气寒冷应注意保温，并迅速请医生诊治或送往医院。

（3）触电相当严重，触电者已停止呼吸，应立即进行人工呼吸，如果触电者心跳和呼吸都已停止，人完全失去知觉，应采用人工呼吸法和心脏挤压法进行抢救。

口对口人工呼吸是人工呼吸法中最有效的一种，在施行前，应迅速将触电者身上妨碍呼吸的衣领、上衣、裙带等解开，并清除口腔内脱落的假牙、血块、呕吐物等，使呼吸道畅通。然后使触电者仰卧，头部充分后仰，使鼻也朝上。

具体操作步骤见图 3 – 4 – 2 所示。

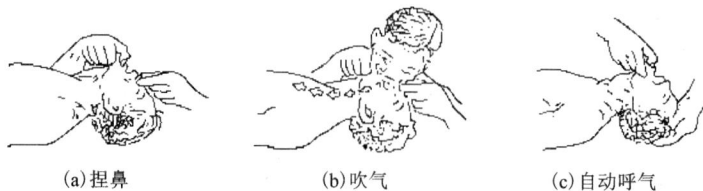

(a)捏鼻　　　　　　　(b)吹气　　　　　　　(c)自动呼气

图 3 – 4 – 2　人工呼吸步骤图

（1）一手捏紧触电者鼻孔，另一手将其下颌拉向前下方（或托住其颈后），救护人深吸一口气后紧贴触电者的口向内吹气，同进观察胸部是否隆起，以确保吹气有效，为时约 2 秒。

（2）吹气完毕，立即离开触电者的口，并放松捏紧的鼻子，让他自动呼气，注意胸部的复原情况，为时约3秒。

（3）按照上述步骤连续不断地进行操作，直到触电者开始呼吸为止。

触电者如系儿童，只可小口吹气或不捏紧鼻子，任其自然漏气，以免肺泡破裂；如发现触电者胃部充气膨胀，可一面用手轻轻加压于其上腹部，一面继续吹气和换气，如无法使触电者的嘴张开，可改口对鼻人工呼吸。

胸外心脏挤压法是触电者心脏停止跳动后的急救方法，其目的是强迫心脏恢复自主跳动，胸外心脏挤压法时（具体要求同口对口人工呼吸法），抢救者骑跪在病人腰部。具体操作步骤如下（见图3－4－3所示）：

（a）操作手形　　（b）挤压位置

（c）挤压　　（d）松手

图3－4－3　胸外心脏挤压法操作步骤

（1）使触电者躺在比较坚实、平整、稳固的地方，颈部枕垫软物，头部稍后仰，保持呼吸道畅通，救护人跪在触电者一侧或跨在其腰部两侧。

（2）两手相叠，手掌根部放在心窝上方，掌根用力向下压，使胸骨下段与相连的肋骨下陷3~4 cm，压迫心脏使心脏内血液搏击。

（3）挤压后突然放松，掌根不必离开胸膛，依靠胸廓弹性，使胸骨复位，此时，心脏舒张，大静脉的血液流回心脏。

（4）按照上述步骤，连续有节奏地进行，每秒钟一次，一直到触电者的嘴唇及身上皮肤的颜色转为红润，以及摸到动脉搏动为止。

进行胸外心脏挤压时，靠救护者的体重和肩肌适度用力，要有一定的冲击力量，而不是缓慢用力，但也不要用力过猛。如触电者是儿童，可以用一只手挤压，要轻一些，以免损伤胸骨，而且每分钟以挤压100次左右为宜。

触电急救的要点是迅速，救护得法，切不可惊慌失措，束手无策，特别注意的是急救要尽早地进行，不能等待医生的到来，在送往医院的途中，也不能停止急救工作。

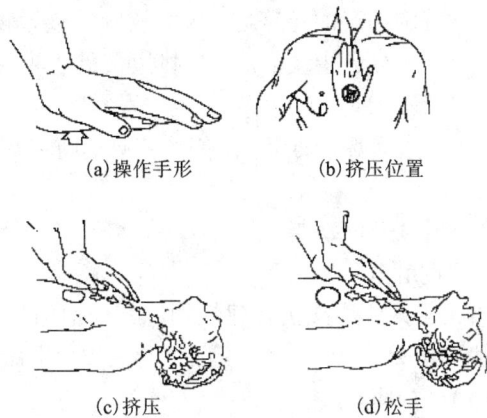

*3.5　雷电概念及防护知识

雷电产生的强电流、高电压、高温热具有很大的破坏力和多方面的破坏作用，给人类生活、生产造成严重灾害。

1. 雷电的形成与活动规律

雷鸣与闪电是大气层中强烈的放电现象。雷云在形成过程中，由于摩擦、冻结等原因，积累起大量的正电荷或负电荷，产生很高的电位。当带有异性电荷的雷云接近到一定距离时，就会击穿空气而发生强烈的放电。

雷电活动规律：南方比北方多，山区比平原多，陆地比海洋多，热而潮湿的地方比冷而干燥的地方多，夏季比其他季节多。一般来说，下列物体或地点容易受到雷击。

（1）空旷地区的孤立物体、高于 20 m 的建筑物，如水塔、宝塔、尖形屋顶、烟囱、旗杆、天线、输电线路杆塔等。在山顶行走的人畜也易遭受雷击。

（2）金属结构的屋面，砖木结构的建筑物或构筑物。

（3）特别潮湿的建筑物、露天放置的金属物。

（4）排放导电尘埃的厂房、排废气的管道和地下水出口、烟囱冒出的热气（含有大量导电质点、游离态分子）。

（5）金属矿床、河岸、山谷风口处、山坡与稻田接壤的地段、土壤电阻率小或电阻率变化大的地区。

2. 雷电种类及危害

（1）直击雷

直击雷即雷直接击在建筑物或其他地面物体上发生机械效应和热效应。直击雷发生时，雷电流可达 200 kA 以上，可以引起火灾、生命伤害、物体爆裂和房屋倒塌，破坏作用很大。

（2）感应雷

感应雷即雷电流产生电磁效应和静电效应。建筑物上空有雷云时，建筑物上会感应出与雷云所带电荷性质相反的电荷，雷云放电后，其与大地的电场消失了，但聚集在建筑物顶上的电荷不会立即散去，只能较慢地向地中流散，此时屋顶与地面有很高电位差，造成室内电线、金属设备等放电，危及设备和操作人员的安全甚至引起火灾和爆炸。

（3）球形雷

球形雷雷击时形成的一种发红光或白光的火球。

（4）雷电侵入波

雷电侵入波雷击时在电力线路或金属管道上产生的高压冲击波。

雷击的破坏和危害，主要在四个方面：一是电磁性质的破坏；二是机械性质的破坏；三是热性质的破坏；四是跨步电压破坏。

3. 民用建筑物的防雷等级

民用建筑根据其重要性、使用性质、发生雷电事故的可能性和后果，从防雷的角度出发将建筑物防雷分成三类。

第一类：具有特别重要用途的属于国家级的大型建筑物，如国家级的会堂、办公建筑、博物馆、展览馆、火车站、航空港、通信枢纽、超高层建筑、国家重点保护文物类的建筑物和构筑物。该类建筑物设计中应达到防止直击雷、感应过电压和高电位引入等雷害的要求。

第二类：重要的或人员密集的大型建筑物，如省部级办公大楼、省级大型集会、展览、体育、交通、通信、商业、广播、剧场建筑等，以及省级重点文物保护的建筑物和构筑物、19 层以上的住宅建筑和高度超过 50 m 的其他建筑物。该类建筑物主要应防止直击雷，条件许可也可以采取措施防止感应过电压和高电位引入。

第三类：凡不属于第一、第二类的一般建筑物均属三类防雷要求，这类建筑物一般只在容易遭受直击雷部位采取不定期措施，进行重点保护。

4. 常用防雷装置

防雷基本思想是疏导，即设法构成通路将雷电流引入大地，从而避免雷击的破坏。

常用的避雷装置有避雷针、避雷线、避雷网、避雷带和避雷器等。

（1）避雷针

一种尖形金属导体，装设在高大、凸出、孤立的建筑物或室外电力设施的凸出部位。

避雷针的基本结构如图 3-5-1 所示，利用尖端放电原理，将雷云感应电荷积聚在避雷针的顶部，与接近的雷云不断放电，实现地电荷与雷云电荷的中和。

（2）避雷线、避雷网和避雷带

保护原理与避雷针相同。避雷线主要用于电力线路的防雷保护，避雷网和避雷带主要用于工业建筑和民用建筑的保护。对一般民用建筑，常常沿墙敷设避雷带，屋顶敷设避雷网来防雷。

（3）避雷器

有保护间隙、管形避雷器和阀形避雷器三种，其基本原理类似。正常时，避雷器处于断路状态。出现雷电过电压时发生击穿放电，将过电压引入大地。过电压终止后，迅速恢复阻断状态。三种避雷器中，保护间隙是一种最简单的避雷器，性能较差。管形避雷器的保护性能稍好，主要用于变电所的进线段或线路的绝缘弱点。工业变配电设备普遍采用阀形避雷器，通常安装在线路进户点。

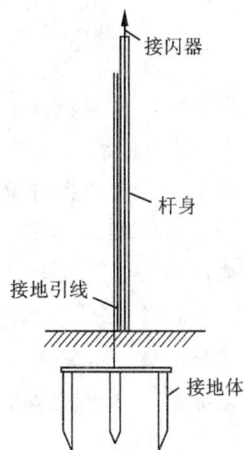

图 3-5-1　避雷器示意图

5. 防雷小常识

（1）为防止感应雷和雷电侵入波沿架空线进入室内，应将进户线最后一根支撑物上的绝缘子铁脚可靠接地。

（2）雷雨时，应关好室内门窗，以防球形雷飘入，不要站在窗前、阳台上、有烟囱的灶前；应离开电力线、电话线、天线 1.5 m 以外。

（3）雷雨时，不要洗澡、洗头，不要呆在厨房、浴室等潮湿的场所。

（4）雷雨时，不要使用家用电器，应将电器的电源插头拔下。

（5）雷雨时，不要停留在山顶、湖泊、河边、沼泽地、游泳池等易受雷击的地方，最好不用带金属柄的雨伞。

（6）雷雨时，不能站在孤立的大树、电杆、烟囱和高墙下，不要乘坐敞篷车和骑自行车。避雨时应选择有屏蔽作用的建筑或物体，如汽车、电车、混凝土房屋等。

（7）如果有人遭到雷击，应不失时机地进行人工呼吸和胸外心脏挤压，并送医院抢救。

本章小结

1. 触电依据伤害程度不同可分为电击和电伤两种。

2. 我国规定，在一般条件下安全电压规定为 36 V。

3. 常见的触电方式有单相触电、两相触电与跨步电压触电三类。

4. 对不同的供电方式，常采取保护接零、保护接地的保护方式，目前对民用建筑供配电，还通常采用接入漏电保护装置来实现安全用电。

5. 民用建筑根据其重要性、使用性质、发生雷电事故的可能性和后果，从防雷的角度出发将建筑物防雷分成三类，即：第一类防雷建筑物、第二类防雷建筑物与第三类防雷建筑物。

6. 在防雷设计中，常用的防雷装置有避雷针、避雷带、避雷线、避雷网与避雷器等几种形式。

复习思考题

3-1　电流对人体的伤害可以分成哪两类？我国规定在一般条件下安全电压为多少伏？

3-2　简要说明触电急救的步骤。

3-3　简要说明人工呼吸的操作步骤。

3-4　发现有人触电假死，我们应让其立即脱离电源，并马上送医院抢救。请判断上述情况对错，并说明原因。

3-5　常见的避雷装置有哪几种形式？

3-6　联想我们日常生活当中实际情况，请说说对于防雷我们应注意一些什么。

模块二　直流电路

第 4 章　电路的基本概念及基本定律

本章主要介绍电路和电路模型,电路中电压、电流的正方向,电路元件和电路的基本定律。这些内容是进一步学习电路分析和电子技术的基础。

4.1　电路的基本概念

4.1.1　电路与电路模型

电路就是电流流通的路径。把一些电器设备或元件,按照所要完成的功能(如实现电能的输送与转换、信号的传递和处理等)用一定的方式连接起来所构成电流的通路。如供电系统是实现电能的输送与转换的,收音机、电视机电路是实现信号的传递和处理的。电路的形式多种多样,有的复杂有的简单,我们常见的手电筒电路就是最简单的实际电路。

一个完整的电路通常是由电源、负载和中间环节三部分组成。

电源是为电路提供电能,可以将非电能(如化学能、机械能和原子能等)转换成电能的装置。

负载是取用电能的装置或者器件,它将电能转换为其他形式的能量,如电炉、电动机、电灯、扬声器等。

中间环节是指将电源和负载连接成闭合电路的导线、开关和保护设备等,它起到传输、分配和控制电路的作用,如电线、开关、放大器、变压器等。

如图 4-1-1(a)所示的电路是手电筒的实际电路。它由干电池、灯泡、导线和开关组成。其中,干电池是电源,灯泡是负载,开关和导线是中间环节。

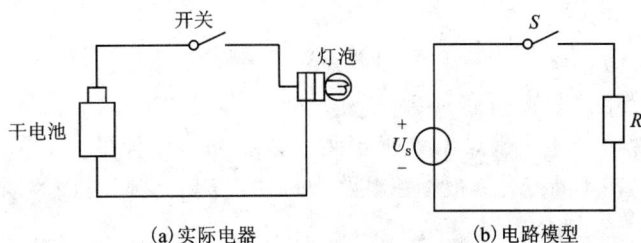

(a)实际电器　　　　　　　(b)电路模型

图 4-1-1　手电筒电路

由于实际电路元器件电磁关系比较复杂,为了便于对实际电路进行分析、计算,通常在一定的条件下，忽略元器件的次要特性，用一个或多个足以表征其主要特性的理想化元器件代替实际元器件。如白炽灯的功能是把电能转换成灯丝的内能，使灯丝的温度升高到白炽状态而发光，其主要电磁性质是消耗电能，因此，可以用一个代表消耗电能的理想电阻元件作为白炽灯的模型。

理想电路元件主要有理想电阻元件(简称电阻)、理想电感元件(简称电感)、理想电容元件(简称电容)、理想电压源和理想电流源等。

把实际电路中的各种设备和器件都用理想元件来表征，实际电路就可以画成由各种理想元件的图形符号连接而成的电路图，这就是实际电路的电路模型(简称电路)。

在电路图中，各种电器元件都不需要画出原有的形状，而采用统一规定的图形符号。如图 4-1-1(b)为手电筒电路的电路模型。其中，灯泡为理想电阻元件 R，干电池(忽略其内阻)为理想电源 U_S，导线和开关认为是无电阻的理想导线。

此后所分析研究的电路都是指电路模型。

4.1.2　电路中的基本物理量及其参考方向

1. 电流

电流是由电荷(带电粒子)有规则的定向运动形成的，规定正电荷运动的方向为电流方向。电流的大小用电流强度来衡量。电流强度是指在单位时间内通过某一导体横截面的电荷量。设在 dt 时间内通过导体某一横截面的电荷量为 dq，则通过该截面的电流强度为

$$i = \frac{dq}{dt} \qquad (4-1-1)$$

上式表示电流是随时间变化的函数，用小写字母 i 表示。若电流不随时间而变化，则 $\frac{dq}{dt}$ 等于常数，该电流称为恒定电流(简称直流)，用大写字母 I 表示。它所通过的路径就是直流电路。

在直流电路中，式(4-1-1)可表示为

$$I = \frac{Q}{t} \qquad (4-1-2)$$

在上式中，所有物理量都要采用国际单位制。电流的单位为安培(A)，电荷量的单位为库仑(C)，时间的单位为秒(s)。若电流较小，也可用毫安(mA)、微安(μA)作单位。它们的换算关系是

$$1 \, A = 10^3 \, mA = 10^6 \, \mu A$$

我们习惯上常把电流强度简称为电流。

在分析计算电路时，往往很难事先确定某一段电路中电流的实际方向，如在交变电路中，电流的实际方向在不断变化，很难在电路中标明电流的实际方向。因此，有必要引入参考方向的概念。

参考方向是假定的方向。在分析计算电路前，可先任意选定某一方向为电流的参考方向(也称正方向)。如图 4-1-2 中所示，当电流的实际方向与参考方向相同时，i 为正；当电流的实际方向与参考方向相反时，i 为负。一旦选定了参考方向，就可根据电流的正负值确定电流的实际方向。

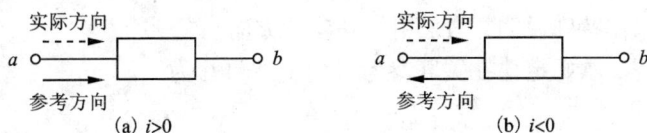

图4-1-2 电流的参考方向与实际方向

图4-1-2中的方框,表示一个二端元件或二端网络(与外部只有两个端钮相连的元件或网络称为二端元件或二端网络)。

2.电压与电动势

(1)电压 在电路中,如果电量为 dq 的正电荷从 a 点沿任意路径移动到 b 点时电场力做的功为 dw ,则 a、b 两点间的电压,为

$$u_{ab} = \frac{dw}{dq} \tag{4-1-3}$$

也就是说,电场力把单位正电荷从 a 点沿任意路径移动到 b 点时做的功在数值上等于 a、b 两点间的电压。

在直流电路中,式(4-1-3)可表示为

$$U = \frac{W}{Q} \tag{4-1-4}$$

在国际单位制中,电压的单位为伏特(V)。当然电压的单位还有千伏、毫伏、微伏。它们的换算关系为

$$1 \text{ kV} = 10^3 \text{ V}, \ 1 \text{ V} = 10^3 \text{ mV} = 10^6 \text{ μV}$$

电场力对正电荷做功的方向,就是电位降低的方向,故规定电压的实际方向是由高电位指向低电位。

电路中电压的参考方向,可用箭头表示,也可用"+"代表高电位,"-"代表低电位,如图4-1-3所示。当电压的实际方向与参考方向相同时,u 为正;当电压的实际方向与参考方向相反时,u 为负。电压 u 的参考方向(极性)是 a 点为高电位,b 点为低电位,也可用双下标 u_{ab} 来表示该参考方向。

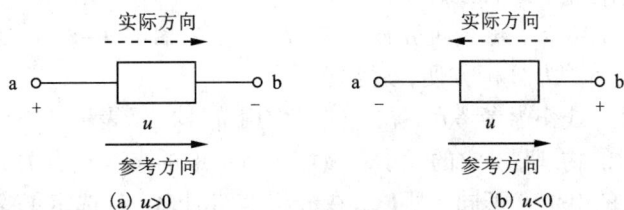

图4-1-3 电压的参考方向与实际方向

在分析计算电路时电流和电压参考方向的选取,原则上是任意的。但为了方便,元件上电流和电压常取一致的参考方向,称为关联参考方向,如图4-1-4(a)所示;若电流和电压选取的参考方向相反,则称为非关联参考方向,如图4-1-4(b)所示。

当采用关联参考方向时,电路中只要标出电流或电压中的一个参考方向即可。本书在分析计算电路时,如未作特殊说明,均采用关联参考方向。

要特别指出的是,欧姆定律在关联参考方向下才可写为

$$u = Ri \tag{4-1-5}$$

在非关联参考方向下,则写为

$$u = -Ri \tag{4-1-6}$$

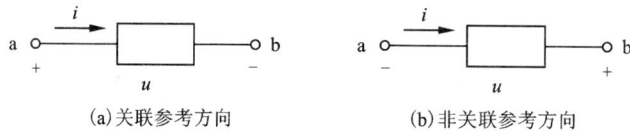

(a)关联参考方向　　　　　　　　(b)非关联参考方向

图4-1-4　关联参考方向与非关联参考方向

(2)电动势　　电动势是度量电源内非静电力做功本领的物理量,在数值上等于电源力把单位正电荷从"-"极板经电源内部移到"+"极板所做的功。用公式可表示为

$$E = \frac{W}{Q} \tag{4-1-7}$$

电动势的单位与电压一样,也为伏特(V)。

电动势的方向是:在电源内部由低电位指向高电位(即由"-"极指向"+"极)。

3.电路中电位的计算

在电路分析和实际测量工作中,经常要用到电位的概念。电位是电路中某点对参考点的电压。电位用符号 V 加下标表示,如图4-1-5中A点、B点的电位可分别用 V_A、V_B 表示。电位的单位和电压的单位一样,都为伏特。

为了计算电路中各点的电位必须选定电路中的某一点作为参考点,取该点的电位为零。参考点的选取原则上是任意的,通常工程上选大地为参考点,机壳需接地的设备,可选机壳作为参考点。机壳不接地的设备,为分析方便,通常选元件汇集的公共端或公共线作为参考点,在电路图中用符号"⊥"表示。

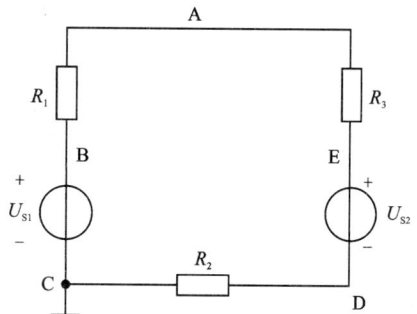

图4-1-5　电路中的参考点

电位是一个相对的物理量,它的大小和极性与所选取的参考点有关。在一个电路中,若参考点不同,则某点的电位就不同。所以,在分析电路时,一旦选定了参考点,在解题过程中就不能改变。而电路中某两点电压的大小与参考点的选择无关,电压不随参考点的变化而变化。

电压与电位的关系是:

$$U_{AB} = V_A - V_B \tag{4-1-8}$$

也就是说,电路中任意两点间的电压等于这两点的电位之差。

例4-1 如图4-1-6所示电路，已 $U_{AB} = 2$ V，$U_{BC} = -4$ V，$U_{DC} = 3$ V，求 V_A、V_B、V_C、V_D 及 U_{AD} 各为多少？

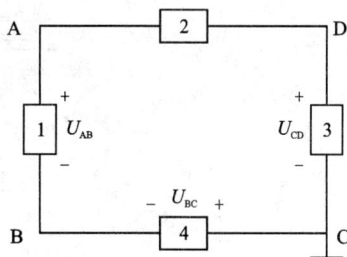

图4-1-6 例4-1图

解：选 C 点为参考点，则 $V_C = 0$ V，

而 $\qquad U_{BC} = V_B - V_C$

则 $\qquad V_B = U_{BC} + V_C = -4 + 0 = -4$ V

同理 $\qquad U_{AB} = V_A - V_B$

$\qquad V_A = U_{AB} + V_B = 2 + (-4) = -2$ V

$\qquad U_{DC} = V_D - V_C$

$\qquad V_D = U_{DC} + V_C = 3 + 0 = 3$ V

$\qquad U_{AD} = V_A - V_D = -2 - 3 = -5$ V

4. 电功率与电能

（1）电功率 在单位时间内电路吸收或释放的电能定义为该电路的功率，即

$$p = \frac{\mathrm{d}w}{\mathrm{d}t} \qquad (4-1-9)$$

功率是衡量电路吸收或释放电能快慢的物理量。

一个二端元件或二端网络，当电压、电流采用如图4-1-4(a)的所示的关联参考方向时，其吸收（或消耗）的功率为

$$p = \frac{\mathrm{d}w}{\mathrm{d}t} = \frac{\mathrm{d}w}{\mathrm{d}q}\frac{\mathrm{d}q}{\mathrm{d}t} = ui \qquad (4-1-10)$$

采用图4-1-4(b)所示非关联方向，则其吸收（或消耗）的功率为

$$p = -ui \qquad (4-1-11)$$

若 $p > 0$，表示该二端元件（或网络）吸收功率，为负载；若 $p < 0$，表示该二端元件（或网络）发出功率，为电源。

在直流电路中，电压、电流、功率均为恒定量，则

$$P = UI \qquad (4-1-12)$$

功率的基本单位为瓦特（简称"瓦"），符号为 W。常见的单位还有千瓦（kW）、毫瓦（mW），它们之间的转换关系为：

$$1 \text{ kW} = 10^3 \text{ W}; \ 1 \text{ mW} = 10^{-3} \text{ W}$$

例4-2 求如图4-1-7(a)、(b)所示二端网络的功率，并说明是吸收功率还是发出功率。

解：在图4-1-7(a)中，U 与 I 为关联参考方向，故

$$P = UI = 1 \times 5 = 5(\text{W}) > 0$$

该二端网络吸收功率。

在图4-1-7(b)中，U 与 I 为非关联参考方向，故

$$P = -UI = -1 \times 5 = -5(\text{W}) < 0$$

该二端网络发出功率。

（2）电能 是衡量用电量多少的物理量。若 P 为电路吸收的功率，则电路在时间 $\mathrm{d}t$ 内消耗的电能为

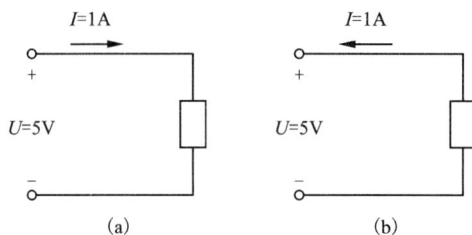

图 4 - 1 - 7　　例 4 - 2 图

$$dw = pdt = uidt$$

在时间从 $t_0 \sim t$ 内电路消耗的电能为

$$W = \int_{t_0}^{t} pdt = \int_{t_0}^{t} uidt \tag{4-1-13}$$

在直流电路中，电压、电流、功率均为恒定量，则在时间从 $t_0 \sim t$ 内电路消耗的电能为

$$W = P(t - t_0) = UI(t - t_0)$$

当 $t_0 = 0$ 时，上式即为

$$W = UIt \tag{4-1-14}$$

电能的单位即功或能量的单位，在国际单位制中为焦耳(J)。实际中常用"度"作为电能计量的单位。

$$1 \text{ 度} = 1 \text{ 千瓦小时(kWh)}$$

1 度电换算成焦耳为：

$$1 \text{ 度} = 1 \text{ kW} \cdot \text{h} = 1000 \text{ W} \times 3600 \text{ s} = 3.6 \times 10^6 \text{ J}$$

4.2　电路的工作状态

电路有三种工作状态：空载(开路)、有载和短路。下面以直流电路为例进行讨论。

4.2.1　空载状态

空载状态又称开路或断路状态，如图 4 - 2 - 1(a)，A、B 两点断开时($R_L = \infty$)，电源处于空载(开路)状态。开路的特点是：

(1)开路电流为零($I = 0$)。

(2)其端电压(也称开路电压)等于电源电动势($U = E$)。

(3)电源的输出功率($P = 0$)。

4.2.2　有载工作状态

有载工作状态是指电源与负载连接成闭合回路，电路中有电流，负载两端的电压为 U，电路处于有载工作状态。

如图 4 - 2 - 1(b)所示，E 为电源的电动势，R_o 为电源的内阻，当电源与负载 R_L 接通时，电流流过负载形成闭合回路。电路处于有载工作状态的特点是：

（1）电路中的电流为

$$I = \frac{E}{R_\text{o} + R_\text{L}} \tag{4-2-1}$$

（2）电源的端电压等于负载的电压

$$U = IR_\text{L} = E - IR_\text{o} \tag{4-2-2}$$

（3）电源输出的功率为电源的总功率减内阻上消耗的功率

$$P = IE - I^2 \cdot R_\text{o} = IU \tag{4-2-3}$$

根据负载的大小，电路在有载工作状态又有三种状态：设电源额定输出功率为 P_N，若电源输出功率 $P = P_\text{N}$ 称为满载；若 $P < P_\text{N}$ 时称为轻载；若 $P > P_\text{N}$ 时称为过载。过载会导致电气设备的损害，应注意防止。

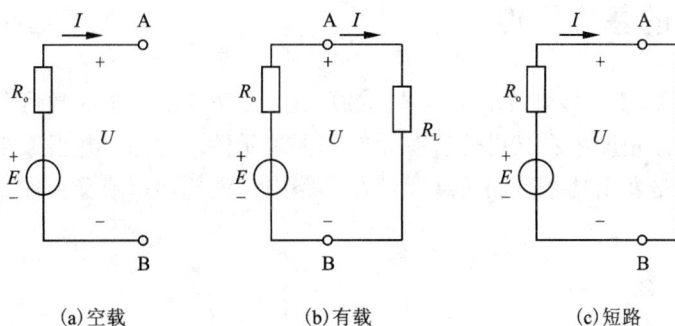

(a)空载　　　　　　(b)有载　　　　　　(c)短路

图 4-2-1　电源的三种工作状态

4.2.3　短路

所谓短路就是电源未经负载而直接由导线形成回路，如图 4-2-1(c) 所示，A、B 两点间由于某种原因被短接（$R_\text{L} = 0$）时，电源处于短路状态。短路的特点是：

（1）短路处电压为零即 $U = 0$。

（2）此时电源的电流称为短路电流，其值 $I_\text{S} = E/R_\text{o}$ 很大。

（3）电源的输出功率 $P = 0$，电源产生的功率全部消耗在内阻上，而造成电源过热而损伤或毁坏。

由上可知，电源短路是一种严重事故，故应尽量预防并采用保护措施。它的后果非常严重，会损坏电器设备并有可能引起火灾，因此，电路中必须设置短路保护装置，从而保证电源、线路等设备的安全。

4.2.4　最大功率传输条件

在实际工作中，尤其是在信息传输系统中，常常要求所传输的信号获得最大幅度，这就需要设法使负载获得最大功率，即使电路达到最大功率传输条件。

如何使负载获得最大功率呢？下面以图 4-2-2 所示电路为例，设 E 为电源的电动势，R_o 为电源的内阻，负载电阻为 R_L，负载上的功率

$$P = I^2 R = \frac{E^2 R}{(R + R_o)^2} = \frac{E^2}{\dfrac{(R - R_o)^2 + 4R \cdot R_o}{R}} = \frac{E^2}{\dfrac{(R - R_o)^2}{R} + 4R_o}$$

从上式可看出，当 $R = R_o$ 时，P 有最大值，此时

$$P_{max} = \frac{E^2}{4R_o} \qquad (4-2-4)$$

由此可得出：负载获得最大功率的条件是负载电阻等于电源内阻。要注意的是，当负载获得最大功率时，由于负载电阻等于电源内阻，因此，电源的功率一半为负载吸收，另一半损耗在内阻上，这时传输效率即电能的利用率只有 50%。

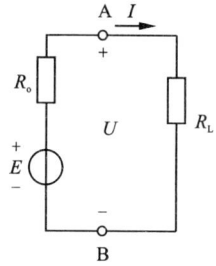

图 4-2-2

4.3　电路的基本元件

电路元件(简称元件)是组成电路最基本的单元，按照外部端子的数目可分为二端元件和多端元件，从能量的角度来看又可分有源元件和无源元件。比如，电压源和电流源是有源元件，它们在电路中是发出功率。而负载元件在电路中是消耗功率或交换能量，它们属于无源元件。

4.3.1　无源元件

常见的无源元件有电阻、电容和电感等负载元件。

1. 电阻

电阻元件是代表电路中消耗电能这一物理现象的理想二端元件。电阻器、电灯、电炉、扬声器等都是消耗电能的器件，它们的电路模型是理想电阻元件(简称电阻)。

定义：一个二端元件伏安关系可用 $u-i$ 平面上过坐标原点的曲线来描述，则此二端元件就称为电阻，用符号 R 来表示。如图 4-3-1 所示，其中图 4-3-1(a)为电阻的图形符号。

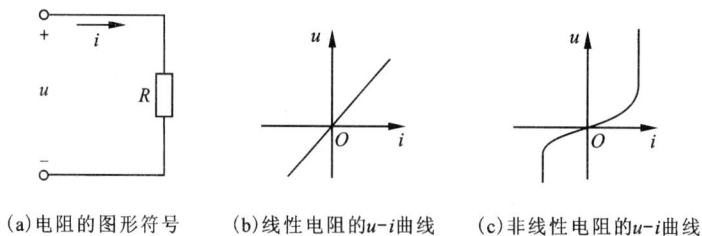

(a)电阻的图形符号　　(b)线性电阻的 $u-i$ 曲线　　(c)非线性电阻的 $u-i$ 曲线

图 4-3-1　电阻元件

当伏安特性是过原点的直线，则称该电阻为线性电阻，如图 4-3-1(b)所示；当伏安特性是过原点的曲线，则称为非线性电阻，如图 4-3-1(c)所示。本书除特别说明外，电阻均指线性电阻。

若电压与电流取关联参考方向，对于线性电阻，电压、电流间的关系符合欧姆定律，可表示为

$$u = Ri \tag{4-3-1}$$

在国际单位制中，电压与电流的单位分别为伏特（V）和安培（A）时，电阻的单位为欧姆（Ω），其他常用的单位有千欧（kΩ）和兆欧（MΩ）。它们之间的换算关系是

$$1\ \Omega = 10^{-3}\ \text{k}\Omega = 10^{-6}\ \text{M}\Omega$$

令 $G = \dfrac{1}{R}$ 上式可表示为：

$$i = \frac{u}{R} = Gu \tag{4-3-2}$$

式中：G 称为电导，单位为西门子（S）。

电阻元件具有把电能转化为其他形式能量的特点，它是耗能元件。

2. 电感

在很多电子设备中，常常看到用各种漆包线绕制的线圈，这就是电感器。电感元件是实际线圈的理想模型，它反映了电流产生磁场和磁场储存能量这一物理现象。

定义：流经一个二端元件的电流 i 和它的磁通链 ψ 两者之间的关系是 $I-\psi$ 平面的一条曲线，则此二端元件称为电感，用 L 表示。其图形符号如图 4-3-2 所示。

若 $i-\psi$ 特性为过原点的直线，即 $\dfrac{\psi}{i} = L =$ 常数，则该电感称为线性电感；若 $i-\psi$ 特性为过原点的曲线，则称为非线性电感。本书除特别说明，电感均指线性电感。它是储存磁通的元件，主要特点是储存磁场能量。

对于线性电感有

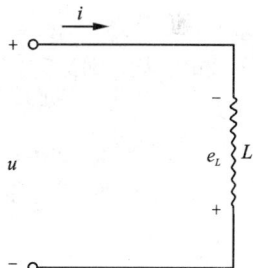

图 4-3-2　电感元件

$$\psi = N\Phi = Li$$

当电感中的磁通 Φ（电流 i）发生变化时，则电感中产生感应电动势 e_L，当电感中的电压与电流和电动势采用如图 4-3-2 所示的参考方向时，

$$e_L = -N\frac{\mathrm{d}\Phi}{\mathrm{d}t} = -\frac{\mathrm{d}\psi}{\mathrm{d}t} = -L\frac{\mathrm{d}i}{\mathrm{d}t}$$

$$u = -e_L = L\frac{\mathrm{d}i}{\mathrm{d}t} \tag{4-3-3}$$

由上式可知，电感的端电压与电流的变化率成正比。其中，比例系数 L 称为线圈的电感，单位为亨利（H）。它的常用单位还有毫亨（mH）和微亨（μH）。它们之间的换算关系是：

$$1\ \text{H} = 10^3\ \text{mH} = 10^6\ \mu\text{H}$$

当电感中的电流为恒定的直流电时，其端电压 $U = 0$，故在直流电路中电感可视为短路。

在关联方向下电感的电压和电流关系可表示为

$$i = \frac{1}{L}\int_{-\infty}^{t} u\mathrm{d}t = \frac{1}{L}\int_{-\infty}^{0} u\mathrm{d}t + \frac{1}{L}\int_{0}^{t} u\mathrm{d}t = i_0 + \frac{1}{L}\int_{0}^{t} u\mathrm{d}t \tag{4-3-4}$$

式中：i_0 为电流的初始值，即 $t = 0$ 时，通过电感的电流。式（4-3-4）表明电感的电流具有记忆功能，它是一种记忆元件。

3. 电容

两块互相靠近、彼此绝缘的金属极板就能构成一个电容器，两极板间的绝缘物质称为电

容器的介质。在两极板间加上电压后,两极板上能存储电荷,在介质中建立电场,因此电容器是能存储电场能量的元件。电容元件是实际电容器的理想模型。

定义:一个二端元件所存储的电荷 q 和端电压 U 两者之间的关系是由 $q-u$ 面上的一条曲线,则此二端元件称为电容,用符号 C 表示。其图形符号如图 $4-3-3$ 所示。

如果电容的 $q-u$ 曲线为通过原点的直线,即 $\dfrac{q}{u}=C$ 常数,则该电容称为线性电容;否则称为非线性电容,本书除特别说明外,电容均指线性电容。

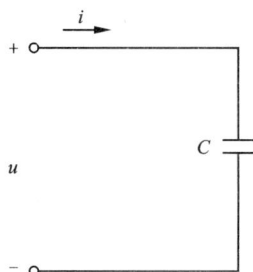

图 $4-3-3$　电容元件

由于 $q=Cu$,当电容的电压和电流采用如图 $4-3-3$ 所示的关联方向时,两者的关系为

$$i = \frac{dq}{dt} = C\frac{du}{dt} \qquad (4-3-5)$$

上式说明:电容的电流与其两端电压的变化率成正比。比例系数为 C。当电压和电荷的单位分别用国际单位伏特和库仑表示时,电容的单位为法拉(符号为 F)。常用的单位还有微法(μF)和皮法(pF),它们的换算关系为:

$$1\ \mathrm{F} = 10^6\ \mu\mathrm{F} = 10^{12}\ \mathrm{pF}$$

当电容两端加恒定的直流电压时,其电流 $I=0$,故在直流电路中,电容可视为开路。

在关联方向下,电容的电压、电流的关系可表示为

$$u = \frac{1}{C}\int_{-\infty}^{t} i\,dt = \frac{1}{C}\int_{-\infty}^{0} i\,dt + \frac{1}{C}\int_{0}^{t} i\,dt = u_0 + \frac{1}{C}\int_{0}^{t} i\,dt \qquad (4-3-6)$$

式中:u_0 为电压的初始值,即 $t=0$ 时电容两端的电压,式($4-3-6$)表明电容的电压具有记忆功能,它是一个记忆元件。

4.3.2　电源

实际电源有电池、信号源、发电机等,根据电源的特点,我们可以把电源分为电压源和电流源。

1. 电压源

电压源是一个理想电路元件,它的端压

$$u(t) = u_s(t) \qquad (4-3-7)$$

式中,$u_s(t)$ 为给定的时间函数,与流过电压源的电流大小无关。电压源的符号如图 $4-3-4$ 所示。

电压源的端电压与电流的关系称为电压源的伏安特性。理想直流电压源的伏安特性是一条平行于横坐标的直线,如图 $4-3-5$ 所示。

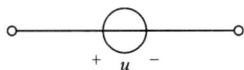

图 $4-3-4$　电压源的图形符号

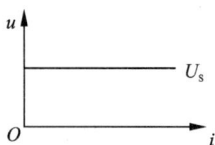

图 $4-3-5$　理想电压源的伏安特性曲线

实际上理想电压源是不存在的，实际电压源总有一定的内阻，可以用理想电压源和内阻的串联来表示。图4－3－6(a)，为一实际电压源的等效模型。

实际电压源的伏安特性关系式为：

$$u = u_s - i \cdot R_o \tag{4-3-8}$$

上式表明电源输出电压 u 随输出电流 i 变化。其伏安特性曲线如图4－3－6(b)所示。

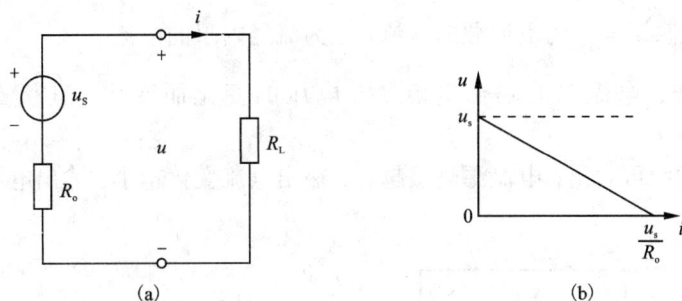

图4－3－6 实际电压源及其伏安特性曲线

由伏安特性曲线可看出，电压源内阻越小，输出电压变化就越小，输出电压越稳定。

当 $R_o = 0$ 时，$U = U_S$，电压源的输出电压恒定不变，此时电压源为理想电压源。在实际中：

当 $R_o \ll R_L$ 时，可以近似认为电压源是理想电压源。

由图4－3－6(a)可看出电压源的电压和电压源的电流一般取非关联参考方向，此时电压源发出的功率为

$$p(t) = u_s(t) \cdot i(t)$$

当 $p > 0$ 时，电压源发出功率。

当 $p < 0$ 时，电压源吸收功率。

2.电流源

电流源也是一个理想电路元件，电流源发出的电流

$$i(t) = i_s(t) \tag{4-3-9}$$

式中，$i_s(t)$ 为给定的时间函数，与电流源两端电压的大小无关。电流源的符号如图4－3－7所示。

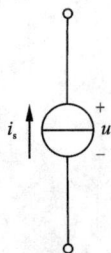

图4－3－7 电流源的图形符号 　　图4－3－8 理想电流源的伏安特性曲线

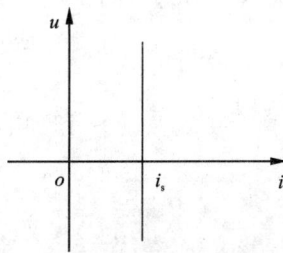

　　电流源的端电压与电流源的电流的关系称为电流源的伏安特性。理想直流电流源的伏安特性曲线是一条平行于纵坐标的直线,如图4-3-8所示。

　　实际电流源可以用理想电流源和内阻的并联来表示。图4-3-9(a)为一实际电流源的等效模型。由图4-3-9(a)可得

$$i = i_s - \frac{u}{R_o} \qquad\qquad (4-3-10)$$

式中,i 为负载电流,$i_s = \frac{u_s}{R_o}$ 为电流源的电流,$\frac{u_s}{R_o}$ 为流经内阻的电流。

　　由上式可看出,电流源的输出电流 i 随电压的变化而变化,其伏安特性曲线如图4-3-9(b)所示。

　　从伏安特性曲线可看出,电流源电阻越大,输出电流变化越小,输出电流越稳定。

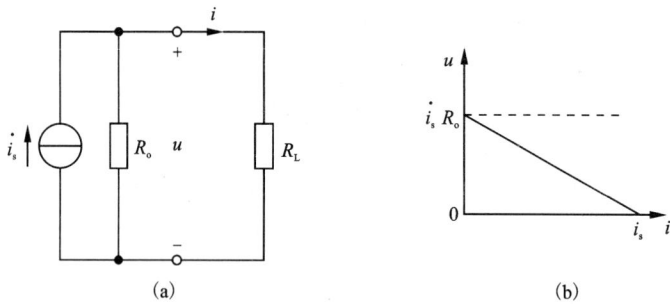

图4-3-9　实际电流源及其伏安特性曲线

　　当内阻 $R_o = \infty$ 时,$i = i_s$,电流源输出电流恒定不变,与端电压无关。此时电流源为理想电流源。在实际中,当 $R_o \gg R_L$ 时,可以近似认为电流源是理想电流源。

　　由图4-3-9(a)可看出电流源的电压和电流源的电流一般取非关联参考方向,此时电压源发出的功率为

$$p(t) = u(t) \cdot i_s(t)$$

　　当 $p > 0$ 时,电流源发出功率。

　　当 $p < 0$ 时,电流源吸收功率。

　　3.电压源与电流源的等效变换

　　把式(4-3-8)两边同除以电压源的内阻 R_o 得

$$\frac{u}{R_o} = \frac{u_s}{R_o} - i$$

整理得

$$i = \frac{u_s}{R_o} - \frac{u}{R_o}$$

如果令

$$i_s = \frac{u_s}{R_o}$$

则可得

$$i = i_s - \frac{u}{R_o} \qquad\qquad (4-3-11)$$

由电压源公式(4-3-8)推出得到的公式(4-3-11)与电流源的公式(4-3-10)完全相

同，说明电压源输出和电流源的输出端处的电压 u 与电流 i 的关系是完全相同的。对外电路来说，这两种电源是等效的。

等效变换电路如图 4 – 3 – 10 所示。

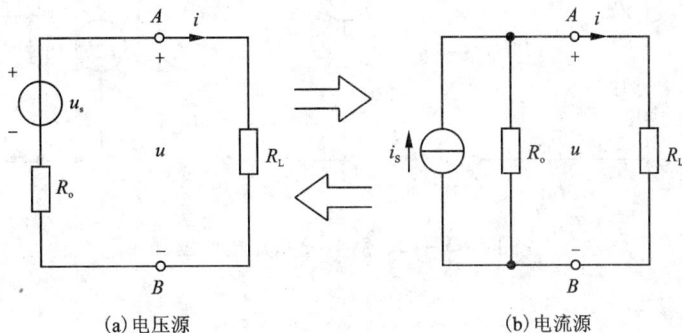

(a)电压源   (b)电流源

图 4 – 3 – 10   电压源与电流源的等效变换

等效变换必须满足以下条件：

电压源转换成电流源 $$i_s = \frac{u_s}{R_o} \tag{4 – 3 – 12}$$

电流源转换成电压源 $$u_s = i_s \cdot R_o \tag{4 – 3 – 13}$$

要注意的是，电压源与电流源的等效变换是对外电路而言，对电源内部并不等效。如在图 4 – 3 – 10(a)中，当电压源开路时，$I = 0$，内阻 R_o 上无损耗；但在图 4 – 3 – 10(b)中，负载开路时，电源内部仍有电流，内阻 R_o 上有损耗。所以说，电压源与电流源是同一实际电源的两种模型，对外电路来说，它们是等效的。

例 4 – 3   把图 4 – 3 – 11 所示电源电路分别简化为电压源和电流源。

解：(1)简化为电压源

首先将 5 A 电流源和 2 Ω 内阻转化为 10 V 电压源与 2 Ω 内阻，见图 4 – 3 – 12(a)，然后把 10 V 电压源与反串的 4 V 电压源变成一个 6 V 电压源 2 Ω 内阻，极性如图 4 – 3 – 12(b)所示。

(2)简化为电流源

再把如图 4 – 3 – 12(b)所示的电压源转化 3 A 电流源和 2 Ω 内阻即可，见图 4 – 3 – 12(c)。

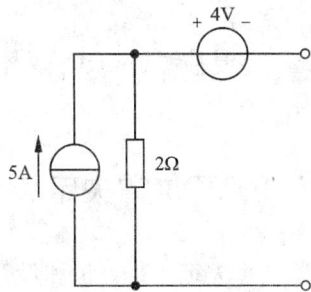

图 4 – 3 – 11   例 4 – 3 电路图

4. 受控源

在实际电路中，时常会遇到量值受到控制的电压源和电流源，如晶体管放大电路中，三极管的集电极电流就受基极电流的控制，就用到了受控源的概念。

由于电源有电压源和电流源，控制量可能是电压也可能是电流，所以受控源有四种：电压控制电压源(VCVS)、电流控制电压源(CCVS)、电压控制电流源(VCCS)、电流控制电流源(CCCS)。受控源的符号如图 4 – 3 – 13 所示。

其中，μ、r、g、β 是相关的控制系数，μ 和 β 无量纲值，r 与 g 的量纲分别为欧姆(Ω)与

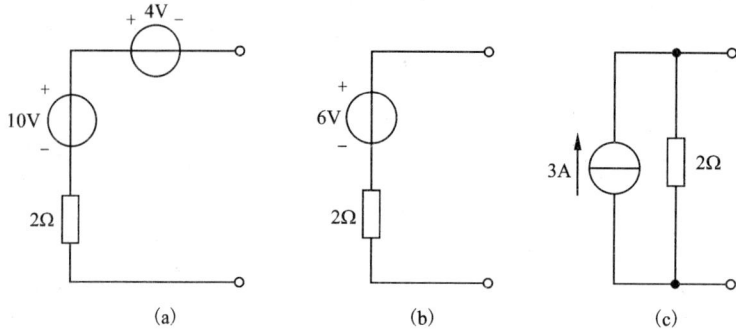

图 4 – 3 – 12　例 4 – 3 等效电路图

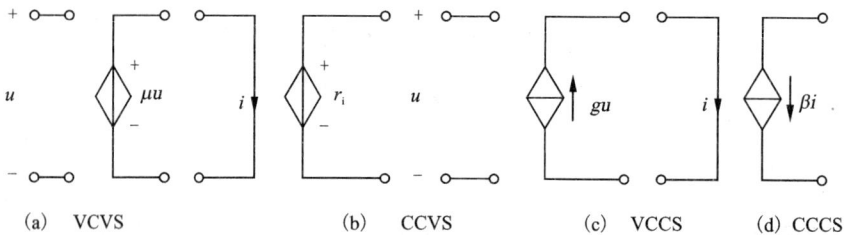

(a)　VCVS　　　(b)　CCVS　　　(c)　VCCS　　　(d)　CCCS

图 4 – 3 – 13　受控源的符号

西门子(S)。本书只讨论控制系数为常数的线性受控源。

　　例 4 – 4　电路如图 4 – 3 – 14 所示，写出 AB 端的等效电阻。

　　解：该受控源是 CCVS 受控源，$U_{AB} = 4I + 4I + 2I = 10I$

　　则　　　　　　　　$R_{AB} = U_{AB}/I = 10 \ \Omega$

4.4　基尔霍夫定律

　　基尔霍夫定律是分析和计算电路的基本定律，它包括基尔霍夫电流定律和基尔霍夫电压定律。现以电路图 4 – 4 – 1 为例，先熟悉几个有关电路结构的术语。

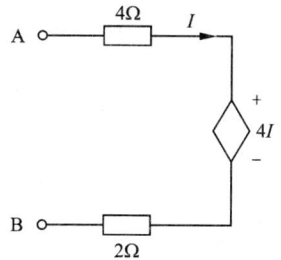

图 4 – 3 – 14　例 4 – 4 电路图

　　节点：3 条或 3 条以上支路的汇交点，称为节点。如图 4 – 4 – 1 中，B、C、F、G 各为一个节点，共有 3 个节点。

　　支路：电路中通过同一电流的每一分支称为支路。如图 4 – 4 – 1 中 BAHG、BG、BC、CF、DE 各构成一条支路，共有 5 条支路。

　　回路：电路中任一闭合路径称为回路，如图 4 – 4 – 1 中 ABGH、BCFG 等共有 6 个回路。

　　网孔：内部不含支路的回路称为网孔，如图 4 – 4 – 1 中 ABGH、BCFG、CDEF 共 3 个网孔。

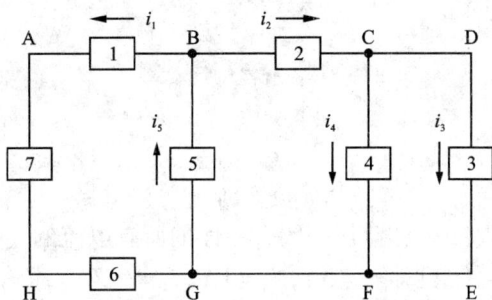

图 4 - 4 - 1　电路结构图

4.4.1　基尔霍夫电流定律

基尔霍夫电流定律(简称 KCL)，又称节点电流定律。它的内容是：任一时刻流入电路中任一节点的电流之和恒等于流出该节点的电流之和。

用公式表示为

$$\sum i_入 = \sum i_出 \qquad (4-4-1)$$

如图 4 - 4 - 2 所示的电路中的节点 A，可得出

$$i_1 + i_2 = i_3 + i_4$$

或

$$i_3 + i_4 - i_1 - i_2 = 0$$

上式表示任一时刻流入节点 A 的所有支路电流的代数和等于零。

基尔霍夫电流定律的另一表述形式：任一时刻流过电路中任一节点，所有电流的代数和恒等于零。若规定流入为正，流出为负，则可用公式表示为

$$\sum i = 0 \qquad (4-4-2)$$

在直流电路中为

$$\sum I = 0 \qquad (4-4-3)$$

基尔霍夫电流定律还可以推广应用于包围局部电路的任一假设的闭合曲面(高斯面)。例如图 4 - 4 - 3 中虚线所示的闭合曲面。

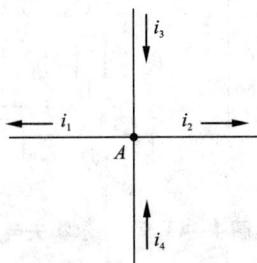

图 4 - 4 - 2　节点

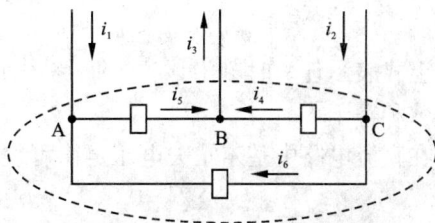

图 4 - 4 - 3　KCL 扩展应用

在图 4 - 4 - 3 中对节点 A、B、C 分别应用 KCL 可得

$$i_1 - i_5 + i_6 = 0$$
$$-i_3 + i_4 + i_5 = 0$$
$$i_2 - i_4 - i_6 = 0$$

上列三式相加, 则有

$$i_1 + i_2 - i_3 = 0$$

即　　　　　　　　　　　　　　$$\sum i = 0$$

可见, 在任一时刻流入(或流出)任一闭合曲面的所有电流的代数和也恒等于零。

例 4 - 5　图 4 - 4 - 1 中, 已知 $i_1 = 3A$, $i_3 = 1A$, $i_4 = -2A$, 求 i_2、i_5。

解: 根据图 4 - 4 - 1 中各点电流的方向, 任选两个节点列方程

对 B 点:　　　　　　　　　$$i_1 + i_2 - i_5 = 0$$　　　　　　　　(1)

对 C 点:　　　　　　　　　$$i_2 - i_3 - i_4 = 0$$　　　　　　　　(2)

把已知代入方程(1)、(2)解得:

$$i_2 = -1A, \quad i_5 = 2A$$

解题时应注意: 三个节点只能列两个电流方程。n 个节点只能列 $n - 1$ 个方程。

例 4 - 6　电路如图 4 - 4 - 4 所示, 已知(1)当 S 闭合时 $I = 1A$, 求 I'; (2)当 S 断开时, 求 I。

解: 如图中所示取一闭合曲面,

(1)S 闭合时, 根据 KCL 可得

$$I' = I = 1(A)$$

(2)S 断开时, 根据 KCL 可得 $I = I' = 0$

4.4.2　基尔霍夫电压定律

基尔霍夫电压定律(简称 KVL), 又称回路电压定律, 是用以确定回路中各段电压间关系的。

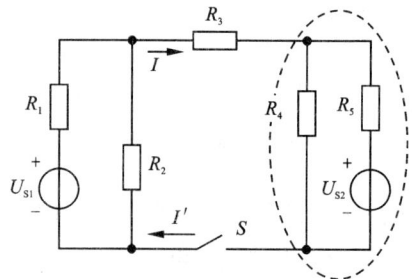

图 4 - 4 - 4　例 4 - 6 电路图

它的内容是: 任一时刻, 沿电路中任一回路中所有电压的代数和恒等于零。用公式表示为

$$\sum u = 0 \qquad\qquad (4 - 4 - 4)$$

例如在图 4 - 4 - 5 电路中, 从 A 点出发 ABCDA 回路绕行一周回到 A 点, 根据该回路中各段电压所标正方向可列出

$$u_1 + u_2 - u_3 + u_4 = 0$$

上式表示任一时刻沿该方向回路中所有各段电压的代数和等于零。

在直流电路中基尔霍夫电压定律可表示为

$$\sum U = 0 \qquad (4 - 4 - 5)$$

其中, 元件上电压的方向与绕行方向一致时, 取正号; 相反时取负号。基尔霍夫定律也可推广应用于局部电路。

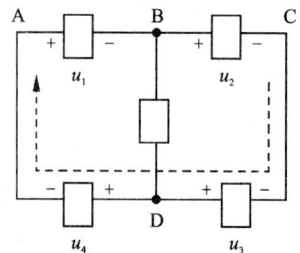

图 4 - 4 - 5　基尔霍夫电压定律

如图 4 - 4 - 6 所示的电路中, 可列出

$$U_{AB} + U_4 + U_3 - U_2 = 0$$

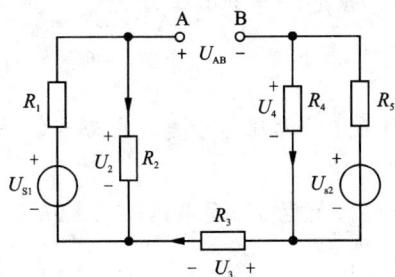

图 4 - 4 - 6 KVL 推广应用于局部电路图

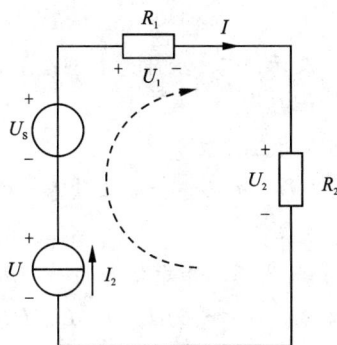

图 4 - 4 - 7 例 4 - 7 电路图

例 4 - 7 如图 4 - 4 - 7 所示的电路中，已知 $U_s = 12$ V，$I_s = 4$ A，$R_1 = 3$ Ω，$R_2 = 2$ Ω，求恒流源的端电压 U。

解：由 KVL 可得

$$U_1 + U_2 - U - U_s = 0$$

整理得　　　　$U = U_1 + U_2 - U_s = IR_1 + IR_2 - U_s = 4 \times 3 + 4 \times 2 - 12 = 8$ V

本章小结

一、电路的基本概念

1. 电路的组成与电路模型

(1) 组成：任何一个完整的电路通常是由电源、负载和中间环节三部分组成。

(2) 电路模型：把实际电路中的各种设备和器件都用理想元件来表征，实际电路就可以画成由各种理想元件的图形符号连接而成的电路图，这就是实际电路的电路模型(简称电路)。

2. 电路的主要物理量

(1) 电流。电荷(带电粒子)有规则的定向运动形成电流。用电流强度来衡量电流的大小。正电荷运动的方向为电流方向。参考方向是假定的电流方向。在分析计算电路前，可先任意选定某一方向为电流的参考方向。

(2) 电压。就是两点电位之差。电压的实际方向就是电位降低的方向(由高电位指向低电位)。参考方向是假定的电压方向。在分析计算电路时为了方便常取关联参考方向(关联参考方向是指电流和电压取一致的参考方向)。

(3) 电动势。是非静电力把单位正电荷从"－"极板经电源内部移到"＋"极板所做的功。它的方向是：在电源内部由低电位指向高电位(即由"－"极指向"＋"极)。

(4) 电位。是电路中某点对参考点的电压。电位是一个相对的物理量，它的大小和极性与所选取的参考点有关。习惯上常选接地点、机壳或公共节点为参考点。电压与电位的关系是：$U_{AB} = V_A - V_B$。

(5) 电功率。单位时间内电路吸收或释放的电能定义为该电路的功率。当电压、电流采用关联参考方向时，电功率为 $p = ui$；当电压、电流采用非关联参考方向时，电功率为 $p = -ui$。

$P > 0$ 表示该二端元件（或网络）吸收功率，为负载；若 $p < 0$ 表示该二端元件（或网络）发出功率，为电源。

3. 电路的三种状态

(1) 空载。电源处于开路状态。其特点是：电流为零，端电压等于电源电动势。电源的输出功率为零。

(2) 有载状态。指电源与负载连接成闭合回路，电路中有电流，负载两端的电压 $U = E - IR_o$，电源输出的功率为 $P = I \cdot E - I^2 R_o = I \cdot U$

(3) 短路。就是电源未经负载而直接由导线短接形成回路。短路是一种故障状态。特点是：短路处电压为零，短路电流 $I_S = E/R_o$，电源的输出功率 $P = 0$，电源产生的功率全部消耗在内阻上，而造成电源过热而损伤或毁坏，应尽量预防并采用保护措施。

4. 最大功率传输条件：负载获得最大功率的条件是负载电阻等于电源内阻。

二、电路的基本元件

1. 无源元件有电阻、电容和电感等负载元件。

(1) 电阻元件是耗能元件。电压与电流取关联参考方向时 $u = Ri$

(2) 电感元件是储能元件。电压与电流取关联参考方向时 $u = -e_L = L \dfrac{\mathrm{d}i}{\mathrm{d}t}$

(3) 电容元件是储能元件。电压与电流取关联参考方向时 $i = C \dfrac{\mathrm{d}u}{\mathrm{d}t}$

2. 有源元件（电源）分为电压源和电流源。

(1) 电压源是一个理想电路元件，它的端压为定值或是时间函数。实际电压源可以用理想电压源和内阻的串联来表示。

(2) 电流源也是一个理想电路元件，它发出的电流为定值或是时间函数。实际电流源可以用理想电流源和内阻的并联来表示。等效变换条件是内阻相等，且 $i_s = \dfrac{u_s}{R_o}$ 或 $u_s = i_s \cdot R_o$

(3) 受控源是量值受到控制的电源。受控源有四种：电压控制电压源（VCVS）、电流控制电压源（CCVS）、电压控制电流源（VCCS）、电流控制电流源（CCCS）。

三、电路基本定律

基尔霍夫定律是电路分析最基本的定律，它具有普遍适用性。它包括基尔霍夫电流定律和基尔霍夫电压定律。

1. 基尔霍夫电流定律（简称 KCL）　任一时刻流入电路中任一节点的电流之和恒等于流出该节点的电流之和。公式表示为 $\sum i_入 = \sum i_出$，还可以推广应用于广义节点。

2. 基尔霍夫电压定律　任一时刻，沿电路中任一回路中所有电压的代数和恒等于零。公式表示为 $\sum u = 0$，也可以推广应用于广义回路中。

复习思考题

4-1 电路由哪几部分组成? 各有什么作用?

4-2 在题图 4-1 中, 各电流的参考方向如图中所设, 已知 $I_1 = 8A$, $I_2 = -2A$, $I_3 = 10A$。试确定各电流的实际方向。

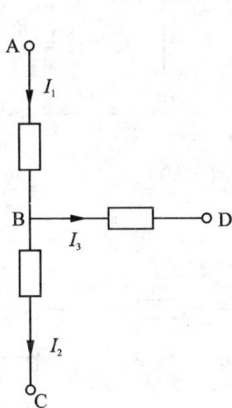

题图 4-1

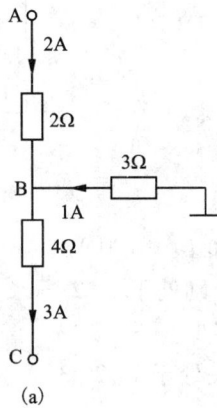

(a)

题图 4-2

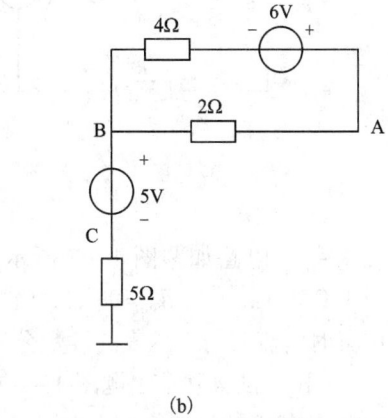

(b)

4-3 求题图 4-2 中 A、B、C 各点的电位。

4-4 试求如题图 4-3 中所示电路中 A、B 两点的电位及 U_{AB}。

4-5 有一个 1 W、25 Ω 的电阻器, 使用时允许加到它两端的最大电压是多少? 允许流过它的最大电流是多少?

4-6 一个 100W/220V 的灯泡接到 110 V 电压的两端, 此时的电功率为多大? 在一小时内电流做了多少功? 消耗电能多少度?

4-7 试计算题图 4-4 中各元件的功率, 并说明元件是吸收还是发出功率。

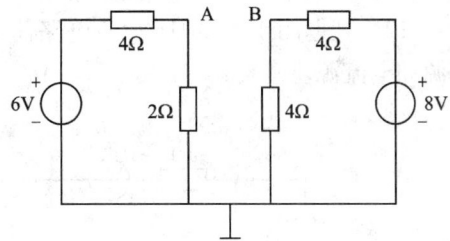

题图 4-3

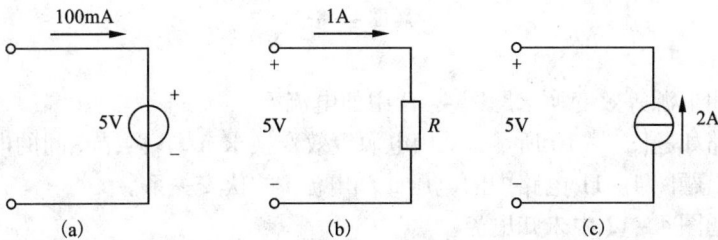

(a)   (b)   (c)

题图 4-4

4-8 电路如题图 4-5，已知 $U_S = 12$ V，$I_S = 3$ A，$R = 2$ Ω。试求图中的 U_1、U_2 和各元件的功率。

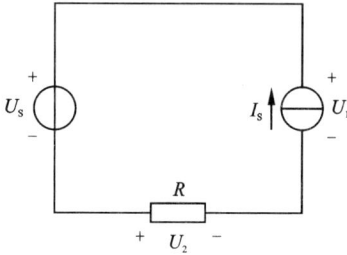

题图 4-5

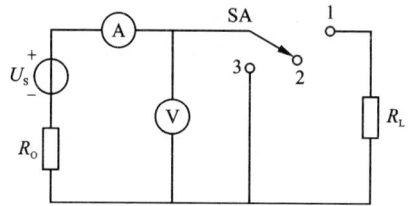

题图 4-6

4-9 电路如题图 4-6 所示，已知 $U_S = 100$ V，$R_o = 1$ Ω，负载电阻 $R_L = 99$ Ω，当开关分别处于 1、2、3 位置时电流表与电压表的读数分别是多少？

4-10 试分别求出题图 4-6 中开关处于 1、2、3 位置时负载消耗的功率和电源发出的功率。

4-11 在题图 4-7 所示电路中，信号源 $U_S = 16$ V，信号源内阻 $R_o = 20$ Ω，$R_1 = 20$ Ω，求 R_2 取多大时才可以获得最大功率？最大功率为多少？

4-12 把题图 4-8 中所示各电路简化为等效的电压源和电流源。

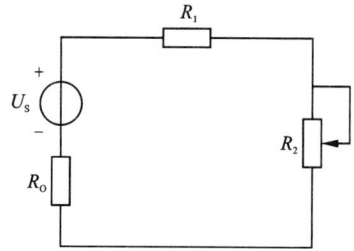

题图 4-7

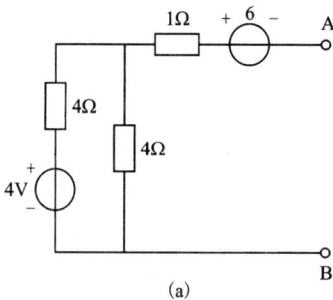

(a)

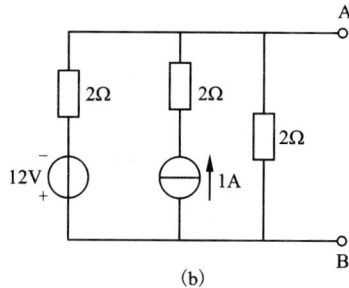

(b)

题图 4-8

4-13 试用电源等效变换求题图 4-9 中的电流 I。

4-14 电路如题图 4-10 所示，试用电源等效变换求 A、B 两结点间的电压 U。

4-15 写出题图 4-11 电路中的电压 u 和电流 i 的伏安关系。

4-16 求题图 4-12 中未知电流。

4-17 电路如题图 4-13 所示，已知 $U_1 = 16$ V，$U_4 = 6$ V，$i_1 = 3$ A，$i_2 = 1$ A。求 U_2、U_3 和 i_3。

4-18 电路如题图 4-14 所示，求 U_1、U_3。

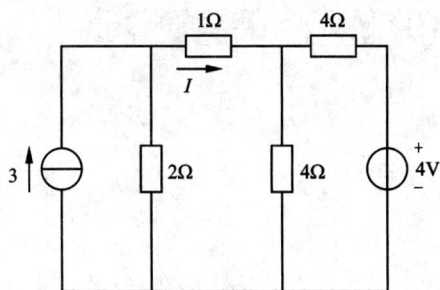

题图 4 – 9

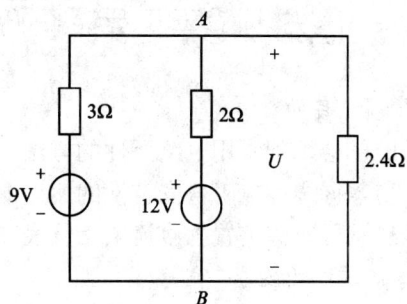

题图 4 – 10

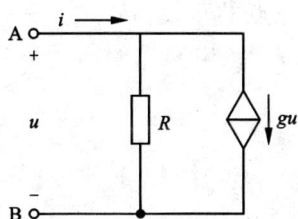

题图 4 – 11

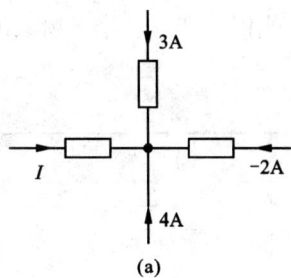

(a)

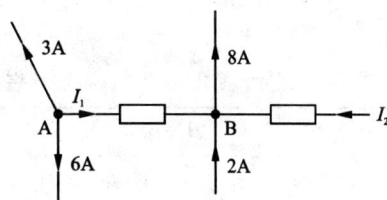

(b)

题图 4 – 12

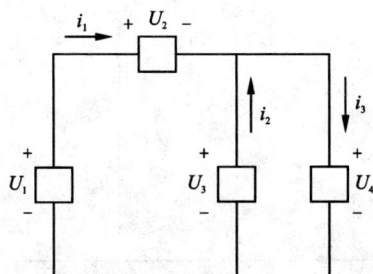

题图 4 – 13

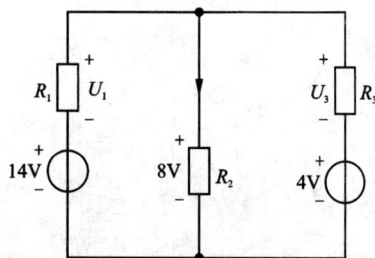

题图 4 – 14

能力训练二　元件的识别与线性电阻伏安特性的测量

1. 训练目的

(1)学会识别常用电路元件的方法。

(2)掌握线性电阻伏安特性的逐点测试法。

(3)掌握实验装置上直流电工仪表和设备的使用。

2. 训练能力要求

(1)了解电阻器、电容器及电感器的分类、型号及命名,掌握各元件的主要技术指标及其识别方法。

(2)掌握线性电阻器的伏安特性。线性电阻器的伏安特性曲线是一条通过坐标原点的直线,如训练图 2－1 所示,该直线的斜率等于该电阻器的电阻值。

3. 实训器材

可调直流稳压电源(0 ~ 10 V)1 台,万用表一块,直流数字毫安表一块,直流数字电压表一块,电阻器、电容器、电感器各种规格若干。

训练图 2－1

4. 实训步骤

(1)电阻器的识别。

①根据电阻器上的标志读出主要技术指标,并应用万用表实测,将结果填入训练表 2－1。

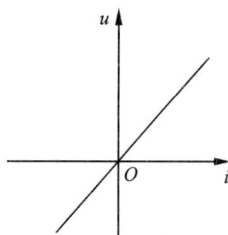

训练表 2－1

序号	标志	识　别				测　量		合格否
		材料	阻值	允许误差	功率	量程	阻值	

②根据电阻器上的色环读出主要技术指标,并应用万用表实测,将结果填入训练表 2－2。

训练表 2 – 2

序号	色环颜色	识		别		测	量	合格否
		材 料	阻 值	允 许 误 差	功 率	量 程	阻 值	

（2）电容器的识别

根据电容器上的标志读出主要技术指标，并应用万用表实测，将结果填入训练表 2 – 3。

训练表 2 – 3

序号	标　志	识		别	测　量	合格否
		材 料	容 量	耐 压	容 量	

（3）电感器的识别

根据电感器上的标志读出主要技术指标，将结果填入训练表 2 – 4。

训练表 2 – 4

序号	标　志	识	别	测　量	合格否
		电感量	品质因数	容 量	

（4）测定线性电阻器的伏安特性

①按训练图 2 – 2 接线，其中线性电阻 R 取 1 kΩ 和 510 Ω 分别接入电路中，调节直流稳

压电源的输出电压 U_s，从 0 V 开始缓慢地增加，一直到 10 V，记下相应的电压表和电流表的读数，填入训练表 2 – 5。

训练表 2 – 5

$U(V)$	0	1	2	3	4	……	10
当 $R = 1$ kΩ 时，$I_1(mA)$							
当 $R = 510$ Ω 时，$I_2(mA)$							

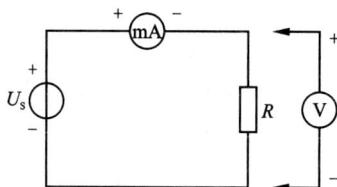

训练图 2 – 2

②根据测量得出的训练表 2 – 5 数据，画出伏安特性曲线。

5. 注意事项

(1)测线性电阻特性时，稳压电源输出应由小至大逐渐增加，稳压源输出端切勿碰线短路。

(2)进行不同实验时，应先估算电压和电流值，合理选择仪表的量程，勿使仪表超量程，仪表的极性亦不可接错。

第 5 章　直流电路的分析方法

本章以直流电路为例介绍线性电路的一般分析方法，包括支路电流法、戴维南定理。这些都是分析电路的基本原理和方法。

5.1　电阻的串、并联

5.1.1　电阻的串联

如图 5 - 1 - 1 所示为 n 个电阻串联及其等效电阻电路。电阻串联的特点是各电阻流过同一电流。

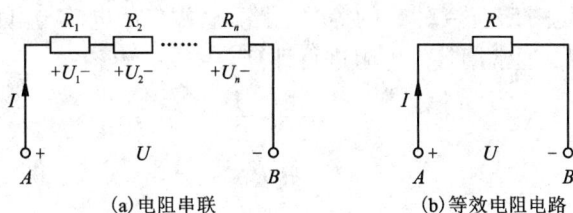

(a)电阻串联　　　　　　　(b)等效电阻电路

图 5 - 1 - 1　电阻串联及其等效电阻电路

根据 KVL 可得该二端网络端口上的电压电流关系

$$U = U_1 + U_2 + \cdots + U_n = R_1 I + R_2 I + \cdots + R_n I \tag{5 - 1 - 1}$$

其中 $R = \sum_{k=1}^{n} R_k$ 称为 n 个电阻串联的等效电阻。

图 5 - 1 - 1(b) 就是图 5 - 1 - 1(a) 的等效电路，就端口的电流与电压关系而言是等效的。在串联电路中，各电阻元件的电压与端口电压的关系为：

$$U_k = R_k I = \frac{R_k}{R} U \tag{5 - 1 - 2}$$

由上式可知在串联电路中，电阻两端的电压与电阻值成正比。称为串联电路分压公式。电阻吸收的功率为

$$P_k = U_k I = \frac{R_k}{R} UI = R_k I^2 \tag{5 - 1 - 3}$$

5.1.2　电阻的并联

如图 5 - 1 - 2 所示为 n 个电阻并联及其等效电阻电路。电阻并联的特点是各电阻元件两端的电压相同，即互相并联的各电阻元件接在相同两节点间。

根据 KCL 可得该二端网络端口上的电压电流关系

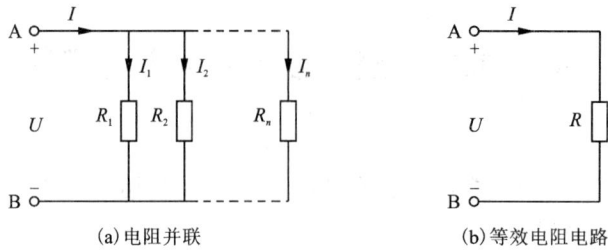

(a)电阻并联　　　　　　　(b)等效电阻电路

图 5 - 1 - 2　电阻并联及其等效电阻电路

$$I = I_1 + I_2 + \cdots + I_n = G_1 U + G_2 U + \cdots + G_n U = (G_1 + G_2 + \cdots + G_n) U = GU \qquad (5-1-4)$$

其中 $G = \sum\limits_{k=1}^{n} G_k$ 称为 n 个电阻元件并联的等效电导,其倒数为等效电阻。

若用电阻表示,上式可写为

$$I = \left(\frac{1}{R_1} + \frac{1}{R_2} + \cdots + \frac{1}{R_n}\right) U = \frac{U}{R} \qquad (5-1-5)$$

图 5 - 1 - 2(b)就是图 5 - 1 - 2(a)的等效电路,就端口的电流与电压关系而言是等效的。当两个电阻并联时,通常用等效电阻进行计算。

$$\frac{1}{R} = \frac{1}{R_1} + \frac{1}{R_2}$$

等效电阻　　　　　　　　　　$$R = \frac{R_1 R_2}{R_1 + R_2} \qquad (5-1-6)$$

在并联电路中,各电阻元件流过的电流与端口电流的关系为:

$$I_k = G_k U = \frac{G_k}{G} I \qquad (5-1-7)$$

上式为并联电路分流公式。

电阻吸收的功率为

$$P_k = U_k I = \frac{G_k}{G} U I = G_k U^2 \qquad (5-1-8)$$

5.1.3　电阻的串并联电路

若一个电阻性二端网络,既有电阻的串联,又有电阻的并联,则称为电阻的串并联电路。就端口特性而言,该二端网络等效为一个电阻。

例 5 - 1　电路如图 5 - 1 - 3 所示,若已知 $R_1 = 1$ Ω, $R_2 = 4$ Ω, $R_3 = 2$ Ω, $R_4 = 2$ Ω,(1)求 AB 端口的等效电阻。(2)若 AB 间的电压为 12 V,求各电阻上吸收的功率。

解:(1)AB 端口的等效电阻

$$R = R_1 + \frac{R_2(R_3 + R_4)}{R_2 + R_3 + R_4} = 1 + \frac{4(2+2)}{4+2+2} = 3 \ \Omega$$

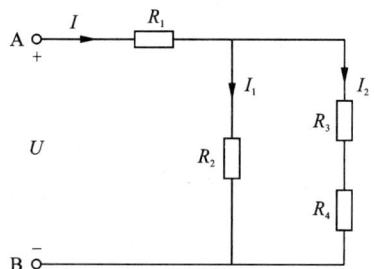

图 5 - 1 - 3　例 5 - 1 图

（2）
$$I = \frac{U}{R_{AB}} = \frac{12}{3} = 4\,\text{A}$$

由分流式可知
$$I_1 = I_2 = \frac{I}{2} = 2\,\text{A}$$

则由电路可知：$P_2 = I_1^2 R_2 = 16\ \text{W}$；$P_3 = I_2^2 R_3 = 8\ \text{W}$

例 5 - 2　电路如图 5 - 1 - 4（a）所示，求 AB 端口的等效电阻。

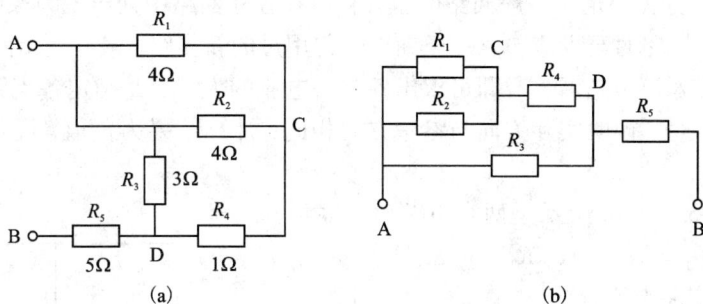

图 5 - 1 - 4　例 5 - 2 图

解：要判断出串并联关系，可先将电路中的各节点用英文字母按顺序标出，在本例中，端口用 A、B，其他节点依次用 C、D 标出，根据元件在节点间的位置判断各电阻元件之间的串并联关系。R_1 与 R_2 在 A、C 间，故它们是并联关系，然后与 R_4 串联，再与 R_3 并联，最后与 R_5 串联，可画出等效电路如图 5 - 1 - 4（b）所示。

根据等效电路，把已知代入可得，$R_{AC} = 2\ \Omega$，$R_{AD} = 1.5\ \Omega$，故 $R_{AB} = 6.5\ \Omega$。

5.2　支路电流法

我们前面分析的直流电路，都能运用欧姆定律及电阻的串、并联进行化简、计算，是简单直流电路。而在实际中，经常会遇到如图 5 - 2 - 1 所示电路，这种电路不能用电阻的串、并联化简，是复杂电路。分析复杂电路主要依据欧姆定律及基尔霍夫定律。

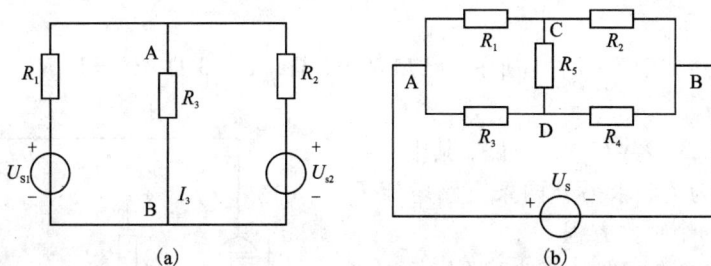

图 5 - 2 - 1　复杂直流电路

支路电流法是电路分析最基本的方法之一。它是以支路电流为变量，根据基尔霍夫节点电流定律和回路电压定律列出方程组，然后解联立方程，求得各支路电流。

支路电流法解题步骤如下：

（1）先标出各个支路电流的参考方向和独立回路的循环方向。支路电流的参考方向和独立回路的循环方向可以任意假设，一般与电动势方向一致，对具有两个以上电动势的回路，一般较大电动势的方向为回路的循环方向。

（2）根据 KCL 列节点电流方程。m 个节点的电路可列出 $m-1$ 个独立方程。

（3）根据 KVL 列回路电压方程。如果电路有 n 条支路（$n>m$），则还缺的 $n-(m-1)$ 个方程可由回路电压方程补足。一般回路电压方程可在独立回路中列出。为保证所列方程为独立方程，每次选取回路时至少应包含一条前面未曾用过的新支路，最好选用网孔作为回路。

（4）代入已知解联立方程式，即可求出各支路电流的大小，并确定各支路电流的实际方向。计算结果为正值，说明实际方向与参考方向相同；计算结果为负值，说明实际方向与参考方向相反。

例 5 - 3　图 5 - 2 - 2 所示是两个电源对负载供电的电路。已知 $R_1=R_2=1\ \Omega$，$R_3=5\ \Omega$，$U_{s1}=21\ \text{V}$，$U_{s2}=12\ \text{V}$，求各支路电流。

解：（1）假设各支路电流参考方向和回路循环方向如图 5 - 2 - 2 所示。

（2）电路中有两个节点，只能列一个节点电流方程。

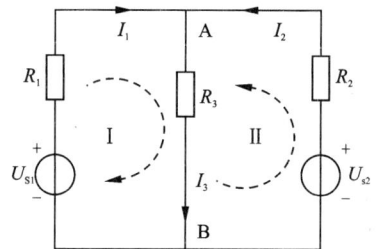

图 5 - 2 - 2　例 5 - 3 图

$$I_1+I_2=I_3 \tag{1}$$

（3）由回路 I 可得：

$$U_{s1}=I_1R_1+I_3R_3 \tag{2}$$

由回路 II 可得：

$$U_{s2}=I_3R_3+I_2R_2 \tag{3}$$

（4）将已知数据代入（1）（2）（3）可得联立方程：

$$\begin{cases} I_1+I_2-I_3=0 \\ I_1+5I_3=21 \\ I_2+5I_3=12 \end{cases} \quad 解之得 \quad \begin{cases} I_1=6\text{A} \\ I_2=-3\text{A} \\ I_3=3\text{A} \end{cases}$$

I_1、I_3 为正值，说明实际方向与图中所示参考方向相同。I_2 为负值，说明实际方向与图中所示参考方向相反。

例 5 - 4　电路如图 5 - 2 - 3 所示，已知 $R_1=2\ \Omega$，$R_2=3\ \Omega$，$U_s=11\ \text{V}$，$I_s=5\ \text{A}$，试用支路电流法求 I_1 和 I_2。

解：图 5 - 2 - 3 中共有 3 条支路，其中一条支路的电流已知为 I_s。求另外两条支路电流 I_1 和 I_2，故只需列两个独立方程。

（1）I_1 和 I_2 的参考方向和所选回路绕行方向如图 5 - 2 - 3 所示。

（2）根据 KCL 对节点 A 可得

$$I_1-I_2=I_s \tag{1}$$

（3）根据 KVL 由右边网孔可得

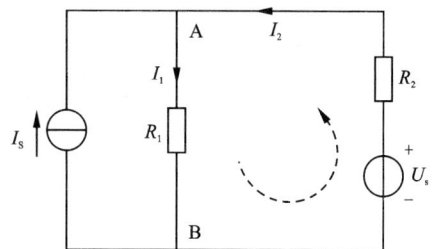

图 5 - 2 - 3　例 5 - 4 图

$$R_1 I_1 - R_2 I_2 = U_s \qquad (2)$$

（4）将已知数据代入（1）（2）可得联立方程：

$$\begin{cases} I_1 - I_2 = 5 \\ 2I_1 - 3I_2 = 11 \end{cases}$$

联立（1）（2）解得

$$\begin{cases} I_1 = 4 \text{ A} \\ I_2 = -1 \text{A} \end{cases}$$

I_1 为正值，说明实际方向与图中所示参考方向相同。I_2 为负值，说明实际方向与图中所示参考方向相反。

5.3　戴维南定理

在对电路进行分析计算时，有时只需要求某一条支路的电流，而不需要把所有的支路电流都算出来，这时用戴维南定理解决问题非常方便。

戴维南定理指出：

任何一个线性有源二端网络，如图 5 - 3 - 1（a）所示，都可用一个实际电压源来等效，如图 5 - 3 - 1（b）所示。等效电压源的电压 U_s 等于该二端网络的开路电压 U_{OC}，如图 5 - 3 - 1（c）所示。等效内阻 R_o 等于该有源二端网络中所有的理想电源皆为零时所得无源二端网络的等效电阻 R_{AB}。如图 5 - 3 - 1（d）。

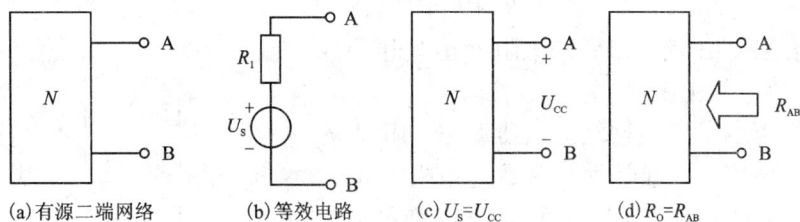

(a)有源二端网络　　(b)等效电路　　(c) $U_s = U_{CC}$ 　　(d) $R_o = R_{AB}$

图 5 - 3 - 1　戴维南定理

戴维南定理解题步骤如下：

（1）断开所求支路，画出开路图，求出有源二端网络，得开路电压 U_{CC}。

（2）画出无源二端网络等效电路图，将电压源短路，电流源开路。求出等效电阻 R_{AB}。

（3）画出含源二端网络的戴维南等效电路，U_s 极性应与 U_{CC} 一致。接上被断开支路，利用欧姆定律即得所求支路电流 I。

例 5 - 5　如图 5 - 3 - 2（a）所示的电路中，已知 $R_1 = 2\ \Omega$，$R_2 = 8\ \Omega$，$R_3 = 6\ \Omega$，$R_4 = 3\ \Omega$，$I_{S1} = 4$ A，$U_{S2} = 6$ V。求通过 R_4 支路的电流 I。

解：（1）断开所求支路，画出开路图如图 5 - 3 - 2（b）。

$$U_{CC} = I_{S1} \cdot R_1 - U_{S2} = 4 \times 2 - 6 = 2 \text{ V}$$

（2）画出无源二端网络等效电路图，电路如图 5 - 3 - 2（c）所示。

$$U_s = U_{CC} = 2 \text{ V}$$

（3）画出含源二端网络的戴维南等效电路，电路如图 5 – 3 – 2(d)所示。

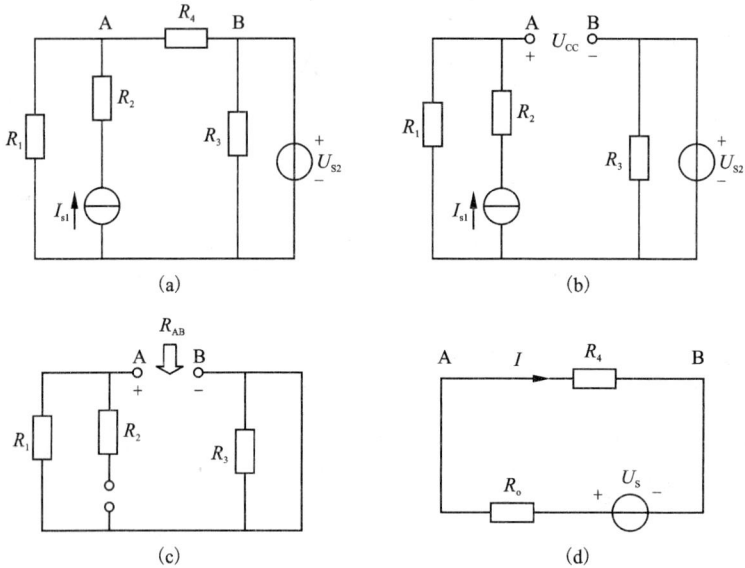

图 5 – 3 – 2　例 5 – 5 图

$$R_o = R_{AB} = 2 \ \Omega$$

则
$$I = \frac{U}{R_o + R_4} = \frac{2}{2 + 3} = 0.4 \ A$$

由本例可见，与电流源串联的电阻 R_2 和电压源并联的电阻 R_3，对计算无影响。

由于 A、B 端含源二端网络为电压源与内阻 R_o 的串联，根据等效变换亦可变换为电流源与电阻 R_o 的并联，把 5 – 3 – 2(d)图等效变换为 5 – 3 – 3，亦可得待求支路的电流。

$$I_S = \frac{U_S}{R_o} = \frac{2}{2} = 1 \ A$$

$$I = \frac{R_o}{R_o + R_4} I_S = \frac{2}{2 + 3} \times 1 = 0.4 \ A$$

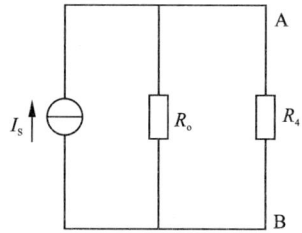

图 5 – 3 – 3

以上分析说明，含源二端网络也可以用一个实际电流源等效代替，其电流源电流 I_S 等于该二端网络的短路电流，等效内阻等于该二端网络中所有电源皆为零时所得无源二端网络的等效电阻 R_{AB}。这就是诺顿定理。

本章小结

1.简单直流电路分析方法：利用电阻串、并联的特性简化二端网络。见表 5 – 1。

表 5 – 1　电阻串联与电阻并联电路的特性

连接方式 特性	串　　　　联	并　　　　联
电流关系	$I = I_1 = I_2 = \cdots = I_n$	$I = I_1 + I_2 + \cdots + I_n$
电压关系	$U = U_1 + U_2 + \cdots + U_n$	$U = U_1 = U_2 = \cdots = U_n$
分压或分流公式	$U_1 = \dfrac{R_1}{R_1 + R_2} U$ $U_2 = \dfrac{R_2}{R_1 + R_2} U$	$I_1 = \dfrac{G_1}{G_1 + G_2} I = \dfrac{R_2}{R_1 + R_2} I$ $I_2 = \dfrac{G_2}{G_1 + G_2} I = \dfrac{R_1}{R_1 + R_2} I$
功率比	$\dfrac{P_1}{P_2} = \dfrac{R_1}{R_2}$	$\dfrac{P_1}{P_2} = \dfrac{G_1}{G_2}$

2.复杂直流电路分析方法

(1)支路电流法是电路分析最基本的方法之一。它是以全部支路电流为待求变量，根据基尔霍夫节点电流定律和回路电压定律列出方程组，然后解联立方程，求得各支路电流。

(2)戴维南定理：任何一个线性有源二端网络，都可用一个实际电压源来等效，等效电压源的电压 U_s 等于该二端网络的开路电压 U_{CC}，等效内阻 R_0 等于该有源二端网络中所有的理想电源皆为零时所得的无源二端网络的等效电阻 R_{AB}。

复习思考题

5 – 1　一只 8W/220V 的指示灯，现要接在 220 V 的电源上，需要串多大阻值的电阻？该电阻的功率应为多大？

5 – 2　两只额定值分别为 40 W/110 V，100 W/110 V 的白炽灯，接在 220 V 电源上，能否正常工作？为什么？

5 – 3　多量程直流电流表如题图 5 – 1 所示，已知表头等效电阻 $R_0 = 1.5$ kΩ，$R_1 = 100$ Ω，$R_2 = 400$ Ω，$R_3 = 500$ Ω，试计算 0 – 1，0 – 2，0 – 3 各端点间的等效电阻(即各挡的电流表内阻)。

5 – 4　计算如题图 5 – 2 所示电路 AB 间的等效电阻。

5 – 5　电路如题图 5 – 3 所示，试用支路电流法求各支路电流。

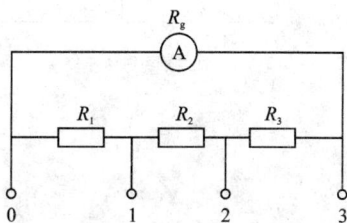

题图 5 – 1

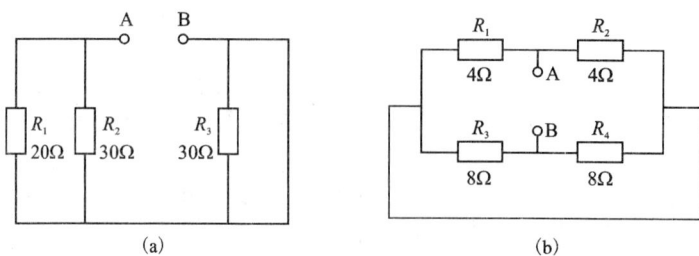

题图 5 - 2

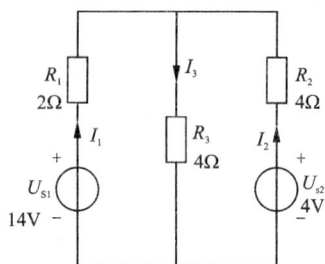

题图 5 - 3

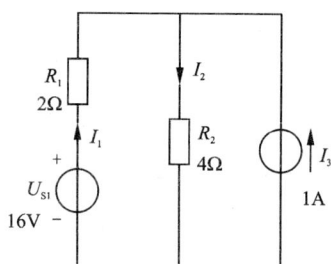

题图 5 - 4

5 - 6 电路如题图 5 - 4 所示,用支路电流法求电流 I_1 和 I_2。

5 - 7 电路如题图 5 - 5 所示,用戴维南定理求 R_3 上的电流 I_3。

5 - 8 电路如题图 5 - 6 所示,试用戴维南定理求流过电阻 R_3 的电流 I。

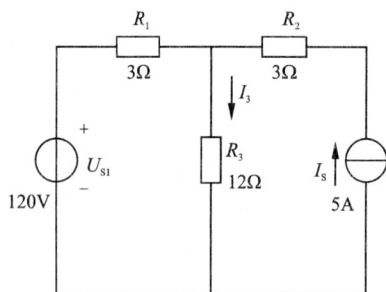

题图 5 - 5

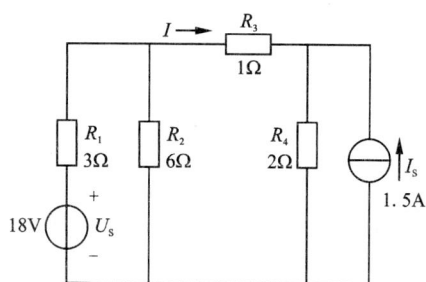

题图 5 - 6

能力训练三 电路测量

1. 训练目的

(1)进一步掌握用直流稳压电源、万用表的使用。

(2)加深对电阻串并联电路特点及直流电路的分析方法的理解,进一步巩固所学知识。

2.训练能力要求

(1)能基本使用万用表,会用万用表测电阻、电压、电流。

(2)掌握电阻串并联电路特点,会分析简单直流电路。

3.实训器材

直流可调稳压电源一台,万用表一只,电路测量实验电路板一块。

4.实训步骤

(1)按训练图 3 − 1 所示接线。其中 U_S 为直流稳压电源,$R_1 = 500\ \Omega$,$R_2 = 300\ \Omega$,$R_3 = 150\ \Omega$,$R'_1 = 1\ \mathrm{k}\Omega$,$R'_2 = 1.8\ \mathrm{k}\Omega$,$R'_3 = 3.6\ \mathrm{k}\Omega$。

(2)将电源电压 U_S 调到 12 V,开关 SA_1、SA_2、SA_3 拨到 1 位置,然后接通电源,把万用表转换开关转换到直流电压挡,测量电压 U_{AB}、U_{AC}、U_{CB},记录到训练表 3 − 1 中。

(3)把万用表转换开关转换到直流电流挡,串联到电路中测量电流 I、I_1、I_2,记录到训练表 3 − 1 中。

(4)改变开关 SA_1、SA_2、SA_3 位置,按上述步骤再测一次,把所测数据记录到训练表3 − 1 中。

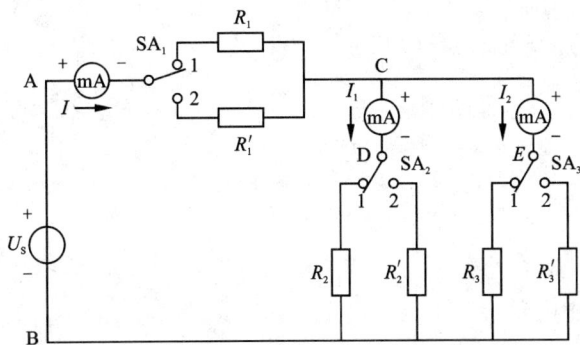

训练图 3 − 1　电路的测量

训练表 3 − 1

开关位置		电　压		电　流			
		U_{AB}	U_{AC}	U_{CB}	I	I_1	I_2
1	计算值						
	测量值						
2	计算值						
	测量值						

5.注意事项

(1)电路接好后,经检查后方可通电。

（2）用万用表测直流电压、直流电流时，必须把万用表的转换开关拨到相应的测量挡，估算电压和电流值，选择适当的量程，否则会损坏万用表。

（3）测量直流电压时，万用表要与被测元件并联；测量直流电流时，万用表要与被测元件串联。用万用表直流电压表测量时，正表棒（红色）接高电位点，负表棒（黑色）接低电位点。

（4）测量直流电流时，电流从正表棒（红色）流进，负表棒（黑色）流出。

模块三　　交流电路

第6章　正弦交流电路

前面我们已讨论了直流电路的分析,在直流电路中电压或电流的大小和方向都是不随时间变化的。本单元我们将学习另外一种电路——交流电路。电源产生的电流或电压每经过一定时间就重复变化一次,则此种电流、电压称为周期性交流电流或电压。交流电具有许多技术上、经济上的优越性。利用变压器变换交流电压,可以大量地远距离地传输电能,而且也便于使用;利用整流设备可以方便地从交流电获得直流电;交流电机的结构比直流电机简单;在通信技术中可利用交流电实现信息的传输,等等。所以,对交流电路的研究有着重要的意义。交流电的产生主要有两类方式:一类是用交流发电机产生,另一类是用含电子器件如电子管、半导体晶体管的电子振荡器产生。

6.1　正弦交流电的基本概述

按正弦规律变化的交流电又称为正弦交流电。交流发电机和正弦信号发生器都是常用的正弦电源。正弦交流电在现代工农业生产及其他各方面都有着极为广泛的应用。例如在电动机、电热、冶金、电信、照明等许多方面都应用正弦交流电。正弦交流电本身存在着一些独有的特性,同频率的正弦量通过加、减、积分、微分等运算后,其结果仍为同一频率的正弦函数,这样就使得电路的计算变得简单。

6.1.1　正弦量的三要素

正弦交流电的量值是时间的正弦函数,称为正弦量,其波形如图6-1-1所示,其数学表达式为

$$i = I_m \sin(\omega t + \psi) \tag{6-1-1}$$

正弦量的特征表现在变化的大小、快慢及量值三方面,分别由幅值(或有效值)、频率(或周期)和初相位决定。

1. 幅值与有效值

正弦量在任一瞬间的值称为瞬时值,常用小写字母表示。瞬时值中的最大值叫幅值,也叫峰值。用大写字母带下标"m"表示,如 I_m、U_m 等。

交流电的有效值是根据它的热效应确定的。交流电流 i 通过电阻 R 在一个周期内所产生的热量和直流电流 I 通过同一电阻 R 在相同时间内所产生的热量相等,则这个直流电流 I 的数值叫做交流电流 i 的有效值,用大写字母表示,如

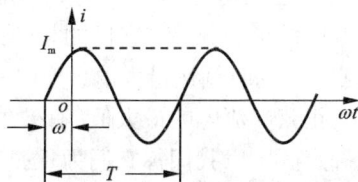

图 6-1-1　正弦交流电流

I、U 等。有效值是幅值的 $1/\sqrt{2}$。

$$I = I_{\mathrm{m}}/\sqrt{2} = 0.707 I_{\mathrm{m}} \qquad \text{或} \qquad U = U_{\mathrm{m}}/\sqrt{2} = 0.707 U_{\mathrm{m}} \qquad (6-1-2)$$

一般所讲的正弦电压、电流的量值，若无特殊声明，都是指有效值。测量交流电压电流的仪表所指示的数字，电气设备铭牌上的额定值都指的是有效值。

例 6-1　电容器的耐压值为 250 V，问能否用在 220 V 的单相交流电源上？

解：因为 220 V 的单相交流电源为正弦电压，其振幅值为 311 V，大于其耐压值 250 V，电容可能被击穿，所以不能接在 220 V 的单相电源上。各种电器件和电气设备的绝缘水平（耐压值），要按最大值考虑。

2. 频率及周期

正弦量循环变化一次所需要的时间称为周期，单位为秒（s）。每秒钟变化的次数称为频率 f，单位为赫兹（Hz）。周期与频率互为倒数

$$f = 1/T \qquad (6-1-3)$$

此外，还可用角频率 ω 表示正弦量变化的快慢，ω 的单位是弧度/秒（rad/s）。

$$\omega = 2\pi f = 2\pi/T \qquad (6-1-4)$$

我国电力系统的标准频率为 50 Hz。这一频率称为工业频率，简称工频。

3. 初相位

式（6-1-1）中的（$\omega t + \psi$）称为正弦量的相位角或相位，它反映出正弦量变化的进程。$t = 0$ 时的相位角称为初相位角或初相位。式（6-1-1）中的 ψ 就是电流的初相位。在一个正弦交流电路中，电压 u 和电流 i 的频率是相同的，但初相位不一定相同，如图 6-1-2 所示。

两个同频率正弦量的相位角之差或初相位之差，称为相位角差或相位差，用 φ 表示。

图 6-1-2 中，电压 u 和电流 i 的相位差为

$$\varphi = (\omega t + \psi_{\mathrm{u}}) - (\omega t + \psi_{\mathrm{i}}) \qquad (6-1-5)$$

当两个同频率的正弦量的计时起点改变时，它们的相位和初相位即跟着改变，但是两者之间的相位差仍保持不变。

由图 6-1-2 的正弦波形可见，因为 u 和 i 的初相位不同，所以它们的变化步调是不一致的，即不是同时到达正的幅值或零值。图中 $\psi_{\mathrm{u}} > \psi_{\mathrm{i}}$，所

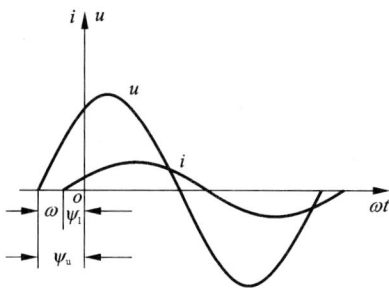

图 6-1-2　u 和 i 的相位不相等

以 u 较 i 先到达正的幅值。这时我们说，在相位上 u 比 i 超前 φ 角，或者说 i 比 u 滞后 φ。初相相等的两个正弦量，它们的相位差为零，这样的两个正弦量同相。同相的两个正弦量同时到达零值，同时到达最大值，步调一致。相位差 φ 为 180° 的两个正弦量相位关系叫做反相。

当正弦交流电的最大值（有效值）、角频率（频率、周期）和初相角确定时，正弦交流电才能被确定。所以我们称它们为正弦交流电的三要素。

例 6-2　已知正弦电压的振幅为 10 V，周期为 100 ms，初相位为 $\pi/6$。试写出其函数表达式。

解：先计算正弦电压的角频率

$$\omega = 2\pi/T = 2\pi/(100 \times 10^{-3}) = 20\pi \approx 62.8 \text{ rad/s}$$

正弦电压的函数表达为

$$u(t) = U_{\text{m}}\sin(\omega t + \psi_{\text{u}}) = 10\sin(20\pi t + \pi/6)\,\text{V} = 10\sin(62.8t + 30°)\,\text{V}$$

例 6 – 3　已知正弦电压 $u(t)$ 和电流 $i_1(t)$、$i_2(t)$ 的瞬时值表达式为

$$u(t) = 311\sin(\omega t - 180°)\,\text{V},\ i_1(t) = 5\sin(\omega t - 45°)\,\text{A},\ i_2(t) = 10\sin(\omega t + 60°)\,\text{A}$$

试求电压 $u(t)$ 与电流 $i_1(t)$ 和 $i_2(t)$ 的相位差。

解: 电压 $u(t)$ 与电流 $i_1(t)$ 的相位差为 $\varphi = (-180°) - (-45°) = -135°$

电压 $u(t)$ 与电流 $i_2(t)$ 的相位差为 $\varphi = (-180°) - 60° = -240° + 360° = 120°$

6.1.2　正弦量的相量表示法

分析正弦稳态电路的有效方法是相量法，相量法的基础是用一个称为相量的向量或复数来表示正弦电压和电流。假设正弦电压为

$$u(t) = U_{\text{m}}\sin(\omega t + \psi)$$

利用它的振幅 U_{m} 和初相位 ψ 来构成一个复数，复数的模表示电压的振幅，其幅角表示电压的初相位，即

$$\dot{U}_{\text{m}} = U_{\text{m}}e^{j\psi} = U_{\text{m}} \angle \psi \tag{6 – 1 – 6}$$

它在复数平面上可以用一个有向线段来表示，如图 6 – 1 – 3 所示。这种用来表示正弦电压和电流的复数，称为相量。

设想电压相量以角速度 ω 沿反时针方向旋转，成为一旋转相量，它在实轴上的投影为 $U_{\text{m}}\cos(\omega t + \psi)$，在虚轴上投影为 $U_{\text{m}}\sin(\omega t + \psi)$。它们都是时间的正弦函数。

由上述可见，已知正弦电压电流的瞬时值表达式，可以得到相应的电压电流相量。反过来，已知

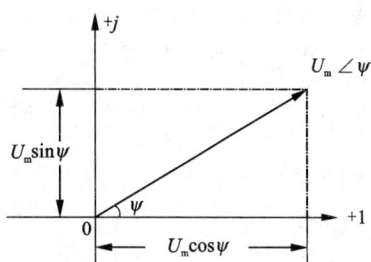

图 6 – 1 – 3　正弦电压和电流的相量

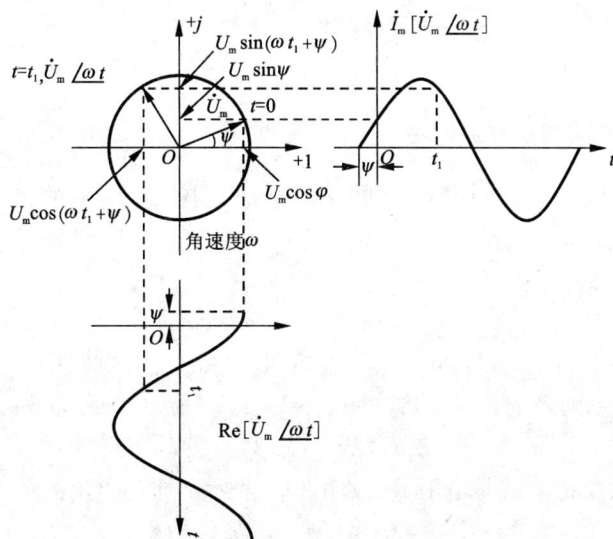

图 6 – 1 – 4　旋转相量及其在实轴和虚轴上的投影

电压电流相量，也能够写出正弦电压电流的瞬时值表达式。即

$$u(t) = U_m \cos(\omega t + \psi_u) \xrightarrow{\quad \omega \quad} \dot{U}_m = U_m \angle \psi_u \qquad (6-1-7)$$

$$i(t) = I_m \cos(\omega t + \psi_i) \xrightarrow{\quad \omega \quad} \dot{I}_m = I_m \angle \psi_i$$

例 6 – 4 已知正弦电流 $i_1(t) = 5\sin(314t + 60°)$ A，$i_2(t) = -10\cos(314t - 120°)$ A，求其电流相量，画出相量图，并求出 $i(t) = i_1(t) + i_2(t)$。

解： 表示正弦电流 $i_1(t) = 5\sin(314t + 60°)$ 的相量为 $\dot{I}_{1m} = 5e^{j60°}$ A $= 5 \angle 60°$ A

$$i_2(t) = -10\cos(314t - 120°) \text{ A} = 10\sin(314t - 120° + 90° + 180°) \text{ A}$$

$$= 10\sin(314t + 150°) \text{ A} \longrightarrow \dot{I}_{2m} = 10 \angle 150° \text{ A}$$

今后在用相量法分析电路时，各正弦量的瞬时表达式用正弦函数（余弦函数）表示。

将电流相量 $\dot{I}_{1m} = 5 \angle 60°$ 和 $\dot{I}_{2m} = 10 \angle 150°$ 画在一个复数平面上，就得到相量图 6 – 1 – 5。从相量图上容易看出各正弦电压电流的相位关系。

以上采用的电压电流相量均为最大值相量，实际应用中由于交流电表所测定的均为交流电量的有效值，故通常在分析正弦交流电路时采用有效值相量，用 $\dot{U}$ 及 $\dot{I}$ 表示。

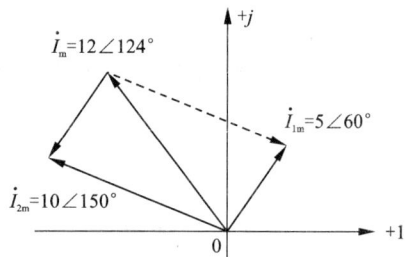

图 6 – 1 – 5 例 6 – 4 相量图

例 6 – 5 已知频率为 1000 Hz 的正弦电流的有效值相量为 $\dot{I} = 0.5 \angle -30°$ A。求电流的瞬时值表达式。

解： 正弦量的角频率为：

$$\omega = 2\pi f = 2 \times 3.14 \times 1000 \text{ rad/s} = 6280 \text{ rad/s}$$

得

$$i = 0.5\sqrt{2}\sin(6280t - 30°) \text{ A}$$

6.2 单元件正弦交流电路特性

6.2.1 电阻元件的正弦交流电路

图 6 – 2 – 1(a)是一个线性电阻元件的交流电路。电压和电流的正方向如图所示，两者关系由欧姆定律确定，即 $u = iR$。

设 $i = I_m \sin\omega t$ 为参考正弦量，则

$$u = iR = I_m R \sin\omega t = U_m \sin\omega t \qquad (6-2-1)$$

u，i 是两个同频率的正弦量。可看出，在电阻元件的交流电路中，电流和电压是同相的（相位差 $\varphi = 0°$），表示两者的正弦波形如图 6 – 2 – 1(b)所示。由式(6 – 2 – 1)可得

$$U_m = I_m R \quad \text{或} \quad U_m/I_m = U/I = R \qquad (6-2-2)$$

电压与电流的大小比值就是电阻 R。如用相量表示电压与电流的关系，则为

$$\dot{U}/\dot{I} = Ue^{j0°}/Ie^{j0°} = R; \quad \dot{U} = \dot{I}R \qquad (6-2-3)$$

此即欧姆定律的相量表示式，电压和电流的向量如图 6 – 2 – 1(c)所示。

知道了电压和电流的变化规律和相互关系后，便可找出电路中的功率。在任意瞬间，电

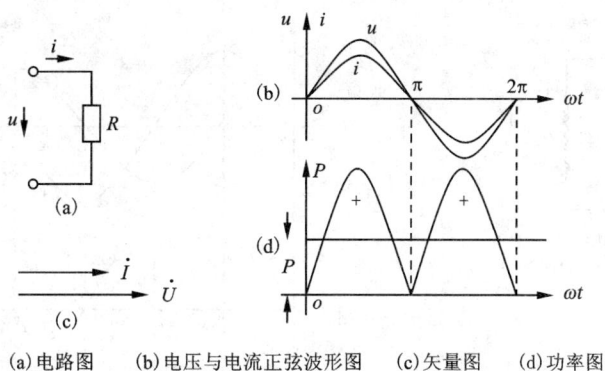

(a)电路图　　(b)电压与电流正弦波形图　　(c)矢量图　　(d)功率图

图 6 – 2 – 1　电阻元件交流电路

压瞬时值 u 与电流瞬时值 i 的乘积称为瞬时功率,即

$$p = p_R = ui \qquad (6-2-4)$$

由于在电阻元件的交流电路中 u 与 i 同相,它们同时为正,同时为负,所以瞬时功率总是正值,这表明电阻元件从电源取用能量。

通常这样计算电能:$W = Pt$,P 是一个周期内电路消耗电能的平均功率,在电阻元件电路中,平均功率为

$$P = UI = I^2 R = U^2 / R \qquad (6-2-5)$$

6.2.2　电感元件的正弦交流电路

假设线圈只有电感 L。当其中通过交变电流 i 时,在电感线圈的两端产生自感电动势 e_L,设电流 i、电动势 e_L 和电压 u 的正方向如图 6 – 2 – 2(a)所示。则有

$$u = -e_L = L \frac{di}{dt} \qquad (6-2-6)$$

设电流为参考正弦量,即 $i = I_m \sin\omega t$,由式(6 – 2 – 6)得

$$u = I_m \omega L \sin(\omega t + 90°) = U_m \sin(\omega t + 90°) \qquad (6-2-7)$$

u 和 i 也是同频率的正弦量。比较 i、u 可知,电感元件中的电流比电压滞后 90°。电压 u 和电流 i 的正弦波形如图 6 – 2 – 2(b)所示。由(6 – 2 – 7)式得

$$U_m = I_m \omega L \quad 或 \quad U_m / I_m = U/I = \omega L \qquad (6-2-8)$$

即在电感元件电路中,电压的幅值(或有效值)与电流的幅值(或有效值)之比为 ωL。显然它的单位也为欧姆。电压 U 一定时,ωL 越大,则电流 I 越小。可见它具有对电流起阻碍作用的物理性质,称为感抗。用 X_L 表示为

$$X_L = \omega L = 2\pi f L \qquad (6-2-9)$$

感抗 X_L 与电感 L、频率 f 成正比,因此电感线圈对高频电流的阻碍作用很大,而对直流则可视作短路。还应该注意,感抗只是电压与电流的幅值或有效值之比,而不是它们的瞬时值之比。如用相量表示电压与电流的关系,则为

$$\dot{U}/\dot{I} = \frac{U}{I} e^{j(90° - 0°)} = \frac{U}{I} e^{j90°} = jX_L = j\omega L \qquad (6-2-10)$$

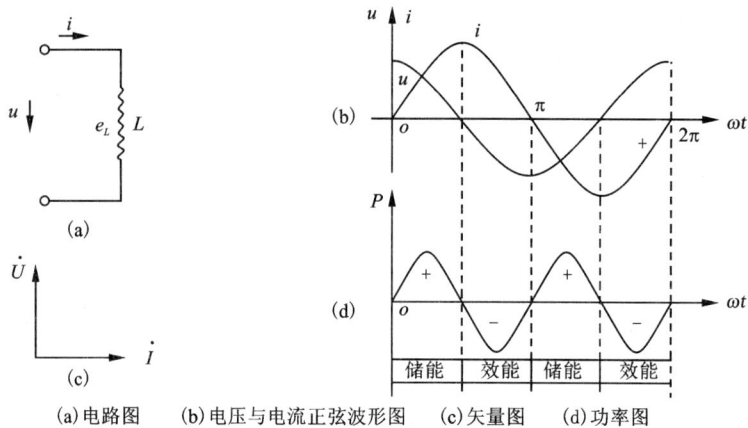

(a)电路图　　(b)电压与电流正弦波形图　　(c)矢量图　　(d)功率图

图 6 - 2 - 2　电感元件交流电路

　　式(6 - 2 - 10)表示电压的有效值等于电流的有效值与感抗的乘积,在相位上电压比电流超前 90°。电压和电流的相量图如图 6 - 2 - 2(c)所示。

　　知道了电压 u 和电流 i 的变化规律和相互关系后,便可找出瞬时功率的变化规律,即

$$p = UI\sin2\omega t \qquad (6 - 2 - 11)$$

　　可见,电感元件电路周期内的平均功率为零,即电感元件的交流电路中没有能量消耗,只有电源与电感元件间的能量互换。这种能量互换的规模我们用无功功率 Q 来衡量,我们规定无功功率等于瞬时功率 p_L 的幅值,即

$$Q = UI = I^2 X_L \qquad (6 - 2 - 12)$$

无功功率的单位是乏(var)或千乏(kvar)。

6.2.3　电容元件的正弦交流电路

　　这一节我们分析一下线性电容元件与正弦电源连接的电路,如图 6 - 2 - 3(a)所示。

　　对于电容器, $i = \mathrm{d}q/\mathrm{d}t = C\mathrm{d}u/\mathrm{d}t$,若在其两端加一正弦电压 $u = U_\mathrm{m}\sin\omega t$,则

$$i = U_\mathrm{m}\omega C\sin(\omega t + 90°) = I_\mathrm{m}\sin(\omega t + 90°) \qquad (6 - 2 - 13)$$

u 和 i 也是一个同频率的正弦量。同时电容在相位上电流比电压超前 90°。在今后的问题中,为了便于说明电路是电感性的还是电容性的,我们规定:当电流比电压滞后时,其相位差 φ 为正值;当电流比电压超前时,其相位差 φ 为负值。电容电路中电压 u 和电流 i 的正弦波形如图 6 - 2 - 3(b)所示。由式(6 - 2 - 13),得

$$I_\mathrm{m} = U_\mathrm{m}\omega C \qquad (6 - 2 - 14)$$

　　即在电容元件电路中,电压的幅值(或有效值)与电流的幅值(或有效值)之比值为 $1/\omega C$,它的单位也为欧姆,称为容抗。用 X_C 表示,即

$$X_C = \frac{1}{\omega C} = \frac{1}{2\pi fC} \qquad (6 - 2 - 15)$$

　　容抗 X_C 与电容 C 、频率 f 成反比。因此,电容对低频电流的阻碍作用很大。对直流($f = 0$)而言, $X_C \rightarrow \infty$,可视作开路。如用相量表示电压与电流的关系,则为

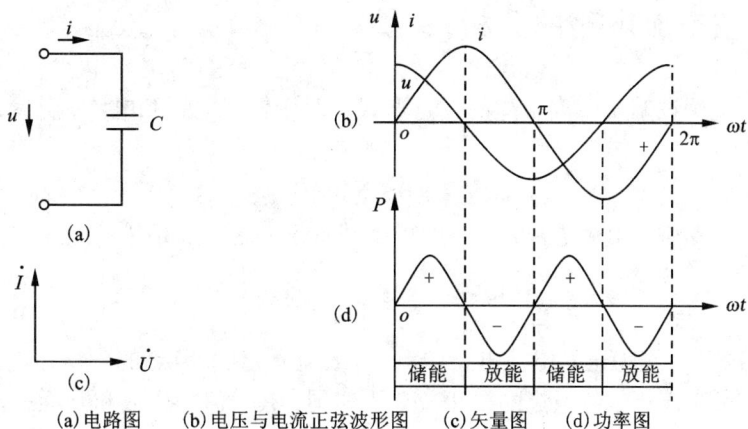

(a)电路图　　(b)电压与电流正弦波形图　　(c)矢量图　　(d)功率图

图 6 - 2 - 3　电容元件交流电路

$$\dot{U}/\dot{I} = \frac{U}{I}e^{j(0° - 90°)} = \frac{U}{I}e^{-j90°} = -jX_C = -j\frac{1}{\omega C}$$

$$\dot{U} = -jX_C\dot{I} = -j\frac{1}{\omega C}\dot{I} \qquad\qquad (6 - 2 - 16)$$

式(6 - 2 - 16)表示电压的有效值等于电流的有效值与容抗的乘积,在相位上电压比电流滞后了 90°。电压和电流的相量图如图 6 - 2 - 3(c)所示。

电容元件电路的平均功率也为零,即电容元件的交流电路中没有能量消耗,只有电源与电容元件之间的能量交换。

电容元件的无功功率为

$$Q = UI = I^2 X_C \qquad\qquad (6 - 2 - 17)$$

例 6 - 6　图 6 - 2 - 4 中,$R = 4\ k\Omega$,分别写出电压 u_1、u_2 瞬时值表达式。

解: 电流相量为 $\dot{I}_m = 10\angle0°\ mA$,电阻为 $R = 4\ k\Omega$,电感的电抗为 $X_L = \omega L = 314 \times 30 = 9.42\ k\Omega$,式(6 - 2 - 3)及式(6 - 2 - 10)得

电阻电压相量　　　$\dot{U}_{1m} = R \times \dot{I}_m = 4 \times 10^3 \times 10 \times 10^{-3}\angle0° = 40\angle0°\ V$

电感电压相量为　　$U_{2m} = X_L \times I_m = 9.42 \times 10^3 \times 10 \times 10^{-3} = 94.2\ V$

对应的电压瞬时值为　　$u_1 = U_{1m}\sin314t\ V = 40\sin314t\ V$

及　　　　　　　　　　$u_2 = U_{2m}\sin(314t + 90°)\ V = 94.2\sin(314t + 90°)\ V$

电压 u_1 与电流 i 同相位,而电压 u_2 超前电流 i 90°。

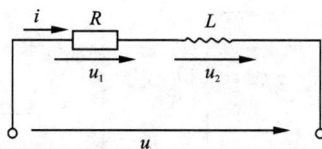

图 6 - 2 - 4　例 6 - 6 图

6.3　正弦交流电路的分析

本节我们首先阐述基尔霍夫定律的相量形式。对于任何电压和电流,其瞬时值都应满足基尔霍夫定律,即

$$\sum i =0, \ \sum u =0$$

在正弦电流电路中,用相量来表示,即得出基尔霍夫定律的相量形式

KCL 的相量形式为

$$\sum \dot{I} = 0 \tag{6-3-1}$$

式(6 – 3 – 1)的意义为正弦电流电路中流出(或流入)任一节点的各支路电流相量的代数和等于零。在一般情况下,各电流的初相位并不相同,有效值的代数和并不一定等于零。

KVL 的相量形式为

$$\sum \dot{U} = 0 \tag{6-3-2}$$

即在正弦电流电路中,沿任一回路绕行一周,各段电压相量的代数和恒等于零。在一般情况下,沿任一回路正弦电压的有效值的代数和也并不一定等于零。

6.3.1　RLC 串联交流电路

电阻、电感与电容元件串联的交流电路如图 6 – 3 – 1 所示,电路中的各元件通过同一电流,电流与电压的正方向在图中已经标出。

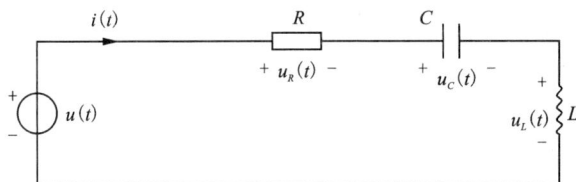

图 6 – 3 – 1　电阻、电感与电容串联的交流电路

可以建立图 6 – 3 – 1 的相量模型,在相量模型图上,如果将电压 u_R、u_L、u_C 用相量 $\dot{U}_R$、$\dot{U}_L$、$\dot{U}_C$ 表示,则相量相加即可得出电源电压 u 的相量 $\dot{U}$,如图 6 – 3 – 2 所示。

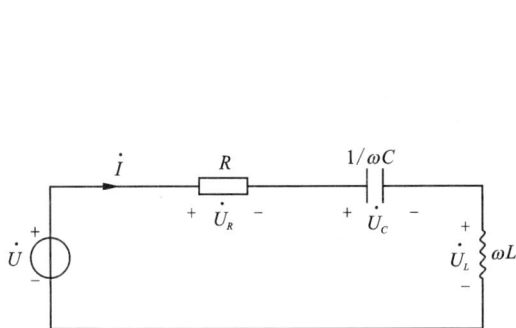

图 6 – 3 – 2　RLC 串联电路的相量模型

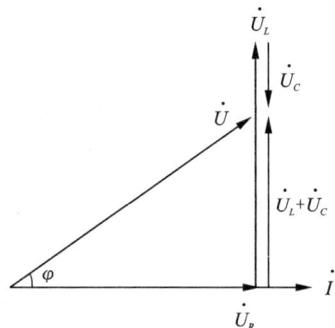

图 6 – 3 – 3　RLC 串联电路的电压三角形

以电流相量 $\dot{I}$ 为参考相量，其初相位为 0°，则电阻电压 $\dot{U}_R$ 与 $\dot{I}$ 同相，电感电压 $\dot{U}_C$ 超前 $\dot{I}$ 90°，电容电压 $\dot{U}_L$ 滞后电流 $\dot{I}$ 90°。由电压相量 $\dot{U}$、$\dot{U}_R$ 及 $(\dot{U}_L + \dot{U}_C)$ 所组成的直角三角形，称为电压三角形。如图 6-3-3 所示。

根据 KVL：

$$\dot{U} = \dot{U}_R + \dot{U}_L + \dot{U}_C = R\dot{I} + j\omega L\dot{I} - j\frac{1}{\omega C}\dot{I} = (R + j\omega L - j\frac{1}{\omega C})\dot{I}$$

$$\dot{U} = Z\dot{I} \tag{6-3-3}$$

式 $\dot{U} = Z\dot{I}$ 叫做欧姆定律的相量形式，式中复数 Z 称为复阻抗或阻抗。

$$Z = \dot{U}/\dot{I} = R + j(\omega L - \frac{1}{\omega C}) = R + j(X_L - X_C) = |Z| \angle \varphi \tag{6-3-4}$$

其中：

$$|Z| = \sqrt{R^2 + (X_L - X_C)^2} = \sqrt{R^2 + (\omega L - \frac{1}{\omega C})^2} \tag{6-3-5}$$

$$\varphi = \arctan \frac{X_L - X_C}{R} = \arctan \frac{\omega L - \frac{1}{\omega C}}{R} \tag{6-3-6}$$

利用电压三角形，便可求出电源电压的有效值，即

$$U = I\sqrt{R^2 + (X_L - X_C)^2} \tag{6-3-7}$$

由上式可见，这种电路中电压与电流的有效值（或幅值）之比为 $\sqrt{R^2 + (X_L - X_C)^2}$，它的单位也是欧姆，具有对电流起阻碍作用的性质，我们称它为电路的阻抗模，用 $|Z|$ 表示。

由式 (6-3-5) 可知，$|Z|$、R、$(X_L - X_C)$ 三者之间的关系也可用直角三角形（称为阻抗三角形）来表示，如图 6-3-4 所示。

至于电源电压 u 与电流 i 之间的相位差 φ 也可以从电压三角形得出

$$\varphi = \arctan \frac{U_L - U_C}{U_R} = \arctan \frac{X_L - X_C}{R} \tag{6-3-8}$$

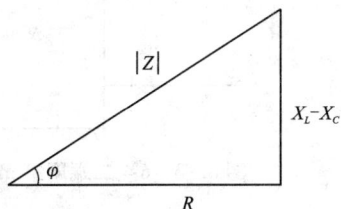

图 6-3-4　阻抗三角形　　　　图 6-3-5　电压三角形和阻抗三角形

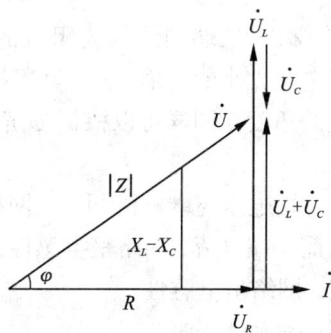

相位差角 φ 又称阻抗角，由此阻抗可表示为

$$Z = |Z| \angle \arctan \frac{x_L - x_C}{R}$$

比较上述电压三角形和阻抗三角形，可以发现两者为相似三角形，如图 6-3-5，故存在以下的对应比例关系

$$\frac{|Z|}{U} = \frac{U_L - U_C}{\omega L - \dfrac{1}{\omega C}} = \frac{U_R}{R} \qquad (6-3-9)$$

因此，阻抗模 $|Z|$、阻抗角 φ、电阻 R、感抗 X_L 及容抗 X_C 不仅表示电压 u 及其分量 U_R、U_L 及 U_C 与电流 i 之间的大小关系，而且也表示了它们之间的相位关系。随着电路参数的不同，电压 u 与电流 i 之间的相位差 φ 也就不同，因此，φ 角的大小是由电路（负载）的参数决定的。由式(6-3-8)可知，频率一定时，不仅相位差 φ 的大小决定于电路的参数，而且电流滞后还是超前于电压也与电路的参数有关。如果 $X_L > X_C$，则在相位上电流 i 比电压 u 滞后 φ 角，这种电路是呈感性的；如果 $X_L < X_C$，则在相位上电流 i 比电压 u 超前 φ 角，这种电路是电容性的；当然当 $X_L = X_C$，即 $\varphi = 0$ 时，则电流 i 与电压 u 同相，这种电路是呈阻性的。

理想电阻、电感、电容的复阻抗分别为

$$Z_R = R$$
$$Z_C = \frac{1}{j\omega C} = -j\frac{1}{\omega C} \qquad (6-3-10)$$
$$Z_L = j\omega L$$

6.3.2 复阻抗的串并联

1. 无源二端网络的复阻抗

复阻抗概念不但可应用于单一电阻、电感、电容元件及其串联电路，还可应用于正弦稳态下的任一线性无源二端网络。如图 6-3-6。

根据欧姆定律的相量形式

$$\dot{U} = Z\dot{I}$$

得二端网络的复阻抗为

$$Z = \dot{U}/\dot{I} = \dot{U}/\dot{I} = |Z| \angle \varphi = \frac{U}{I} \angle \psi_u - \psi_i \qquad (6-3-11)$$

其中 $|Z|$ 为二端网络的复阻抗的大小，等于端电压大小与端电流大小的比值，φ 为其阻抗角，反映端电压超前端电流的角度。同样可以根据 φ 角来判断二端网络的性质：

$\varphi = 0$，端电压与端电流同相，网络呈电阻性；$\varphi > 0$，端电压超前于端电流，网络呈电感性；$\varphi < 0$，端电压滞后于端电流，网络呈电容性。

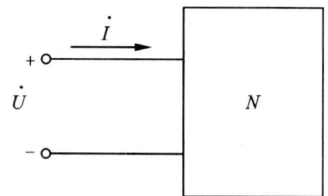

图 6-3-6 二端网络 ab

2. 复阻抗的串并联

复阻抗的串并联计算规则和电阻电路中电阻的串并联计算规则相同。对于有 n 个复阻抗串联而成的电路，其等效复阻抗为

$$Z = \sum_{i=1}^{n} Z_i = Z_1 + Z_2 + Z_3 + \cdots + Z_i \qquad (6-3-12)$$

两个阻抗 Z_1 和 Z_2 串联时，电压分配为

$$\dot{U}_1 = \frac{Z_1}{Z_1 + Z_2}\dot{U} \qquad \dot{U}_2 = \frac{Z_2}{Z_1 + Z_2}\dot{U} \qquad (6-3-13)$$

对于由 n 个复阻抗(导纳)并联而成的电路, 其等效导纳为

$$Y = \sum_{i=1}^{n} Y_i = Y_1 + Y_2 + Y_3 + \cdots + Y_i \qquad (6-3-14)$$

两个导纳 Y_1 和 Y_2 并联时, 电流分配为

$$\dot{I}_1 = \frac{Y_1}{Y_1 + Y_2} \dot{I} \qquad \dot{I}_2 = \frac{Y_2}{Y_1 + Y_2} \dot{I} \qquad (6-3-15)$$

例 6-7 已知: 电路如图 6-3-7 所示, $i = 5\sin 2t\,\mathrm{A}$, $R = 1\ \Omega$, $L = 0.25\,\mathrm{H}$, $C = 1\,\mathrm{F}$

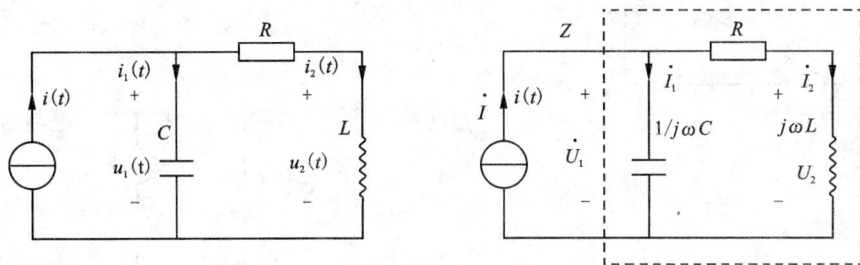

图 6-3-7 例 6-7 电路图及相量电路图

求: $u_1(t)$, $u_2(t)$

解: $\dot{I}_m = 5 \angle 0° \,\mathrm{A}$

$$Z_C = \frac{1}{j\omega C} = \frac{1}{j \times 2 \times 1} = -0.5j\ \Omega$$

$$Z_L = j\omega L = j \times 2 \times 0.25 = 0.5j\ \Omega$$

$$Z = Z_1 /\!/ Z_2 = \frac{(-0.5j)(1+0.5j)}{(-0.5j)+(1+0.5j)} = 0.25 - 0.5j\ \Omega$$

$$\dot{U}_{1m} = Z \cdot \dot{I}_m = (0.25 - 0.5j) \times 5 \angle 0° = 1.25 - 2.5j = 2.795 \angle -63.4°\ \mathrm{V}$$

$$\dot{U}_{2m} = \dot{U}_{1m} \times \frac{Z_L}{Z_R + Z_L} = (1.25 - 2.5j) \times \frac{0.5j}{1 + 0.5j} = 1.25 = 1.25 \angle 0°\ \mathrm{V}$$

所以

$$u_1(t) = 2.795 \sin(2t - 63.4°)\ \mathrm{V}$$

$$u_2(t) = 1.25 \sin 2t\,\mathrm{V}$$

例 6-8 电路如图 6-3-9 所示 $u(t) = 220\sqrt{2}\sin 314t\,\mathrm{V}$, $i_1(t) = 11\sqrt{2}\sin(314t - 30°)\,\mathrm{A}$, $i_2(t) = 11\sqrt{2}\sin(314t + 90°)\,\mathrm{A}$

求: (1)各表的读数; (2) R、L、C 之值。

解: (1)求各表的读数

$$\dot{U} = 220 \angle 0°\,\mathrm{V}, \quad \dot{I}_2 = 11 \angle 90°\,\mathrm{A}$$

$$\dot{I} = \dot{I}_1 + \dot{I}_2 = 11 \angle 90° + 11 \angle -30° = 11 \angle 30°\ \mathrm{A}$$

所以, 读数分别为: 220 V, 11 A, 11 A, 11 A。

(2)求 R、L、C

$$Z_C = -j\frac{1}{\omega C} = \dot{U}/\dot{I}_2 = 220 \angle 0° / 11 \angle 90° = 20 \angle -90°\,\Omega$$

$$\frac{1}{\omega C} = 20\ \Omega$$

所以　　　　　　　　　$C = 1/(\omega \times 20) = 1/314 \times 20 \approx 159\ \mu F$

$$Z_L = R + j\omega L = \dot{U}/\dot{I}_1 = 220\angle 0°/(11\angle -30°) = 20(\cos 30° + j\sin 30°)$$

$$\begin{cases} R = 20 \times \cos 30° = 17.32\ \Omega \\ \omega L = 20 \times \sin 30° = 10 \Rightarrow L = 10/314 \approx 0.318\ H \end{cases}$$

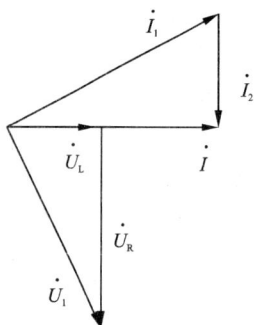

图 6 - 3 - 8　例 6 - 7 相量图　　　　　　图 6 - 3 - 9　例 6 - 8 电路图

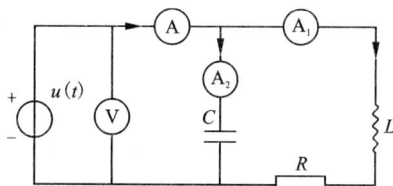

对于复阻抗串并联电路,其分析方法类似于直流电阻电路。需要指出的是,基于相量分析,直流电阻电路的一般分析方法均可适用于正弦稳态电路。

6.3.3　功率因数的提高

1. 基本概念

在本节中我们研究如图 6 - 3 - 10 所示的单口网络,其中单口网络的输入阻抗为 z,阻抗角为 φ,可设端口电压 $u(t) = \sqrt{2}U\sin(\omega t + \varphi)$,电流 $i(t) = \sqrt{2}I\sin\omega t$。

（1）瞬时功率

瞬时功率是能量的变化率,即瞬时电压与瞬时电流的乘积。

$$p(t) = \frac{\mathrm{d}w}{\mathrm{d}t} = u(t) \cdot i(t) \qquad (6 - 3 - 16)$$

图 6 - 3 - 10　单口网络

（2）平均功率（有功功率）

"平均功率"表征单位时间单口网络消耗掉的电能,即网络中的电能转化为其他形式的并且消耗掉的能量。其数学表达式为

$$P = UI\cos\varphi \qquad (6 - 3 - 17)$$

平均功率单位为瓦特或千瓦,记 W 或 kW。

（3）无功功率

无功功率正是用来表征电源与阻抗中的电抗分量进行能量交换的规模大小的物理量。其表达式为

$$Q = UI\sin\varphi \qquad (6 - 3 - 18)$$

当 $Q > 0$ 时,表示电抗从电源吸收能量,并转化为电场能或电磁能存储起来;当 $Q < 0$

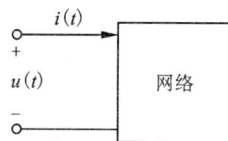

时，表示电抗向电源发出能量，将存储的电场能或电磁能释放出来。

由式(6-3-18)可知，感性负载无功功率为正，容性负载的无功功率为负。无功功率的单位为乏或千乏，记 var 或 kvar。

(4)视在功率

视在功率是单口网络的端口电压与端口电流的有效值的乘积

$$S = UI = \frac{1}{2} U_\mathrm{m} I_\mathrm{m} \tag{6-3-19}$$

视在功率一般用来表征变压器或电源设备能为负载提供的最大有功功率，也就是变压器或电源设备的容量。电机与变压器的容量可以根据其额定电压与额定电流来计算

$$S_\mathrm{N} = U_\mathrm{N} I_\mathrm{N} \tag{6-3-20}$$

视在功率单位为伏安或千伏安，记 VA 或 kVA

(5)功率三角形

视在功率 $S = UI$，有功功率 $P = UI\cos\varphi$，无功功率 $Q = UI\sin\varphi$，有以下关系：

$$S = \sqrt{P^2 + Q^2} \tag{6-3-21}$$
$$P = S\cos\varphi \tag{6-3-22}$$
$$Q = S\sin\varphi \tag{6-3-23}$$

三者构成所谓的"功率三角形"。

(6)功率因数 λ

电工学中将 $P = UI\cos\varphi$ 中的 $\cos\varphi$ 称为功率因数，也就是有功功率与视在功率的比值，记 λ。

$$\lambda = \cos\varphi \tag{6-3-24}$$

注意：其中的角度(为单口网络的端口电压超前端口电流的相位角大小，也为单口网络(负载)的阻抗角。

2. 功率因数的提高

由于供电系统中的感性负载(发电机、变压器、镇流器、电动机等)常常会使得 $\cos\varphi$ 减小，从而造成 P 下降，能量不能充分利用。

同时由于 $P = UI\cos\varphi$，所以 $I = P/U\cos\varphi$，即在输电功率与输电电压一定的情况下，$\cos\varphi$ 越小，输电电流越大。而当输电线路电阻为 r 时，输电损耗 $\Delta P = I^2 r$，增加了线路与发电机绕组的功率损耗。

只有在电阻负载情况下，电压与电流相位相同其功率因数为 1。对其他负载来说，其功率因数均介于 0 与 1 之间，这时电路中发生能量互换，出现无功功率 $Q = UI\sin\varphi$。提高功率因数一方面可以使电源设备的容量得到充分利用，同时也能使电能得到大量节约。按照供电规则，高压供电的工业企业平均功率因数不低于 0.90。提高功率因数常用的方法就是与电感性负载并联电容器，其电路图和相量图如图 6-3-11 所示。

由相量图可知，并联电容器以后，总电压 u 和线路电流 i 之间的相位差 φ 变小了，即 $\cos\varphi$ 变大了。

由相量图可以求得

$$C = \frac{I_C}{\omega U} = \frac{P}{\omega U^2}(\tan\varphi_1 - \tan\varphi_2) \tag{6-3-25}$$

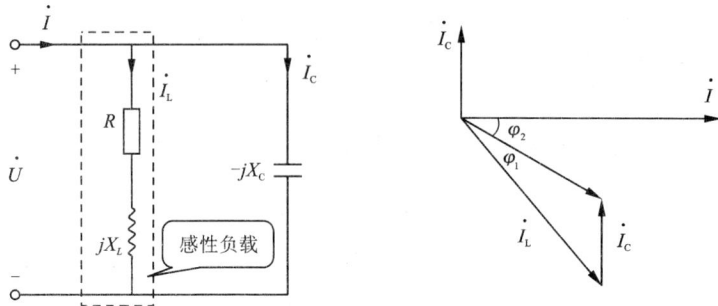

图 6 - 3 - 11　并联电感和电容提高功率因数的电路图和相量图

例 6 - 9　今有一个 40 W 的日光灯, 使用时灯管与镇流器(可近似把镇流器看作纯电感)串联在电压为 220 V, 频率为 50 Hz 的电源上。已知灯管工作时属于纯电阻负载, 灯管两端的电压等于 110 V, 试求镇流器上的感抗和电感。这时电路的功率因数等于多少? 若将功率因数提高到 0.8, 问应并联多大的电容?

解: 因为　　$P = 40 \text{ W}$　　$U_L = 110 \text{ V}$　　$\omega = 314 \text{ rad/s}$

$$I_r = I_L = P/U_R = 40/110 = 0.35(\text{A})$$

$$U^2 = U_R^2 + U_L^2$$

所以　　　　$U_L = \sqrt{U^2 - U_R^2} = \sqrt{220^2 - 110^2} = 190.5 \text{ V}$

$$X_L = U_L/I_L = 190.5/0.36 = 529 \ \Omega$$

$$L = X_L/\omega = 529/314 = 1.69 \text{ H}$$

由于灯管与镇流器是串联的, 所以 $\cos\varphi = U_R/U = 110/220$

设并联电容前功率因数角为 φ_1, 并联后为 φ_2, 则 $\tan\varphi_1 = \sqrt{3}$, $\tan\varphi_2 = 3/4$

所以, 若将功率因数提高到 0.8, 应并联的电容为

$$C = \frac{I_C}{\omega U} = \frac{P}{\omega U^2}(\tan\varphi_1 - \tan\varphi_2) = 40/314 \times 220^2 (\sqrt{3} - 3/4) = 2.58 \ \mu\text{F}$$

6.3.4　电路的谐振

谐振为交流电路中的一种特殊现象, 在无线电和电工技术中得到广泛应用, 但另一方面, 发生谐振可能造成某种危害而应该加以避免。所以, 对谐振现象的研究有重要的实际意义。本节讨论串联和并联谐振电路发生谐振的条件及谐振状态下的一些特征。

1. 串联谐振电路

用电感线圈和电容器串联组成的谐振电路, 当计及电感线圈中的损耗时, 此电路成为如图 6 - 3 - 12 所示的 $R - L - C$ 串联电路。

当外加电压的频率 ω 等于电路的谐振频率时, 即

$$\omega = \omega_0 = 1/\sqrt{LC} \tag{6-3-26}$$

便产生谐振。由于 ω_0 与电路元件的参数 L 和 C 有关, 所以除了改变外加电压的频率能使电路谐振外, 调整 L 和 C 的数值也能使电路谐振。

串联电路谐振时,其总电抗 $\omega L - \dfrac{1}{\omega C}$ 为零,电路中的电流与外加电压同相,相量图见图 6 - 3 - 13。电流有效值 $I = U/R$。电阻 R 很小时,此值会远远超过非谐振时电流的有效值而达到最大值。与此同时电感和电容上的电压相位相反,大小相等,电阻电压等于外加电压。

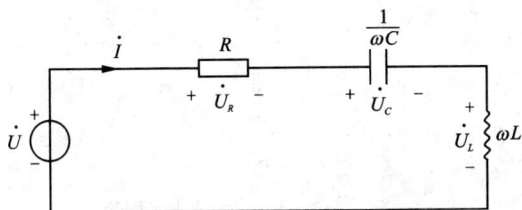

图 6 - 3 - 12　串联谐振电路图

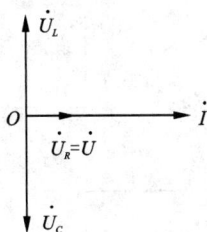

图 6 - 3 - 13　串联谐振相量图

由于电路的总电抗为零,电路与电源不再有能量交换。电源只向电路输送有功功率供电路的电阻消耗,储存在电感器和电容器内的磁场和电场能量却在进行周期性的交换。

例 6 - 10　串联谐振电路如图 6 - 3 - 14 所示,已知电压表 V_1、V_2 的读数分别为 150 V 和 120 V,试问电压表 V 的读数为多少?

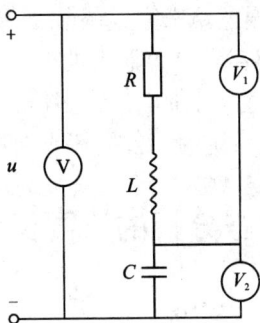

图 6 - 3 - 14　例 6 - 10 串联谐振电路图

解: $Z = R + j(X_L - X_C)$

$X_L = X_C$

$U_L = U_C = 120$ V

$U = U_R = \sqrt{U_1^2 - U_2^2} = \sqrt{150^2 - 120^2} = 90$ V

∴ 电压表 V 的读数为 90 V

2. 并联谐振

并联谐振电路是用线性电感线圈和电容器并联组成的谐振电路,如图 6 - 3 - 15 所示。当电源频率满足谐振频率时,即

$$\omega = \omega_0 = \frac{1}{\sqrt{LC}}$$

$$(6 - 3 - 27)$$

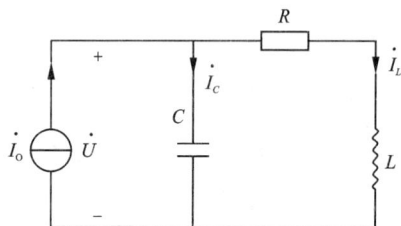

图 6 - 3 - 15   并联谐振电路

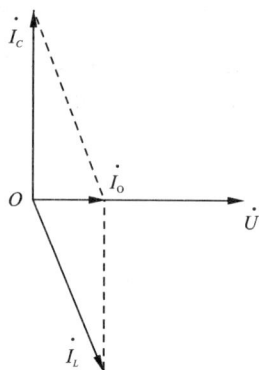

图 6 - 3 - 16   并联谐振相量图

发生并联谐振。此时，电路的端电压与外加电流同相，类似于前述功率因数提高到 1 的情况。相量图如图 6 - 3 - 16 所示。当 R 越小时，电感线圈和电容中的电流相位越接近相反，大小接近相等，且可能高于外加电流许多倍。

并联谐振时电路内的能量过程类似于串联谐振电路的能量过程，也是出现了在电感与电容之间的周期性能量交换。

周期性的电磁能量振荡过程是谐振赖以维持的根本原因，这种过程愈剧烈，电路的谐振亦愈剧烈。许多无线电设备采用谐振电路来完成调谐、滤波等功能。值得注意的是，当 R 很小时，出现串联谐振的电路中，电感器和电容器上的电压会超出外加电压许多倍；而在并联谐振时电感器和电容器上的电流会超出外加电流许多倍，故在电力系统中却常要防止谐振发生，以免引起过电压、过电流，造成系统的设备损坏或人身事故。

*6.4   一阶线性电路暂态分析的三要素法

电路从一种稳定状态转变到另一种稳定状态所经历的过程，称为暂态过程。暂态过程产生的原因是由于电路中存在储能元件——电容（或电感），这些元件中的电压（或电流）不能突变，电路中引起充放电过程从而产生的。

对于只含一类储能元件的电路，如 $R - C$ 和 $R - L$ 电路，其电路方程为一阶微分方程。理论分析和实践结果均表明，暂态过程中的电压和电流，是从初始值开始随时间按指数规律过渡到最终的稳态值。由此，要确定暂态过程的解，可采用以下的三要素法。

初始值：若 $t = 0$ 时刻换路，$t = 0_+$ 表示换路后最初瞬间。电压和电流的初始值就是 $t = 0_+$ 时的数值，用 $f(0_+)$ 表示。初始值可由换路前的稳态电路结合换路定律求得。

稳态值：暂态过程电路中的电压和电流的最终值，就是新的稳定状态的数值，用 $f(\infty)$ 表示。稳态值一般由换路后的稳态电路来求出。

时间常数：时间常数是决定暂态过程中电压和电流变化快慢的物理量，用 τ 表示。其值是暂态过程中暂态响应衰减到初始值 36.8% 所需的时间。τ 值越大，暂态过程就越长；反之，暂态过程就越短。对于典型一阶 $R - C$ 电路的时间常数 $\tau = RC$，$R - L$ 电路的时间常数 $\tau = L/R$。对于非典型一阶电路，时间常数 τ 中的 R 为对应的戴维南等效电路的等效电阻。

由于直流一阶电路换路后暂态过程中的电压和电流,是从初始值开始按规律衰减到稳态值,或者是从初始值按指数规律上升到稳态值。而指数规律的变化又决定于时间常数 τ。因此,只要计算出初始值 $f(0_+)$、稳态值 $f(\infty)$ 和电路时间常数 τ,则暂态过程的电压和电流 $f(t)$,便可直接由如下三要素公式得出,即

$$f(t) = [f(0_+) - f(\infty)]e^{-t/\tau} + f(\infty) \qquad (6-4-1)$$

三要素法是一阶电路暂态过程分析的实用计算法,不必列出和求解电路的微分方程,具有简捷方便的优点。因此,在工程实际中具有重要意义。

本章小结

正弦交流电的大小和方向都随时间变化,幅值、频率和初相角三个特征量称为正弦量的三要素。由于交流电频率一定,只要确定幅值和初相位,瞬时值就定了,这样正弦电流瞬时值三角函数式可用相量法表示,就可以根据复数的运算关系或相量图来分析运算正弦交流电路。

R、L 和 C 的正弦交流电路的电压和电流关系可以通过其复阻抗反映,复阻抗的值反映了元件或网络对电流的阻碍程度,其角度则为元件或网络电压超前电流的程度,也体现了元件或网络的性质。基于相量分析,直流电阻电路的分析方法也可适用于正弦稳态电路。正弦交流电路的视在功率、有功功率、无功功率之间的大小关系可用功率三角形来表示。有功功率与视在功率之比值为功率因数。功率因数的大小取决于负载本身的性质。提高供电线路的功率因数对充分发挥供配电设备的能力有重要的意义,可通过在感性负载两端并联适当的电容器实现之。

谐振是具有电感和电容元件的电路,总电压和总电流同相时,电路发生的现象。谐振时,电源供给的能量全部是有功功率,并全被电阻所消耗。能量互换仅在电感和电容元件之间进行。谐振电路具有很好的选频特性,因此在无线电工程及电子技术中常用于选择信号和抑制干扰等。

本章最后介绍了一阶动态电路的暂态过程,对于直流一阶电路换路后在暂态过程中的电压和电流,是从初始值开始按指数规律衰减(或上升)到稳态值的,其规律由初始值、稳态值的时间常数三要素所确定。计算出相应三要素值,便可直接代入公式得出其结果。

复习思考题

6-1 一正弦电流的波形如题图6-1所示:

(1)试求此正弦电流的幅值、周期、频率、角频率和初相;

(2)写出此正弦电流的时间函数表达式。

6-2 把下列正弦量的时间函数用相量表示:

(1) $u = 10\sqrt{2}\sin 314t \text{V}$

(2) $i = -5\sin(314t - 60°) \text{A}$

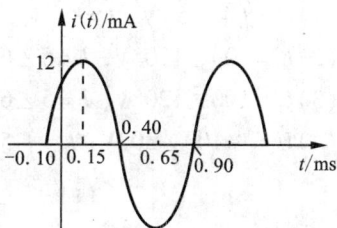

题图6-1

6-3 已知工频正弦电压 u_{ab} 的最大值为 311 V，初相位为 $-60°$，其有效值为多少？写出其瞬时值表达式；当 $t = 0.0025$ s 时，u_{ab} 的值为多少？

6-4 将下列各正弦量表示为有效值相量，并绘出相量图。

（1）$i_1(t) = 2\sin(\omega t - 27°)$ A，$i_2(t) = 3\sin(\omega t + 1/4\pi)$ A；

（2）$u_1(t) = 100\sin(314t + 3/4\pi)$ V，$u_2(t) = 250\sin 314t$ V

6-5 写出对应于下列各有效值相量的正弦时间函数式，并绘出相量图。

（1）$\dot{I}_1 = 11\angle 72°$ A，$\dot{I}_2 = 5\angle -150°$ A，$\dot{I}_3 = 7.07\angle 0°$ A；

（2）$\dot{U}_1 = 200\angle 120°$ V，$\dot{U}_2 = 300\angle 0°$ V，$\dot{U}_3 = 250\angle -60°$ V

6-6 试求下列各组同频率电流之和〔其中（1）、（2）用相量表示，（3）用时间函数式表示〕。

（1）$\dot{I}_1 = 5\angle 17°$ A，$\dot{I}_2 = 7\angle -42°$ A；

（2）$\dot{I}_1 = 4\angle 125°$ A，$\dot{I}_2 = 2.5\angle -55°$ A；

（3）$i_1(t) = 1.4\sin(314t - 1/2\pi)$ A，$i_2(t) = 2.3\sin(314t + 1/6\pi)$ A

6-7 题图 6-2 所示电路中，已知 $u = 100\sin(314t + 30°)$ V，$i_1 = 22\sin(314t + 20°)$ A，$i_2 = 10\sin(314t + 83°)$ A，试求：i、Z_1、Z_2 并说明 Z_1、Z_2 的性质，绘出相量图。

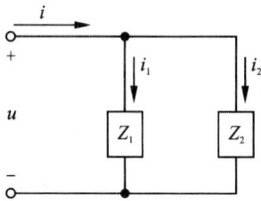

题图 6-2

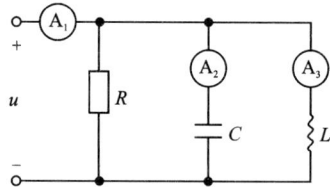

题图 6-3

6-8 题图 6-3 所示电路中，$X_L = X_C = R$，已知电流表 A_1 的读数为 3A，试求 A_2 和 A_3 的读数。

6-9 在题图 6-4 所示电路中，若电流 $i(t) = 1\sin 314t$ A，试求电压 $u_R(t)$、$u_L(t)$、$u_C(t)$ 和 $u(t)$，并绘出波形图和相量图。

6-10 在题图 6-5 所示电路中，电容端电压相量为 $100\angle 0°$ V。试求 $\dot{U}$ 和 $\dot{I}$，并绘出相量图。

6-11 已知下列各负载电压相量和电流相量，试求各负载的等效电阻和等效电抗，并说明负载的性质。

（1）$\dot{U} = (4 + j5)$ V，$\dot{I} = (4 + j3)$ mA；

（2）$\dot{U} = 100\angle 120°$ V，$\dot{I} = 5\angle 60°$ A；

（3）$\dot{U} = 100\angle 120°$ V，$\dot{I} = 5\angle 60°$ A；

（4）$\dot{U} = -100\angle 30°$ V，$\dot{I} = -5\angle -60°$ A。

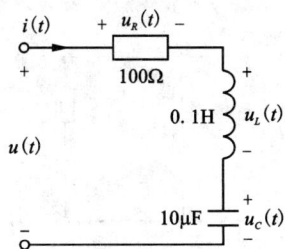

题图 6 - 4

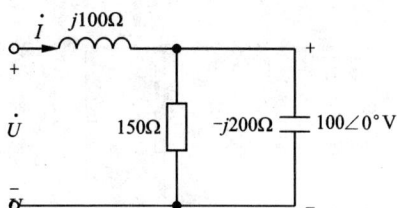

题图 6 - 5

6 - 12 试求题图 6 - 6 所示两电路的等效阻抗 Z。

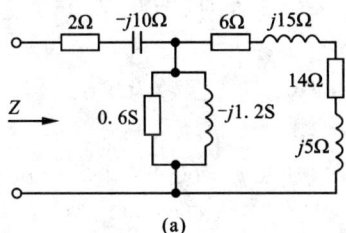

(a)

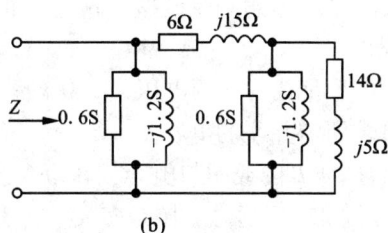

(b)

题图 6 - 6

6 - 13 在题图 6 - 7 所示电路中，已知 $R_1 = 10\ \Omega$，$X_C = 17.32\ \Omega$，$I_1 = 5\ A$，$U = 120\ V$，$U_L = 50\ V$，$\dot{U}$ 与 $\dot{I}$ 同相。求 R，R_2，X_L。

6 - 14 在题图 6 - 8 所示电路中，$U = 380\ V$，电路在下列三种不同的开关状态下电流表读数均为 0.5 A：(1) 开关 S_1 断开、S_2 闭合；(2) 开关 S_1 闭合、S_2 断开；(3) 开关 S_1、S_2 均闭合。绘出电路的相量图，并借助于相量图求 L 与 R 之值。（电流表内阻可视为零）

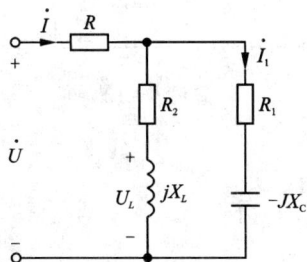

题图 6 - 7

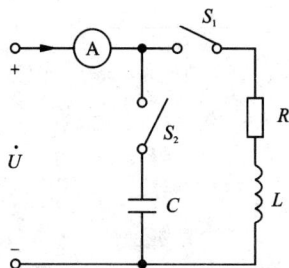

题图 6 - 8

6 - 15 有一 R、L、C 串联的交流电路，已知 $R = X_L = X_C = 10\ \Omega$，试求电压 U_R、U_L、U_C、U 和电路总阻抗 $|Z|$。

6 - 16 电路如题图 6 - 9 所示，已知电源电压 $U = 12\ V$，$\omega = 2000\ \text{rad/s}$，求电流 I、I_1。

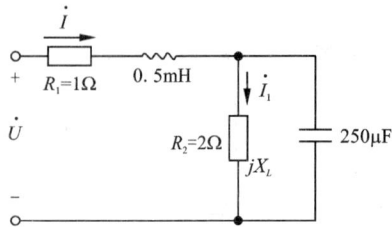

题图 6 – 9

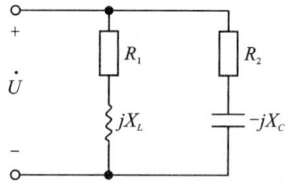

题图 6 – 10

6 – 17　电路如题图 6 – 10 所示, 已知 $R_1 = 40\ \Omega$, $X_L = 30\ \Omega$, $R_2 = 60\ \Omega$, $X_C = 60\Omega$, 接至 220 V 的电源上, 试求各支路电流及总的有功功率、无功功率和功率因数。

6 – 18　RLC 组成的串联谐振电路, 已知 $U = 10$ V, $I = 1$ A, $U_C = 80$ V, 试问电阻 R 多大? 电抗 X_C 多大?

6 – 19　一个负载的工频电压为 220 V, 功率为 10 kW, 功率因数为 0.6, 欲将功率因数提高到 0.9, 试求所需并联的电容。

6 – 20　含 R、L 的线圈与电容 C 串联, 已知线圈电压 $U_{RL} = 50$ V, 电容电压 $U_C = 30$ V。总电压与电流同相, 试问总电压是多大?

6 – 21　对于题图 6 – 11 所示电路, 试求它的并联谐振角频率表达式。

6 – 22　在题图 6 – 12 所示电路中, 电源电压 $U = 10$ V, 角频率 $\omega = 3000$ rad/s。调节电容 C 使电路达到谐振, 谐振电流 $I_0 = 100$ mA, 谐振电容电压 $U_{C0} = 200$ V。试求 R, L, C 之值。

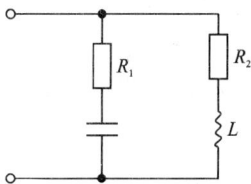

题图 6 – 11

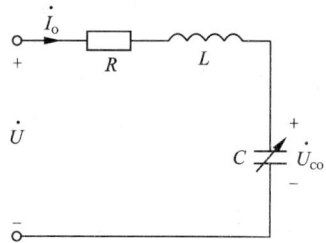

题图 6 – 12

能力训练四　日光灯电路

1. 训练目的

(1) 验证单相交流电路中的电流、电压和功率关系的理论;

(2) 了解日光灯电路的组成、工作原理和安装方法;

(3) 了解用电容器改善功率因数的方法和意义;

(4) 学习功率表的使用方法。

2. 训练能力要求

(1) 培养正确使用电路器材及连接电路的能力;

（2）培养认真观察和正确分析实验数据结果的能力；

（3）培养理论联系实际，设计实验方案的能力。

3．训练器材

实验室提供实验用单相交流电源电压为 220 V；

实验室可提供的设备见训练表 4 – 1。

训练表 4 – 1　　日光灯电路实验用器材

设备与仪表名称	规格与型号	数量
日光灯管	220 V,40 W	1 支
镇流器	40 W	1 个
启辉器	40 W	1 个
电容器	1 μF, 2 μF	4 个
交流电流表	T51,0 ~ 500mA ~ 1000mA	1 块
交流电压表	T51,0 ~ 600V	1 块
功率表	D51,600V,1A	1 块

4．训练步骤

根据实验室提供的实验设备完成以下实验内容的设计：

（1）设计一个日光灯的照明电路，测试电路中的各参量的数据，并记录在训练表 4 – 2 中。根据测量数据了解交流电路中，各部分电压和电流之间的相量关系。

训练表 4 – 2

物理量	U	U_R	U_{Lr}	I	I_{Lr}	I_C	P	P_{Lr}	P_C
测　值									

（2）在（1）内容基础上设计一个利用并联电容来提高功率因数的电路，记录各部分电流、电压和功率测量结果的实验数据于训练表 4 – 3 中。电容变化范围为 1 ~ 15 μF，要求选择至少 7 个不同的电容值来观察电路中各个物理量的变化，并与实验内容 1 的数据进行比较与分析，了解并联交流电路中，电压和电流及各部分电压之间的相量关系。

训练表 4 – 3

物理量	U	U_R	U_{Lr}	I	I_{Lr}	I_C	P	P_{Lr}	P_C
并 C 前									
$C = 1$ μF					·				
$C = 2$ μF									
$C = 4$ μF									
$C =$									
$C =$									

（3）在内容(2)基础上测量日光灯管、镇流器、电容器及整个电路的功率，设计实验方案，测试电路中的各参量的数据，并记录在训练表4－4中。

训练表 4－4

物理量	P	P_{Lr}	P_C	P_R
测 值				

5. 注意事项

（1）灯管一定要与镇流器串联后接到电源上，切勿将灯管直接接到 220 V 电源上。

（2）日光灯启动时，起动电流很大，为防止过大起动电流损坏电流表，电流表不能直接连接在电路中。实验时，用电流插孔盒替代电流表接入电路；日光灯亮后，再接入电压表与电流表进行测量。

（3）测功率时分清功率表的电压线圈和电流线圈。电压线圈要并联在被测电路两端，而电流线圈要接电流插头，测量时把插头插在被测功率的线路中串接的电流插孔盒中。

（4）在做功率因数提高实验时，仔细观察电路总电流的变化规律，作好记录。

第 7 章　三相电路

目前世界上电力系统所采用的供电方式，绝大多数是三相制。所谓三相制，是由频率相同、幅值相等、相位互差 120°的三个正弦电动势作为电源的供电体系。上述三个电动势称为三相对称电动势。

三相制与单相制供电方式相比，具有很多优点。采用三相制传输电能，在输电距离、输送功率、电压等级、线路损失都相同的条件下，可节省输电导线，降低供电成本；三相交流发电机和三相电力变压器与同容量的单相供电设备相比，具有结构简单，体积小，价格低廉等优点；在生产中大量使用的三相异步电动机，其性能优于单相电动机。上述优点使三相制成为当前供电的主要形式。因此，我们有必要在学习了单相交流电路的基础上来认识一下三相交流电路的基本特征和分析方法。

7.1　三相电源

7.1.1　三相对称电动势

三相对称电动势是由三相交流发电机产生的。图 7－1－1 为简化的三相交流发电机原理示意图。

三相交流发电机主要由定子和转子组成。定子铁心的内圆表面冲有槽，用以放置三相定子绕组，三相定子绕组结构是相同的，一般以 U、V、W 表示每个绕组的首端，以 X、Y、Z 表示每个绕组的末端。绕组的两边放置在定子铁心槽内，各项绕组的首端或末端之间依序相互间隔 120°，称为对称三相绕组。转子铁心上绕有直流励磁绕组，选用合适的极面形状和励磁绕组的布置，可以使发电机空气隙中的磁感应强度按正弦规律分布。当转子由原动机带动匀速转动时，三相定子绕组将依次切割磁力线，产生幅值相等、频率相同、相位互差 120°的正弦交流电动势。这样的三相电动势称为三相对称电动势，通常规定三相电动势的正方向从绕组的末端指向首端，其表达式为

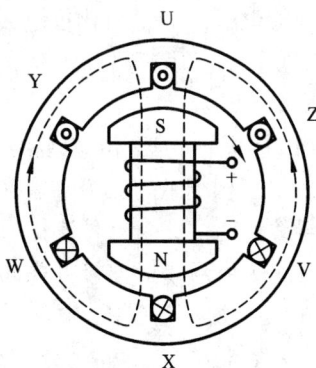

图 7－1－1　三相交流发电机示意图

$$e_U = E_m \sin \omega t$$

$$e_V = E_m \sin(\omega t - 120°)$$

$$e_W = E_m \sin(\omega t - 240°) = E_m \sin(\omega t + 120°)$$

若用有效值相量形式表示，则为

$$\dot{E}_{\mathrm{U}} = E \angle 0°$$

$$\dot{E}_{\mathrm{V}} = E \angle -120°$$

$$\dot{E}_{\mathrm{W}} = E \angle -240° = E \angle +120°$$

若用波形图和相量图表示,则如图 7 - 1 - 2 所示。

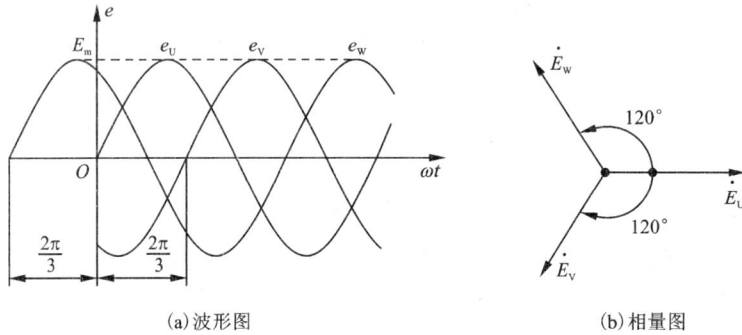

(a)波形图   (b)相量图

图 7 - 1 - 2   三相交流电的波形图和相量图

三相电动势依次达到正最大值(或零值)的次序称为三相电源的相序。规定 U - V - W 的相序为顺序,W - V - U 为逆序。通常三相电源均指顺序。U、V、W 三相用黄、绿、红三色标记。

7.1.2   三相电源的连接

三相发电机的每相绕组都可以作为一个独立电源供电,而每相需要两根输电线,三相共需六根输电线。为了简化供电线路,充分体现三相制的优越性,实际中是把三相电源接成星形或三角形,只用三根或四根输电线。

1. 星形连接

(1)接法。从三相电源绕组的三个始端 U、V、W 引出三根导线,称为相线或端线,俗称火线。将三相绕组的三个末端 X、Y、Z 接到一起,构成一个公共点 N,称为中点,由中点引出的导线称为中线。这种连接方式叫做电源的星形连接,如图 7 - 1 - 3 所示。电源绕组按照图 7 - 1 - 3 所示星形连接方式向外供电的体制称为三相四线制。

在低压供电线路中,中点通常接地且令其为零电位,接地中点称为"零点",零点引出线称为"零线"。

(2)相电压与线电压的关系。三相四线制中,向负载供出的电压可以取自两根相线之间,也可以取自相线与中线之间。相线与相线之间的电压称为线电压,分别用 U_{UV}、U_{VW}、U_{WU} 表示,相线与中线之间的电压称为相电压,分别用 U_{U}、U_{V}、U_{W} 表示。由图 7 - 1 - 3 可知各线电压与相电压的关系为

$$\dot{U}_{\mathrm{UV}} = \dot{U}_{\mathrm{U}} - \dot{U}_{\mathrm{V}}$$

$$\dot{U}_{\mathrm{VW}} = \dot{U}_{\mathrm{V}} - \dot{U}_{\mathrm{W}}$$

$$\dot{U}_{\mathrm{WU}} = \dot{U}_{\mathrm{W}} - \dot{U}_{\mathrm{U}}$$

根据上述关系式,可应用平行四边形法则作相量图。图 7 - 1 - 4 所示相量图说明了三相

电源绕组星形连接时线、相电压之间的数量关系和
相位关系。由于三个电动势是对称的，故三个相电
压也是对称的。由图 7 - 1 - 4 可知，三个线电压也
是对称的，在相位上比相应的相电压超前 30°。

　　对称三个相电压数量上相等，可用"U_P"统一表
示，对应三个线电压的数值可用"U_L"统一表示。由
相量图可知，线、相电压之间的数量关系为

$$U_L = \sqrt{3}\,U_P$$

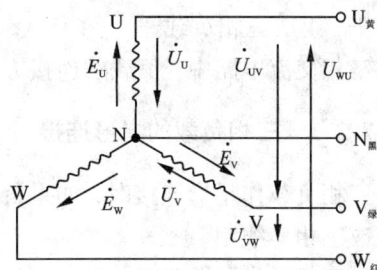

图 7 - 1 - 3　三相电源的星形连接

　　三相电源的星形连接应用十分普遍，它可以输
出两组不同的电压，这是单相电源无法办到的。在
低压供电系统中，最常用到的是相电压 220 V，线电压 380 V。应当注意，在三相供电线路
中，凡提到供电的额定电压，一般都指线电压。

　　2. 三角形连接

　　三相电源也可作三角形连接，即依次将每一相绕组的末端与另一相绕组的首端相连，构
成一个闭合的三角形。在三个连接点上引出三根相线，就构成三相三线制供电系统，如图
7 - 1 - 5所示。

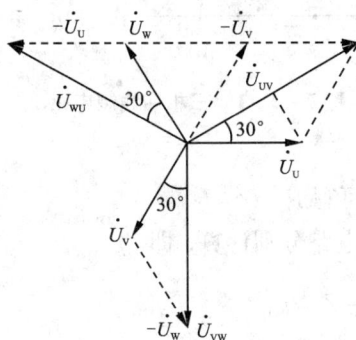

图 7 - 1 - 4　三相电源星形连接时的电压相量图

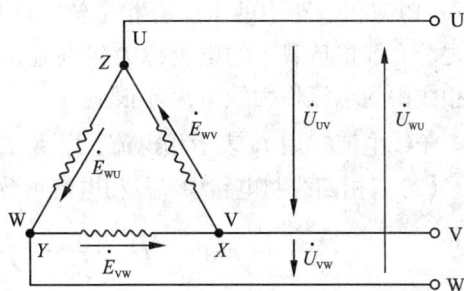

图 7 - 1 - 5　三相电源的三角形连接

　　由图 7 - 1 - 5 可知，电源作三角形连接时，线电压等于相电压，即 $U_L = U_P$。

　　电源绕组作三角形连接时，各相绕组的首尾端绝不能接反，否则将在电源内部引起较大
的环流把电源损坏。

　　电源的三角形连接只能向负载提供一种电压。实际应用中，三相发电机一般不用三角形
连接，在企业供配电中也很少应用。但是，做为高压输电用的三相电力变压器，有时需要采
用三角形连接。

7.2　三相负载的连接

　　负载接入电源要遵循两个原则，即电源电压应与负载的额定电压一致；全部负载应均匀
地分配给三相电源。有些用电设备需要三相电源，即本身就是一组三相负载，如三相电动

机、电热炉；另一类用电设备只需要单相电源，如电风扇、照明等，这类负载应按一定规则连接起来，组成三相负载。

三相交流电路中，负载的连接方式有两种——星形连接和三角形连接。

7.2.1 三相负载的星形连接

三相负载作星形连接时，如果负载不对称，一定要接成三相四线制。如果负载对称，则可接成三相三线制。

1. 三相四线制电路

三相四线制电路如图 7-2-1 所示，三相负载 Z_U、Z_V、Z_W 分别介于电源各相线与中线之间，这样，四根导线把电源和负载连接起来，构成了三相四线制星形连接。

在三相四线制电路中，由于中线的存在，每相电源和该相负载相对独立，加在每相负载上的电压称为负载的相电压。在相电压的作用下，有电流流经负载，通过各相负载的电流称为相电流，各相线中的电流称为线电流。

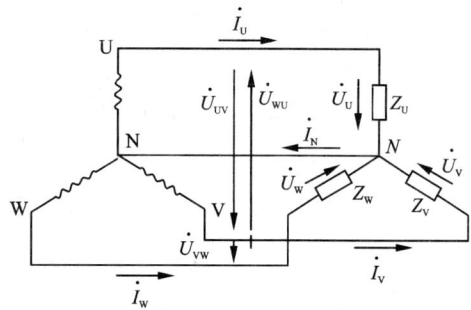

图 7-2-1　三相四线制电路

负载星形连接时，电路有以下基本关系：

（1）三相电路中的电流有相电流和线电流之分，每相负载中的电流称为相电流，每根相线中的电流称为线电流。很显然，相电流等于线电流。用 I_P 表示相电流，用 I_L 表示线电流，可写成：$I_P = I_L$。

（2）三相四线制电路中，各相电流可分成三个单相电路分别计算，即

$$\dot{I}_U = \frac{\dot{U}_U}{Z_U} = \frac{\dot{U}_U}{|Z_U| \angle \varphi_U} = \frac{\dot{U}_U}{|Z_U|} \angle -\varphi_U$$

$$\dot{I}_V = \frac{\dot{U}_V}{Z_V} = \frac{\dot{U}_V}{|Z_V|} \angle -\varphi_V$$

$$\dot{I}_W = \frac{\dot{U}_W}{Z_W} = \frac{\dot{U}_W}{|Z_W|} \angle -\varphi_W$$

其电压、电流相量图如图 7-2-2 所示。

若三相负载对称，即 $Z_U : Z_V : Z_W$ 时，线电流或相电流也是对称的。显然，在三相负载对称的情况下，三相电路可归结为一相来计算。

（3）负载的线电压就是电源的线电压。在对称条件下，线电压是相电压的 $\sqrt{3}$ 倍，且超前于对应的相电压 30°。

（4）中线电流等于三个线（相）电流的相量和。根据图 7-2-1 所示电路，由基尔霍夫定律有

$$\dot{I}_N = \dot{I}_U + \dot{I}_V + \dot{I}_W$$

若负载对称，则 $\dot{I}_N = \dot{I}_U + \dot{I}_V + \dot{I}_W = 0$

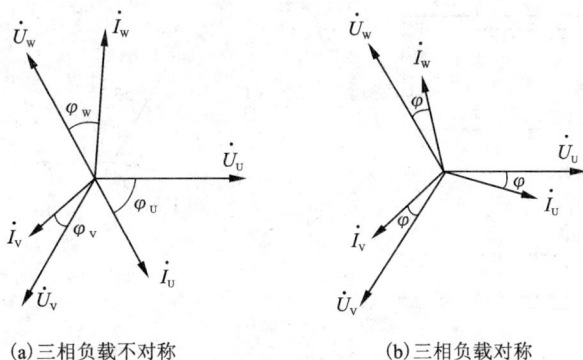

(a)三相负载不对称　　　　　　　　　(b)三相负载对称

图 7 − 2 − 2　负载星形连接时的相量图

2. 三相三线制电路

当三相负载对称时，中线中无电流通过，因此中线不起作用。这时中线的存在与否对电路不会产生影响。实际工程应用中的三相异步电动机、三相电炉和三相变压器等三相设备，都属于对称三相负载，因此把它们星形连接后与电路相连时，一般都不用中线。没有中线的三相供电方式称为三相三线制。

但是，如果三相负载不对称，各相电流的大小就不相等，相位差也不一定是120°，因此，中线电流就不为零，此时中线绝不能断开。否则会造成负载上三相电压严重不对称，使用电设备不能正常工作。

例 7 − 1　如图 7 − 2 − 3(a)所示的三相四线制电路中，每相负载阻抗 $Z = 3 + j4\Omega$，外加电压 $U_L = 380$ V，试求负载的相电压和相电流。

解：由于该电路为对称电路，故可归结为一相电路来计算，其相电压为

$$U_P = \frac{U_L}{\sqrt{3}} = 220\text{V}$$

各相电流为 $I_P = \dfrac{U_P}{|Z|} = \dfrac{220}{\sqrt{3^2 + 4^2}} = \dfrac{220}{5} = 44\text{A}$

相电压与相电流的电位差角为 $\varphi = \arctan\dfrac{X}{R} = \arctan\dfrac{4}{3} = 53.1°$

选 $\dot{U}_U$ 为参考相量，则有

$$\dot{I}_U = \frac{\dot{U}_U}{Z} = 44\angle -53.1°\text{A}$$

$$\dot{I}_V = \dot{I}_U \angle 120° = 44\angle -173.1°\text{A}$$

$$\dot{I}_W = \dot{I}_U \angle 120° = 44\angle 66.9°\text{A}$$

相量图如图 7 − 2 − 3(b)所示。

此例说明，三相负载对称时，只需对一相进行分析，若要求其余两相结果，可根据对称关系直接写出。

例 7 − 2　如图 7 − 2 − 1所示的三相四线制电路中，已知电源电压 $U_L = 380$ V，U、V、W 三相各装"220 V，40 W"白炽灯50盏，假设 U 相灯全部接通，V 相灯没有使用，而 W 相仅开

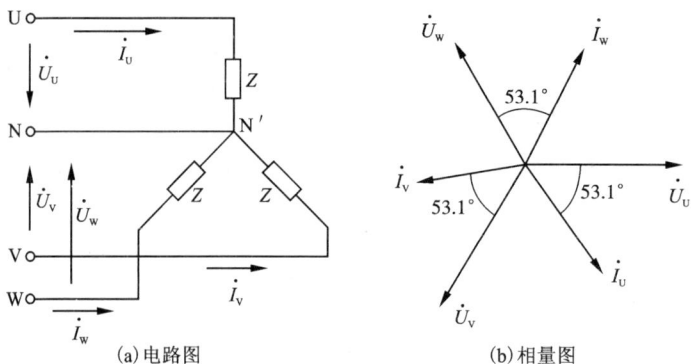

(a)电路图   (b)相量图

图 7-2-3   例 7-1 图

了 25 盏，试求：有中线与中线断开两种情况下，各相负载的相电压、相电流分别为多少？

解：由于三相电路不对称，因此各相应分别计算。

由题意可知，各相负载电阻分别为：

$$R_U = \frac{U_P^2}{P \times 50} = \frac{220^2}{40 \times 50} = 24.2 \ \Omega, \ R_V = \infty, \ R_W = 48.4 \ \Omega$$

（1）有中线时，无论负载是否对称，各相负载承受的电压仍为电源相电压，即

$$U_P = \frac{U_L}{\sqrt{3}} = 220 \ V$$

各相电流为

$$I_U = \frac{U_U}{R_U} = \frac{220}{24.2} \approx 9.09 \ A$$

$$I_V = 0$$

$$I_W = \frac{U_W}{R_W} = \frac{220}{48.4} \approx 4.55 \ A$$

（2）无中线且 V 相开路时，U、W 两相构成串联，接在两相线之间，有

$$I_U = I_W = \frac{U_{UW}}{R_U + R_W} = \frac{380}{24.2 + 48.4} \approx 5.23 \ A$$

两相负载电流相同，因此各相负载的相电压与其电阻成正比，即：

$$U_U = 5.23 \times 24.2 \approx 127 \ V$$

$$U_W = 5.23 \times 48.4 \approx 253 \ V$$

此例表明，不对称三相电路中，中线绝不允许断开。当有中线存在时，它能使作星形连接的各相负载，即使在不对称的情况下，也均有对称的电源相电压，从而保证各相负载能正常工作。如果中线断开，各相负载的电压就不再等于电源相电压，阻抗较小的负载的相电压可能低于其额定电压，阻抗较大的负载的相电压可能高于其额定电压，使负载不能正常工作，甚至造成严重事故。

在三相四线制中，规定中线上不准安装熔断器和开关，有时中线还采用钢芯导线来加强其机械强度，以免断开。另外，在连接三相负载时，应尽量接近对称，使其平衡，以减小中线电流，这样，中线的截面可以比相线做得细一些。

7.2.2 三相负载的三角形联结

1. 负载不对称三角形联结电路

如果三相负载的额定电压等于电源线电压，必须采用三角形联结，如图 7-2-4 所示。将三相负载的首、尾依次相接连成一个闭环，再由各相的首端分别引出端线与电源的三根相线相连，即构成三相负载的三角形连接。该电路具有以下基本关系：

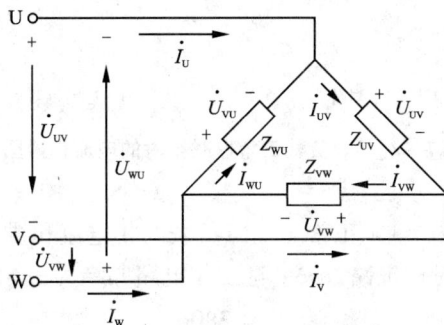

图 7-2-4 三相负载的三角形连接

（1）由于各相负载都直接接在电源的线电压上，所以不论负载是否对称，各相负载所承受的电压均为对称的电源线电压。

（2）各相电流与线电流是不一样的。各相电流可以分成三个单相电路分别计算，即

$$\dot{I}_{UV} = \frac{\dot{U}_{UV}}{Z_{UV}} = \frac{\dot{U}_{UV}}{|Z_{UV}| \angle \varphi_{UV}} = \frac{\dot{U}_{UV}}{|Z_{UV}|} \angle -\varphi_{UV}$$

$$\dot{I}_{VW} = \frac{\dot{U}_{VW}}{Z_{VW}} = \frac{\dot{U}_{VW}}{|Z_{VW}|} \angle -\varphi_{VW}$$

$$\dot{I}_{WU} = \frac{\dot{U}_{WU}}{Z_{WU}} = \frac{\dot{U}_{WU}}{|Z_{WU}|} \angle -\varphi_{WU}$$

（3）各线电流可用基尔霍夫定律得到

$$\dot{I}_U = \dot{I}_{UV} - \dot{I}_{WU}$$

$$\dot{I}_V = \dot{I}_{VW} - \dot{I}_{UV}$$

$$\dot{I}_W = \dot{I}_{WU} - \dot{I}_{VW}$$

负载三角形连接时的相量图如图 7-2-5 所示。

2. 负载对称三角形联结电路

三相负载对称时，各相电流必然对称。负载对称时的线电流和相电流的关系从图 7-2-5(b)所示的相量图中可以看出：

（1）负载对称时相电流对称，线电流也对称；

（2）线电流在数量上是对应相电流的 $\sqrt{3}$ 倍，即 $I_L = \sqrt{3} I_P$；

（3）线电流在相位上滞后相应的相电流 30°。

例 7-3 如图 7-2-4 所示负载三角形联结的三相三线制电路，各相负载的复阻抗为 Z

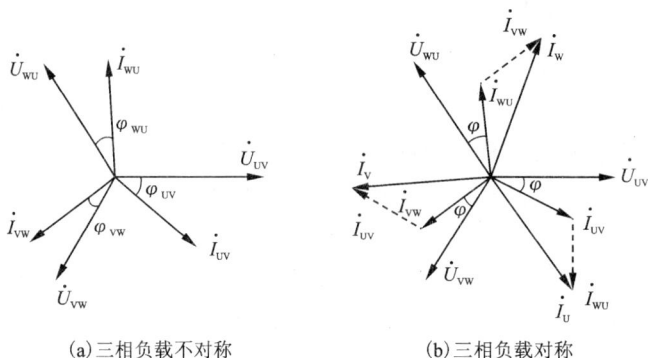

(a)三相负载不对称   (b)三相负载对称

图 7 - 2 - 5   负载三角形联结时的电流相量图

$= 3 + j4\Omega$，电源电压为 380 V，试求正常工作时负载的相电流和线电流。

解：由于正常工作时是对称电路，故可将三相电路归结为一相来计算。其相电流为

$$I_P = \frac{U_L}{|Z|} = \frac{380}{\sqrt{3^2 + 4^2}} = 76A$$

线电流为

$$I_L = \sqrt{3}I_P = \sqrt{3} \times 76 \approx 131.6A$$

相电压与相电流的相位角为 $\varphi = \arctan\frac{X}{R} = \arctan\frac{4}{3} = 53.1°$

相电流滞后于对应相电压 53.1°，线电流则比相电流再滞后 30°。

7.2.3   三相电路的功率

三相交流电路可以视为三个单相交流电路的组合。因此，三相交流电路中各相功率的计算方法与单相电路相同。三相交流电路的有功功率、无功功率和视在功率均可用下式来计算：

$$P = 3U_P I_P \cos\varphi = \sqrt{3}U_L I_L \cos\varphi$$

$$Q = 3U_P I_P \sin\varphi = \sqrt{3}U_L I_L \sin\varphi$$

$$S = 3U_P I_P = \sqrt{3}U_L I_L$$

当三相负载对称，不论负载是星形联结还是三角形联结，各相功率都是相等的，此时三相总功率是各相功率的 3 倍，即

$$P = 3U_P I_L \cos\varphi = \sqrt{3}U_L I_L \cos\varphi$$

$$Q = 3U_P I_P \sin\varphi = \sqrt{3}U_L I_L \sin\varphi$$

$$S = 3U_P I_P = \sqrt{3}U_L I_L$$

例 7 - 4   有一对称三相负载，每相的复阻抗为 $Z = 6 + j8\Omega$，电源电压为 380 V，试求分别用星形联结和三角形联结时负载的相电流、线电流和三相功率 P、Q、S。

解：每相负载的阻抗为

$$|Z| = \sqrt{R^2 + X^2} = \sqrt{6^2 + 8^2} = 10\Omega$$

星形连接时

$$U_P = \frac{U_L}{\sqrt{3}} = \frac{380}{\sqrt{3}} \approx 220 \text{ V}$$

$$I_L = I_P = \frac{U_P}{|Z|} = \frac{220}{10} = 22 \text{A}$$

$$\cos\varphi = \frac{R}{|Z|} = \frac{6}{10} = 0.6$$

$$\sin\varphi = \frac{X}{|R|} = \frac{8}{10} = 0.8$$

总的有功功率为 $P_Y = \sqrt{3}U_L I_L \cos\varphi = \sqrt{3} \times 380 \times 22 \times 0.6 \approx 8.7 \text{ kW}$

无功功率为 $Q_Y = \sqrt{3}U_L I_L \sin\varphi = \sqrt{3} \times 380 \times 22 \times 0.8 \approx 11.6 \text{ kW}$

视在功率为 $S_Y = \sqrt{3}U_L I_L = \sqrt{3} \times 380 \times 22 = 14.5 \text{ kW}$

三角形连接时

$$U_P = U_L = 380 \text{V}$$

$$I_P = \frac{U_P}{|Z|} = \frac{380}{10} = 38 \text{A}$$

$$I_L = \sqrt{3}I_P = \sqrt{3} \times 38 = 65.8 \text{A}$$

负载的功率因数不变，总的有功功率为

$$P_\triangle = \sqrt{3}U_L I_L \cos\varphi = \sqrt{3} \times 380 \times 65.8 \times 0.6 \approx 26 \text{ kW}$$

无功功率为 $Q_\triangle = \sqrt{3}U_L I_L \sin\varphi = \sqrt{3} \times 380 \times 65.8 \times 0.8 \approx 34.6 \text{ kW}$

视在功率为 $S_\triangle = \sqrt{3}U_L I_L = \sqrt{3} \times 380 \times 65.8 = 43.3 \text{ kW}$

此例表明，在电源电压不变的情况下，同一对称负载作三角形联结的有功功率是星形连接有功功率的三倍。这就告诉我们，若要使负载正常工作，负载的接法必须正确。如果正常工作为星形连接的负载误接为三角形，会因功率过大而烧毁负载；如果正常工作为三角形联结的负载误接为星形，则会因功率过小而使负载不能正常工作。对于无功功率和视在功率也有同样的结论。

本章小结

三相交流电路是在单相交流电路的基础上学习的，两者有密切的联系。本章从三相交流发电机的原理出发，介绍三相交流电的产生和特点，着重讨论负载在三相电路中的连接及分析计算。

1. 三相电源

三相交流电源是指三个大小相等、频率相同，相位互差120°的三个单相交流电源按一定方式连接的组合，并称为三相对称电源。

三相对称电源一般接成星形。当三相对称电源作星形连接时，可以三相四线制供电，也可以三相三线制供电。若以三相四线制供电，则可提供两组不同等级的电压，即线电压 U_L 和相电压 U_P。在数值上，$U_L = \sqrt{3}U_P$；在相位上线电压超前对应的相电压30°。在低压供电系统中，一般采用三相四线制。

　　三相对称电源接成三角形时，线电压等于相电压，但由于接错时容易烧毁设备，所以实际应用很少。

　　2.三相负载的连接

　　根据电源电压应等于负载额定电压的原则，三相负载可接成星形或三角形。

　　负载星形连接时，不论是否对称，线电压为相电压的$\sqrt{3}$倍，线电流与相电流相等。负载对称时，中线电流为零，可省去中线；若三相负载不对称，中线电流不为零，只能采用三相四线制供电。中线强迫各负载的相电压等于各电源的相电压，保证各相负载能正常工作，故中线不能断开，也不能接熔断器或开关。

　　负载三角形联结时，负载电压等于电源的线电压。当负载对称时，线电流是相电流的$\sqrt{3}$倍，相位上线电流滞后于对应的相电流30°。

　　当三相负载对称时，不论它是星形连接，还是三角形联结，负载的三相电流、电压均对称，所以三相电路的计算可归结为一相电路的计算，求得一相的电流和电压后。可根据对称关系得出其他两相的结果。

　　3.三相电路的功率

　　负载不对称时总功率等于各相功率的和，即

$$P = P_U + P_V + P_W$$
$$Q = Q_U + Q_V + Q_W$$
$$S = \sqrt{P^2 + Q^2}$$

　　负载对称时，不论是星形联结还是三角形联结，功率均为

$$P = 3U_P I_P \cos\varphi = \sqrt{3} U_L I_L \cos\varphi$$

　　在电源电压不变的情况下，同一对称负载作三角形联结的有功功率是星形联结有功功率的三倍。对于无功功率和视在功率也有同样的结论。

复习思考题

　　7－1　什么是三相对称电动势？什么是三相电源的相序？它是如何规定的？

　　7－2　什么是三相四线制、三相三线制？

　　7－3　如果三相负载的阻抗值相等，能否说这三相负载一定是对称的？为什么？

　　7－4　试判断下列结论是否正确：

　　(1)当负载星形连接时，必须有中线；

　　(2)当负载星形连接时，线电流必等于相电流；

　　(3)当负载星形连接时，线电压必为相电压的$\sqrt{3}$倍；

　　(4)中线的作用就是使不对称星形连接三相负载的相电压保持对称；

　　(5)当负载三角形连接时，相电压必等于线电压；

　　(6)当负载三角形连接时，线电流必为相电流的3倍。

　　7－5　在三相四线制供电系统中，为什么中线不能接开关和熔断器？

　　7－6　三相对称负载，每相负载的电阻为$R = 8\ \Omega$，感抗为$X_L = 6\ \Omega$，接在线电压为380 V的三相电源上。试计算负载星形连接时的相电压、相电流、线电流及三相功率，画出相

量图。

7-7　若上题中负载改接为三角形，再求相电压、相电流、线电流及三相功率。

7-8　一个三相电阻炉，若按星形接法接于线电压为 660 V 的三相对称电源时，电炉在额定状态下工作。已知电炉每相电阻为 10 Ω，求：各相电流、线电流，作相电压、相电流的相量图。

7-9　如题图 7-1 所示电路，已知 $R_U = 10\ \Omega$，$R_V = 20\ \Omega$，$R_W = 30\ \Omega$，电源电压 $U_L = 380$ V，试求：

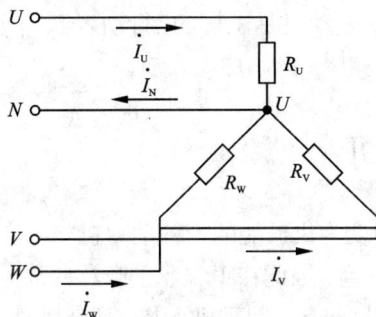

题图 7-1

(1)各相电流及中线电流；

(2)W 相断路时，各相负载的相电流、相电压；

(3)W 相和中线均断开时，各相负载的相电流、相电压。

7-10　设有一个三相四线制电源，其线电压为 380 V，它的照明负载是 220 V、100 W 的灯泡 60 盏，应如何连接? 还有一台题 7-8 中的三相电阻炉，应如何连接? 画出负载与电源连接的线路图。求出照明负载的相电流并计算三相总功率。

模块四　电动机、变压器

第8章　电动机、变压器

变压器是工厂的"思想者",电动机是工厂的"行动者",下面学习它们是怎么为工厂带来勃勃生机。

8.1　三相异步电动机

异步电动机是把交流电能转变为机械能的一种动力机械。它结构简单,制造、使用和维护简便,成本低廉,运行可靠,效率高,因此在工农业生产及日常生活中得以广泛应用。三相异步电机被广泛用来驱动各种金属切削机床、起重机、中小型鼓风机、水泵及纺织机械等。

8.1.1　三相异步电动机的结构

异步电动机主要有定子和转子两部分组成,这两部分之间由气隙隔开。根据转子结构不同,分成笼型和绕线型两种。图8-1-1为三相笼型异步电动机的结构。

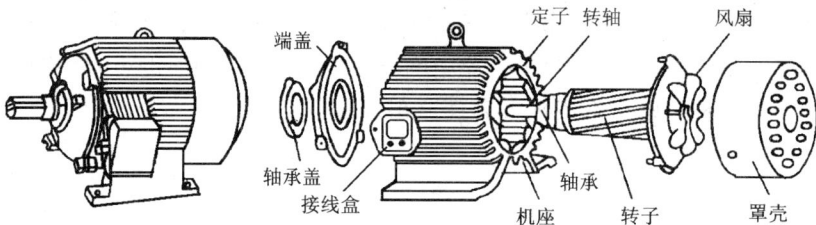

图8-1-1　三相异步电动机的外形和内部结构图

1. 定子

定子由定子铁心、定子绕组和机座三部分组成。

定子铁心是电机磁路的一部分,它有0.5 mm厚,两面涂有绝缘漆的硅钢片叠成,在其内圆冲有均匀分布的槽,槽内嵌放三相对称绕组。定子绕组是电机的电路部分,它用铜线缠绕而成,三相绕组根据需要可接成星(Y)形和三角(△)形,如图8-1-2所示,由接线盒的端子板引出。机座是电动机的支架,一般用铸铁或铸钢制成。

2. 转子

转子由转子铁心、转子绕组和转轴三部分组成,转子铁心也是由0.5 mm厚、两面涂有绝缘漆的硅钢片叠成,在其外圆冲有均匀分布的槽,如图8-1-3所示,槽内嵌放转子绕组,转子铁心装在转轴上。

笼型转子绕组结构与定子绕组不同,转子铁心各槽内都嵌有铸铝导条(个别电机有用铜

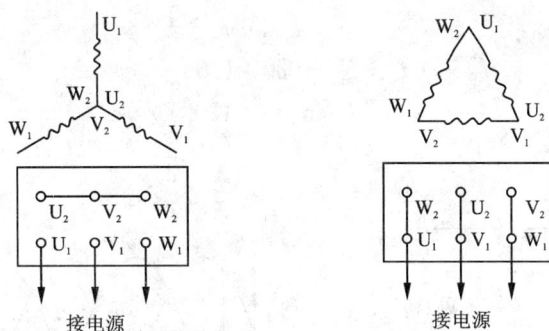

图 8 - 1 - 2　三相定子绕组的连接

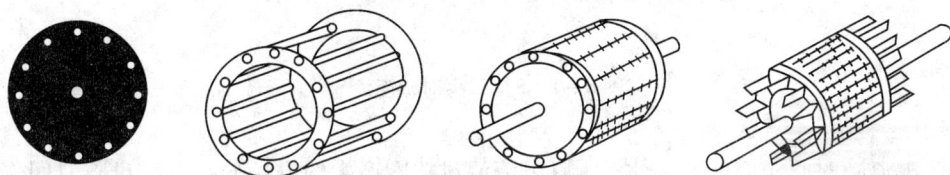

图 8 - 1 - 3　笼型转子

导条的），端部有短路环短接，形成一个短接回路。去掉铁心，形如一笼子，如图 8 - 1 - 4 (a)所示。

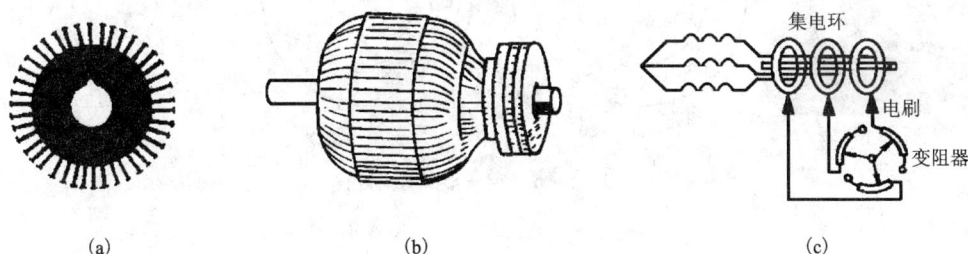

图 8 - 1 - 4　绕线式转子

绕线型转子绕组结构与定子绕组相似，在槽内嵌放三相绕组，通常为星（Y）形联结，绕组的三个端线接到装在轴上一端的三个滑环上，再通过一套电刷引出，以便与外电路相连，如图 8 - 1 - 4(c)所示。

转轴由中碳钢制成，其两端由轴承支撑着，它用来输出转矩。

8.1.2　三相异步电动机的工作原理

1. 旋转磁场

为便于分析，异步电动机的三相绕组用三个线圈 $U_1 - U_2$、$V_1 - V_2$、$W_1 - W_2$ 表示，它们在空间互差 $120°$ 电角度，并接成 Y 形联结，如图 8 - 1 - 5(a)所示，图(a)为对称三相绕组。把三相绕组接到三相交流电源上，三相绕组便有三相对称电流流过。假定电流的正方向由线圈的始端流向末端，流过三相线圈的电流分别为：

$$i_U = I_m \sin \omega t$$

$$i_V = I_m \sin(\omega t - 120°)$$

$$i_W = I_m \sin(\omega t + 120°)$$

其波形如图 8-1-5(b)所示。

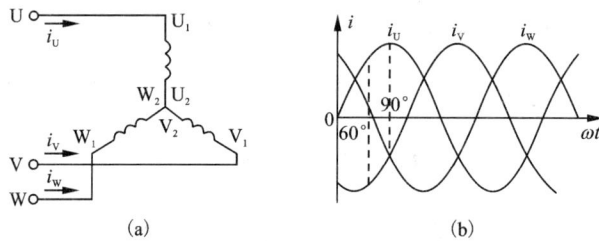

图 8-1-5 三相对称电流

由于电流随时间作周期性变化，所以电流流过线圈产生的磁场分布情况也随时间作周期性变化，现研究几个瞬间，如图 8-1-6 所示。

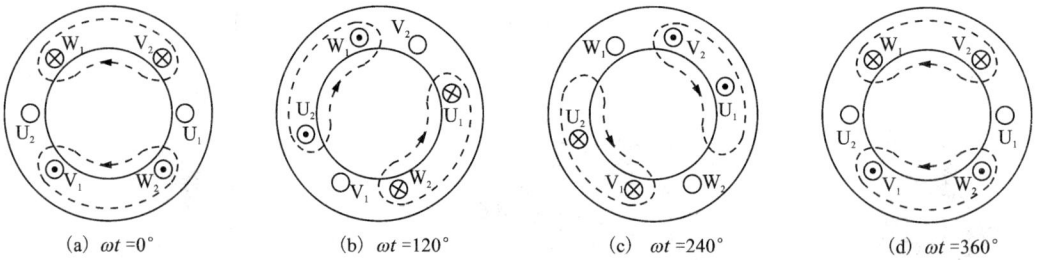

(a) $\omega t = 0°$ (b) $\omega t = 120°$ (c) $\omega t = 240°$ (d) $\omega t = 360°$

图 8-1-6 定子旋转磁场

(1)当 $\omega t = 0°$ 瞬间，由图 8-1-5 看出，$i_U = 0$，U 相没有电流流过；i_V 为负，表示电流由末端流向首端(即 V_2 端为 $\otimes$，V_1 端为 $\odot$)；i_W 为正，表示电流由首端流入(即 W_1 端为 $\otimes$，W_2 端为 $\odot$)，如图 8-1-6(a)所示。这时三相电流所产生的合成磁场方向由"右手螺旋定则"判得为水平向左，见图 8-1-6(a)所示。

(2)当 $\omega t = 120°$ 瞬间，由图 8-1-5 得：i_U 为正，$i_V = 0$，i_W 为负。用同样方式可判得三相合成磁场顺相序方向旋转了 120°，如图 8-1-6(b)所示。

(3)当 $\omega t = 240°$ 瞬间，i_U 为负，i_V 为正，$i_W = 0$。合成磁场又顺相序方向旋转了 120°，如图 8-1-6(c)所示。

(4)当 $\omega t = 360°$(即为 0°)瞬间，又转回到(1)的情况，如图 8-1-6(d)所示。

由此可见，三相绕组通入三相交流电流时，将产生旋转磁场。若满足两个对称(即绕组对称、电流对称)，则此旋转磁场的大小便恒定不变(称为圆形旋转磁场)，否则将产生椭圆形旋转磁场(磁场大小不恒定)。

由上图可看出，旋转磁场的旋转方向与相序方向一致，如果改变相序，则旋转磁场旋转方向也就随之改变。三相异步电动机的反转正是利用这个原理。

进一步分析还可得到其转速

$$n_1 = \frac{60f_1}{p} \qquad\qquad (8-1-1)$$

式中：f_1 为电网频率，p 为磁极对数（n_1 单位为 r/min）。对已制成的电机，p 为常数，则 n_1 与 f_1 成正比，即决定旋转磁场转速的唯一因素是频率，故有时亦称 n_1 为电网频率所对应的同步转速。我国电网频率为 50 Hz，故 n_1 与 p 具有如下关系：

p	1	2	3	4	5	6
n_1（r/min）	3000	1500	1000	750	600	500

可见，同步转速是有级的。

2. 三相异步电动机转动原理

图 8-1-7 是三相异步电动机的工作原理图。

（1）电生磁：定子三相绕组 U、V、W 通三相交流电流产生旋转磁场，其转向与相序一致，为顺时针方向，转速为 $n_1 = 60f_1/p$。假定该瞬间定子旋转磁场方向向下。

（2）（动）磁生电：定子旋转磁场旋转切割转子绕组，在转子绕组产生感应电动势，其方向由"右手法则"确定。由于转子绕组自身闭合，便有电流流过，并假定电流方向与电动势方向相同，如图 8-1-7 中所示。

（3）电磁作用产生力（矩）：这时转子绕组感应电流在定子旋转磁场作用下，产生电磁力，其方向由"左手法则"判断，如图 8-1-7 所示。该力对转轴形成转矩（称电磁转

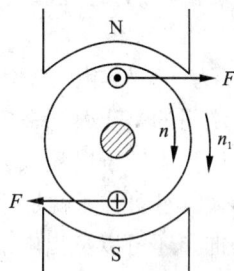

图 8-1-7　转子转动的原理图

矩），并可见，它的方向与定子旋转磁场（即电流相序）一致，于是，电动机在电磁转矩的驱动下，以 n 的速度顺着旋转磁场的方向旋转。

异步电动机转速 n 恒小于定子旋转磁场转速 n_1，只有这样，转子绕组与定子旋转磁场之间才有相对运动（转速差），转子绕组才能感应电动势和电流，从而产生电磁转矩。因而 $n \leqslant n_1$（有转速差）是异步电动机旋转的必要条件，异步的名称也由此而来。

我们定义异步电动机的转速差（$n_1 - n$）与旋转磁场转速 n 的比率，称为转差率，表示为：

$$s = \frac{n_1 - n}{n} \qquad\qquad (8-1-2)$$

转差率是分析异步电动机运行的一个重要参数，它与负载情况有关。当转子尚未转动（起动瞬间）时，$n=0$，$s=1$；当转子转速接近于同步转速（空载运行）时，$n_1 \approx n$，$s \approx 0$。因此对异步电动机来说，s 是在 1~0 范围内变化。异步电动机负载越大，转速越慢，转差率就越大。负载越小，转速越快，转差率就越小。

在正常运行范围内，异步电动机的转差率很小，仅在 0.01~0.06 之间，可见异步电动机转速很接近旋转磁场转速。

8.1.2　三相异步电动机的换向与转速

1. 三相异步电动机的换向

三相异步电动机的旋转方向取决于定子旋转磁场的旋转方向，并且两者的方向相同。只要改变旋转磁场的方向，就能使三相异步电动机反转。因此，将三相接线端中的任意两相接线端对调，改变三相顺序，就改变了旋转磁场的方向，从而实现三相异步电动机换向。

2. 三相异步电动机的转速

根据式(8-1-1)和式(8-1-2)可知三相异步电动机的转速为：

$$n = (1-s)n_1 = (1-s)\frac{60f_1}{p} \tag{8-1-3}$$

8.1.3　三相异步电动机的电磁转矩与机械特性

1. 三相异步电动机的电磁转矩

由工作原理可知，异步电动机的电磁转矩是由与转子电动势同相的转子电流(即转子电流的有功分量)和定子旋转磁场相互作用产生的，可见电磁转矩与转子电流有功分量(I_{2a})及定子旋转磁场的每极磁通(Φ_0)成正比，即

$$T = C_T\Phi_0 I_2\cos\varphi_2 \tag{8-1-4}$$

式中 C_T 为计算转矩的结构常数，$\cos\varphi_2$ 为转子回路的功率因数。

需说明的是当磁通一定时，电磁转矩与转子电流有功分量 I_{2a} 成正比，而并非与转子电流 I_2 成正比。当转子电流大，若大的是转子电流无功分量(并非是有功分量)，则此时的电磁转矩就不大，起动瞬间就是这种情况。

经推导还可以算出电磁转矩与电动机参数之间的关系：

$$T_{em} \approx C_T'U_1^2 \frac{sR_2}{R_2^2 + (sX_{20})^2} \tag{8-1-5}$$

式中：C_T' 为电机结构常数，R_2 为转子绕组电阻，X_{20} 为转子不转时转子绕组感抗。由式(8-1-5)可知，T_{em} 与 U_1 的平方成正比。可见电磁转矩对电源电压特别敏感，当电源电压波动时，转矩按 U_1^2 关系发生变化。

2. 三相异步电动机的机械特性

由式(8-1-5)可知，当 R_2，X_{20} 为常数时，$T_{em} = f_1(s)$ 之间的关系曲线称为 $T_{em}-s$ 曲线，如图8-1-8所示。

当电动机空载时，$n \approx n_1$，$s \approx 0$，故 $T_{em} = 0$；当 s 尚小时($s = 0 \sim 0.2$)，分母中 $(sX_{20})^2$ 很小，可略去不计，此时 $T_{em} \propto s$，故当 s 增大，T_{em} 也随之增大。当 s 大到一定值后，$(sX_{20})^2 \gg R_2$，R_2 可略去不计，此时 $T_{em} \propto 1/(sX_{20})^2$，故 T_{em} 随 s 增大反而下降，$T_{em}-s$ 曲线由上升至下降过程中，必出现一最大值，此即为最大转矩 T_m。

由 $n = (1-s)n_1$ 关系，可将 $T_{em}-s$ 关系改为 $n = f(T_{em})$ 关系，此即为异步电动机的机械特性，如图8-1-9所示。因 n 与 T_{em} 均属机械量，故称此特性为机械特性，它直接反映了当电动机转矩变化时，转速的变化情况。

以最大转矩 T_m 为界，机械特性分为两个区，上边为稳定运行区，下边为不稳定运行区。当电动机工作在稳定区上某一点时，电磁转矩 T 能自动地与轴上的负载转矩 T_L 相平衡(忽略

空载损耗转矩)而保持匀速转动。如果负载转矩 T_L 变化,电磁转矩 T 将自动适应随之变化达到新的平衡而稳定运行。即电动机在稳定运行时,其电磁转矩和转速的大小都决定于它所拖动的机械负载。

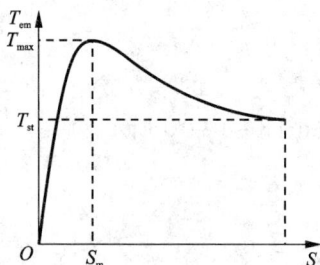

图 8 - 1 - 8　三相异步电动机的转矩特性曲线　　　图 8 - 1 - 9　三相异步电动机的机械特性曲线

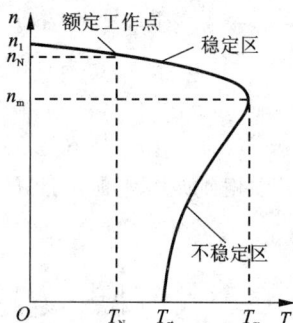

异步电动机机械特性的稳定区比较平坦,当负载在空载与额定值之间变化时,转速变化不大,一般仅为 1% ~ 6% ,这样的机械特性称为硬特性,三相异步电动机的这种硬特性很适合于金属切削机床等工作机械的需要。

如果电动机工作在不稳定区,则电磁转矩不能自动适应负载转矩的变化,因而不能稳定运行。例如负载转矩 T_L 增大,使转速 n 降低时,工作点将沿特性曲线下移,电磁转矩反而减小,会使电动机的转速越来越低,直到停转(堵转),当负载转矩 T_L 减小时,电动机转速又会越来越高,直至进入稳定区运行。

为正确使用异步电动机,除注意机械特性曲线上的两个区域外,还要关注三个特征转矩:

(1)额定转矩 T_N

它是电动机额定运行时的转矩,可由铭牌上的 P_N 和 n_N 求得:

$$T_N \approx 9550 \frac{P_N}{n_N} \qquad (8-1-6)$$

T_N 的单位为 N·m; P_N 的单位为 kW。

由上式知,当输出功率 P_N 一定时,额定转矩与转速成反比,也近似与磁极对数成正比($n \approx n_1 = 60 f_1/p$,故频率一定时,转速近似与磁极对数成反比)。因此,相同功率的异步电动机磁极对数越多,亦即转速越低,其额定转矩就越大。

图 8 - 1 - 9 中 $n = f(T_{em})$ 曲线中的额定转矩 T_N 和额定转速 n_N 所对应的点,称为额定工作点。异步电动机若运行于此点或附近,其效率及功率因数均较高。

例 8 - 1　有两台功率和额定电压都相同的三相异步电动机,一台的额定功率 $P_N = 7.5$ kW, $U_N = 380$ V, $n_N = 955$ r/min,另一台 $n_N = 1450$ r/min。试分别求它们的额定转矩。

第一台: $T_N = 9550 \frac{P_N}{n_N} = 9550 \times \frac{7.5}{955}$ N/m = 75 N·m

第二台: $T_N = 9550 \frac{P_N}{n_N} = 9550 \times \frac{7.5}{14325}$ N/m = 50 N·m

(2)最大转矩 T_m

由图 8 - 1 - 9 曲线知,电动机有个最大转矩 T_m ,令 $\frac{dT_{em}}{ds} = 0$,解得产生最大转矩的临界转

差率

$$s_m = \frac{R_2}{X_{20}} \tag{8-1-7}$$

代入式(8-1-5)，得

$$T_m = C'_T \frac{U_1^2}{2X_{20}} \tag{8-1-8}$$

由上两式可知：①s_m 与 R_2 成正比，而与 U_1 无关；②T_m 与 U_1 的平方成正比，而与 R_2 无关。由此可以得到改变电源电压 U_1 和 R_2 的机械特性，如图 8-1-10 所示。

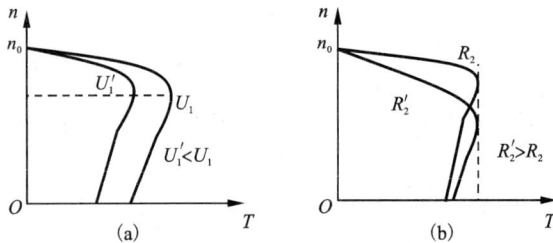

图 8-1-10 对应不同的 U_1 和 R_2 的机械特性曲线

当电动机负载转矩大于最大转矩，电动机就要停转(故最大转矩也称停转转矩)，此时电动机电流即刻能升至$(5\sim7)I_N$，致使绕组过热而烧毁。

最大转矩对电动机的稳定运行有重要意义。当电动机负载突然增加，短时过载，短时接近于最大转矩，电动机仍能稳定运行，由于时间短，也不至于过热。为保证电动机稳定运行，不因过载而停转，要求电动机有一定的过载能力。把最大转矩与额定转矩之比，称作过载能力，也称作最大转矩倍数，用 λ_T 表示

$$\lambda = \frac{T_m}{T_N} \tag{8-1-9}$$

一般三相异步电动机的 λ_T 在 1.8~2.2 范围。

(3) 起动转矩 T_{st}

电动机刚起动瞬间，即 $n=0$，$s=1$ 时的转矩叫起动转矩。将 $s=1$ 代入式(8-1-5)，得

$$T_{st} \approx C'_T U_1^2 \frac{R_2}{R_2^2 + X_{20}^2} \tag{8-1-10}$$

可见，起动转矩也与电源电压、转子电阻有关。电源电压 U_1 降低，则起动转矩 T_{st} 减小。转子电阻适当增大，起动转矩增大。式(8-1-7)中，当转子电阻 $R_2 = X_{20}$ 时，$s_m=1$，故此时 $T_{st}=T_m$。当 R_2 继续再增大，起动转矩又开始减小。

只有当起动转矩大于负载转矩时，电动机才能起动。起动转矩越大，起动就越迅速。由此引出电动机的另一个重要性能指标——起动转矩倍数 K_{st}

$$K_{st} = \frac{T_{st}}{T_N} \tag{8-1-11}$$

它反映电动机起动负载的能力。一般三相异步电动机的 $K_{st}=1.0\sim2.2$。

8.1.4　三相异步电动机的起动、制动与调速

1.三相异步电动机的起动

电动机接上电源,转速由零开始运转,直至稳定运转状态的过程,称为起动过程。

对电动机起动要求是:起动电流小,起动转矩大,起动时间短。

当异步电动机刚接上电源,转子尚未旋转瞬间($n=0$),定子旋转磁场对静止转子的相对速度最大,于是转子绕组感应电动势和电流也最大,则定子的感应电流也最大,它往往可达 $5\sim7$ 倍的额定电流。由理论分析指出,起动瞬间转子电流虽大,但转子的功率因数 $\cos\varphi_2$ 很低,故此时转子电流的有功分量却不大(而无功分量大),因此起动转矩不大,它只有额定转矩的 $1.0\sim2.2$ 倍,所以笼型异步电动机的起动性能较差。

笼型异步电动机的起动方法有直接起动(全压起动)和降压起动两种。

(1)直接起动

把电动机三相定子绕组直接加上额定电压的起动叫直接起动。此方法起动最简单,投资少,起动时间短,起动可靠,但起动电流大,一般只用于小容量电动机(如 7.5 kW 以下电动机)。是否可采用直接起动,取决于电源的容量及起动频繁的程度,否则应该采用降压起动。

(2)降压起动

降压起动的主要目的是为了限制起动电流,但问题是在限制起动电流的同时,起动转矩也受到限制,因此它只适用于在轻载或空载情况下起动,最常用的起动方法有 Y-△换接起动和自耦补偿器起动。

Y-△换接起动只适用于定子绕组为△形连接,且每相绕组都有两个引出端子的三相笼型异步电动机。

起动前先将 Q_2 合向"起动"位置,定子绕组接成 Y 形连接,然后合上电源开关 Q_1 进行起动,此时定子每相绕组所加电压为额定电压的 $1/\sqrt{3}$,从而实现了降压起动,待转速上升至一定值后,迅速将 Q_2 投向"运行"位置,恢复定子绕组为△形联结,使电动机每相绕组在全压下运行。

由交流电路知识可推得:Y 形联结起动时的起动电流为△形联结直接起动时 1/3,其起动转矩为后者的 1/3,即:

$$I_Y = I_\triangle/3$$
$$T_Y = T_\triangle/3 \qquad\qquad (8-1-12)$$

Y-△换接起动设备简单,成本低,操作方便,动作可靠,使用寿命长。目前,$4\sim100$ kW 异步电动机均设计成 380 V 的△形连接,因此此起动方法得以广泛应用。

对容量较大或正常运行时接成 Y 形连接而不能采用 Y-△形起动的笼型电动机常采用自耦补偿器起动。其原理接线图如 8-1-11 所示,它是利用自耦变压器降压原理起动。

起动前先将 Q_2 合向"起动"侧,然后合电源开关 Q_1,这时自耦变压器的一次绕组加全电压,抽头的二次绕组电压加在电动机定子绕组上,电动机便在低电压下起动。待转速上升至一定值后,迅速将 Q_2 切换到"运行"侧,切除自耦变压器,电动机就在全电压下运行。

用这种方法起动,电网供给的起动电流和起动转矩都是直接起动时的 $1/K^2$(K 为自耦变压器的变比),自耦变压器设有三个抽头,QJ_2 型三个抽头比(即 $1/K^2$)分别为 55%,64%,73%;QJ_3 型为 40%,60%,80%,可得到三种不同的电压,以便根据起动转矩的要求而灵活

选用。

至于绕线型异步电动机的起动，只要在转子回路串入适当的电阻，见图8－1－4(c)，就既可限制起动电流，又可增大起动转矩，克服笼型异步电动机起动电流大起动转矩小的缺点。绕线型异步电动机在起动过程中，需逐级将起动电阻切除。除在转子回路串电阻起动外，现用得更多的是在转子回路接频敏变阻器起动，此变阻器在起动过程中能自动减小阻值，以代替人工切除电阻。

普通笼型异步电动机起动转矩较小，若满足不了要求，可选用具有较大起动转矩的双笼型或深槽型异步电动机。而绕线型异步电动机的起动转矩更大，它适用于要求起动转矩较大的生产机械，如卷扬机、起重机等。

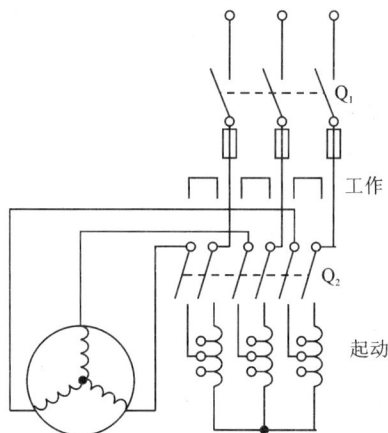

图 8－1－11

2.三相异步电动机的制动

许多生产机械工作时，为提高生产力和安全起见，往往需要快速停转或由高速运行迅速转为低速运行，这就需要对电动机进行制动。所谓制动就是要使电动机产生一个与旋转方向相反的电磁转矩(即制动转矩)，可见电动机制动状态的特点是电磁转矩方向与转动方向相反。三相异步电动机常用的制动方法有能耗制动、反接制动和回馈制动。

(1)能耗制动

异步电动机能耗制动接线如图8－1－12(a)所示。制动方法是在切断电源开关 Q_1 同时闭合开关 Q_2 触点，在定子两相绕阻间通入直流电流。于是定子绕阻产生一个恒定磁场，转子因惯性而旋转切割该恒定磁场，在转子绕组产生感应电动势和电流。由图 8－1－12(b)可判得，转子的载流导体与恒定磁场相互作用产生电磁转矩，其方向与转子转向相反，起制动作用，因此转速迅速下降，当转速下降至零时，转子感应电动势和电流也降至为零，制动过程结束。制动期间，运转部分所储藏的动能转变为电能消耗在转子回路的电阻上，故称能耗制动。

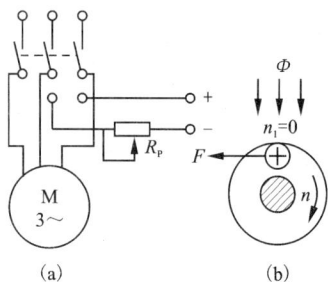

图 8－1－12 能耗制动

对笼型异步电动机，可调节直流电流的大小来控制制动转矩的大小，对绕线型异步电动机，还可采用转子串电阻的方法来增大初始制动转矩。

能耗制动能量消耗小，制动平稳，广泛应用于要求平稳准确停车的场合，也可用于起重机一类机械上，用来限制重物下降速度，使重物匀速下降。

(2)反接制动

异步电动机反接制动接线如图8－1－13(a)所示。制动时将电源开关 Q 由"运转"位置切换到"制动"位置，把它的任意两相电源接线对调。由于电压相序反了，所以定子旋转磁场方向反了，而转子由于惯性仍继续按原方向旋转，这时转矩方向与电动机的旋转方向相反，如图 8 - 1 - 12(b)所示,成为制动转矩。

若制动的目的仅为停车,则在转速接近于零时,可利用某种控制电器将电源自动切除,否则电机将会反转。反接制动时,转子的转速相对于反转旋转磁场的转速较大($n + n_1$),因此电流较大。为了限制制动电流,较大容量电动机通常在定子电路(笼型)或转子电路(绕线型)串接限流电阻。

这种方法制动比较简单,制动效果较好。在某些中型机床主轴的制动中常采用,但能耗较大。

(3)回馈制动

回馈制动发生在电动机转速大于定子旋转磁场转速 n_1 的时候,如当起重机下放重物时,重物拖动转子,使转速 $n > n_1$。这时转子绕组切割定子旋转磁场方向与原电动状态相反,则转子绕组感应电动势和电流方向也随之相反,电磁转矩方向也反了,即由与转向同向变为反向,成为制动转矩(如图 8 - 1 - 14 所示),使重物受到制动而匀速下降。实际上这台电动机已转入发电机运行状态,它将重物的势能转变为电能而回馈到电网,故称回馈制动。

前述变极调速电动机,当从高速(少极)调至低速(多极)瞬间,转子的转速高于多极的同步转速,就产生回馈制动作用,迫使电动机转速迅速下降。

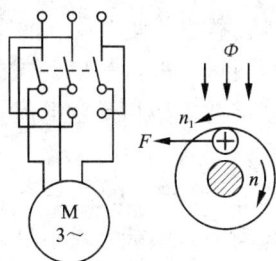

图 8 - 1 - 13 反接制动

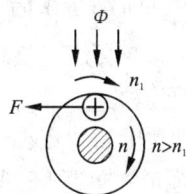

图 8 - 1 - 14 回馈制动

3. 三相异步电动机的调速

为了提高生产效率或满足生产工艺的要求,许多生产机械在工作过程中都需要调速。由

$$n = (1 - s)n_1 = (1 - s)\frac{60f_1}{p} \qquad (8 - 1 - 13)$$

可知,三相异步电动机的调速方法有:变极(p)调速,变频(f_1)调速和转子串电阻(线绕式)调速。

(1)变极调速

改变异步电动机定子绕组的连接,可以改变磁极对数,从而得到不同的转速。由于磁极对数 p 只能成倍地变化,所以这种调速方法不能实现无级调速。为了得到更多的转速,可在定子上安装两套三相绕组,每套都可以改变磁极对数,采用适当的连接方式,就有三种或四种不同的转速。这种可以改变磁极对数的异步电动机称为多速电动机。

变极调速虽然不能实现平滑无级调速,但它比较简单、经济,在金属切削机床上常被用来扩大齿轮箱调速的范围。

（2）变频调速

由于频率 f_1 能连续调节，故可得较大范围的平滑调速，它属无级调速，其调速性能好，但它需有一套专用变频设备。随着晶闸管元件及变流技术的发展，交流变频变压调速是 20 世纪 80 年代迅速发展起来的技术。现在已经成为一种技术成熟，应用广泛的一种专门电力传动调速技术，现代电力机车就普遍使用变频调速。

（3）转子串电阻调速

在绕线型异步电动机转子回路里串可调电阻，由图 8 - 1 - 10（b）可知，在恒转矩负载下，转子回路电阻增大，其转速 n_1 下降。

这种调速方法优点是有一定的调速范围，设备简单，但能耗较大，效率较低，广泛用于起重设备。

除此之外，利用电磁滑差离合器来实现无级调速的一种新型交流调速电动机——电磁调速三相异步电动机现已较多应用。

8.2　单相异步电动机

使用单相交流电源的异步电动机称为单相异步电动机。它在电风扇、洗衣机、电冰箱、吸尘器及空调等家用电器以及各种医疗器械、小型机械和小功率的电动工具方面得到广泛应用。单相异步电动机的工作原理与三相异步电动机相仿，其转子一般都是鼠笼式的，其定子绕组通入交流电同样会产生旋转磁场，切割转子导体产生感应电动势和感应电流，从而形成电磁转矩使转子转动。

单相异步电动机的特点在于定子绕组通入的是单相交流电，所产生的是一个空间位置固定不变，而大小和方向都随时间作正弦变化的脉动磁场。脉动磁场不能旋转，但它可以分解为两个大小相等（包括磁感应强度和旋转的角速度）、旋转方向相反的旋转磁场。当转子静止时，这两个旋转方向相反的旋转磁场对转子作用所产生的电磁转矩，同样也是大小相等、方向相反，故电动机不能自行起动；当转子受到外力作用转动后，这两个旋转磁场对转子作用所产生的电磁转矩就不相等，且外力方向的电磁转矩较大，因此外力消失后，电动机仍然可以转动。

为了使单相异步电动机通电后能产生旋转磁场自行起动，必须再产生一个与此脉动磁场频率相同、相位不同、在空间相差一定角度的另一脉动磁场，再与原脉动磁场合成为旋转磁场。常用的方法有电容分相式和罩极式两种，下面介绍电容分相式单相电动机的结构和工作原理。

8.2.1　单相异步电动机的结构和工作原理

电容分相式异步电动机在定子中放置两个在空间相隔 90°的绕组 A 和 B，如图 8 - 2 - 1 （a）所示，B 绕组串联适当的电容器 C 后与 A 绕组并联于单相交流电源上。电容器的作用是使通过它的电流 I_B 超前于 I_A 接近 90°，这就是分相。

设两相绕组的电流分别为 $i_A = I_{Am} \sin\omega t$，$i_B = I_{Bm} \sin(\omega t + 90°)$，它们的波形图如图 8 - 2 - 1（b）所示，即把单相交流电变为两相交流电。这样的两相交流电流产生的两个脉动磁场相合成的磁场，也是一个旋转磁场，其原理如图 8 - 2 - 2（a）、（b）、（c）所示。在此旋转磁场的作

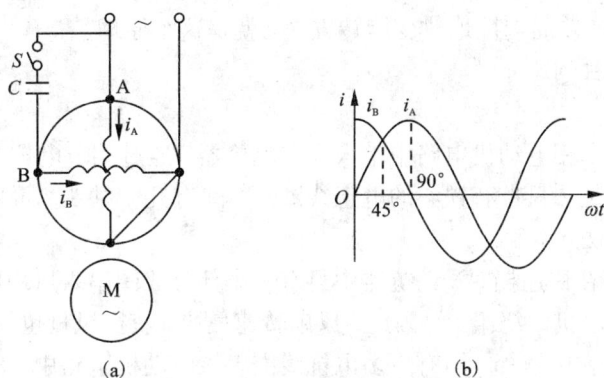

图 8 - 2 - 1　电容分相式异步电动机和它的两相电流

用下,鼠笼式转子就会顺着同一方向转动起来。单相交流电产生的脉动磁场虽然不能使转子起动,但一旦起动以后,却能产生电磁转矩使转子继续运转。因此电容分相式电动机起动后,绕组 B 可以留在电路中,也可用离心开关在转速上升到一定数值后切除,这时只留下绕组 A 工作,但仍可继续带动负载运转。所以,绕组 A 叫工作绕组,绕组 B 叫起动绕组。

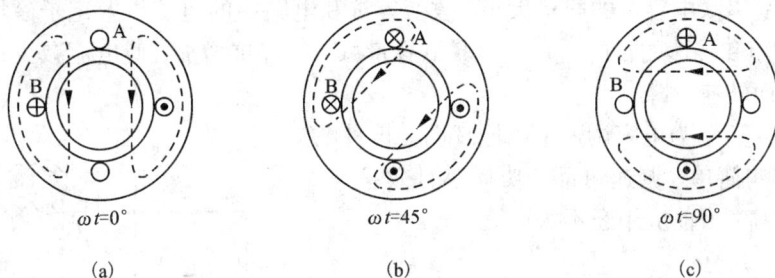

图 8 - 2 - 2　两相旋转磁场

除用电容来分相外,也可用电感和电阻来分相。工作绕组的电阻少,匝数多(电感大);起动绕组的电阻大,匝数少(电感小),以达到分相的目的。

8.2.2　单相异步电动机换向与调速

1. 单相异步电动机换向

电容分相式电动机也可反向运行,这只要利用一个转换开关将工作绕组与起动绕组互换即可,如图 8 - 2 - 3 所示。当开关 S 合在位置 1 时,电容器 C 与 B 绕组串联,绕组 B 为起动绕组,绕组 A 为工作绕组,电流 I_B 超前于 I_A 接近 90°,电动机正转;当开关 S 合在位置 2 时,C 与 A 绕组串联,绕组 A 为起动绕组,绕组 B 为工作绕组,电流 I_B 滞后于 I_A 接近 90°,电动机反转。因为旋转磁场的转向是由两个绕组中电流的相序决定的,所以只要调换

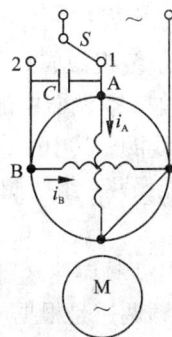

图 8 - 2 - 3　正反转电路

一个绕组与电容器 C 串联，就可以改变电容分相式电动机的转向。洗衣机中的电动机靠定时器自动转换开关，使波轮周期性地改变旋转方向，就是这个原理。

2. 单相异步电动机调速

(1) 电抗器调速

电抗器调速是在单相电动机电路中串入一个电抗器，通过调节电抗线圈的匝数多少来达到调速目的。电抗器是一只带有铁心的电感线圈，中间有几个抽头，可用于调速。风扇电机普遍采用这种调速方法。

当"调速"开关打在快速挡时，电抗器中只有一小部分线圈串入风扇电动机电路，电源电压基本上全部加在电动机的绕组上，因此，风扇转速最快，获得风量也最大。

当"调速"开关打在中速挡，则有更多电抗线圈串入电动机电路中，由于线圈的电抗作用降低了加在电动机绕组上的电压，降低了旋转磁场的强度，从而使转速变慢，风量减少。

当"调速"开关打在慢速挡，全部电抗线圈串入电动机电路中，风扇电动机上的电压更低，磁场强度更弱，转速更慢，获得风量最少。

电抗器调速法的优点是结构简单、调速明显、制造容易且维修方便，其缺点是需专门附加一只电抗器，成本较高。

(2) 电容调速

利用在主、副绕组中串联电容来进行调速的，称为电容调速。电路中电容的降压、移相作用，通过改变串联电容器的容量大小，改变容抗和电路中的电流以及定子磁场的强弱，从而达到改变转矩和转速的目的。一般串联电容量减少，容抗增加，使电流减少，定子磁场的强度减弱，从而转速下降。

图 8 - 2 - 4 所示为电容调速电路原理图。该种电路的优点是结构简单、调速可靠、功耗小且效率高。缺点是成本较高，目前应用还不太广泛。

(3) 变磁极调速

变磁极调速是根据电动机的转速公式为：

$$n = 60f(1 - s)/p$$

利用电动机的转速 n 与磁极对数 p 成反比的原理进行调速的。

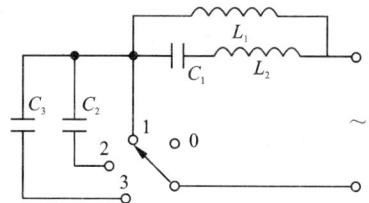

图 8 - 2 - 4 电容调速电路图

我国电源频率 f 为 50 Hz。若电动机定子绕组做成两极，则转速 n 为 3000 r/min；若电动机定子绕组做成 4 极，则转速 n 为 1500 r/min；若电动机定子绕组做成 6 极，则转速 n 为 1000 r/mm。

例如，空调器中的风扇电动机通常采用变磁极调速的方法。在电动机的定子绕组中设计了两组线圈，其中一组线圈构成 6 极电动机，当它通电时，电动机低速运转，空调器执行"低冷"功能，另一组线圈构成 4 极电动机，当它通电时，电动机高速运转，空调器执行"高冷"功能。

(4) 变频调速

变频调速是根据电动机的转速公式：

$$n = 60f(1 - s)/p$$

利用电动机转速 n 与电源频率 f 成正比的原理进行调速的。

变频调速是在电动机前面加装一只变频器,把来自电网的 50 Hz 交流电能,改变频率后提供给电动机。从而实现变频调速的目的。

变频器的频率可在 30~125 Hz 范围内自动调节。由于变频技术日益成熟,变频设备成本也大幅度下降,所以变频调速在空调器、冰箱甚至风扇上得到广泛使用。

变频技术可分为交流变频技术与直流变频技术两种。直流变频技术比交流变频技术更节能、更优越。

*8.3 特种电机

前面介绍的各种电机,都是作为动力来使用的,其主要任务是将电能转换为机械能驱动生产机械运转,实现能量的变换。在自动控制系统和计算装置中还有另一类电机,是作为转换和传递信号来使用的,这类电机称为控制电机,又称为微电机。由于控制电机的主要任务是转换和传递信号,所以控制电机具有精度高、准确度高、可靠性高、动作灵敏、重量轻、体积小及耗电少等特点。控制电机的种类很多,本章只介绍常用的测速发电机、伺服电动机、步进电动机和直线电动机。

8.3.1 控制微电机

1. 测速发电机

测速发电机是一种测量转速的微型发电机,它把输入的机械转速变换为电压信号输出,并要求输出的电压信号与转速成正比。测速发电机分直流测速发电机和交流测速发电机两大类。

(1)直流测速发电机:直流测速发电机实际就是一种微型直流发电机,按定子磁极的励磁方式分为电磁式和永磁式。

直流测速发电机的工作原理与一般直流发电机相同,如图 8-3-1 所示。在恒定的磁场 Φ_0 中,外部的机械转轴带动电枢旋转,电枢绕组切割磁场从而在电刷间产生感应电动势。

在空载时,直流测速发电机的输出电压就是电枢感应电动势。显然输出电压与转速成正比。

(2)交流测速发电机

交流测速发电机分为同步测速发电机和异步

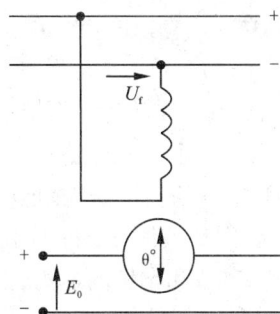

图 8-3-1 直流测速发电机的工作原理

测速发电机。在实际应用中异步测速发电机使用较广泛。交流异步测速发电机与交流伺服电动机的结构相似,其转子结构有笼型的,也有杯型的,在自动控制系统中多用空心杯转子异步测速发电机。

(3)测速发电机的应用

测速发电机的作用是将机械速度转换为电压信号,常用作测速元件、校正元件、解算元件,与伺服电机配合,广泛应用于速度控制或位置控制系统中,如在稳速控制系统中,测速发电机将速度转换为电压信号作为速度反馈信号,可达到较高的稳定性和较高的精度,在计算解答装置中，常作为微分、积分元件。

2. 伺服电动机

伺服电动机在自动控制系统和计算装置中作为执行元件用来驱动控制对象，又名执行电动机。其功能是把所接受的电信号转换为电动机轴上的角位移或角速度输出。若改变输入信号电压的大小和极性（或相位），则伺服电动机的转角、转速和转向都将非常灵敏和准确地跟着变化。伺服电动机按其使用的电源性质可分为交流伺服电动机和直流伺服电动机两大类。

伺服电动机多用于功率稍大的、高精度的自动控制系统及测量装置等设备中，如电视摄像机、各种录音机、X－Y 函数记录仪、机床控制系统等。

3. 步进电动机

步进电动机是一种利用电磁铁的作用原理，将电脉冲信号变换成角位移或线位移的电动机。这种电动机每输入一个脉冲信号，它就转动一定的角度或前进一步，故又称为脉冲电动机。步进电动机转子的位移与脉冲数成正比，其转速与脉冲频率成正比，而不受电源电压、负载大小和环境条件的影响。与伺服电动机相比较，具有起动转矩较大、动作更加准确、调速范围宽广等特点。因而近年来在脉冲技术和数字控制系统中的应用日益广泛，例如在数控机床、自动绘图机、轧钢机以及自动记录仪表等设备中都有应用。

步进电动机的种类很多，按励磁方式可分为反应式、永磁式和感应式三种。其中反应式步进电动机的定子、转子都由硅钢片叠成，具有转动惯量小、响应快、转速高和结构简单等特点，应用比较普遍。

*8.3.2　直线电动机

直线电动机是一种将电能转换为直线运动的机械能的电动机，它分为直线异步电动机、直线直流电动机和直线自整角电动机等，而使用最多的是直线异步电动机。直线电机的优点是：结构简单，反应速度快，灵敏度高，随动性好，容易密封，不怕污染，适应性强（由于直线电机本身结构简单，又可做到无接触运行，因此容易密封，各部件用尼龙浸渍后，采用环氧树脂加以涂封，这样它就不怕风吹雨打，不怕有毒气体和化学药品的侵蚀，在核辐射和液体物质中也能应用），工作稳定可靠，寿命长（直线电机是一种直接传动的特种电机，可实现无接触传递力，没有什么机械损耗，故障少，几乎不需要维修，又不怕震动和冲击），额定值高（直线电机冷却条件好，特别是长次级接近常温状态，因此线负荷和电流密度可以取得很高），有精密定位和自锁的能力（和控制系统相配合，可做到 0.001 mm 的位移精度和自锁能力）。

直线感应电机的应用面相当宽。例如可用于高速列车、传送车、传送线、传送带、搬运钢材、机械手、电动门、加速器、电磁锤、电磁搅拌器和电磁泵、金属分离器、帘幕驱动等。还有一些特殊的直线电机应用在其他领域。例如压电直线电动机（利用压电材料的逆压电效应直接把电能转换成机械能。特点是步距小、推力不大、结构简单、速度易控制），用于精密测量和计量，也可在定位驱动中作为执行元件，在光学系统的聚焦驱动，激光干涉仪和计量系统中可得到应用，也可应用于光刻机上。磁悬浮列车是将直线电动机的初级装在列车上，钢轨作为次级，其速度很高，是一种极具发展前途的交通工具。

8.4　变压器

变压器是利用电磁感应原理传输电能或信号的器件，具有变压、变流、变阻抗和隔离的作用，是一种常见的电气设备，它的种类很多，在电力系统和电子线路中应用十分广泛。例如，在电力系统中，用电力变压器把发电机发出的电压升高后进行远距离输电，到达目的地以后再用变压器把电压降低供用户使用；在实验室中，用自耦变压器改变电源电压；在测量上，利用仪用互感器扩大对交流电压、电流的测量范围；在电子设备和仪器中，用小功率电源变压器提供多种电压，用耦合变压器传递信号并隔离电路上的联系等等。变压器虽然大小悬殊，用途各异，但其基本结构和工作原理是相同的。

8.4.1　变压器的基本结构、类型与工作原理

1. 变压器的基本结构和类型

变压器由铁心和绕组两大部分组成，图 8 – 4 – 1(a)和(b)分别是它的结构示意图和图形符号。这是一个简单的双绕组变压器，在一个闭合的铁心上套有两个绕组，绕组与绕组之间以及绕组与铁心之间都是绝缘的。绕组通常用绝缘的铜线或铝线绕成，与电源相连的绕组，称为原绕组；与负载相连的绕组，称为副绕组。为了减少铁心中的磁滞损耗和涡流损耗，变压器的铁心大多用 $0.35 \sim 0.5$ mm 厚的硅钢片叠成，为了降低磁路的磁阻，一般采用交错叠装方式，即将每层硅钢片的接缝错开。

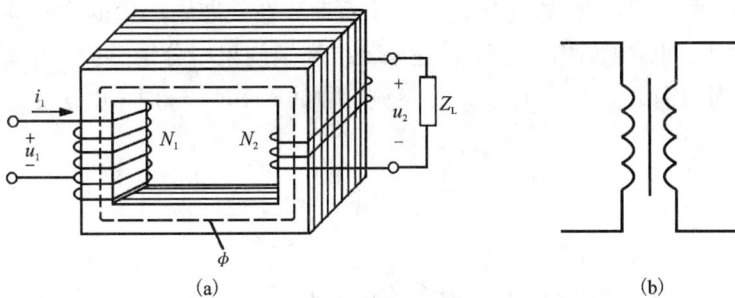

图 8 – 4 – 1　变压器的示意图和图形符号

变压器按铁心和绕组的组合形式，可分为心式和壳式两种，如图 8 – 4 – 2 所示。心式变压器的铁心被绕组所包围，而壳式变压器的铁心则包围绕组。心式变压器用铁量比较少，多用于大容量的变压器，如电力变压器都采用心式结构；壳式变压器用铁量比较多，但不需要专门的变压器外壳，常用于小容量的变压器，如各种电子设备和仪器中的变压器多采用壳式结构。变压器按冷却方式又可分为自冷式和油冷式(常用于三相变压器中)两种，在自冷式变压器中，热量依靠空气的自然对流和辐射直接散发到周围空气中。当变压器的容量较大时常采用油冷式，此时变压器的铁心和绕组全部浸在变压器油内，使其产生的热量通过变压器油传给箱壁而散发到空气中去。

2. 变压器的工作原理

(1)电压变换

变压器的原绕组接交流电压 u_1 且副绕组开路时的运行状态称为空载运行,如图 8 - 4 - 3 所示。这时副绕组中的电流 $i_2 = 0$,开路电压用 U_{20} 表示。原绕组中通过的电流为空载电流 i_{10},各量的参考方向如图 8 - 4 - 3 所示。图中 N_1 为原绕组的匝数,N_2 为副绕组的匝数。

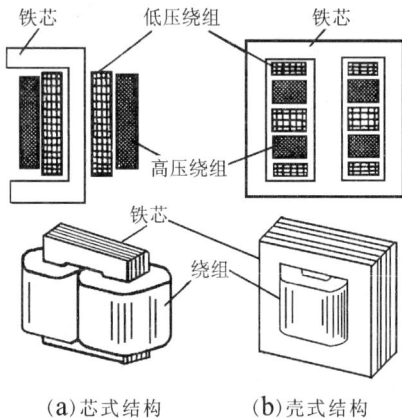

图 8 - 4 - 2 变压器的结构

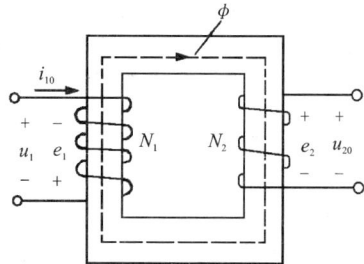

图 8 - 4 - 3 变压器的空载运行

由于副绕组开路,这时变压器的原绕组电路相当于一个交流铁芯线圈电路,通过的空载电流 i_{10} 就是励磁电流,且产生磁动势 $i_{10}N_1$,此磁动势在铁芯中产生的主磁通 Φ 通过闭合铁心,既穿过原绕组,也穿过副绕组,于是在原绕组和副绕组中分别感应出电动势 e_1 和 e_2。e_1 及 e_2 与 Φ 的参考方向之间符合右手螺旋定则(见图 8 - 4 - 3)时,由法拉第电磁感应定律可得

$$e_1 = -N_1 \frac{\mathrm{d}\Phi}{\mathrm{d}t} \quad \text{和} \quad e_2 = -N_2 \frac{\mathrm{d}\Phi}{\mathrm{d}t} \qquad (8 - 4 - 1)$$

e_1 和 e_2 的有效值分别为

$$E_1 = 4.44fN_1\Phi_m \quad \text{和} \quad E_2 = 4.44fN_2\Phi_m \qquad (8 - 4 - 2)$$

其中,f 为交流电源的频率,Φ_m 为主磁通 Φ 的最大值。

由于铁心线圈电阻 R 上的电压降 iR 和漏磁通电动势 e_0 都很小,均可忽略不计,故原、副绕组中的电动势 e_1 和 e_2 的有效值近似等于原、副绕组上电压的有效值,即

$$U_1 \approx E_1 \quad \text{和} \quad U_{20} \approx E_2$$

所以可得

$$\frac{U_1}{U_{20}} \approx \frac{E_1}{E_2} = \frac{N_1}{N_2} = K_u \qquad (8 - 4 - 3)$$

由式(8 - 4 - 3)可见,变压器空载运行时,原、副绕组上电压的比值等于两者的匝数比,这个比值 K_u 称为变压器的变压比。变压器可以把某一数值的交流电压变换为同频率的另一数值的电压,这就是变压器的电压变换作用。当原绕组匝数 N_1 比副绕组匝数 N_2 多时,$K_u > 1$,这种变压器称为降压变压器;反之,原绕组匝数 N_1 比副绕组匝数 N_2 少时,$K_u < 1$,这种变

压器称为升压变压器。

（2）电流变换

如果变压器的副绕组接上负载，则在副绕组感应电动势 e_2 的作用下，副绕组将产生电流 i_2。这时，原绕组的电流将由 i_{10} 增大为 i_1，如图 8 - 4 - 4 所示。副绕组电流 i_2 越大，原绕组电流 i_1 也就越大。由副绕组电流 i_2 产生的磁动势 i_2N_2 也要在铁心中产生磁通，即这时变压器铁心中的主磁通应由原、副绕组的磁动势共同产生。

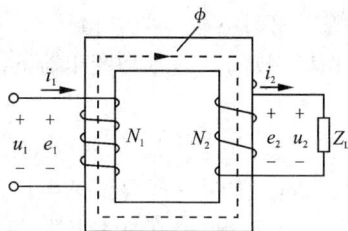

图 8 - 4 - 4　变压器的负载运行

由 $U_1 = E_1 = 4.44fN_1\Phi_m$ 可知，在原绕组的外加电压（电源电压 U_1）和频率 f 不变的情况下，主磁通 Φ_m 基本保持不变。因此，有负载时产生主磁通的原、副绕组的合成磁通势 $(i_1N_1 + i_2N_2)$ 应和空载时产生主磁通的原绕组的磁通势 $(i_{10}N_1)$ 基本相等，用公式表示，即

$$(i_1N_1 + i_2N_2) = (i_{10}N_1) \tag{8 - 4 - 4}$$

如用相量表示，则为

$$\dot{I}_1N_1 + \dot{I}_2N_2 = \dot{I}_{10}N_1 \tag{8 - 4 - 5}$$

这一关系称为变压器的磁动势平衡方程式。

由于原绕组空载电流较小，约为额定电流的 10%，所以 $\dot{I}_{10}N_1$ 与 $\dot{I}_1N_1$ 相比，可忽略不计，即

$$\dot{I}_1N_1 \approx -\dot{I}_2N_2 \tag{8 - 4 - 6}$$

由上式可得原、副绕组电流有效值的关系为

$$\frac{I_1}{I_2} \approx \frac{N_2}{N_1} = \frac{1}{K_u} \tag{8 - 4 - 7}$$

此时，若漏磁和损耗忽略不计，则有

$$\frac{U_1}{U_2} \approx \frac{N_1}{N_2} = K_u$$

从能量转换的角度来看，当副绕组接上负载后，出现电流 i_2，说明副绕组向负载输出电能，这些电能只能由原绕组从电源吸取，然后通过主磁通传递到副绕组。副绕组负载输出的电能越多，原绕组向电源吸取的电能也越多。因此，副绕组电流变化时，原绕组电流也会相应地变化。

例 8 - 2　已知某变压器 $N_1 = 1000$，$N_2 = 200$，$U_1 = 200$ V，$I_2 = 10$ A。若为纯电阻负载，且漏磁和损耗忽略不计。求 U_2、I_1、输入功率 P_1 和输出功率 P_2。

解：因为　　　　　　　　$K_u = N_1/N_2 = 5$

所以　　　　　　　　　　$U_2 = U_1/K_u = 40$ V

　　　　　　　　　　　　$I_1 = I_2/K_u = 2$ A

输入功率　　　　　　　　$P_1 = U_1I_1 = 400$ W

输出功率　　　　　　　　$P_2 = U_2I_2 = 400$ W

（3）阻抗变换作用

变压器除了有变压和变流的作用外，还有变换阻抗的作用，以实现阻抗匹配。图 8 - 4 -

5(a)所示的变压器原绕组接电源 U_1,副绕组的负载阻抗模为 $|Z|$,对于电源来说,图中虚线框内的电路可用另一个阻抗模 $|Z'|$ 来等效代替,如图 8 – 4 – 5(b)所示。所谓等效,就是它们从电源吸取的电流和功率相等,即接在电源上的阻抗模 $|Z'|$ 和接在变压器副绕组的负载阻抗模 $|Z|$ 是等效的。当忽略变压器的漏磁和损耗时,等效阻抗可通过下面计算得出。

$$|Z'| = K_u^2 |Z| \tag{8-4-8}$$

原、副绕组电压比 K_u(又称匝数比)不同时,负载阻抗模 $|Z|$ 折算到原绕组的等效阻抗模 $|Z'|$ 也不同。通过选择合适的电压比 K_u,可以把实际负载阻抗模变换为所需的、比较合适的数值,这就是变压器的阻抗变换作用。在电子电路中,为了提高信号的传输功率,常用变压器将负载阻抗变换为适当的数值,即阻抗匹配。

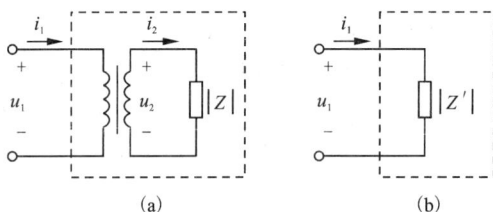

图 8 – 4 – 5 变压器的负载阻抗变换

例 8 – 3 已知某交流信号源的电压 $U_S = 10$ V,内阻 $R_0 = 200$ Ω,负载 $R_L = 8$ Ω,且漏磁和损耗忽略不计。

(1)若将负载与信号源直接相连,求信号源的输出功率为多大?

(2)若要负载上的功率达到最大,且用变压器进行阻抗变换,则变压器的匝数比应为多大?此时信号源的输出功率又为多大?

解:(1) $P = I^2 R_L = \left[\dfrac{U_S}{R_0 + R_L} \right]^2 R_L = \left[\dfrac{10}{200 + 8} \right]^2 \times 8 = 0.0185$ W

(2)变压器把负载进行阻抗变换

$$R'_L = R_0 = 200 \ \Omega$$

所以变压器的匝数比应为

$$\frac{N_1}{N_2} = \sqrt{\frac{R'_L}{R_L}} = \sqrt{\frac{200}{8}} = 5$$

此时信号源的输出功率为

$$P = I^2 R_L = \left(\frac{10}{200 + 200} \right)^2 \times 200 = 0.125 \ \text{W}$$

8.4.2 变压器的应用

正确地使用变压器,不仅能保证变压器正常工作,并能使其具有一定的使用寿命,因此必须了解变压器的技术指标和额定值。变压器的额定值有:

(1)原边额定电压 U_{1N}:指原边绕组应当施加的正常电压。

(2)原边额定电流 I_{1N}:指在 U_{1N} 作用下原边绕组允许通过电流的限额。

(3)副边额定电压 U_{2N}:指原边为额定电压 U_{1N} 时副边的空载电压。

（4）副边额定电流 I_{2N}：指原边为额定电压时，副边绕组允许长期通过的电流限额。

（5）额定容量 S_N：指变压器输出的额定视在功率。对单相变压器：$S_N = U_{2N}I_{2N} = U_{1N}I_{1N}$。

（6）额定频率 f_N：指电源的工作频率。我国的工业频率是 50 Hz。

（7）变压器的效率 η_N：指变压器的输出功率 P_{2N} 与对应的输入功率 P_{1N} 的比值，通常用小数或百分数表示。

前面对变压器的讨论均忽略了其各种损耗，而变压器是典型的交流铁芯线圈电路，其运行时原边和副边必然有铜损和铁损，所以实际上变压器并不是百分之百地传递电能。大型电力变压器的效率可达 99%，小型变压器的效率约为 60% ~ 90%。

（8）电压调整率

电压调整率也是变压器的一个重要的技术指标，它是指变压器由空载到满载（输出额定电流）时，副绕组电压的相对变化量，可表示为

$$\Delta U\% = \frac{U_{20} - U_2}{U_{20}} \times 100\% \qquad (8-4-9)$$

变压器副绕组的电阻压降和漏磁感应电动势都很小，所以加负载后 U_2 的变化不大，电压调整率约为 3% ~ 6%。

8.4.3　特殊变压器

1. 仪用互感器

仪用互感器是电工测量中经常使用的一种专用双绕组变压器，它用于扩大测量仪表的量程和用于控制、保护电路特殊用途的变压器。仪用互感器按用途不同可分为电压互感器和电流互感器两种。

（1）电压互感器

电压互感器是常用来扩大电压测量范围的仪器，图 8-4-6(a) 为其外形图，图(b) 为电路图。其原绕组匝数（N_1）多，与被测的高压电网并联；副绕组匝数（N_2）少，与电压表或功率表的电压线圈连接。因为电压表或功率表的电压线圈电阻很大，所以电压互感器副绕组电流很小，近似于变压器的空载运行，根据电压变换原理可得：

$$U_1 = \frac{N_1}{N_2}U_2 = K_u U_2 \qquad (8-4-10)$$

由式（8-4-10）可知，将测得的副绕组电压 U_2 乘以变压比 K_u，便是原绕组高压侧的电压 U_1，故可用低量程的电压表去测量高电压。通常电压互感器不论其额定电压是多少，其副绕组额定电压皆为 100 V，可采用统一的 100 V 标准电压表。因此，在不同电压等级的电路中所用的电压互感器，其电压比是不同的，其原绕组的额定电压应选得与被测线路的电压的等级一致，例如 6000/100、10000/100 等。

使用电压互感器时，其铁心、金属外壳及副绕组的一端都必须可靠接地。因为当原、副绕组间的绝缘层损坏时，副绕组将出现高电压，若不接地，则会危及运行人员的安全。此外，电压互感器的原、副绕组一般都装有熔断器作为短路保护，以免电压互感器副绕组发生短路事故后，极大的短路电流烧坏绕组。

（2）电流互感器

电流互感器是常用来扩大电流测量范围的仪器，图 8-4-7(a) 为其外形图，图(b) 为电

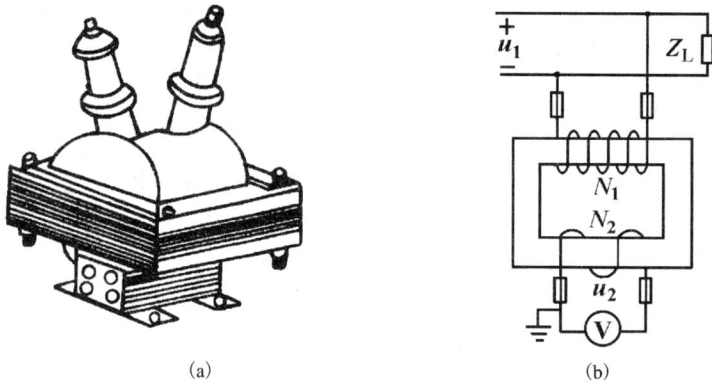

图 8 - 4 - 6　电压互感器及电路图

路图。它的原绕组匝数(N_1)少，有的则直接将被测回路导线作原绕组，与被测量的主线路相串联，流过原绕组的电流为主线路的电流 I_1；它的副绕组匝数(N_2)较多，导线较细，与电流表或功率表的电流线圈串联，流过整个闭合的副绕组的电流为 I_2。根据电流变换原理可得

$$I_1 = \frac{N_2}{N_1}I_2 = K_i I_2 \qquad\qquad (8 - 4 - 11)$$

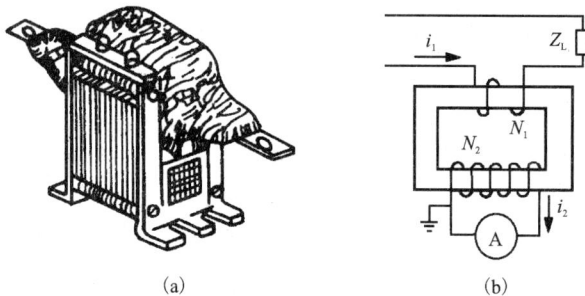

图 8 - 4 - 7　电流互感器及电路图

由式(8 - 4 - 11)可知，将测得的副绕组电流 I_2 乘以变流比 K_i，便是原绕组被测主线路的电流 I_1 的值，故可用低量程的电流表去测量大电流。通常电流互感器不论其额定电流是多少，其副绕组额定电流都为 5A，可采用统一的 5A 标准电流表。因此，在不同电流等级的电路中所用的电流互感器，其电流比是不同的，其原绕组的额定电流值应选得与被测主线路的最大工作电流值等级相一致，例如 30/5、50/5、100/5 等。

与电压互感器一样，使用电流互感器时，为了安全起见，其铁芯、金属外壳及副绕组的一端都必须可靠接地，以防止当原、副绕组间的绝缘层损坏时，副绕组上出现高电压，若不接地，则会危及运行人员的安全。此外，电流互感器在运行中不允许其副绕组开路，因为它正常工作时，流过其原绕组的电流就是主电路的负载电流，其大小决定于供电线路上负载的大小，而与副绕组的电流几乎无关，这点和普通变压器是不同的。正常工作时，磁路的工作

主磁通由原、副绕组的合成磁动势 $(\dot{I}_1 N_1 + \dot{I}_2 N_2)$ 产生，因为磁动势 $\dot{I}_1 N_1$ 和 $\dot{I}_2 N_2$ 是相互抵消的，故合成磁动势和主磁通值都较小。当副绕组开路时，则 $\dot{I}_2 N_2$ 为零，合成磁动势变为 $\dot{I}_1 N_1$，主磁通将急剧增加，使铁损巨增，铁心过热而烧毁绕组；同时副绕组会感应出很高的过电压，危及绕组绝缘和工作人员的安全。

图 8-4-8 为钳形电流表，其中图(a)为其外形图，图(b)为电路图。用它来测量电流时不必断开被测电路，使用十分方便；它是一种特殊的配有电流互感器的电流表。电流互感器的钳形铁心可以开合，测量电流时先按下扳手，使可动铁心张开，将被测电流的导线放在铁心中间，再松开扳手，让弹簧压紧铁心，使其闭合。这样，该导线就成为电流互感器的原绕组，其匝数 $N=1$。电流互感器的副绕组绕在铁心上并与电流表接成闭合回路，可从电流表上直接读出被测电流的大小。

2. 自耦变压器

如果变压器的原、副绕组共用一个绕组，其中副绕组为原绕组的一部分(如图 8-4-9 所示)，这种变压器叫自耦变压器。由于同一主磁通穿过原、副绕组，所以原、副绕组电压之比仍等于它们的匝数比，电流之比仍等于它们的匝数比的倒数，即

$$\frac{U_1}{U_{20}} = \frac{U_1}{U_2} = \frac{N_1}{N_2} = K_u \qquad\qquad \frac{I_1}{I_2} = \frac{N_2}{N_1} = \frac{1}{K_u}$$

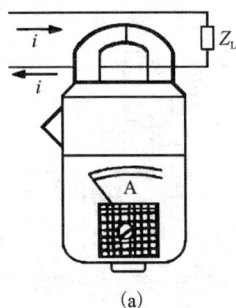

图 8-4-8　钳形电流表及电路图　　　　　图 8-4-9　自耦变压器的电路图

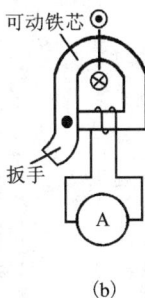

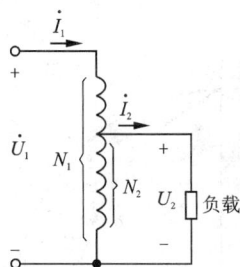

与普通变压器相比，自耦变压器用料少，重量轻，尺寸小，但由于原、副绕组之间既有磁的联系又有电的联系，故不能用于要求原、副绕组电路隔离的场合。在实用中，为了得到连续可调的交流电压，常将自耦变压器的铁心做成圆形，副绕组抽头做成滑动触头，可以自由滑动，如图 8-4-10(a)、(b)、(c)分别为它的外形、示意图和表示符号。当用手柄移动触

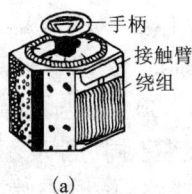

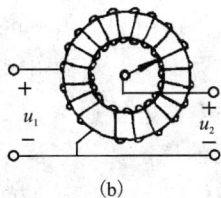

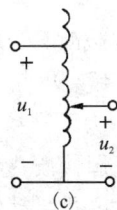

图 8-4-10　自耦调压器的外形、示意图和表示符号

头的位置时，就改变了副绕组的匝数，调节了输出电压的大小。这种自耦变压器又称为调压器，常用于实验室中交流调压。使用自耦调压器时应注意以下几点。

（1）原绕组输入端接电源相线，公共端接电源中线。原、副绕组不能对调使用，否则可能会烧坏绕组，甚至造成电源短路。

（2）接通电源前，先将滑动触头移至零位，接通电源后再逐渐转动手柄，将输出电压调到所需值。用完后，再将手柄转回零位，以备下次安全使用。

（3）输出电压无论多低，其电流不允许大于额定电流。

3. 小功率电源变压器

在各种仪器设备中提供所需电源电压的变压器，一般容量和体积都很小，称为小功率电源变压器。为了满足不同部件的需要，这种变压器常含有多个副绕组，可从副绕组获得多个不同的电压。图 8 - 4 - 11 所示为具有三个副绕组的小功率电源变压器。

4. 电焊变压器

电焊变压器是作电焊电源用的变压器。按焊接方式可分为弧焊变压器和阻焊变压器两类。下面简单介绍弧焊变压器。

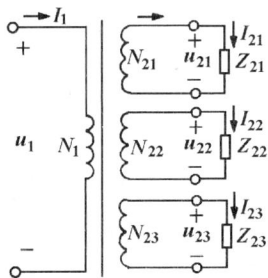

图 8 - 4 - 11　小功率电源变压器

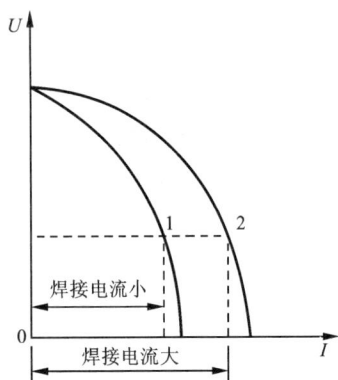

图 8 - 4 - 12　弧焊变压器的外特性

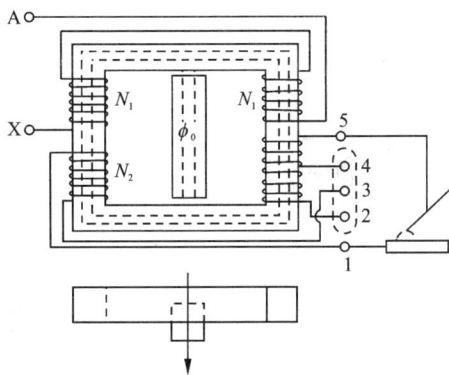

图 8 - 4 - 13　增强漏磁式电焊变压器原理图

弧焊变压器：弧焊是通过电弧产生的热量熔化焊件接头处而实现焊接。为了保证焊接质量和电弧的稳定性，弧焊变压器必须具有如图 8 - 4 - 12（弧焊变压器的外特性）所示的陡降外特性。

弧焊变压器在空载时，变压器副边输出起弧需要的电压（60 ~ 80 V）。当工作时，焊件内有电流通过，形成电弧。电抗器起限流作用，并产生电压降，使焊枪与焊件间的电压降低，形成陡降的外特性。为了维持电弧，工作电压通常为 2.5 ~ 30 V。当电弧长度变化时，电流变化比较小，可保证焊接质量和电弧的稳定。为了满足大小不同、厚度不同的焊件对焊接电流的要求，可调节电抗器活动铁心的位置，即改变电抗器磁路中的空气隙，使电抗随之改变，以调节焊接电流。

实际上的弧焊变压器常采用增强漏磁式，如图 8 - 4 - 13 所示。它与普通变压器不同，其副绕组分成两部分。其中一部分有中间抽头 4，3 与 4 连接是大电流，3 与 2 连接是小电流。中间的活动铁心是用来调节漏磁。它的漏磁通比普通变压器大许多倍，而且漏磁通绝大多数从活动铁心通过。所以这种变压器又称磁分路电焊变压器。当磁分路铁心向前移出时，磁阻增大，漏磁通减小，因而漏抗变小，使电焊变压器的工作电流增大；反之，工作电流减小。这样，可调节焊接电流。

本章小结

三相异步电动机由定子和转子两部分组成，这两部分之间由气隙隔开。转子按结构的不同，分为笼型异步电动机和绕线型异步电动机两种。前者结构简单，价格便宜，运行、维护方便，使用广泛。后者起动、调速性能好，但结构复杂，价格高。

异步电动机又称感应电动机，它的转动原理是：①电生磁：在三相定子绕组通入三相交流电流产生旋转磁场；②磁生电：旋转磁场切割转子绕组，在转子绕组感应电动势(电流)；③电磁力(矩)：转子感应电流(有功分量)在旋转磁场作用下产生电磁力并形成转矩，驱动电动机旋转。

转子转速，n 恒小于旋转磁场转速 n_1，即转差的存在是异步电动机旋转的必要条件。

转子转向与旋转磁场方向(即三相电流相序)一致，这是异步电动机改变转向的原理。

转差率定义
$$s = \frac{n_1 - n}{n_1}$$

它实质上是反映转速快慢的一个物理量。异步电动机转差率变化范围在 0～1 之间。正常运行时，$s = 0.01～0.06$，故异步电动机的转速很接近旋转磁场转速，由此可根据磁极对数来估算异步电动机转速。转差率是异步电动机的一个极为重要的参数。

电磁转矩的物理表达式：$T = C_T \Phi_0 I_{2a}$ 表明电磁转矩是由主磁通与转子电流的有功分量相互作用产生的。

电磁转矩的参数表达式：
$$T_{em} \approx C_T' U_1^2 \frac{sR_2}{R_2^2 + (sX_{20})^2}$$

由此可描绘出 $T_{em} - s$ 曲线及 $n = f(T_{em})$ 机械特性曲线。它是分析异步电动机运行性能的依据。

①当频率 f_1 一定时，T_{em} 与电压的平方成正比，即异步电动机电磁转矩对电源电压的波动十分敏感。

②异步电动机负载变化时，其转速变化不大，故它具有较硬特性。

重点掌握三个特征转矩：额定转矩、最大转矩和起动转矩。

额定转矩：$T_N \approx 9550 \frac{P_N}{n_N}$，当 P_N 一定时，T_N 与转速成反比、与电动机的极对数 p 成正比，即具有相同功率的异步电动机，近似于磁极对数 p 成正比，即磁极对数越多，其输出转矩就越大。

最大转矩的大小决定了异步电动机的过载能力，$\lambda = \frac{T_m}{T_N}$。

起动转矩的大小反映了异步电动机的起动性能，$K_{st} = \dfrac{T_{sT}}{T_N}$。

这三个转矩是使用和选择异步电动机的依据。

异步电动机起动电流大而起动转矩小。对稍大容量异步电动机为限制起动电流，常用降压（Y~△换接，自耦补偿器）起动。问题是降压限制起动电流同时，也限制了本来就不大的起动转矩，故它只适用于空载或轻载起动。绕线型异步电动机用在转子回路串电阻或接频敏变阻器起动，它能减小起动电流又增大起动转矩。

笼型异步电动机的调速有：变极调速——属有级调速，变频调速——属无级调速；绕线型异步电动机采用变转差率调速，即在转子回路串可变电阻。

异步电动机的能耗制动是将二相绕组脱离交流电源，把直流电接入其中两相绕组，形成恒定磁场而产生制动转矩；反接制动是改变电流相序形成反向旋转磁场而产生制动转矩；回馈制动是借助于外界因素，使电动机转速大于旋转磁场转速，致使由电动状态变为发电状态而产生制动转矩。

铭牌是电动机的运行依据，其中额定功率是指在额定运行时，电动机转子轴上输出的机械功率，这不过是用电功率的单位 kW 来表示，它并非指电动机从电网取得的电功率。额定电压、额定电流均指线电压和线电流。

合理选择电动机是关系到生产机械的安全运行和投资效益。可根据生产机械所需功率选择电动机容量，根据工作环境选择电动机的结构型式，根据生产机械对调速、起动的要求选择电动机的类型，根据生产机械的转速选择电动机的转速。

单相异步电动机的单相绕组通入单相正弦交流电流产生脉动磁场，脉动磁场本身没有起动转矩，常用的起动方法有分相起动和罩极起动。

变压器是根据电磁感应原理制成的静止电器。它主要由用硅钢片叠成的铁心和套在铁心柱上的线圈（绕组）构成。它只要原、副线圈匝数不等，就具有变电压、变电流和变阻抗的功能。

变压器带阻性和感性负载时，其外特性 $U_2 = f(I_2)$ 是一条稍微向下倾斜的曲线，当负载大、功率因数减小，端电压就下降。其变化情况由电压变化率来表示。

变压器铭牌是工作人员运行的依据，因此须掌握各额定值含义。

复习思考题

8-1　三相鼠笼式异步电动机具有什么样的结构？主要由哪几部分组成？各部分的功能是什么？

8-2　三相异步电动机只接两根电源线能否产生旋转磁场？为什么？

8-3　绕线式电动机转子电路断开时，电动机能否旋转？为什么？

8-4　为什么异步电动机正常工作时转子转速总是小于同步转速？如何根据转差率的大小来判别电动机的运行情况？

8-5　当异步电动机的定子绕组与电源接通后，若转子被阻，长时间不能转动，对电动机有何危害？如遇到这种情况，应采取何措施？

8-6　异步电动机有哪几种调速方法？各种调速方法有何优缺点？异步电动机有哪几种

制动方法？各有何特点？

8 - 7　三相异步电动机在一定的负载转矩下运行时，如果电源电压降低，电动机转矩，电流及转速各自有什么变化？

8 - 8　一台三相异步电动机的额定功率为 4 kW，额定电压为 220/380 V，为 △/Y 连接，额定转速为 1450 r/min，额定功率因数为 0.85，额定效率为 0.86。求：(1)额定运行时的输入功率；(2)定子绕组接成 Y 形和 △ 形时的额定电流；(3)额定转矩。

8 - 9　某异步电动机定子绕组为 △ 联结，额定功率为 10 kW，额定转速为 2930 r/min，起动能力为 1.5，额定电压为 380 V，若起动时轴上反抗转矩为额定转矩的 0.54 倍，问起动时加在定子绕组上的电压不能低于多少伏？能否采用 Y - △ 起动？

8 - 10　有一单相照明变压器，容量为 10 kVA，额定电压为 3300/220V。

(1)求原、副绕组的额定电流。

(2)今欲在副边接上 220 V、40 W 的白炽灯(可视为纯电阻)，如果要求变压器在额定情况下运行，这种电灯最多可接多少盏？

8 - 11　将 $R = 8\Omega$ 的扬声器接在变压器的副边，已知 $N_1 = 300$，$N_2 = 100$，信号源电动势 $E = 6$ V，内阻 $R_0 = 100$ Ω。试求此时信号源输出的功率是多少。

8 - 12　一台 50 kVA、6000/230 V 的变压器，试求：

(1)电压变比 K 及 I_{1N} 和 I_{2N}。

(2)该变压器在满载情况下向 $\cos\varphi = 0.85$ 的感性负载供电时，测得副边电压为 220 V，求此时变压器输出的有功功率。

能力训练五　三相异步电动机的铭牌识读、拆装、绕组首尾端的判别

1. 训练目的

(1)了解三相异步电动机的铭牌数据是电动机运行的重要参数。

(2)学习拆装三相异步电动机的方法。

(3)学习判断三相异步电动机绕组首、末端的方法。

2. 训练能力要求

通过训练，学会通过电动机的铭牌了解其主要参数和性能，进一步掌握电动机的基本构造和工作原理，学会电动机的拆装方法，掌握三相异步电动机的首、末的判断，以便正确地选择和使用三相异步电动机。

3. 训练器材

(1)三相异步电动机　一台

(2)万用表(或直流微安表 TS - B - 01)　一块

(3)干电池(或直流稳压电源)

(4)活动扳手、螺丝刀、手锤等工具

4. 训练步骤

(1)读三相异步电动机铭牌上的数据，熟悉异步电动机的外形结构及各引线端，并做好数据记录。

①型号

```
┌─────────────────────────────────────────────┐
│              三相异步电动机                    │
│                                               │
│  型号  Y160L-4      功率15 kW     频率50Hz     │
│                                               │
│  电压  380V         电流30.3A     接法△        │
│                                               │
│  转速  1440r/min    温升80℃      绝缘等级B     │
│                                               │
│  工作方式  连续     重量45kg                   │
│                                               │
│     年  月  日  编号  ××电机厂                │
└─────────────────────────────────────────────┘
```

三相异步电动机型号主要说明电动机的机型、规格。

②额定值

在异步电动机铭牌上标注有一系列额定数据。在一般情况下，电动机都按其铭牌上标注的条件和额定数据运行，即所谓的额定运行。

异步电动机的额定数据主要有：

额定功率 P_N：在额定运行情况下，电动机轴上输出的机械功率称为额定功率，单位为kW，即千瓦。

额定电压 U_N：在额定运行情况下，外加于定子绕组上的线电压称为额定电压，单位为 V 或 kV，即伏或千伏。

额定电流 I_N：电动机在额定电压下，轴端有额定功率输出时，定子绕组线电流，单位为 A，即安。

额定频率 f_N：我国规定标准工业用电的频率为 50 Hz。

额定转速 n_N：指电动机在额定运行时电动机的转速，单位为 r/min，即转/分。

③连接方法

电动机出线盒中有 6 个接线柱，分上下两排用金属连接板可以把三相定子绕组接成星形（Y 形）或三角形（△形）。

星形接法是把三个末端连接在一起，三角形接法是首尾相接。如训练图 5 - 1。

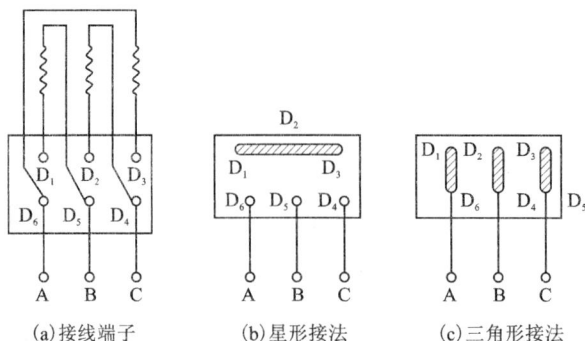

(a)接线端子　　　　(b)星形接法　　　　(c)三角形接法

训练图 5 - 1　定子绕组的接线方法

星形连接：相电流等于线电流，但相电压不等于线电压。

三角形连接：相电压等于线电压，但相电流不等于线电流。

　　定子绕组接成星形还是三角形，视定子每相绕组的额定电压和电源电压相对关系而定。例如，一般低电压配电线路的线电压为 380V，若定子每相绕组的额定电压为 220V，则接成星形；若每相绕组的额定电压为 380V，则接成三角形。

　　④绝缘等级和温升

　　绝缘等级是指电动机所用绝缘材料的耐热等级，分 A、E、B、F 等级。常用 B 级绝缘材料的允许最高温度为 120℃左右。

　　允许温升是指电动机的温度与周围环境温度相比升高的限度。例如 B 级绝缘的电动机温升为 80℃（环境温度以 40℃为标准）。

　　⑤工作方式

　　表示电动机的运行方式，可分为连续、短时、断续三种。

　　（2）拆装三相交流异步电动机，并记录相应步骤。

　　①拆卸异步电动机

　　A.拆卸电动机之前，必须拆除电动机与外部电气连接的连线，并做好相位标记。

　　B.拆卸步骤：

　　a. 带轮或联轴器；b. 前轴承外盖；c. 前端盖；d. 风罩；e. 风扇；f. 后轴承外盖；g. 后端盖；h. 抽出转子；i. 前轴承；j. 前轴承内盖；k. 后轴承；l. 后轴承内盖。

　　C.皮带轮或联轴器的拆卸。

　　拆卸前，先在皮带轮或联轴器的轴伸端作好定位标记，用专用位具将皮带轮或联轴器慢慢位出。拉时要注意皮带轮或联轴器受力情况务必使合力沿轴线方向，拉具顶端不得损坏转子轴端中心孔。

　　D.拆卸端盖、抽转子。

　　拆卸前，先在机壳与端盖的接缝处（即止口处）作好标记以便复位。均匀拆除轴承盖及端盖螺栓拿下轴承盖，再用两个螺栓旋于端盖上两个项丝孔中，两螺栓均匀用力向里转（较大端盖要用吊绳将端盖先挂上）将端盖拿下（无顶丝孔时，可用铜棒对称敲打，卸下端盖，但要避免过重敲击，以免损坏端盖）。对于小型电动机抽出转子是人工进行的，为防手滑或用力不均碰伤绕组，应用纸板垫在绕组端部进行。

　　E.轴承的拆卸、清洗。

　　拆卸轴承应先用适宜的专用拉具。拉力应着力于轴承内圈，不能拉外圈，拉具顶端不得损坏转子轴端中心孔（可加些润滑油脂）。在轴承拆卸前，应将轴承用清洗剂洗干净，检查它是否损坏，有无必要更换。

　　②装配异步电动机

　　A.用压缩空气吹净电动机内部灰尘，检查各部零件的完整性，清洗油污等。

　　B.装配异步电动机的步骤与拆卸相反。装配前要检查定子内污物，锈是否清除，止口有无损伤，装配时应将各部件按标记复位，并检查轴承盖配合是否合适。

　　C 轴承装配可采用热套法和冷装配法。

　　（3）绕组首、尾端判别

　　①用小灯泡和电池法

　　A.先判断同一相绕组的两线端。用两节干电池和一小灯泡串联，一头接在定子绕组引出的任一根线头上，然后将另一头分别与其他五根线头相接触，如果接触某一引出线端时灯泡亮了，则说明与电池和灯泡相连的两根线端属于同一组，按此法再找出另外两相绕组的两根同相线端，并一一做好标记。

B.将任意两相绕组与小灯泡三者串联成一个回路，将第三绕组的一端串联一电池，另一线与电池的另一极碰触一下，如果灯泡发亮(根据变压器原理，串联两相绕组的瞬间感应电势是相叠加的，所以灯泡发亮)，则表明两相绕组是首末串联，即与灯泡相连的两根线端，一根线端是第一相的首端 D_1，另一根线端是第二相的末端 D_5，若灯泡不亮，则说明两相串联绕组所产生的瞬间感应电势是相减的，其大小相等、方向相反，使得总感应电势为零，故灯泡不亮。这表明与灯泡相连的两根线端都分别是两相绕组的首端 D_1 和 D_2(或者认为是末端 D_4 与 D_5 也可以)，并做好首、末端的标记。

C.将已判知首、末端的一相绕组与第三相绕组串联，再照上述方法判别出第三相绕组的首、末端，最后都做上 $D_1 \sim D_6$ 的首、末端标记，以便接线。

在上述方法中，应当注意灯泡的额定电压与电池电压要相配合，否则会因电流太小，使灯泡该亮而没有亮，造成误判，所以，应把两相串联绕组的线端对调一下，再测试一次，若两次灯泡均不发亮，则说明感应电流太小，适当增加电池节数(增高电压)或更换一只额定电压更小的灯泡即可。同样道理，也可采用 220 V 或 36 V 的交流电源和白炽灯来代替电池和小灯泡。但为了防止过高的感应电势烧坏灯泡和绕组，应将灯泡和电源对调串入绕组中，即原单相绕组处(串联电池处)接入白炽灯，原两相绕组串联灯泡处换接入交流电源，判别方法与前述相同，但要特别注意安全，同时应注意：换用交流电源后，接通绕组线圈的时间应尽量缩短，以免线圈过热，影响其绝缘。

②用万用表和电池法

A.用万用表电阻挡代替电池与小灯泡，测出各相绕组的两根线端，电阻值最小的两线端为一相绕组的线端。

B.将万用表选择开关切换至直流电流挡(或直流电压挡也可以)，量程可小些，这样指针偏转明显。将任意一组绕组的两个线端先标上首端 D_1 和末端 D_4 的标记并接到万用表上，并且指定首端 D_1 接万用表的"－"端上，末端 D_4 接万用表的"＋"端上。再将另一相绕组的一个线端接电池的负极，另一线端去碰触电池正极，同时注意观察表针的瞬间偏转方向，若表针正偏移(向右转动)，则与电池正极碰触的那根线端为首端，与电池负极连接的一根线端为末端，做好首末端标记 D_2 和 D_5。若万用表指针瞬间反偏移(向左转动)则该相绕组的首、末端与上述到的正好相反。

C.万用表与绕组的接线不动，用上述同样的方法判别第三相绕组的首、末端。该方法的原理也是利用变压器的电磁感应原理。需注意的是观察电池接通时那一瞬间的万用表指针的偏转方向，而不应是电池断开绕组时的瞬间万用表的指针偏转变化。

5.注意事项

(1)装配异步电动机时应注意：

①拆、装转子时，一定要遵守要点的要求，不得损伤绕组，拆前、装后均应测试绕组绝缘及绕组通路。

②拆、装时不能用手锤直接敲击零件，应垫铜、铝棒或硬木，对称敲。

③装端盖前应用粗铜丝，从轴承装配孔伸入钩住内轴承盖，以便于装配外轴承盖。

④用热套法装轴承时，只要温度超过 100 ℃，应停止加热，工作现场应放置 1211 灭

火器。

⑤清洗电机及轴承的清洗剂(汽油、煤油)不准随便乱倒，必须倒入污油井。

(2)应记录电动机的有关参数和拆装步骤并总结实验结果。

(3)回答问题：

①电动机的额定电压与电机接线方法有什么关系？

②简述三相异步电动机的拆装步骤。

③分析用电流表法判定三相绕组首、末端方法的道理。

模块五　常用低压电器、基本电气控制线路

第9章　常用低压电器

9.1　常用低压电器的基本知识

低压电器通常是指交流 1000 V 及以下或直流 1200 V 及以下电路中起通断、控制、保护和调节作用的电器，以及利用电能来控制、保护和调节非电过程和非电装置的用电电器。本章主要介绍在电力拖动和自动控制系统中应用广泛的低压电器的结构、特性、动作特点、工作原理、选用、使用及注意事项等。

9.1.1　低压电器的分类

1. 按动作方式分类

按动作方式分类可分为自动切换电器和非自动切换电器。

(1)自动切换电器。按照电信号或非电信号的变化而自动切换动作的电器，如接触器、控制继电器等。

(2)非自动切换电器。依靠外力操作而切换动作的电器，如刀开关、转换开关等。

2. 按控制作用分类

按控制作用分类可分为执行电器、控制电器、主令电器和保护电器。

(1)执行电器。用来完成某种动作或操纵牵引机械装置，如电磁铁。

(2)控制电器。用来控制电路的通断，如开关、接触器、控制继电器。

(3)主令电器。用来发出控制指令以控制其他自动电器的动作，如按钮、行程开关、万能转换开关。

(4)保护电器。用来保护电源与用电设备，使它们不会在短路或过载状态下运行，从而免遭损坏，如熔断器(俗称保险)、热继电器等。

9.1.2　低压电器的结构

各类电器的基本结构，大都由触头系统、推动机构和灭弧装置组成。

1. 触头系统

触头是电器的执行部分，用来接通和分断电路。

(1)触头的接触形式。如图 9 - 1 - 1 所示，点接触式适用于小电流的场合；面接触式适用于大电流的场合；指形触头(线接触式)适用于通断次数多、大电流的场合。

(2)触头的分类。如图 9 - 1 - 2 所示，固定不动的称为静触头，由连杆带着移动的称为动触头。电器触头在电器未通电或没有受到外力作用时所处的位置称为动断(或常闭)触头，

常态时相互分开的动、静触头称为动合(或常开)触头。

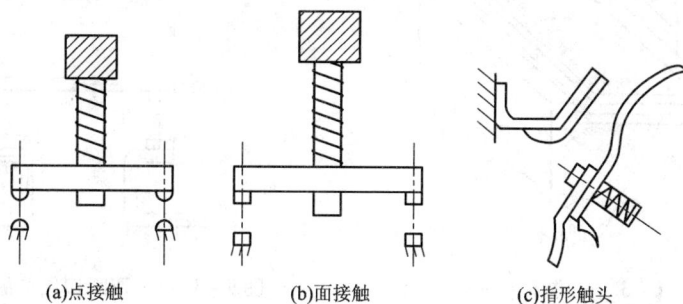

(a)点接触　　　　(b)面接触　　　　(c)指形触头

图 9 - 1 - 1　触头的三种接触形式

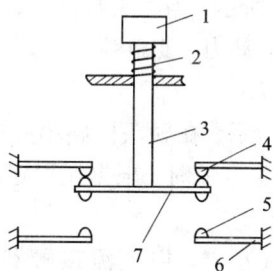

图 9 - 1 - 2　触头的分类

1——推动机构　2——复位弹簧　3—连杆　4—常闭触头

5—常开触头　6—静触头　7—动触头

2. 推动机构

推动机构与动触头的连杆相连，以推动动触头动作。

对于非电量控制电器，推动力是电磁机构产生的电磁力。电磁机构通常采用电磁铁形式，由吸引线圈、铁芯和衔铁三部分组成。其工作原理是：吸引线圈通入电流后，产生磁场，磁通经铁芯、衔铁和工作气隙形成闭合回路，产生电磁吸力，衔铁即被吸向铁芯。

根据吸引线圈通电电流的性质不同，电磁铁可分为直流电磁铁和交流电磁铁。

交流电磁铁吸引线圈通入的是交变电流，所产生的磁场是交变磁场。交变磁场产生的吸力使得衔铁以两倍电源频率在振动，既会引起噪声，又会使电器结构松散，触头接触不良，容易被电弧火花熔焊与蚀损。可在磁极的部分端面上嵌入一短路环(或分磁环)消除衔铁的振动和噪声，如图 9 - 1 - 3 所示。

3. 灭弧装置

电器触头在闭合或断开的瞬间，都会在触头间隙中由电子流产生弧状的火花，亦称电弧。炽热的电弧会烧坏触头，还会因电弧造成短路、火灾或其他事故，故应采取适当的措施熄灭电弧。设法降低电弧温度和电弧强度是熄灭电弧的基本原则。

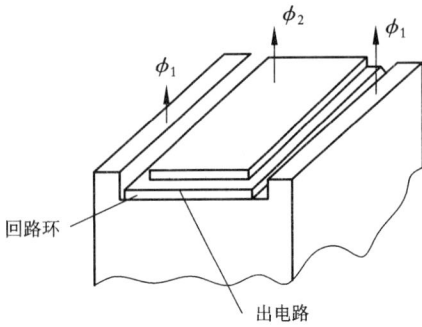

图9-1-3　分磁环

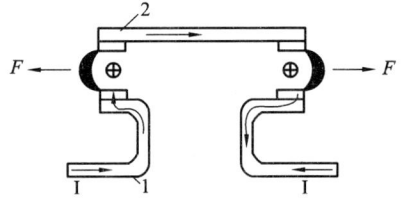

图9-1-4　双断口结构的电动力灭弧
1—静触头　2—动触头

在低压控制电器中，常用的灭弧方法和装置有：

（1）电动力灭弧。如图9-1-4所示，当触头打开时，在断口处产生电弧。两个电弧相当于平行载流导体，产生互相推斥的电动力，使电弧向外运动，电弧被拉长并接触冷却介质使电弧冷却而熄灭。

（2）磁吹灭弧。如图9-1-5所示，在触头回路串一电流线圈，回路电流及其产生的磁通的方向如图所示。当触头分断产生电弧时，根据左手定则，电弧受到由纸面向里面的电磁力，使电弧拉长迅速冷却而熄灭。

交直流电器均可采用磁吹灭弧方式。以直流接触器用此法为多，因为直流电弧较难熄灭。

（3）灭弧栅。图9-1-6为灭弧栅示意图，在耐热绝缘罩内卡放一组镀铜钢片称为灭弧栅片。当触头分开时所产生的电弧由于电动力作用被推向灭弧栅，电弧与金属片接触易于冷却，并且电弧被分割成许多段，每一个栅片相当于一个电极，这就有许多阳极压降和阴极压降。这样，电弧便易被熄灭。

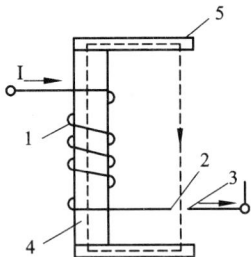

图9-1-5　磁吹灭弧
1—磁吹线圈　2、3—静、动触头
4—铁芯　5—导磁钢片

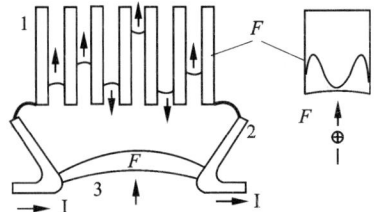

图9-1-6　栅片灭弧
1—灭弧栅片　2—弧角　3—电弧

（4）灭弧罩灭弧。比灭弧栅更为简单的是采用一个陶土和石棉水泥做成的耐高温的灭弧罩。电弧进入灭弧罩后，可以降低弧温和隔弧。

9.2　低压熔断器

低压熔断器是根据电流的热效应原理工作的。使用时串接在被保护线路中，当线路发生短路或严重过载时，熔体产生的热量使自身熔化而切断电路。由于其结构简单、体积小、价格便宜、使用维护方便，在供配电系统和机床电气控制系统中应用极为普遍。

9.2.1　低压熔断器的结构与保护特性

1. 结构与保护特性

低压熔断器主要由熔体和绝缘底座组成。熔体为丝状或片状。熔体材料通常有两种：一种由铅锡合金和锌等低熔点金属制成，多用于小电流电路；另一种由银、铜等高熔点金属制成，多用于大电流电路。

熔断器的主要特性为保护特性或安秒特性，即电流越大，熔断越快。

2. 低压熔断器的主要技术参数

(1)熔断器的额定电流 I_{ge} ——表示熔断器的规格。

(2)熔体的额定电流 I_{Te} ——表示长期流过熔体而熔体不熔断的最大工作电流值。

(3)熔体的熔断电流 I_b ——表示使熔体开始熔断的电流值。

(4)极限分断能力 I_d ——是指熔断器在额定电压下能分断的最大电流值，其取决于熔断器的灭弧能力，与熔体额定电流无关。几者的关系为：极限分断能力 I_d >熔体的熔断电流 I_b >熔断器的额定电流 I_{ge} ≥熔体的额定电流 I_{Te}。

3. 低压熔断器的选择、维护、安装和使用

根据被保护电路的需要，选择熔断器的额定电流、额定电压及熔体额定电流，再根据熔体去确定熔断器的型号。所以关键是熔体额定电流的选择。

(1)对于照明电路和电热电路等阻性负载，熔断器可用作过载保护和短路保护，熔断器的额定电流应稍大于或等于负载的额定电流。

(2)对于有启动冲击电流的电动机负载，熔断器只宜做短路保护而不能作过载保护。

单台电动机的选择为：

$$I_{Te} = (1.5 \sim 2.5)I_{NM}$$

式中　I_{Te}——熔体额定电流(A)；

I_{NM}——电动机额定电流。

多台电动机共用一个熔断器保护的选择为：

$$I_{Te} = (1.5 \sim 2.5)I_{NM_{max}} + \sum I_{NM}$$

式中　$I_{NM_{max}}$——容量最大一台电动机的额定电流(A)；

$\sum I_{NM}$——其余各台电动机额定电流之和。

轻载启动及启动时间较短，式中系数取 1.5；重载启动及启动时间较长时，式中系数取 2.5。

使用 *RL* 螺旋式熔断器时，其底座的中心触点接电源，螺旋部分接负载。使用 *RC* 瓷插式熔断器裸露安装时，底座连接的导线其绝缘部分一定要插到瓷座里，导体部分不许外露。在配电柜内使用时，应避免振动，以防插盖脱落造成断相事故。

熔体熔断后，应分析原因，排除故障后，再更换新的熔体。不允许用熔断熔体的方法查找故障原因。更换熔体时，不能轻易改变熔体的规格，不得使用不明规格的熔体，更不准随意使用铜丝或铁丝代替熔体。

9.2.2 常用的低压熔断器

1.无填料熔断器

(1)半封闭瓷插式熔断器。半封闭瓷插式熔断器由瓷盖、静触头、动触头、熔体和瓷底座组成，如图 9-2-1 所示。瓷盖的凸出部分与瓷底座之间的间隙形成灭弧室。瓷插式熔断器一般用于交流 50 Hz、额定电压 380 V、额定电流 200 A 以下的线路中做断路保护。

(2)封闭管式熔断器。该系列熔断器由熔断管、熔体和静插座等组成，熔体被封闭在不充填料的熔管内，如图 9-2-2 所示。其特点是：结构简单、灭弧能力强、更换熔体方便、使用安全、应用广泛。

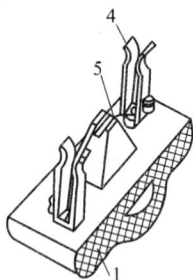

图 9-2-1 RC 型瓷插式熔断器

1—瓷盖 2—瓷底座 3—静触头 4—动触头 5—熔体

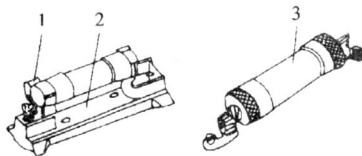

图 9-2-2 RM 型无填料封闭式熔断器

1—插座 2—底座 3—熔管

2.有填料熔断器

(1)RTO 系列有填料封闭管式熔断器。RTO 系列熔断器为保证熔断体与熔断器底座互换，在结构上采用可拆的有填料封闭管式。熔断体是由管体、指示器、石英砂填料及熔体等组成。指示器是一机械信号装置，当熔体熔断时，可弹出醒目的红色指示件作为熔断信号。该系列熔断器被广泛地用于供电线路及断流能力要求较高的场合中，作导线、电缆、电动机与变压设备的短路保护和过载保护。

(2)RL 系列螺旋式熔断器。RL 系列螺旋式熔断器，是由瓷制底座、瓷帽及熔断体三部分组成。熔断体内装有一组熔丝(片)与石英砂。熔断体盖上有一熔断指示器，当熔丝熔断时，指示器即跳出。该系列熔断器用于交流额定电压 500 V、额定电流 200 A 以上电路中，作过载保护用。

9.3 手动电器与主令电器

刀开关和转换开关都是手动操作的低压电器，一般用于接通和分断低压配电电源和用电设备。也常用来直接起动小容量的异步电动机。

主令电器是主要用来接通和分断控制电路，从而达到控制电力拖动系统的工作状况如起停、往返等目的的电器。

9.3.1　手动电器

1. 刀开关

刀开关广泛应用于配电设备作隔离电源用,也常用来直接起动小容量的异步电动机。

刀开关(又称闸刀开关)是由操作手柄、闸刀式动触头、刀夹式静触头及绝缘底板组成,依靠手动进行插入与脱离插座的控制。

刀开关按极数分,有单极、双极和三极;按结构分,有平板式或条架式;按操作方式分,有直接手柄操作式、杠杆操作机构式和电动操作机构式;按转换方向分,有单投和双投等。

(1)塑壳开关。HK 型塑壳开关(又称瓷底胶盖开关或开启式负荷开关),适用于交流 50 Hz、电压 380 V 以下的一般电气装置,以及电力灌溉与电热照明等各种配电设备中,供手动不频繁地接通和分断负载及短路保护用。其内部结构和图形符号如图 9-3-1 所示。

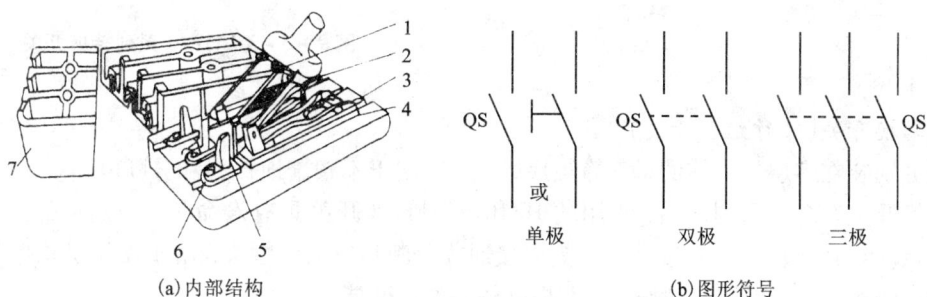

(a)内部结构　　　　　　　　　　　(b)图形符号

图 9-3-1　HK 系列负荷开关

1—瓷柄　2—触刀　3—出线座　4—瓷底座　5—静触头　6—进出线　7—胶盖

塑壳开关选择安装和使用注意事项:

①刀开关的额定电压和额定电流应大于普通负载电路的额定电压和负荷电流,对于电动机负载,开关额定电流可按电动机额定电流的 3 倍左右来选取。

②单投刀闸安装时静触头放在上面,接电源进线,动触头放在下面,接负载。不能倒装和平装,以免闸刀松动落下时误合闸。

③刀开关的拉、合闸应迅速进行。灭弧罩要保护完好,杠杆机构动作灵活,各连接部位可靠,底座要保持清洁。

(2)封闭式负荷开关。HH 系列封闭式负荷开关由操作机构、触刀、瓷插式熔断器和铁外壳构成。开关借助专门的弹簧和凸轮机构使拉闸、合闸迅速,这样开关的通断速度与手柄操作速度无关,有利于迅速灭弧。

开关的铁壳上装有机械联锁装置,能保证合闸时打不开盖,而开盖时合不上闸。

封闭式负荷开关安装和使用注意事项:

①对于电热和照明电路,铁壳开关可以根据额定电流选择;对于电动机,开关额定电流可选电动机额定电流的 1.5 倍。

②垂直安装,合闸时手柄向上并要单手侧身动作迅速。户外安装时应采取防雨措施。

③接线时导线的金属线芯不可外露,导线绝缘层应在闸盖里面。其金属外壳应有可靠的接地(接零)保护措施。

HH 系列封闭式负荷开关的外形如图 9-3-2 所示。

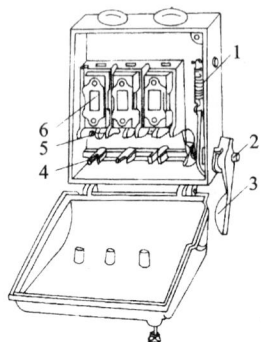

图 9-3-2 HH 系列封闭式负荷开关
1—速动弹簧 2—转轴 3—手柄
4—触刀 5—夹座 6—熔体

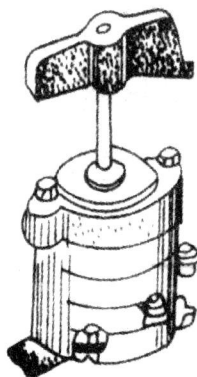

外形图

图 9-3-3 HZ10 系列转换开关

2. 转换开关(又称组合开关)

由分别装在多层绝缘体的动、静触片组成,适用于不频繁地接通和分断电路。

转换开关有多个系列产品,常用的 HZ10 系列转换开关具有寿命长、使用可靠、结构简单等优点。当其方轴转动时带动动触头来接通或分断相应的静触头;由于操作机构中扭转弹簧的储能作用,能获得快速动作,从而提高触头的通断能力。

HZ10 系列组合开关适用于交流 50 Hz、电压 380 V 以下,直流 220 V 以下的电气线路中,作接通或分断电路,切换电源或负载,测量三相电压,调节电加热并联、串联及控制小型异步电动机正反转用,但不能作频繁操作的手拧开关使用。图 9-3-3 所示为 HZ10 系列转换开关的外形图。图 9-3-4 为转换开关的内部结构示意图和图形符号。

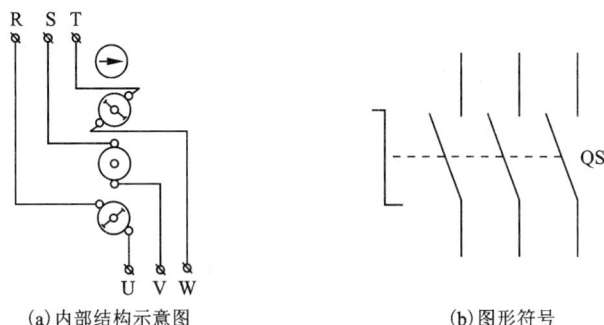

(a)内部结构示意图

(b)图形符号

图 9-3-4 转换开关的内部结构示意图和图形符号

3. 万能转换开关

万能转换开关是由多组相同结构的开关元件叠装而成,是一种多段式控制多回路的主令电器。通常用于断路器操作机构的合闸控制、电磁控制站中的线路换接,也可用于控制小容量电动机的起动、换向和调速。

万能转换开关由凸轮机械、触头系统和定位装置等部分组成。它依靠凸轮转动,用变换半径来操作触头,使其按预定顺序接通与分断电路,同时由定位机构和限位机构来保证动作的准确可靠。

常用的万能转换开关有 LW₂、LW₅、LW₆ 系列。LW₆ 系列万能转换开关,用于交流电压至 380 V,直流电压至 220 V,工作电流至 5 A 的控制线路中,也可用于不频繁地控制 2.2 kW 以下的小型异步电动机。其机械寿命为 100 万次,电寿命交流时为 20 万次;直流 220 V 时,接通与分断 0.2 A、$T = 0.05 \sim 0.1$ s 条件下可达 10 万次。额定操作频率 120 次/h。

9.3.2 主令电器

主令电器是专门发号施令的电器,其作用是用来切换控制电路而不直接控制主电路,即用来控制接触器、继电器等电器的线圈,实现控制电力拖动系统的启动、停止及改变系统的正反转顺序及自动往返等工作状态。

主令电器的种类很多,常用的有按钮开关、行程开关(又称位置开关)和主令控制器等。

1. 按钮

按钮是由感测部分和执行部分组成。感测部分有按钮帽、连杆、桥式动触头及复位弹簧,它们感知手动的主令信号。整个触头系统为执行部分,完成常闭触头的动断与常开触头的动合。LA19 系列按钮的结构和图形符号如图 9-3-5 所示。

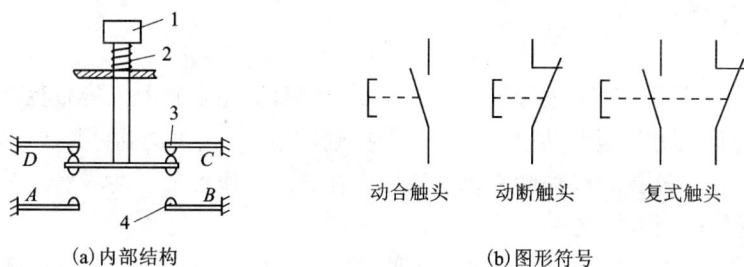

图 9-3-5 LA19 系列按钮

1—按钮帽 2—复位弹簧 3—动断触头 4—动合触头

为了便于识别各个按钮的作用,避免误动作,通常在按钮帽上作出不同标记或涂上不同的颜色。例如:蘑菇形表示急停按钮;一般红色表示停止按钮;绿色表示起动按钮。常用按钮有 LA2、LA9、LA10、LA19 和 LA20 等系列。

2. 行程开关

行程开关是用以反应工作机械的行程,发出命令控制其运动方向或行程大小的主令电器。行程开关由操作头、触头系统和外壳 3 部分组成。操作头用来接受机械设备发出的动作信号,并将此信号传递到触头系统;触头系统将操作头传来的机械信号通过本身的转换动作变换为电信号,输出到控制回路并使其作出必要的反应。

行程开关有直动式、转动式、组合式、微动式与滚轮式等种类。直动式行程开关外形和结构见图 9-3-6 所示,图 9-3-7 为微动行程开关结构示意图。

常用的行程开关有 LX13、LX19 等系列产品,JLXK1 为新系列产品,从德国西门子公司引进生产的3SE3系列行程开关规格齐全,外形结构多样,技术性能优良,拆装方便,使用灵活,动作可靠;有开启式、保护式两大类;动作方式有瞬动型和蠕动型;头部结构有直动、滚轮直动、杠杆、单轮、双轮、滚轮摆杆可调等。

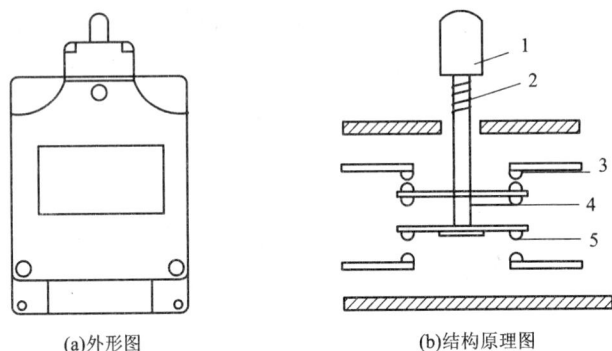

(a)外形图　　　　　　　　　　　(b)结构原理图

图9-3-6　直动式行程开关图

1—顶杆　2—弹簧　3—动断触点

4—触头弹簧　5—动合触点

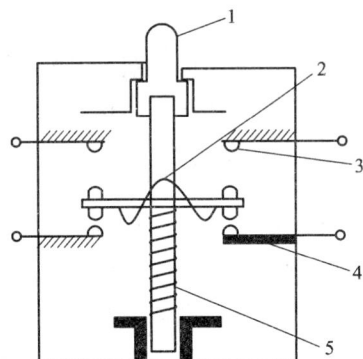

图9-3-7　微动行程开关

1—推杆　2—弯形片状弹簧　3—动合触点

4—动断触点　5—复位弹簧

9.4　接触器

接触器是一种适用于远距离频繁地接通与断开交直流主电路及大容量控制电路的自动切换电器。其主要控制对象是电动机,也可用于控制如电焊机、电容器组、电热装置、照明设备等其他负载。接触器具有操作频率高、使用寿命长、工作可靠、性能稳定、维修方便等优点,是用途广泛的控制电器之一。

接触器的品种较多,按其线圈通过电流种类不同可分为交流接触器与直流接触器。

9.4.1　交流接触器的结构和工作原理

1.交流接触器的结构与工作原理

交流接触器常用于远距离接通和分断电压至1140 V、电流630 A的交流电路,以及频繁起动和控制交流电动机。交流接触器的外形、结构示意图及图形符号分别如图9-4-1(a)、(b)、(c)所示。

(1)交流接触器结构。交流接触器主要由电磁机构、触头系统、灭弧装置等部分组成。

①电磁系统。接触器由线圈、静铁心、动铁心组成一个牵引电磁铁系统。为减小涡流损失,动、静铁心都用硅钢片叠成。为了防止铁心在吸合时产生振动和噪音,保证吸合良好,在铁心的端口平面上装有短路环。

②触头系统。交流接触器一般都有三对主触头和四对辅助触头。三对主触头接在主电路中,允许通过较大的电流,辅助触头接在控制电路中,只允许通过小电流,可完成一定的控制要求(如自锁、互锁等)。

③灭弧装置。主触头额定电流在10 A以上的接触器都有灭弧装置,以熄灭电弧。

④其他部件。包括复位弹簧、缓冲弹簧、触头压力弹簧、传动机械和接线柱等。

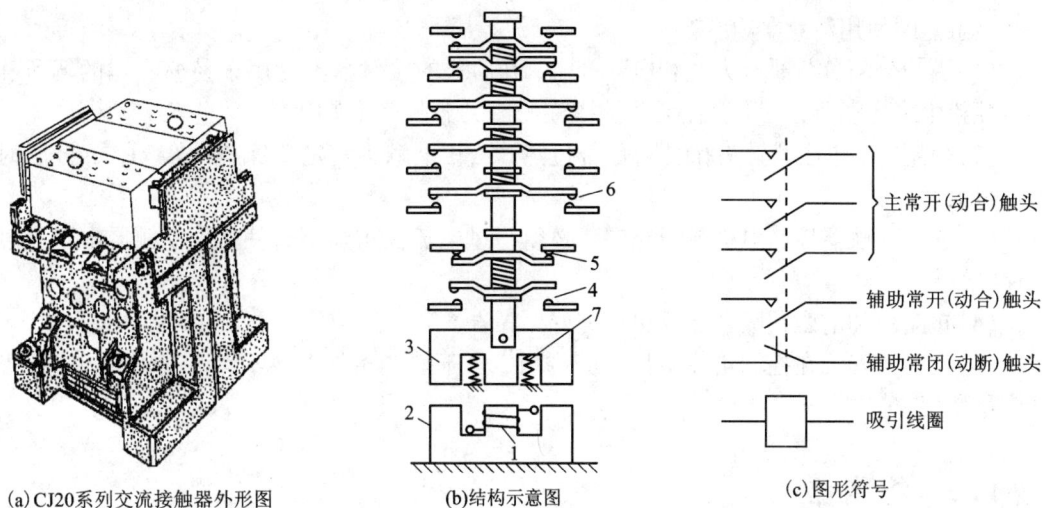

(a) CJ20系列交流接触器外形图　　(b)结构示意图　　　　(c)图形符号

图 9 – 4 – 1　交流接触器

1—电磁铁线圈　2—静铁心　3—动铁心　4—主触头　5—动断辅助触头　6—动合辅助触头　7—复位弹簧

(2)交流接触器工作原理。当吸引线圈通电后，电磁系统即把电能转换为机械能，所产生的电磁吸力克服反作用弹簧与触头弹簧的反作用力，使铁心吸合，并带动触头支架使动合触头接触闭合、动断触头分断，接触器处于得电状态；当吸引线圈失电或电压显著下降时，由于电磁吸力消失或过小，衔铁释放，在恢复弹簧作用下，衔铁和所有触头都恢复常态，接触器处于失电状态。

2. 交流接触器的选择

应根据实际控制电路的要求，合理地选择交流接触器。

(1)类型的确定。根据所控制对象电流类型来选用交流或直流接触器。如控制系统中主要是交流对象，而直流对象容量较小，也可全用交流接触器，但触头的额定电流要选大些。

(2)选择触头的额定电压。通常触头的额定电压应大于或等于负载回路的额定电压。

(3)选择主触头的额定电流。主触头的额定电流应大于或等于负载的额定电流。如负载是电动机，其额定电流，可按下式推算，即

$$I_N = \frac{P_N \times 10^3}{\sqrt{3}\,U_N \cos\varphi}$$

式中　I_N——电动机额定电流，A；

　　　U_N——电动机额定电压，V；

　　　P_N——电动机额定功率，kW；

　　　$\cos\varphi$——功率因数。

在频繁地起动、制动、正反转的场合，主触头的额定电流要稍为降低。

(4)选择线圈电压可选择 380 V 或与控制电路电压一致。

9.4.2　交流接触器的使用注意事项

接触器的使用注意事项有:

(1)因为分断负荷时有火花和电弧产生,开启式的接触器不能用于易燃易爆的场所和有导电性粉尘多的场所,也不能在无防护措施的情况下在室外使用。

(2)使用时,应注意触头和线圈是否过热,三相主触头一定要保持同步动作,分断时电弧不得太大。

(3)交流接触器控制电机或线路时,必须与过电流保护器配合使用,接触器本身无过电流保护性能。

(4)短路环和电磁铁吸合面要保持完好、清洁。

(5)接触器安装在控制箱或防护外壳内时,由于散热条件差,环境温度较高,应适当降低容量使用。

9.5　继电器

继电器是一种起传递信号作用的自动电器,广泛应用于电力拖动控制、电力系统保护和各类遥控以及通信系统中。继电器一般由输入感测机构和输出执行机构两部分构成;输入量可以是电压、电流等电量,也可以是温度、压力等非电量;输出执行机构用于接通或分断所控制或保护的电路。

继电器品种繁多,按用途可分为控制继电器和保护继电器;按输入物理量性质可分为电量(如电压、电流、频率、功率)继电器和非电量(如温度、压力、速度)继电器;按动作时间可分为瞬时继电器和延时继电器;按工作原理可分为电磁式继电器、机械式继电器、热继电器和电子式继电器。

9.5.1　时间继电器

1. 空气阻尼式时间继电器的结构原理

空气阻尼式时间继电器由电磁机构、延时机构和触头三部分组成,触头系统借用微动开关,延时机构是利用空气通过小孔的节流原理的气囊式阻尼器。图 9 - 5 - 1 为 JST 系列空气阻尼式时间继电器原理结构,分通电延时型和断电延时型两类。

(1)通电延时型。当线圈 1 通电时使微动开关 15 延时动作,线圈 1 断电时使微动开关 15 瞬时复位。延时时间即为自电磁铁吸引线圈通电时刻起到微动开关 15 动作为止这段时间。通过调节螺杆 13 来改变进气孔的大小,就可以调节延时时间。

(2)断电延时型。将电磁机构翻转180°安装后,可得到断电延时型时间继电器。须强调的是,微动开关 15 是在吸引线圈断电后延时动作的。

空气阻尼式时间继电器的优点是结构简单、寿命长、价格低,还附有不延时的触点,所以应用较为广泛。缺点是准确度、延时误差大(±10% ~ ±20%),要求延时精度高的场合不宜采用。

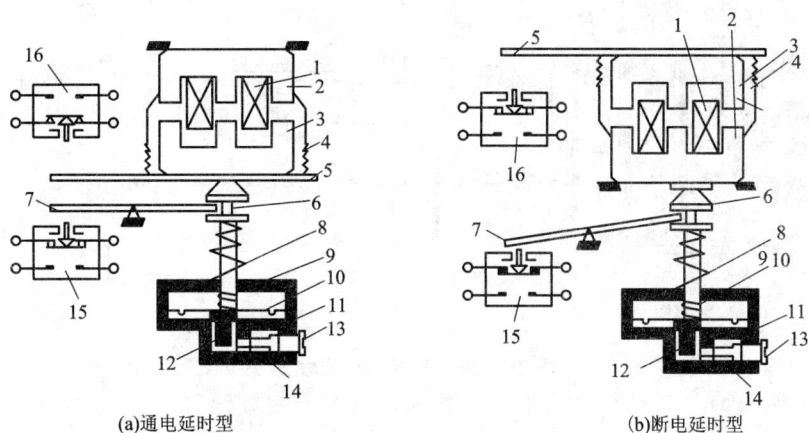

(a)通电延时型   (b)断电延时型

图9-5-1 JST7-A系列时间继电器原理图

1—线圈 2—铁芯 3—衔铁 4—复位弹簧 5—推板 6—活塞杆 7—杠杆 8—塔形弹簧 9—弱弹簧
10—橡皮膜 11—空气室壁 12—活塞 13—调节螺杆 14—进气孔 15、16—微动开关

2. 通电、断电延时型时间继电器的文字和图形符号(如图9-5-2所示)

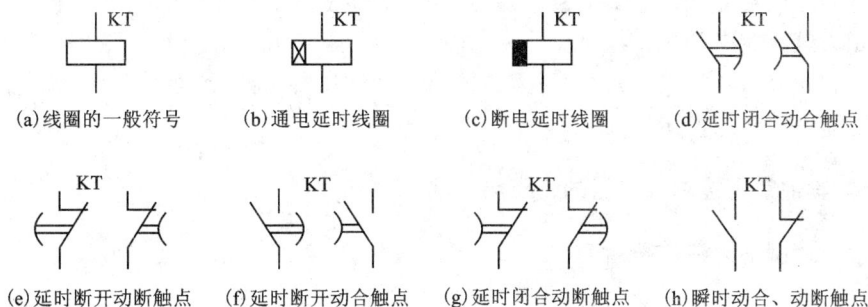

(a)线圈的一般符号   (b)通电延时线圈   (c)断电延时线圈   (d)延时闭合动合触点

(e)延时断开动断触点   (f)延时断开动合触点   (g)延时闭合动断触点   (h)瞬时动合、动断触点

图9-5-2 时间继电器的图形符号

9.5.2 热继电器

1. 热继电器的结构原理

热继电器是利用电流的热效应使双金属片受热弯曲而推动相应机构动作的一种电器,主要用于电动机的过载、断相、电流不平衡运行的保护及其他电气设备发热状态的控制。

常用的热继电器有金属片式、热敏电阻式、易熔合金式等。如图9-5-3(a)所示为JR16系列热继电器的结构原理图。

热双金属片与热元件串接在电动机的主回路中,当发生三相平衡过载时,双金属片受热向左弯曲,推动外导板带动内导板向左移动,通过补偿双金属片及推杆,使动触头与常闭触头分开,切断电路而保护电动机。

图9-5-3(b)是具有断相保护的差动结构原理图。当电动机一相发生断线时,与该相串接的双金属片逐渐冷却右移,并带动内导板右移,外导板仍在未断相的双金属片推动下向左移,这样通过杠杆产生了差动作用,使热继电器在断相故障时加速动作而保护电动机。

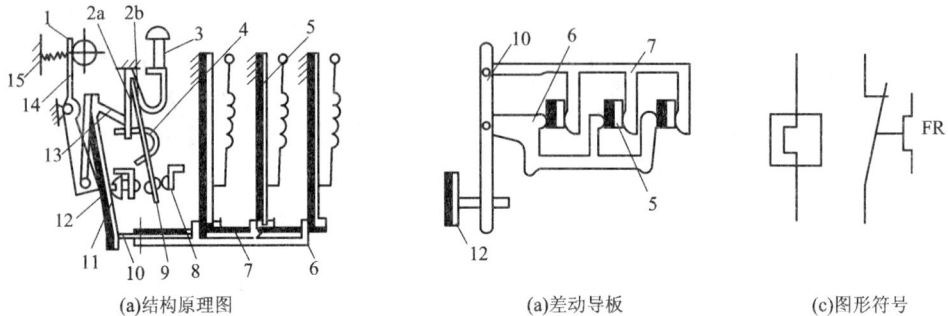

图 9 - 5 - 3　JR16 热继电器结构原理示意图及图形符号

1—电流调节圈　2a、2b—片簧　3—手动复位按钮　4—弓簧片　5—主双金属片　6—外导板　7—内导板
8—动断静触头　9—动触头　10—杠杆　11—动合静触头　12—补常双金属片　13—推杆　14—连杆　15—压簧

2. 热继电器的选用与使用注意事项

热继电器型号的选用应根据电动机的接法和工作情况来决定。星形联结的电动机可选用二相或三相结构的热继电器，三角形接法的电动机应选用带断相保护装置的三相结构的热继电器，当电网电压均衡性不理想或工作环境较差时宜选用三相结构的热继电器。

热继电器的整定电流(实则为热元件额定电流)的选择原则上按电动机的额定电流选取；但对过载能力较差的电动机，若起动条件允许，可按其额定电流的 60% ~80% 选取。

对于重载频繁启动的电动机，不宜采用热继电器保护；因热元件受热变形需要时间，故热继电器不能作短路保护用。

9.5.3　其他常用控制继电器的特点与用途

其他常用控制继电器的特点与用途参见表 9 - 5 - 1 所示。

9.6　低压断路器

自动空气断路器(又称自动开关)，主要用于低压动力线路中，相当于刀闸开关、熔断器、热继电器、过电流继电器和欠电压继电器的组合，是一种自动切断电路故障用的保护电器。按其用途分有配电照明、限流、漏电保护等类型；按其结构特点可分为框架式低压断路器(DW 系列、$t_S < 0.02$ s)、塑料外壳式低压断路器(DZ 系列、$t_S > 0.02$ s)等。

9.6.1　低压断路器的工作原理

自动空气断路器主要由触头系统、灭弧装置、操作机构和保护机构三部分组成。主触头由耐弧合金(如银钨合金)制成；采用灭弧栅片灭弧；操作机械可用操作手柄操作也可用电磁机构操作，故障时自动脱扣；触头通断具有瞬时性，与手柄的操作速度无关。

表 9 - 5 - 1 常用控制继电器的特点与用途

继电器类型		符 号	动 作 原 理	特 点	用 途
电磁式继电器	电流继电器 过电流继电器	KI($I>$)	电路电流超过正常工作电流时继电器吸合,触点动作	电流线圈匝数少,导线粗,线圈阻抗很小	电机过载及短路保护、直流电动机磁场控制失磁保护等
	欠电流继电器	KI($I\leqslant$)	电路电流低于正常工作电流时继电器释放,触点动作		
	电压继电器 过电压继电器	KV($U>$)	$1.1\sim1.15$ 倍额定电压以上时吸合,对电路进行过电压保护	电压线圈匝数多,导线细,线圈阻抗较大	对电路进行过电压、欠电压或零压保护
	欠电压继电器	KV($U\leqslant$)	低于额定电压 $0.4\sim0.7$ 倍时释放,对电路进行欠电压保护		
	零电压继电器	KV($U=0$)	低于额定电压 $0.05\sim0.25$ 倍时释放,对电路进行零压保护		
	中间继电器	KA	中间转换(实质上是一个电压继电器)	触点数多、触点容量大	扩大触点数或触点容量
信号继电器	温度继电器	KT	当外界温度达到规定值时即行动作	双金属片形变或热敏电阻阻值剧增	电气设备过热保护
	速度继电器	KS	当转速达到规定值时动作	转轴与电动机同轴连接	异步电动机的反接制动线路
	压力继电器	K	根据风动或液压系统的压力变化决定触头的断开与闭合	管路的压力变化	机床气、水、油压保护控制
	液位继电器	K	根据液位的高低变化来控制水泵电动机的起停	液位的高低变化	不精确的液位控制
	干簧继电器	K	线圈通电后管中两舌片被磁化成 N 极与 S 极而相互吸引	触点密封、舌簧片由铁镍合金制成	接通断开控制电路
固态保护继电器		SSR	双向晶闸管使开关通断	输入和输出隔离	广泛应用于自动控制装置

如图 9 - 6 - 1 所示为低压断路器的结构原理图。当电路正常运行时,电磁脱扣器 3 的线圈所产生的磁力不能将其衔铁吸合;当电路发生短路或过电流时,磁力增加将衔铁吸合,撞击杠杆,使锁扣脱扣,主触点被弹簧迅速拉开将主电路分断。电路欠压或失压时,欠压脱扣器 6 磁力减小或消失,其衔铁被弹簧拉开撞击杠杆,使锁扣脱扣实行欠失压保护。当电路发生过载故障时,双金属片弯曲,撞击杠杆,使锁扣脱扣,主触头断开,分断主电路实现过载保护。

9.6.2 低压断路器的选用与维护

塑料外壳式断路器常用来作电动机的过载与短路保护,以其为例介绍低压断路器的选用原则如下:

(1)断路器的额定电压和额定电流应等于或大于电路正常工作电压和电流。

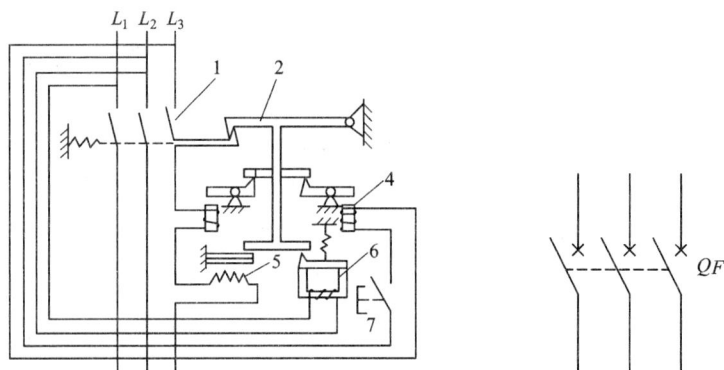

图 9 – 6 – 1 低压断路器结构示意图及分图形符号
1—主触点 2—自由脱扣机构 3—过电流脱扣器 4—分励脱扣器
5—热脱扣器 6—欠失压脱扣器 7—起动按钮

(2)热脱扣器的整定电流应与所控制的电动机额定电流或负载额定电流相等。

(3)对保护鼠笼式异步电动机,断路器的电磁脱扣器的瞬时脱扣整定电流为 8~15 倍电动机额定电流,而保护绕线式电动机时为 3~6 倍。

在实际使用时应先将脱扣器电磁铁表面的防锈油脂抹去,以免影响电磁机构的动作值。在使用一定次数后(约 1/4 机械寿命),转动部分应加润滑油。还应定期清除断路器上的灰尘以保持绝缘良好,以及定期检查脱扣器的整定值。

本章小结

本章主要介绍了刀开关、转换开关、按钮、行程开关、接触器、继电器、低压断路器等低压电器及其他常用控制继电器的结构、特点、工作原理、主要技术参数及其实际应用,同时也介绍了它们的图形符号和文字符号,为正确选择和合理使用这些低压电器打下了基础。

各种电器都有一定的使用范围和工作条件,应根据实际使用要求正确合理地选用,它们的技术参数是选用的主要依据。常用低压电器的使用,除了要根据保护要求和控制要求正确选用电器的类型外,还要根据被保护、被控制电路的具体条件,进行必要的调整,整定动作值。

低压电器是组成各种控制电路的基本器件,只有真正理解并掌握低压电器,才能学好控制电路的基本原理。

对于本章的学习应强调理论联系实际,结合实物进行原理的学习,并进行现场实习与维修,巩固加深所学知识。

复习思考题

9 – 1 低压电器由哪些基本结构组成?

9 – 2 灭弧的基本原则是什么?低压电器常用的灭弧方法有哪几种?

9 – 3　熔断器有哪些种类? 维护、安装和使用应注意哪些事项?

9 – 4　刀开关、转换开关的作用是什么? 分别如何选择?

9 – 5　试简述按钮、行程开关的组成及其动作特点。

9 – 6　试分析交流接触器在运行中有时产生很大噪音的原因。

9 – 7　交流接触器的主触头、辅助触头和线圈各接在什么电路中,应如何连接?

9 – 8　试简述空气阻尼式时间继电器的结构、原理。

9 – 9　如何调整空气阻尼式时间继电器延时时间的长短? 通电延时与断电延时型时间继电器的主要区别是什么?

9 – 10　热继电器有何用途? 在实际使用中应注意哪些问题?

9 – 11　两相式和三相式热继电器能互相代替使用吗? 为什么?

9 – 12　试分别叙述低压断路器的脱扣装置的功能。

能力训练六　常用低压电器的识别与拆装

1. 训练目的

掌握常用低压电器的识别及其结构、动作原理,掌握常用的低压电器的检测和拆装方法。

通过实训树立正确的劳动观念,发扬理论联系实际、精益求精的科学作风和实事求是的工作态度,为今后从事生产、发展事业打下必要的良好的技能基础。

2. 训练能力要求

能正确识别常用低压电器,应熟悉低压电器的结构和工作原理,能正确检测和拆装常用的低压电器。

3. 训练器材

(1) 常用电工工具一套。

(2) 万用表一只。

(3) 各种常用低压电器。

4. 训练步骤

(1) 识别各种常用的低压电器:刀开关、转换开关、按钮、行程开关、交流接触器、中间继电器、时间继电器等。

(2) 检验器材质量。

在不通电的情况下,用万用表或肉眼检查各元器件各触点的分合情况是否良好,器件外部是否完整无缺;检查螺丝是否完好,是否滑丝;检查接触器的线圈电压与电源电压是否相符。

(3) 拆装电器元件。

刀开关、转换开关、按钮、行程开关、交流接触器、中间继电器、时间继电器等。

(4) 自检。

① 检查万用表的电阻挡是否完好、表内电池能量是否充足;

② 手动检查各活动部件是否灵活,固定部分是否松动,线圈阻值是否正确;

③ 检查各触点或各动作机构是否符合动作要求。

（5）通电试验。

通电前必须自检无误并征得指导教师的同意，通电时必须有指导教师在场方能进行。在操作过程中应严格遵守操作规程以免发生意外。

5. 注意事项

实训期间必须穿工作服（或学生服）、胶底鞋，注意安全，严格遵守实训纪律；实训过程中要爱护实训器材，节约用料。

第 10 章　基本电气控制线路

通过前面一章的学习，我们了解了常用低压电器的结构和工作原理，低压电器的基本控制电路以电动机控制电路为主。本章主要介绍几种常用的低压电器基本控制线路，复杂控制电路可由它们组合而成。

10.1　点、长动控制线路

10.1.1　点动控制线路

生产机械在试车、检修或调整状态时都要用到点动控制。所谓点动控制，就是指按下按钮，电动机因通电而运转；松开按钮，电动机因断电而停转。其控制电路如图 10 - 1 - 1 所示。

它的主电路由三相电源开关 QS、熔断器 FU_1、交流接触器 KM 的主触点和电动机 M 组成；控制电路由熔断器 FU_2、按钮 SB 和交流接触器的线圈 KM 组成。

合上刀开关 QS 后，点动控制电路的动作原理和动作过程如下：

按下 SB $\longrightarrow$ KM 线圈通电 $\longrightarrow$ KM 主触点闭合 $\longrightarrow$ 电动机 M 转动

松开 SB $\longrightarrow$ KM 线圈断电 $\longrightarrow$ KM 主触点断开 $\longrightarrow$ 电动机 M 停转

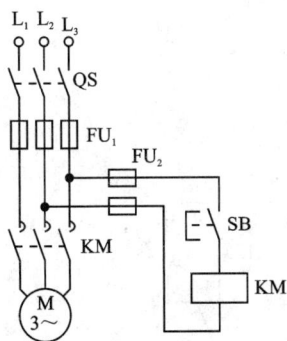

图 10 - 1 - 1　点动控制电路

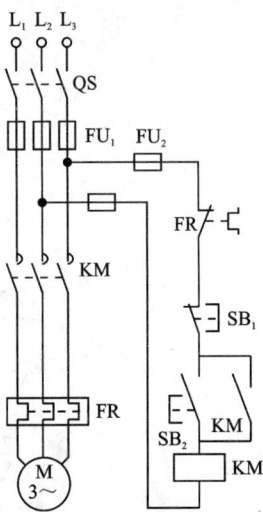

图 10 - 1 - 2　长动控制电路

10.1.2　长动控制线路

生产机械在正常工作时常需连续运转，我们把对电动机长期工作的控制称为长动控制。其控制电路如图 10 - 1 - 2 所示。

它的主电路由三相电源开关 QS、熔断器 FU_1、交流接触器 KM 的主触点、热继电器 FR 的发热元件和电动机 M 组成；控制电路由熔断器 FU_2、起动按钮 SB_2、停止按钮 SB_1、交流接触器 KM 的常开辅助触点、热继电器 FR 的常闭触点和交流接触器的线圈 KM 组成。

合上刀开关 QS 后，长动控制电路动作原理和动作过程如下。

起动过程：

按SB_2 —→ KM线圈通电 ┬→ KM主触点闭合 —→ M转动

　　　　　　　　　　　└→ KM自锁触点闭合 ┐
　　　　　　　　　　　　　　　　　　　　　　│↑
　　　　　　　　　　　　　　　松SB_2 ┘

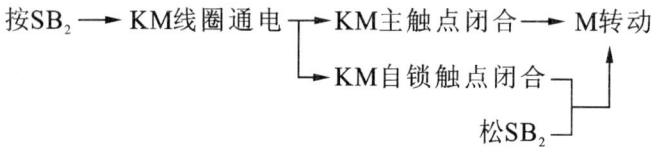

电动机通电运转后，若松开起动按钮 SB_2，KM 线圈仍可通过与 SB_2 并联的 KM 常开辅助触点保持通电，从而使电动机连续运转。这种依靠接触器自身的常开辅助触点使自身的线圈保持通电的电路称为自锁电路。起自锁作用的常开辅助触点称为自锁触点。

停止过程：

按SB_1 —→ KM线圈断电 ┬→ KM主触点断开 —→ 电动机M停转

　　　　　　　　　　　└→ KM常开辅助触点断开

10.2　正反转控制线路

实际生产过程中常常要求转动部件能正反两个方向运行，具有可逆性，如车床主轴的正转与反转、工作台的前进与后退、起重机吊钩的上升与下降等等，这就要求拖动生产机械的电动机具有正、反转控制。要实现电动机的反向控制，只需将三相电源的相线任意对调两根（换相）即可。

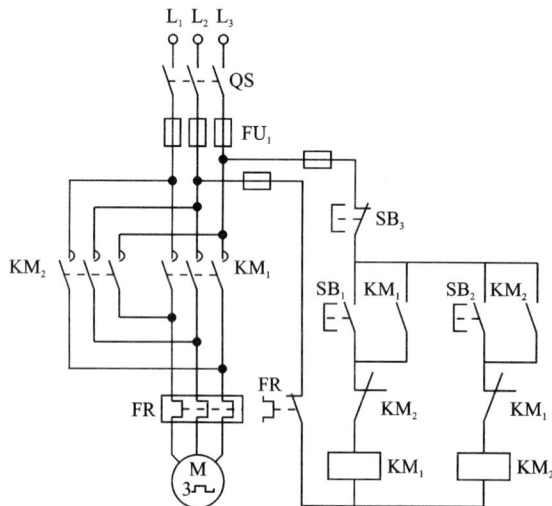

图 10-2-1　接触器联锁的正反转控制电路

10.2.1　接触器联锁的正反转控制线路

图 10 - 2 - 1 所示电路,通过接触器 KM_1 和 KM_2 控制电动机的正转和反转。当 KM_1 的主触头闭合时,三相电源相序按 L_1 - L_2 - L_3 接入,电动机正转;KM_2 接通时,电源相序按 L_3 - L_2 - L_1 接入,电动机反转。

为了防止 KM_1 和 KM_2 同时闭合而造成电源短路事故,在 KM_1 和 KM_2 线圈支路中相互串联了对方的一副常闭辅助触点,以保证接触器 KM_1 和 KM_2 不会同时通电。当按下 SB_1,KM_1 线圈通电时,KM_1 的辅助常闭触点断开,这时如果按下 SB_2,KM_2 的线圈也不会通电,这就保证了电路的安全。这种将一个接触器的辅助常闭触点串联在另一个接触器线圈的电路中,使两个接触器相互制约的控制称为联锁控制。利用接触器(或继电器)的辅助常闭触点的联锁,称接触器联锁或电气联锁。

合上刀开关 QS 后,接触器联锁正反转控制电路动作原理和动作过程如下。

正转控制过程:

按 SB_1 ⟶ KM_1 线圈通电 ⟶ ┌→ KM_1 自锁触头闭合 ┐
　　　　　　　　　　　　　　├→ KM_1 主触头闭合 ── → 电动机 M 正转
　　　　　　　　　　　　　　└→ KM_1 联锁触头断开

反转控制过程:

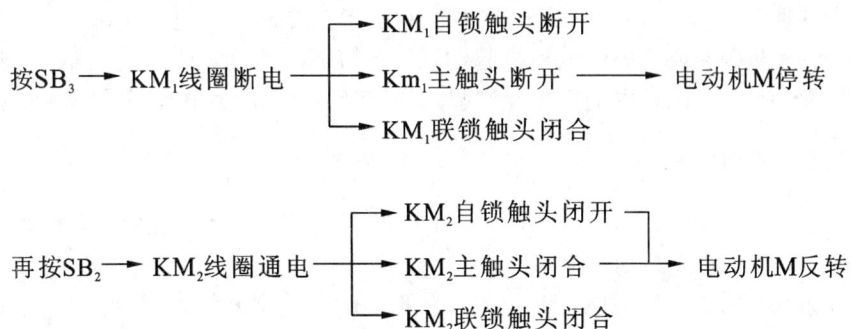

按 SB_3 ⟶ KM_1 线圈断电 ⟶ ┌→ KM_1 自锁触头断开 ┐
　　　　　　　　　　　　　　├→ Km_1 主触头断开 ── → 电动机 M 停转
　　　　　　　　　　　　　　└→ KM_1 联锁触头闭合

再按 SB_2 ⟶ KM_2 线圈通电 ⟶ ┌→ KM_2 自锁触头闭开 ┐
　　　　　　　　　　　　　　├→ KM_2 主触头闭合 ── → 电动机 M 反转
　　　　　　　　　　　　　　└→ KM_2 联锁触头闭合

10.2.2　接触器按钮复合联锁的正反转控制线路

在正、反转控制电路中,除采用接触器联锁外,还可采用按钮联锁。即将图 10 - 2 - 1 中 SB_1 和 SB_2 的常闭按钮串联在对方的常开触点电路中。这种利用按钮的常闭触点在电路中互相牵制的接法,称为按钮联锁或机械联锁。具有接触器、按钮双重联锁的控制电路是电路中常见的,也是最安全可靠的正、反转控制电路,它能实现电动机由正转直接到反转,或由反转直接到正转的控制,如图 10 - 2 - 2 所示。

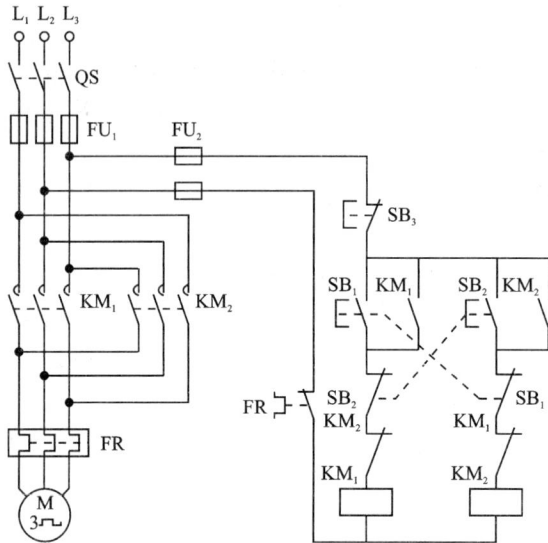

图 10 – 2 – 2　接触器按钮复合联锁的正反转控制电路

10.3　顺序控制线路

在多台电动机拖动的生产机械中，各电动机的作用不同，常需按一定顺序动作才能保证整个工作过程的合理性和可靠性。例如，X62W 型万能铣床上要求主轴电动机起动后，进给电动机才能起动；平面磨床中要求砂轮电动机起动后，冷却泵电动机才能起动，等等。这种只有某一台电动机起动后，另一台电动机才允许起动的控制方式，称为电动机的顺序控制。

10.3.1　手动顺序控制线路

如图 10 – 3 – 1 所示，该电路中有两台电动机 M_1 和 M_2，它们分别由接触器 KM_1 和 KM_2 控制，要求 M_1 起动后，M_2 才能起动。

当按下起动按钮 SB_2 时，KM_1 通电，M_1 运转。同时，KM_1 的常开触点闭合，此时，再按下 SB_3，$KM2$ 线圈通电，M_2 运行。如果先按 SB_3，由于 KM_1 线圈未通电，其常开触点未闭合，KM_2 线圈不会通电。这样就保证了必须 M_1 起动后 M_2 才能起动的控制要求。

当需要停止时，按下停止按钮 SB_1，两个接触器线圈同时断电，接触器的三相触点全部断开，两台电动机均停止。

该电路中电动机 M_1 和 M_2 各由热继电器 FR_1、FR_2 进行保护，两个热继电器的常闭触点相串联，保证了如果有一台电动机出现过载故障，两台电动机都会停止。

合上刀开关 QS 后，手动顺序控制线路电路动作原理和动作过程如下：

先按SB_2 → KM_1线圈通电 ┬→ KM_1自锁触头闭开
　　　　　　　　　　　　　　├→ KM_1主触头闭合 ──→ 电动机M_1转动
　　　　　　　　　　　　　　└→ KM_1联锁触头闭合

再按SB₃ ⟶ KM₂线圈通电 ⟶ KM₂自锁触头闭开 ⟶
⟶ KM₂主触头闭合 ⟶ 电动机M₂转动

手动顺序控制电路有如下缺点：要起动两台电动机时需要按两次起动按钮，增加了劳动强度；同时，起动两台电动机的时间差由操作者控制，精度较差。

10.3.2　自动顺序控制线路

为了解决手动顺序控制的缺点，可采用时间继电器来控制两台或多台电动机的起动顺序，实现自动顺序控制。其主电路和图 10 – 3 –1(a)相同，控制电路如图 10 – 3 – 2 所示。

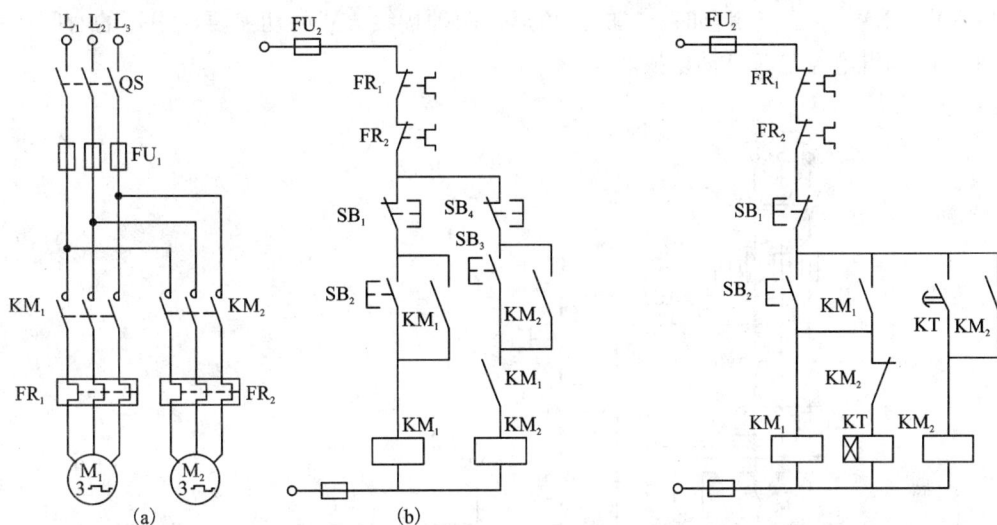

图 10 – 3 –1 手动顺序控制电路

图 10 – 3 – 2　自动顺序控制电路

合上刀开关 QS 后，自动顺序控制线路电路动作原理和动作过程如下。

起动：按SB₂ ⟶ KM₁线圈通电 ⟶ KM₁自锁触头闭开 ⟶
⟶ KM₁主触头闭合 ⟶ 电动机M₁转动
⟶ KT线圈通电 ⟶（延时后）KT延时常开触点闭合 ⟶

⟶ KM₂线圈通电 ⟶ KM₂自锁触头闭合 ⟶
⟶ KM₂主触头闭合 ⟶ 电动机M₂转动
⟶ KM₂联锁常闭触头断开 ⟶ KT线圈失电 ⟶ KT延时常开触点恢复常开

停止：按下SB₁ ⟶ KM₁，KM₂线圈失电 ⟶ 电动机M₁，M₂停转

10.4 Y/△降压起动控制线路

星形－三角形（Y/△）降压起动是指电动机起动时，把定子绕组接成星形，实现减压启动。正常运转后再把定子绕组改接成三角形，使电动机全压运行。凡是在正常运行时定子绕组做三角形连接的异步电动机，均可采用这种降压启动方法。

星形连接时起动电流仅为三角形连接的1/3，相应的起动转矩也是三角形连接的1/3。所以这种降压起动方法，只适用于轻载或空载起动。

图10－4－1所示为时间继电器自动切换Y/△降压起动控制线路。图中主电路通过三组接触器主触点将电动机的定子绕组接成三角形或星形，即 KM_1、KM_3 主触点闭合时，绕组接成星形；KM_1、KM_2 主触点闭合时，接成三角形。两种接线方式的切换要在很短的时间内完成，故采用时间继电器定时自动切换。

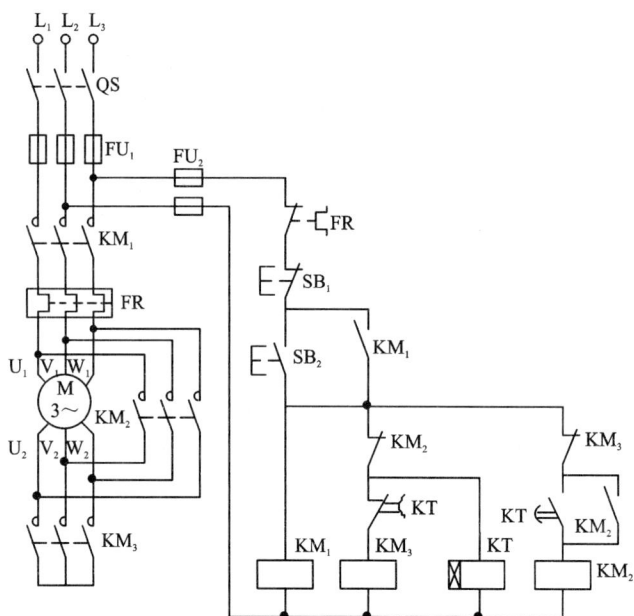

图10－4－1　Y－△连接降压起动控制电路

合上刀开关 QS 后，Y/△连接降压起动控制电路动作过程如下：

```
                        ┌─→ KM₁自锁触头闭合
              ┌→ KM₁线圈通电 ──┤
              │              └─→ KM₁主触头闭合
              │
              │              ┌─→ KM₃联锁常闭触头断开 ──→ 切断△连接电路
按SB₂ ─────────┤              │
              │→ KM₃线圈通电 ──┤
              │              └─→ KM₃主触头闭合 ─── 电动机接成Y连接运转
```

```
                     ┌─→ KT延时断开常闭触点断开，切断Y连接电路
        KT线圈通电 ─────┤
                     └─→（延时后）KT延时闭合常开触点闭合 ──────→
```

```
                      ┌→ KM₂自锁触头闭合 ──────┐
──→ KM₂线圈通电 ─────────┤→ KM₂主触头闭合 ─────────├─→ 电动机接成△连接运转
                      └→ KM₂联锁常闭触头断开 ──→ 切断Y连接电路
```

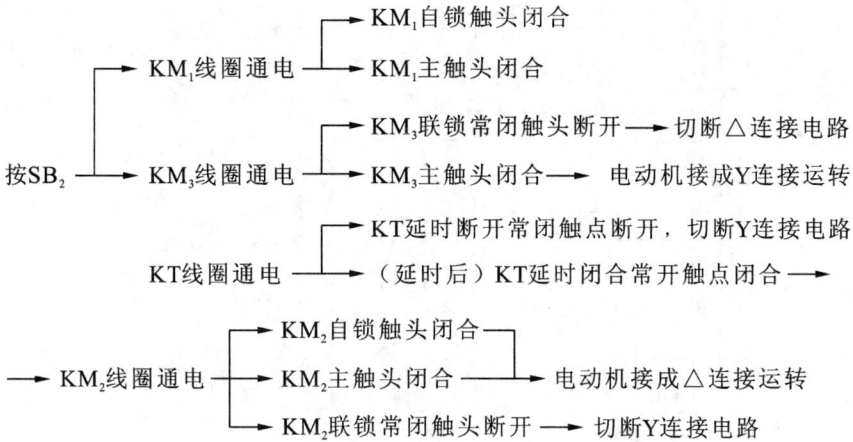

10.5　自动往返循环控制线路

　　有些生产机械，如万能铣床，要求工作台在一定的行程内能自动往返运动，以便实现对工件的连续加工，提高生产效率。这就要求工作台到达指定位置时，不但要停止原方向运动，而且还要求它自动改变方向，向相反的方向运动。自动往返的可逆运行通常是利用行程开关来检测往返运动的相对位置，从而实现机械的往返运动。

　　图 10 – 5 – 1 为机床工作台自动往返运动的示意图，行程开关 SQ_1、SQ_2 分别固定安装在床身上，反映加工的原点与终点位置。挡铁 1，2 固定在工作台上，随着运动部件的移动分别压下行程开关 SQ_1、SQ_2，实现往返运动。

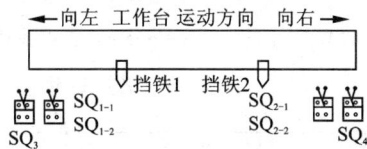

图 10 – 5 – 1　工作台自动往返运动示意图

　　图 10 – 5 – 2 为自动往返循环控制电路。图中 SQ_1 为正向转反向行程开关，SQ_2 为反向转正向行程开关，SQ_3、SQ_4 为终端保护行程开关，以防止 SQ_1、SQ_2 失灵，工作台超过两端的极限位置而造成事故。

　　合上刀开关 QS 后，自动往返循环控制电路动作原理和动作过程如下。

　　控制过程：

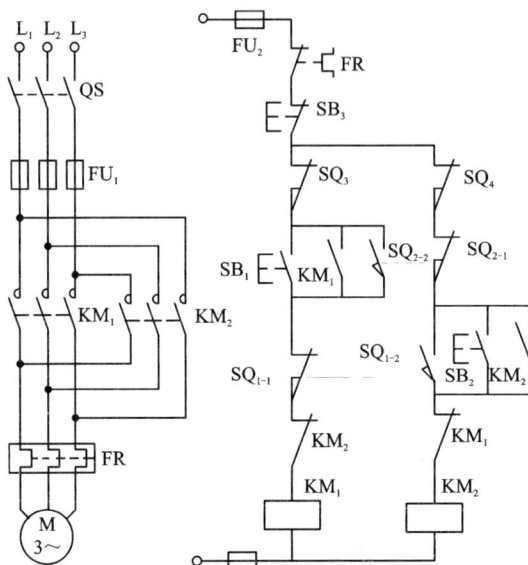

图 10 - 5 - 2　自动往返循环控制电路

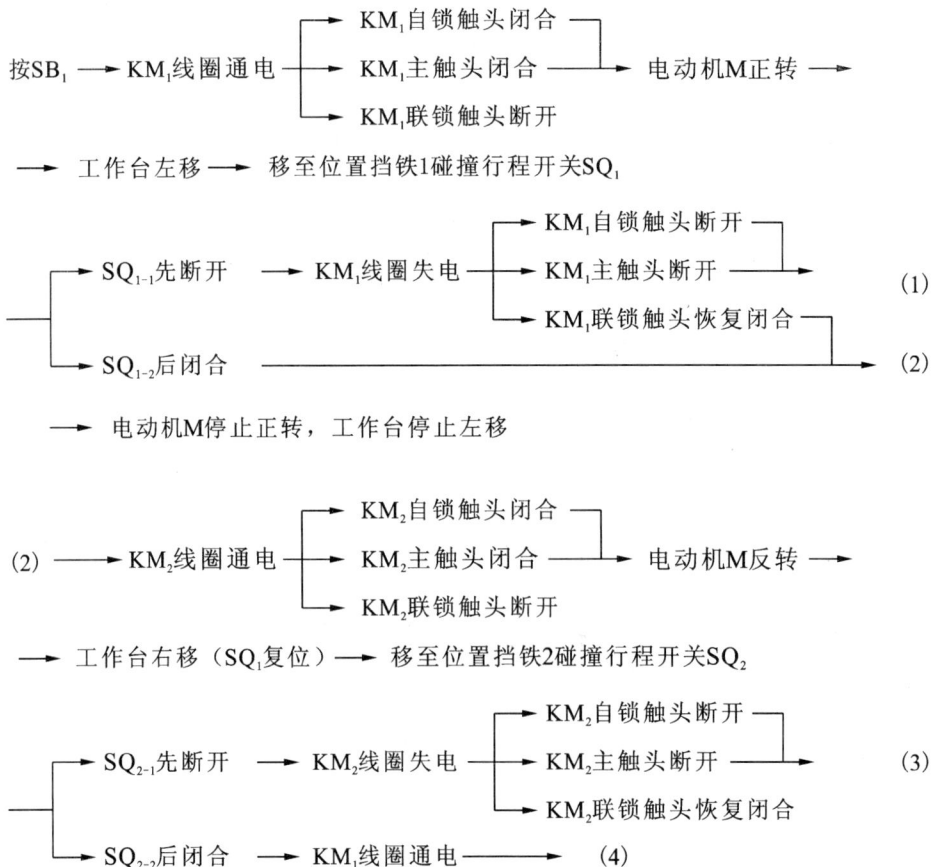

按SB₁ ⟶ KM₁线圈通电 ⟶ ┌ KM₁自锁触头闭合 ┐
　　　　　　　　　　　　├ KM₁主触头闭合 ──┼⟶ 电动机M正转 ⟶
　　　　　　　　　　　　└ KM₁联锁触头断开 ┘

⟶ 工作台左移 ⟶ 移至位置挡铁1碰撞行程开关SQ₁

　┌⟶ SQ₁₋₁先断开 ⟶ KM₁线圈失电 ⟶ ┌ KM₁自锁触头断开 ┐
　│　　　　　　　　　　　　　　　　　├ KM₁主触头断开 ──┼⟶　　　(1)
　│　　　　　　　　　　　　　　　　　└ KM₁联锁触头恢复闭合 ┘
　└⟶ SQ₁₋₂后闭合 ─────────────────────────⟶ (2)

⟶ 电动机M停止正转，工作台停止左移

(2) ⟶ KM₂线圈通电 ⟶ ┌ KM₂自锁触头闭合 ┐
　　　　　　　　　　　├ KM₂主触头闭合 ──┼⟶ 电动机M反转 ⟶
　　　　　　　　　　　└ KM₂联锁触头断开 ┘

⟶ 工作台右移（SQ₁复位）⟶ 移至位置挡铁2碰撞行程开关SQ₂

　┌⟶ SQ₂₋₁先断开 ⟶ KM₂线圈失电 ⟶ ┌ KM₂自锁触头断开 ┐
　│　　　　　　　　　　　　　　　　　├ KM₂主触头断开 ──┼⟶　　　(3)
　│　　　　　　　　　　　　　　　　　└ KM₂联锁触头恢复闭合 ┘
　└⟶ SQ₂₋₂后闭合 ⟶ KM₁线圈通电 ⟶　　　(4)

（3）——→ 电动机M停止反转，工作台停止右移

（4）——→ 以后重复上述过程，工作台就在限定的行程内自动往返循环运动。

停止过程：

按SB₃ ——→ 整个控制电路失电 ——→ KM₁（KM₂）主触头断开——→

——→ 电动机M停转，工作台停止运动。

本章小结

本章介绍了以下几种常见的基本电气控制线路：

1. 点动控制：按下按钮电动机转动，松开按钮电动机停止，多用于短时转动场合。

2. 长动控制：通过自锁电路实现电动机连续运转控制，依靠接触器自身的常开辅助触点使自身的线圈保持通电的电路称为自锁电路。

3. 正反转控制：通过对调三相电源的任意两根相线实现。在接触器联锁正反转控制线路中要实现电动机由正转到反转或反转到正转，都需先使电动机停转。而接触器按钮复合联锁正反转控制线路实现了电动机直接由正转到反转或反转到正转的控制，且工作时安全可靠，被广泛使用。

4. 顺序控制：可实现电动机的顺序起动。手动顺序控制电路在起动多台电动机时需按多次起动按钮，增加了劳动强度；而且顺序起动的电动机的起动时间差由操作者控制，精度较差。自动顺序控制采用时间继电器来控制两台或多台电动机的起动，解决了手动顺序控制的缺点。

5. Y/△降压起动控制：通过时间继电器自动切换星形－三角形联结，实现正常工作时绕组为三角形连接的电动机的降压起动控制。

6. 自动往返循环控制：利用行程开关按照生产机械的运动部件的行程位置进行控制。行程控制是生产机械自动化和生产过程自动化中应用最广泛的控制方法之一。

复习思考题

10-1　在实际应用中，往往既需要点动控制，也需要长动控制，设计一个既能点动又能长动的控制电路。

10-2　分析图10-1-2所示电路中具有哪些保护措施？

10-3　什么叫互锁控制？它在控制电路中起什么作用？

10-4　题图10-1为电动机正反转控制线路，检查图中哪些地方画错了？试加以改正，并说明原因。

10-5　画出图10-2-2所示接触器按钮复合联锁正反转控制线路的动作过程图。

10-6　按图10-2-2接线后同时按下SB₂和SB₃，能否引起电源短路？为什么？

10-7　电气控制线路中常用的保护环节有哪些？各采用什么电器元件？

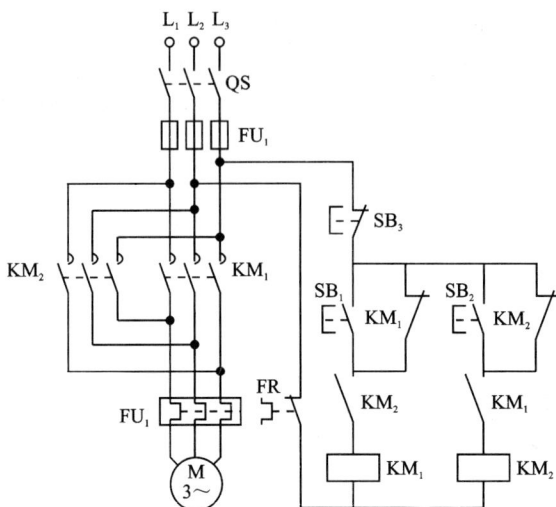

题图 10-1

10-8 分析题图 10-2 所示控制电路有何不当之处。

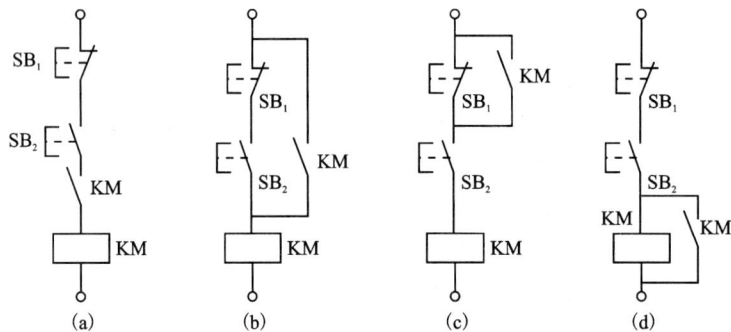

题图 10-2

能力训练七 复合连锁正反转控制线路

1. 训练目的

(1)掌握常用低压电器及电工仪表的使用方法。

(2)掌握三相异步电动机正、反转的控制方法。

(3)掌握正、反转控制线路的安装接线方法。

(4)掌握按钮联锁和接触器联锁的意义。

2. 训练能力要求

(1)复习第 8 章中三相异步电动机的工作原理。

(2)复习第 9 章低压电器的内容。

（3）复习本章三相异步电动机正、反转的控制方法。

3．训练器材

（1）工具　螺钉旋具、尖嘴钳、斜口钳、剥线钳、电工刀等。

（2）仪表　5050 型兆欧表、T301 – A 型钳型电流表、MF30 型万用表。

（3）器材　控制板一块、导线采用 BVR 塑铜线若干、电器元件如下表：

代号	名　称	型　号	数　量	备　注
QS	胶壳刀开关	HK1 – 15/3	1	
FU$_1$	螺旋式熔断器	RL1 – 15	3	
FU$_2$	瓷插式熔断器	RC1 – 5A	2	
KM$_1$ KM$_2$	交流接触器	CJ20 – 20	2	
SB$_1$ SB$_2$	控制按钮	LA25 – 11	2	SB$_1$ 绿 SB$_2$ 绿
SB$_3$		LA10 – 25	1	SB$_3$ 红
FR	热继电器	JR16 – 20/3D	1	
M	三相异步电动机	Y112M – 4	1	

4．训练步骤

按图 10 – 2 – 2 接线，安装过程和工艺要求如下：

（1）安装元器件：排列整齐，间距合理，安装牢固。

（2）布线：横平竖直，分布均匀，紧贴安装板，走线合理，各接线点必须牢固可靠。

（3）安装电动机：安装牢固，平稳，保护接地。

接线完成后，自己先检查线路是否正确，经指导教师检查确认无误后，方可进行训练操作，具体步骤如下：

（1）合上闸刀开关 QS，接通三相电源。

（2）按下正转起动按钮 SB$_1$，观察电动机起动过程和旋转方向，用钳形电流表测量操作瞬间的电流和稳定电流。按下停止按钮 SB$_3$，观察电动机停转过程。

（3）按下反转起动按钮 SB$_2$，观察电动机反向起动过程，用钳形电流表测量操作瞬间的电流和稳定电流，然后按下停止按钮。

（4）按下正转起动按钮 SB$_1$，等电动机转速稳定后直接按下反转起动按钮 SB$_2$，观察电动机转速和旋转方向的变化过程，用钳形电流表测量操作瞬间的电流和稳定电流，然后按下停止按钮。

（5）将所测量数据记录于训练表 7 – 1。

训练表 7 -1　电动机正反转训练数据记录表

训练内容	操作瞬间电流 I/A	稳定电流 I/A		
		U 相	V 相	W 相
正转				
反转				
正转直接到反转				

5. 注意事项

(1)训练前注意检查训练用元器件是否完好,参数是否符合要求。

(2)认真阅读了解训练内容和要求测量的数据,并分析测量数据的意义。

(3)熔断器及接触器联锁触头要正确接线。

(4)接线完成后,可在断开主电路的情况下,先对控制电路进行操作测试,并注意观察动作是否正常,如有错误应认真改正。

(5)通电时,不要带电更改线路。

(6)训练过程中出现事故,立即切断电源,再进行检修,并报告指导老师。

能力训练八　Y/△降压起动控制线路

1. 训练目的

(1)掌握常用低压电器及电工仪表的使用。

(2)掌握三相异步电动机 Y/△降压起动的控制方法。

(3)掌握三相异步电动机 Y/△降压起动控制线路的安装接线。

(4)掌握 Y/△降压起动中时间继电器时间整定的依据。

2. 训练能力要求

(1)复习三相异步电动机降压起动的原理

(2)复习时间继电器的相关内容。

(3)复习三相异步电动机 Y/△降压起动的控制方法

3. 训练器材

(1)工具　螺钉旋具、尖嘴钳、斜口钳、剥线钳、电工刀等。

(2)仪表　5050 型兆欧表、T301 - A 型钳型电流表、MF30 型万用表。

(3)器材　控制板一块、导线采用 BVR 塑铜线若干、电器元件如下表:

代号	名　　称	型　号	数　量	备　注
QS	塑壳刀开关	HK1 - 15/3	1	
FU₁	螺旋式熔断器	RL1 - 15	3	
FU₂	瓷插式熔断器	RC1 - 5A	2	

KM₁ KM₂ KM₃	交流接触器	CJX2 − 9/380	3	
SB₁ SB₂	控制按钮	LA10 − 25 LA25 − 11	2	SB₁ 红 SB₂ 绿
KT	通电延时时间继电器	LA10 − 25	1	
FR	热继电器	JR16 − 20/3D	1	
M	三相异步电动机	Y112M − 4	1	

4. 训练步骤

调整好时间继电器的延时时间。若空载起动，由于电动机功率小，起动时间很短，延时时间调整到 1~3 s 即可，若带负载启动，则延时时间根据负载大小适当延长。

按图 10 – 4 – 1 接线后，自己先检查线路是否正确，经指导教师检查确认无误后，方可进行实训操作，具体步骤如下：

（1）合上闸刀开关，接通三相电源。

（2）按下起动按钮 SB₂，观察电动机降压起动过程，注意电动机换接时的情况；同时用钳形电流表测量起动瞬间的电流和换接瞬间的电流。起动结束后，按下停止按钮 SB₁，电动机停转。

（3）适当缩短时间继电器延时时间，重复（2）的内容。

（4）内容（2）、（3）各重复三次，将所测量的数据填入训练表 8 – 1。

训练表 8 – 1　Y/△ 降压起动控制训练数据记录表

起动瞬间电流 I_{ST}/A				换接瞬间电流 I/A			
延时时间 t_1/s		延时时间 t_2/s		延时时间 t_1/s		延时时间 t_2/s	
平均值		平均值		平均值		平均值	

5. 注意事项

（1）训练前注意检查训练用元器件是否完好，参数是否符合要求。

（2）认真阅读了解训练内容和要求测量的数据，并分析测量数据的意义。

（3）接线时要注意电动机的三角形接法不能接错。

（4）时间继电器延时时间的长短要合适。

（5）接线完成后，可在断开主电路的情况下，先对控制电路进行操作测试，并注意观察动作是否正常，如有错误应认真改正。

（6）通电时，切勿带电改动线路。

（7）训练过程中出现事故，立即切断电源，再进行检修，并报告指导老师。

下篇　电子技术

模块一　半导体器件基本知识

第1章　半导体基本知识

1.1　半导体二极管

1.1.1　半导体和 PN 结

自然界的物质就其导电性能可分为导体、绝缘体和半导体。

导体：导电性能良好的物质，如金、银、铜等。

绝缘体：几乎不导电的物质，如陶瓷、橡胶、玻璃等。

半导体：导电性能介于导体和绝缘体之间的物质，如硅、锗。

半导体一般分为本征半导体和杂质半导体两种类型。

1. 本征半导体

常用的半导体材料有硅(Si)和锗(Ge)。本征半导体是一种非常纯净的且原子排列整齐的半导体。图 1-1-1 所示分别为硅(锗)的原子结构示意图及硅(锗)原子在晶体中的共价键排列。

如果共价键中的价电子受热激发获得足够能量，则可摆脱共价键的束缚而成为自由电子。这个电子原来所在的共价键的位置上就留下一个缺少负电荷的空位，这个空位称为空穴。空穴带正电。

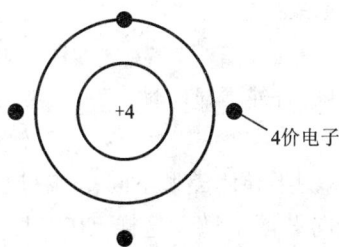

(a)硅的原子结构示意图　　　　　(b)硅原子在晶体中的共价键排列

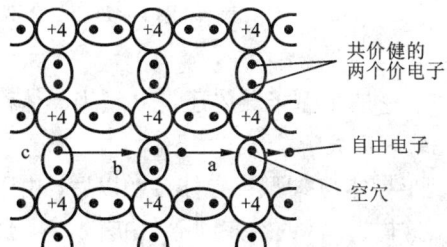

图 1-1-1

2. 杂质半导体

本征半导体实际使用价值不大，但如果在本征半导体中掺入微量的某种杂质元素，就形成 N 型和 P 型半导体。

（1）N 型半导体

在本征半导体（以硅为例）中掺入少量的 5 价元素，如磷（P）、砷（As）等。磷原子的最外层有 5 个价电子，其中 4 个价电子与相邻硅原子的最外层价电子组成共价键形成稳定结构，多余的电子很容易受激发成为自由电子。这种掺入 5 价元素的半导体称为 N 型半导体，如图 1 - 1 - 2 所示。N 型半导体主要靠自由电子导电。

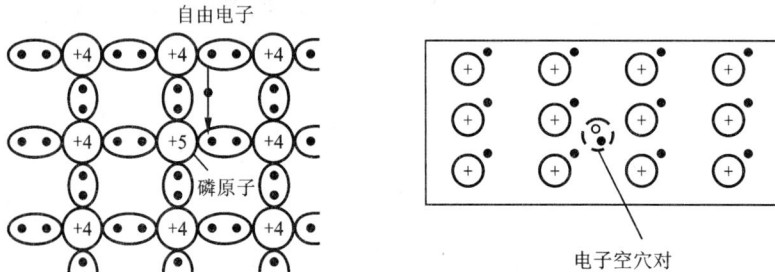

图 1 - 1 - 2　N 型半导体原理图

（2）P 型半导体

在本征半导体（以硅为例）中掺入 3 价元素如硼（B），硼原子最外层的 3 个价电子和相邻的 3 个硅原子形成共价键后，就留下一空穴，空穴数量增多，自由电子则相对很少，这种掺入 3 价元素的半导体称为 P 型半导体，如图 1 - 1 - 3 所示。

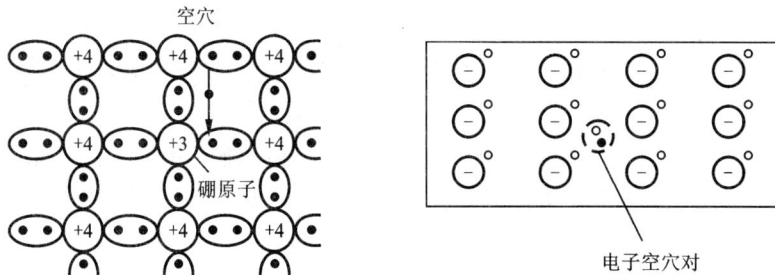

图 1 - 1 - 3　P 型半导体原理图

注意：不论是 N 型半导体还是 P 型半导体都是中性，对外不显电性。

3．PN 结的形成

当 P 型半导体与 N 型半导体接触以后，由于交界两侧半导体类型不同，存在电子和空穴的浓度差。这样，P 区的空穴向 N 区扩散，N 区的电子向 P 区扩散。这样，在 P 区和 N 区的接触面就产生正、负离子层。这个离子层就称为 PN 结，如图 1 - 1 - 4 所示。

4．PN 结的特性

（1）PN 结的正向导通特性

给 PN 结加正向电压，即 P 区接正电源，N 区接负电源，此时称 PN 结为正向偏置，如图 1 - 1 - 5 所示。

这时 PN 结外电场与内电场方向相反，外加电场抵消内电场使空间电荷区变薄，有利于多数载流子的扩散运动，形成正向电流，外加电场越强，正向电流越大，这意味 PN 结正向电

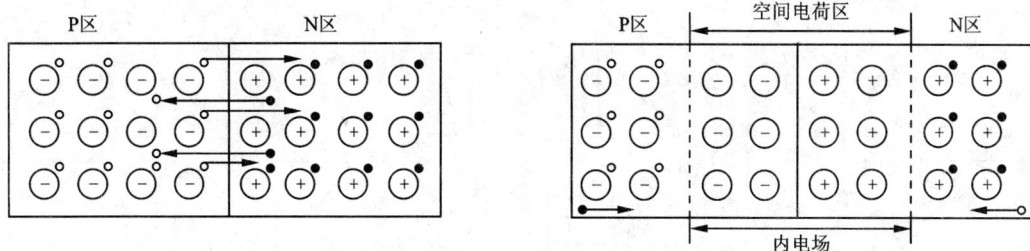

图 1 - 1 - 4　PN 结形成示意图

阻变小。

（2）PN 结的反向截止特性

给 PN 结加反向电压，即电源正极接 N 区，负极接 P 区，称 PN 结反向偏置，如图 1 - 1 - 6 所示。这时外加电场与内电场方向相同，使内电场的作用增强，PN 结变厚，阻碍多数载流子的扩散运动，少数载流子的漂移运动得到加强而形成很小的反向漂移电流，反向漂流电流很小，接近于零，结 PN 反向电阻很大。

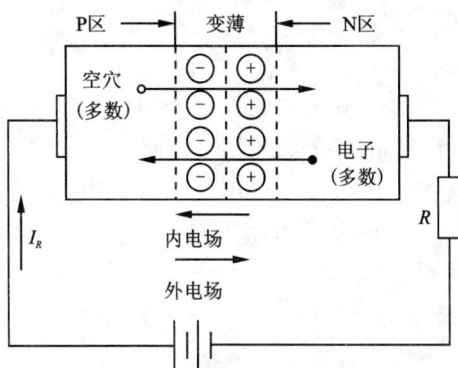

图 1 - 1 - 5　PN 结正向偏置示意图

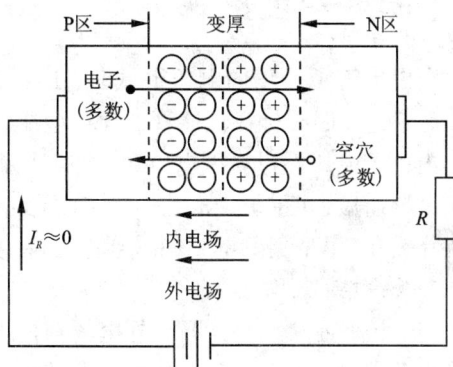

图 1 - 1 - 6　PN 结反向偏示意图

综上所述：PN 结具有单向导电性，正向偏置时，PN 结导通，反向偏置时，PN 结截止。

1.1.2　半导体二极管的结构、类型与符号

一个 PN 结和加上相应的引出线，然后用塑料、玻璃或铁皮等材料做外壳封装就成为最简单的二极管。二极管按所用材料不同分为锗管和硅管。接在二极管 P 区引出线为阳极，接在 N 区引出线为阴极。如图 1 - 1 - 7 所示。

二极管有许多类型：从工艺上分为点接触型和面接触型；按用途分有整流管、检波二极管、稳压二极管和开关二极管，二极管的外形也是多种多样，如图 1 - 1 - 8。

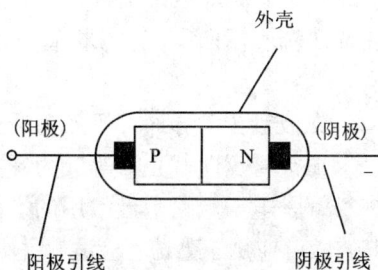

图 1 - 1 - 7　二极管结构图

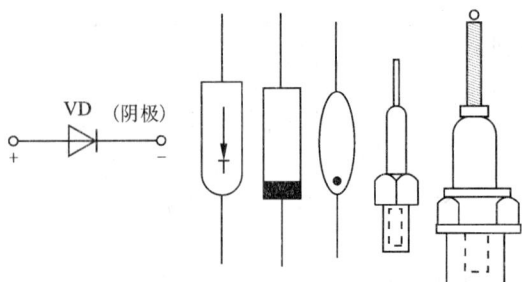

图1-1-8 二极管图形符号及外观图

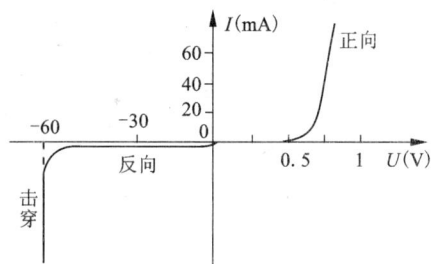

图1-1-9 二极管伏安特性曲线

1.1.3 二极管的主要特性及其应用

二极管的主要特性是单向导电性。二极管两端的电压 U 和流过的电流 I 之间的关系曲线，称为二极管的伏安特性曲线。典型的硅二极管的伏安特性曲线如图1-1-9所示。

由图可知，曲线分为两部分，即加正向电压的正向特性(图的右半部分)和加反向电压的反向特性(图的左半部分)。

1. 正向特性

当二极管承受正向电压很低时，还不足以克服 PN 结内电场，正向电流很小。该区段称为死区。通常，硅材料二极管的死区电压约 0.5 V，锗材料二极管的死区电压约为 0.2 V。

当正向电压超过死区电压时，外电场抵消了内电场，二极管正向电阻变得很小。当二极管完全导通后，正向电压降基本维持不变，称为二极管正向导通电压降，一般硅管正向导能电压降为 0.7 V，锗管的正向导通电压降为 0.3 V。

2. 反向特性

当二极管承受反向电压，外电场与内电场方向一致，电流很小，一般硅管为几微安以下，锗管为几十微安到几百微安。这种特性称为反向截止特性。

3. 击穿特性

当反向电压大于某个值时，PN 结被击穿，电阻几乎 0，反向电流急剧增加。稳压二极管就工作在反向击穿状态。

4. 二极管的开关特性

由于二极管是非线性器件，为了简化分析，在一定条件下常将其等效处理。若忽略二极管的正向压降和反向电流，二极管可理想化为一个开关。这种理想化的二极管通常称为理想二极管。

(1) 二极管正向导通可等效为开关的闭合。

(2) 二极管反向截止可等效为开关的关断。

二极管是电子电路中最常用的半导体器件之一。利用其单向导电性及导通时正向压降很小的特点，可应用于整流、检波、钳位、限幅、开关及元件保护等各种电路。

1.2 半导体三极管

半导体三极管又称为晶体三极管,简称为三极管或晶体管,是放大电路的最基本元件。

1.2.1 三极管的结构、电路符号及类型

三极管由硅材料或锗材料制成,按结构都可分为 PNP 和 NPN 两类。其原理结构和符号如图 1-2-1、图 1-2-2 所示,每一类分为三个区域:发射区(e 区)、基区(b 区)、集电区(c 区);每个区分别引出一个电极:发射极 e、基极 b 和集电极 c。NPN 和 PNP 型三极管都有 2 个 PN 结,在发射区和基区之间的 PN 结称为发射结,在基区和集电区之间的 PN 结称为集电结。发射区掺杂程度最大,基区掺杂浓度最小,集电区最厚,基区最薄。

NPN 型和 PNP 型三极管的工作原理相同,只是使用中电源的极性不同。

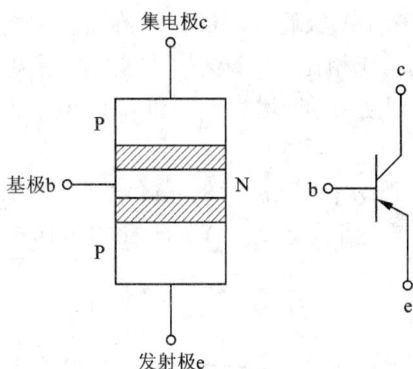

图 1-2-1 PNP 型三极管及电路符号

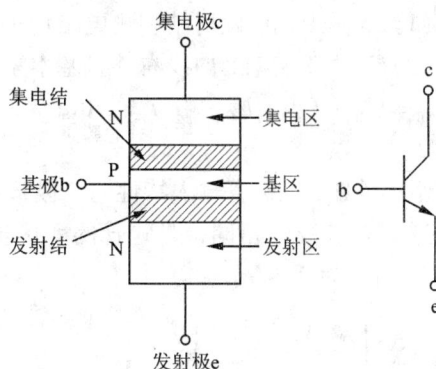

图 1-2-2 NPN 型三极管及电路符号

1.2.2 三极管的外部偏置与电流放大作用

三极管组成的放大电路如图 1-2-3 所示。调整图中的电位器 R_b,使三极管发射结加上正向电压,集电结加上反向电压,这是三极管能够实现放大的外部条件。图中,两个回路以发射极为输入回路与输出回路公共端,所以该放大电路称为共发射极放大电路,简称共射放大电路。

以下分析三极管放大电路对电流的放大特性。

三极管电流分配关系与电流放大作用

(1)电流分配关系

$$I_b + I_c = I_e \qquad (1-2-1)$$

(2)电流放大作用

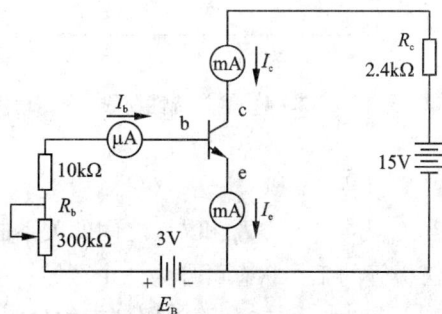

图 1-2-3 三极管基本放大电路

直流：
$$\bar{\beta} = \frac{I_c}{I_b} \qquad (1-2-2)$$

交流：
$$\beta = \frac{\Delta I_c}{\Delta I_b} \qquad (1-2-3)$$

$\bar{\beta}$ 称为共射直流电流放大系数；β 称为共射交流电流放大系数，它表明基极电流有一微小变化，引起集电极电流相应的较大变化量。这就是晶体管的电流放大作用。

1.2.3　三极管的特性曲线与主要参数

三极管的特性曲线表示三极管各级间电压和各极间电流之间的关系，它们是分析三极管电路的依据。特性曲线分为输入和输出两组。测试电路如图 1-2-3 所示。

1. 输入特性曲线

输入特性是指 U_{CE} 为常数时，I_B 和 U_{BE} 之间的关系曲线，输入特性曲线如图 1-2-4 所示。分两种情况：

(1)$U_{CE1} = 0$ 时，发射结和集电结均正偏，曲线是两个二极管并联的正向特性。

(2)$U_{CE2} \geqslant 1\text{ V}$ 时，曲线右移且基本重合。与 $U_{CE1} = 0$ 相比，I_B 减小了。此时，集电结电压 $U_{CB} = U_{CE} - U_{BE} \approx U_{CE} - 0.7\text{ V} \geqslant 0.3\text{ V}$，已经反偏，即使 U_{CE} 再增大，I_C 和 I_B 的值不再明显变化。

由上可知，三极管输入特性与二极管正向特性相似，所以三极管的死区电压值、工作电压值近似与二极管相同，即硅管的死区电压为 0.5 V，锗管为 0.1 V，硅管的工作电压为 0.7 V，锗管为 0.3 V。

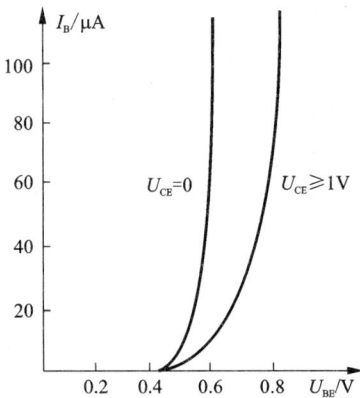

图 1-2-4　输入特性曲线

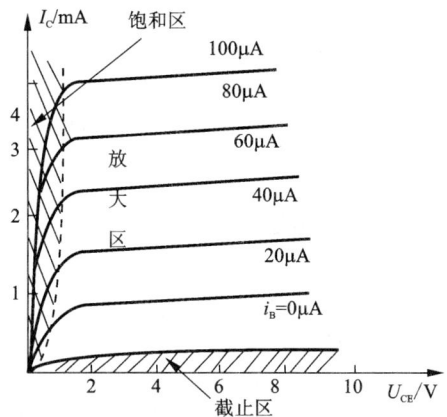

图 1-2-5　输出特性曲线

2. 输出特性曲线

当 I_B 为常数时，I_C 和 U_{CE} 之间的关系曲线为共射输出特性曲线，如图 1-2-5 所示。

三极管的工作状态可分为三个区域：

(1) 截止区：$I_B \leqslant 0$ 的区域称为截止区。此时发射结和集电结都反向偏置，$I_C \approx 0$。实际上发射结电压小于死区电压时，管子已截止，但为了可靠截止，常将发射结也反偏。截止时，三极管的 c 和 e 两极之间相当于一个断开的开关。

(2) 放大区：反射结正偏，集电结反偏的区域称为放大区，即图中曲线的平坦部分。在

放大区 I_C 基本不随 U_{CE} 的变化而变化；I_C 仅与 I_B 有关，即 $I_C = \bar{\beta} I_B$。

（3）饱和区：I_C 曲线上 $U_{CE} = U_{BE}$（即 $U_{CB} = 0$）时对应各点的连线称为临界饱和线。临界饱和线以左的区域 $U_{CE} < U_{BE}$（即 $U_{CB} < 0$）称为饱和区。此时发射结和集电结均正偏，I_C 不随 I_B 的增大而按比例增大，即 $I_C < \bar{\beta} I_B$，I_C 处于饱和状态，三极管失去了电流放大作用。小功率硅管 c、e 之间的饱和压降 U_{CES} 约为 0.1 V。饱和时三极管的 c 和 e 两极之间相当于一个闭合的开关。

综上所述，三极管作为放大元件使用时，必须工作在放大区；三极管作为开关元件使用时必须工作在饱和区或截止区；只要控制集电结和发射结的偏置电压就可以使管子工作在放大状态或开关状态。

3. 三极管的主要参数

三极管的参数用来表征三极管各种性能指标，是衡量三极管的优劣和设计三极管应用电路的依据。

（1）电流放大系数

如前所述，电流放大系数有 $\bar{\beta}$ 和 β 两种。电流放大系数（共发射极）$\bar{\beta} = \dfrac{I_c}{I_b}$（直流）、$\beta = \dfrac{\Delta I_c}{\Delta I_b}$（交流），虽然含义不同，但数值差别不大，工程计算时常认为 $\bar{\beta} \approx \beta$，放大电路中，$\beta$ 的值通常在 20～200 之间。β 值与温度有关，温度每升高 1℃，β 值约增大 0.5%～1%。

（2）极间反向电流

① I_{CBO} 表示发射极开路时，从集电极流向基极的电流。因与基极电流方向相反，所以叫反向电流。室温下，小功率锗管是微安级，硅管是纳安级。I_{CBO} 受温度的影响大，造成管子的稳定性差，故使用中最好选用硅管。

② I_{CEO} 表示基极开路时，集电极与发射极之间加上一定电压，集电极与发射极间的反向电流，又称为穿透电流。

$$I_{CEO} = (1 + \bar{\beta}) I_{CBO}$$

（3）极限参数

① 集电极最大允许电流 I_{CM}。

集电极电流 I_C 超过一定值时，β 会随 I_C 的增大而下降。I_{CM} 是指 β 下降到其正常值的 2/3 时所对应的集电极电流。当 $I_C > I_{CM}$ 时，三极管的参数变坏，甚至有可能烧坏。

② 集电极最大允许耗散功率 P_{CM}。

$P_C = U_{CE} \cdot I_C$ 称为三极管的集电极耗散功率，这个功率将导致集电结发热，结温升高。当结温超过最高允许结温（硅管约 150℃，锗管约 75℃）时管子的性能变坏甚至烧坏。因此，必须对集电结的耗散功率有个限制，这个限定值就称为集电结最大耗散功率 P_{CM}。

P_{CM} 与三极管工作时的散热条件（例如环境温度、散热片面积）有关。散热条件越好则 P_{CM} 越大。所以功率管的集电极一般装有散热片。

$P_{CM} \geq 1$ W 的三极管称为大功率三极管，小于 1 W 的称为小功率管。

③ 反向击穿电压。

基极开路时，集电极与发射极之间的反向击穿电压为 $U_{(BR)CEO}$；发射极开路时，集电极与基极之间的反向击穿电压为 $U_{(BR)CBO}$；集电极开路时，发射极与基极之间的反向击穿电压为

$U_{(BR)EBO}$。$U_{(BR)CBO} > U_{(BR)CEO} > U_{(BR)EBO}$。$U_{(BR)CEO}$ 通常为几十伏至数百伏, 而小功率管的 $U_{(BR)EBO}$ 只有几伏。

*1.3 特殊半导体器件

1.3.1 稳压二极管

稳压二极管通常是用硅材料制作的平面型特殊二极管。其电路符号如图 1 - 3 - 1 所示。其伏安特性和普通二极管没什么本质的区别, 只是工作区域不同。稳压管通常工作在击穿区, 且击穿电压比普通二极管低, 通常为 2 V 到几百伏。由二极管的伏安特性可知: 当反向击穿时, 反向电流变化很大, 而管子两端的击穿电压变化却很小, 相当于一个恒压源, 因此具有稳压作用。

1. 稳定电压 U_Z

U_Z 是稳压管在规定的测试电流下, 两端的反向

图 1 - 3 - 1 稳压二极管图形符号

击穿电压值。由于制造工艺的原因, 即使是同一型号的管子, U_Z 也会不同。产品手册中常给出 U_Z 的范围。例如: 2CW15 在测试电流为 5 mA 时, U_Z 在 7 ~ 8.2 V 之间

2. 稳压电流 I_Z

稳压管正常工作时的参考电流, I_Z 是稳压管所允许的最小工作电流 I_{Zmin}, 当工作电流小于稳定电流时, 稳压性能变差。

3. 最大稳定电流 I_{Zmax}

I_{Zmax} 是稳压管正常工作时允许通过的最大电流。电流超过此值, 管子会因过热而损坏。

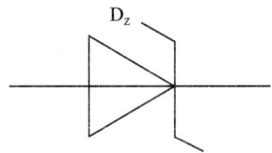

1.3.2 发光二极管

半导体发光二极管是一种把电能变成光能的特种器件, 当给半导体发光二极管加上正向电压。它通过一定电流时就会发光。半导体发光二极管简称 LED。其电路符号如图 1 - 3 - 2 所示。半导体发光二极管的伏安特性与普通半导体二极管相同。

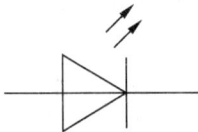

图 1 - 3 - 2 发光二极管电路符号

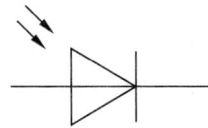

图 1 - 3 - 3 光电二极管电路符号

1.3.3 光电二极管

光电二极管是将光信号转变成电信号的器件, 工作于反向电压状态, 当受到光照时, 光能被 PN 结所吸收, 并将能量转交给电子, 激发电子和空穴对。在反向电压作用下, 这些光生载流子参加导电, 因为光生载流子比原来 PN 结的少数载流子多得多, 所以 PN 结在光的照射

下，反向电流显著增加。这个电流称为光电流，它的大小与光照的强度及波长有关。其电路符号如图 1 - 3 - 3 所示。

1.3.4 场效应管

场效应晶体管是一种利用电场效应来控制其电流大小的晶体管。它具有输入电阻高（最高可达 $10^{15} \Omega$）、噪声低、热稳定性好、抗辐射能力强、耗电省等优点，因此得到广泛应用。因绝缘栅型场效应晶体管制作工艺简单，便于集成，因此得到了广泛的应用。绝缘栅型场效应管简称 MOS 管。

绝缘栅型场效应管可分为增强型场效应管和耗尽型场效应管，场效应管符号图如图 1 - 3 - 4(a)(b)(c)(d) 所示。

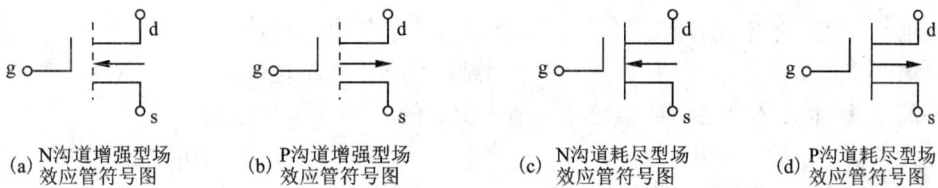

(a) N沟道增强型场 效应管符号图   (b) P沟道增强型场 效应管符号图   (c) N沟道耗尽型场 效应管符号图   (d) P沟道耗尽型场 效应管符号图

图 1 - 3 - 4 场效应管符号图

场效应管同三极管一样，分别有三个极，栅极 g、源极 s 和漏极 d。

在 u_{DS} 为常数的条件下，漏极电流 i_D 与栅、源电压 u_{GS} 之间的关系曲线称为场效应晶体管的转移特性。如图 1 - 3 - 5(a) 所示为 N 沟道增强型场效应管转移特性曲线。图 1 - 3 - 5(b) 所示为 N 沟道增强型场效应管漏极特性曲线。

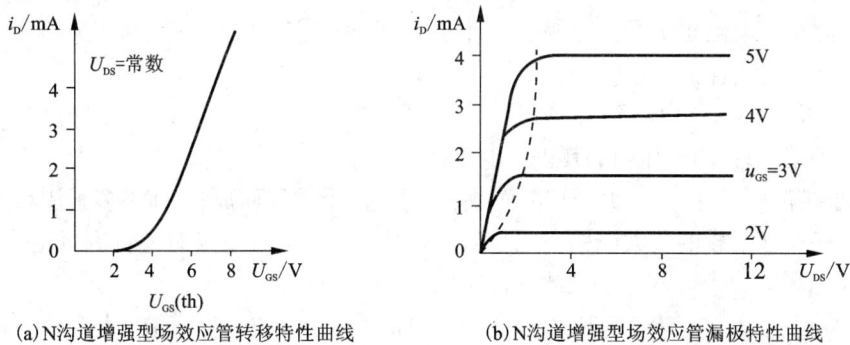

(a)N沟道增强型场效应管转移特性曲线   (b)N沟道增强型场效应管漏极特性曲线

图 1 - 3 - 5

本章小结

1. 半导体：导电性能介于导体和绝缘体之间的物质，如硅、锗。

2. PN 结的特性

（1）正向导通特性，等效为开关的闭合。

（2）反向截止特性，等效为开关的关断。

3. NPN 型三极管图形符号为 ，PNP 型三极管图形符号为 ，发射极 e、基极 b 和集电极 c。

复习思考题

1-1 处于截止状态的三极管，其工作状态为（   ）。

A. 射结正偏，集电结反偏；   B. 射结反偏，集电结反偏；

C. 射结正偏，集电结正偏；   D. 射结反偏，集电结正偏。

1-2 P 型半导体是在本征半导体中加入微量的（   ）元素构成的。

A. 三价；   B. 四价；   C. 五价；   D. 六价。

1-3 稳压二极管的正常工作状态是（   ）。

A. 导通状态；   B. 截止状态；   C. 反向击穿状态；   D. 任意状态。

1-4 用万用表直流电压挡测得晶体管三个管脚的对地电压分别是 $V_1 = 2$ V，$V_2 = 6$ V，$V_3 = 2.7$ V，由此可判断该晶体管的管型和三个管脚依次为（   ）。

A. PNP 管，CBE；   B. NPN 管，ECB；   C. NPN 管，CBE；   D. PNP 管，EBC。

1-5 用万用表 $R \times 1k$ 的电阻挡检测某一个二极管时，发现其正、反电阻均约等于 1 kΩ，这说明该二极管是属于（   ）。

A. 短路状态；   B. 完好状态；   C. 极性搞错；   D. 断路状态。

1-6 测得某电路板上晶体三极管 3 个电极对地的直流电位分别为 $V_E = 3$ V，$V_B = 3.7$ V，$V_C = 3.3$ V，则该管工作在（   ）。

A. 放大区；   B. 饱和区；   C. 截止区；   D. 击穿区。

1-7 PN 结加正向电压时，其正向电流是（   ）。

A. 多子扩散而成；   B. 少子扩散而成；   C. 少子漂移而成；   D. 多子漂移而成。

1-8 三极管组成的放大电路在工作时，测得三极管上各电极对地直流电位分别为 $V_E = 2.1$ V，$V_B = 2.8$ V，$V_C = 4.4$ V，则此三极管已处于（   ）。

A. 放大区；   B. 饱和区；   C. 截止区；   D. 击穿区。

1-9 已知晶体管的输入信号为正弦波，题图 1-1 所示输出电压波形产生的失真为（   ）。

A. 饱和失真；   B. 交越失真；

C. 截止失真；   D. 频率失真。

1-10 如何用万用表测试晶体管的好坏？如何分辨晶体管的类型及其三个管脚的极性？三极管具有放大作用的内部条件和外部条件各是什么？

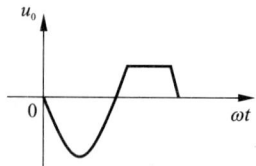

题图 1-1

　　1－11　为什么说三极管放大作用的本质是电流控制作用？如何用三极管的电流分配关系来说明它的控制作用？

　　1－12　试在输出特性曲线上指出三极管的三个工作区：放大区、截止区、饱和区。

　　1－13　P 型半导体和 N 型半导体是怎样形成的，在室温下它们各带什么电荷。

　　1－14　什么是二极管的死区电压，为什么会出现死区电压，硅管和锗管的死区电压值各约为多少。

　　1－15　如何用万用表测试晶体管的好坏？如何分辨晶体管的类型及其三个管脚的极性？

　　1－16　计算题图 1－2 所示电路的输出电压 U_0。

　　1－17　如何用万用表测试晶体管的好坏？如何分辨晶体管的类型及其三个管脚的极性？

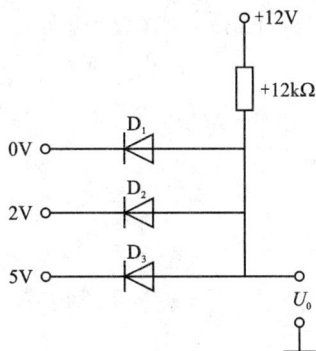

题图 1－2

能力训练一　常用半导体器件的简易测试

　　1. 训练目的

　　(1)学会用万用表判别二极管极性和晶体管的管脚。

　　(2)熟悉用万用表判别二极管和晶体管的质量。

　　2. 基本步骤和内容

　　(1)普通二极管

　　借助万用表的欧姆挡作简单判别。万用表正端(＋)红表笔接表内电池的负极，而负端(－)黑表笔接表内电池的正极。根据二极管的单向导电性原理来简单确定二极管好坏和极性。具体做法是：万用表欧姆挡置"R×100"或"R×1k"处，将红、黑表笔分别接二极管的两端，万用表的指针分别有读数，若两次指示的阻值相差很大，说明该二极管的单向导电性能好，读数阻值大时(几百千欧以上)，红表笔所接的为二极管的正极。若两次指示的阻值都很小，说明该二极管已经被击穿而失去单向导电性。若两次阻值都很大，说明该二极管已经开路。

　　(2)三极管

　　①先判断基极和晶体管的类型。

　　将万用表欧姆挡置"R×100"或"R×1k"处，先假设晶体管某极为基极，并将黑表笔接在假设的基极上，再将红表笔分别接到其余两个电极上，如果两次得到的电阻值都很大（或者都很小），约为几千欧至几十千欧（或约几百欧至几千欧），而对换红、黑表笔后测得的电阻值都很小（或很大），则可确定假设基极是正确的。如果两次得到的电阻值是大小差异很大，则可肯定原假设的基极是错误的。那则需要重新假设基极。

当基极确定后，将黑表笔接基极，红表笔分别接其他两极，此时若测得的电阻值都很小，则该晶体管为 NPN 型号晶体管，反之，则为 PNP 型晶体管。

②再判断集电极和发射极。

以 NPN 型管为例。把黑表笔接到假设的集电极上，红表笔接到假设的发射极上，并且用手捏住基极和假设的集电极（注意不要让基极和集电极接触），相当于在基极和假设的集电极之间接入了偏置电阻。读出万用表读数。然后将另一极假设为集电极，相同的操作方法，读出万用表读数，若第一次测得电阻值比第二次读数小，则第一次假设成立，反之则第二次假设成立。

模块二 模拟电路

第2章 基本放大电路

2.1 基本放大电路的构成与工作原理

在电子学中,把变化的电压、电流和功率统称为电信号,简称信号。放大电路的功能是把微弱的电信号增大到所需要的数值,从而推动负载工作。例如,扩音机就是最常见的放大电路,声音经话筒变成微弱的电信号,电信号经放大电路放大后送给喇叭(负载)。喇叭发出的声音比送入话筒的声音大得多,也就是说喇叭输出的能量比原声音能量大得多。从表面上看,似乎放大电路放大了能量,其实这是不可能的。放大电路只是在输入信号的作用下,通过三极管等控制元件把直流电源的能量转换成输出信号的能量。所以放大的实质是能量的控制作用。放大电路既可由三极管等分立器件构成,也可由集成电路构成。但对放大电路最基本的要求是,对信号有足够大的放大能力和尽可能小的失真。

2.1.1 外部偏置与静态工作点

图 2-1-1(a)图是基本的单管共发射极放大电路。信号 u_i 为需要放大的输入信号,u_o 为放大后输出的信号。各个元件的作用如下:三极管 V 是放大电路的核心,起电流放大作用。V_{BB} 通过电阻 R_b 使三极管的发射结正偏。V_{CC} 使三极管的集电结反偏,并提供信号放大所需的能量。V_{CC} 通常为几伏到几十伏。R_c 是集电极负载电阻,其作用是将三极管集电极电流的变化转换成电压的变化,配合三极管实现电压放大。R_c 通常为几千欧至几十千欧。C_1、C_2 把信号源,放大电路及负载电阻三者交流通路连接起来,称为耦合电容,C_1、C_2 的容值较大,通常为几微法至几十微法,交流信号衰减得很少,但它隔断了信号源和放大器与负载之间的直流通路。所以 C_1、C_2 的作用是"隔直(流)通交(流)"。

由于该图电路使用两组电源,很不经济。若使 $V_{BB} = V_{CC}$,将连到 V_{CC} 上,就可省掉电源 V_{BB}。另外,为了作图简洁常不画出电源回路,只标出 V_{CC} 正极对地的电位值,如图 2-1-1(b)图所示。

三极管是放大电路的核心,但要使三极管正常地发挥作用,还必须具备一定的外部条件,即选择合适的静态工作点。

1. 静态工作点的意义

放大电路不加输入信号($u_i = 0$)时的状态称为静态。由此产生的所有电流、电压都为直流量,所以静态又称为直流状态。静态时,各极电流和极间电压分别是基极电流 I_{BQ}、集电极电流 I_{CQ} 和集射极电压 U_{CEQ},它们在三极管输入、输出特性曲线上确定一个点,这个点称为静态工作点,习惯上用 Q 表示。

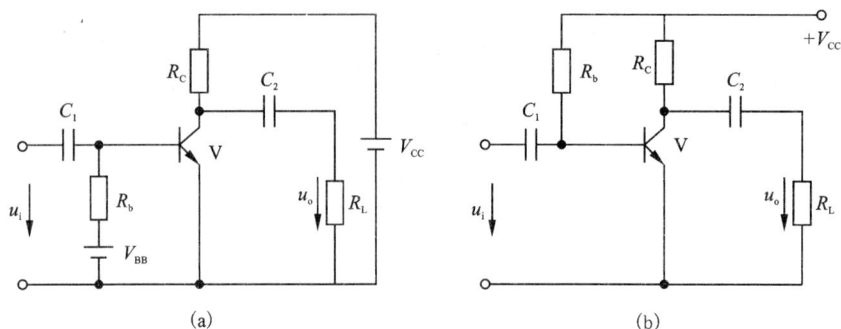

图 2 - 1 - 1　基本的单管共发射极放大电路

　　静态时直流电流通过的路径称为直流通路。由于 C_1、C_2 的隔直作用，放大电路的直流通路如图 2 - 1 - 2 直流通路所示。由直流通路可估算静态工作点。

2. 固定偏置共射放大电路静态工作点的计算

（1）计算 I_{BQ}、U_{BEQ}

由输入回路得：　　　　　$-V_{CC} + I_{BQ}R_b + U_{BEQ} = 0$

则　　　　　　　$I_{BQ} = \dfrac{V_{CC} - U_{BEQ}}{R_b}$

因 $U_{BEQ} = 0.7$ V（硅管）、$U_{BEQ} = 0.3$ V（锗管）

（2）计算 I_{CQ}、U_{CEQ}

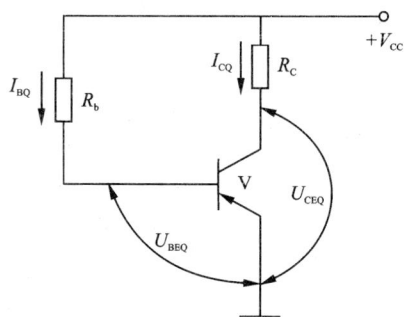

图 2 - 1 - 2　直流通路

根据三极管的电流分配关系得：

$$I_{CQ} = \beta I_{BQ}$$

再根据输出回路得：　　　　　$-V_{CC} + I_{CQ}R_C + U_{CEQ} = 0$

则　　　　　　　　　　$U_{CEQ} = V_{CC} - I_{CQ}R_C$

　　例 2 - 1　在图 2 - 1 - 1（b）所示电路中，已知：三极管 $\beta = 50$，$V_{CC} = 12$ V，$R_b = 470$ kΩ，$R_c = 4$ kΩ，$R_L = 4$ kΩ。求：该电路工作点的电流和电压。

　　解：由该电路的直流通路如图所示：可知

$$I_{BQ} = \frac{V_{CC} - U_{BEQ}}{R_b} = \frac{12 - 0.7}{470} = 24 \ \mu A$$

$$I_{CQ} = \beta I_{BQ} = 50 \times 24 = 1.2 \ mA$$

$$U_{CEQ} = V_{CC} - I_{CQ}R_C = 12 - 1.2 \times 4 = 7.2 \ V$$

2.1.2　信号放大原理

　　在静态直流电源作用的同时，在放大电路的输入端加上交流信号 u_i，这时电路中除了有直流电压和直流电流外还将产生交流电压和交流电流，放大电路的这种工作状态称为动态。动态时，电路中的电流和电压由两部分组成：一部分是直流分量，另一部分是交流分量，为了便于分析，将放大电路中电流、电压的符号作了规定，如表 2 - 1 - 1 所示：

表 2 − 1 − 1　放大电路中的电压与电流的符号

名称	直流量	交流量		总电流或总电压
		瞬时值	有效值	瞬时值
基极电流	I_B	i_b	I_b	i_B
集电极电流	I_C	i_c	I_c	i_C
发射极电流	I_E	i_e	I_e	i_E
集射极电压	U_{CE}	u_{ce}	U_{ce}	u_{CE}
基射极电压	U_{BE}	u_{be}	U_{be}	u_{BE}

动态放大电路中的总电流、电压与交流量和直流量之间的关系为：

$$u_{BE} = U_{BE} + u_{be}$$
$$i_B = I_B + i_b$$
$$i_C = I_C + i_c$$
$$u_{CE} = U_{CE} + u_{ce}$$

设输入的信号电压 u_i 为正弦量，则放大电路中的交流分量均为正弦量，总电流和总电压是直流分量和正弦量的叠加，如图 2 − 1 − 4 所示。由图中波形可知：

1. 动态时，瞬时量 u_{BE}、i_B、i_C、u_{CE} 都包含直流和交流分量。其大小随输入信号的变化而变化，而方向和极性却保持不变，始终为正值。这里直流分量是正常放大的基础，交流分量是放大的对象，交流量搭载在直流上进行传输和放大。

2. 当 u_i 随时间增大时，i_B、i_C 都相应增大，而 u_{CE} 却减少。这是因为 $u_{CE} = V_{CC} - i_C R_C$ 当 V_{CC} 和 R_C 一定时，i_C 的增大必然会使 u_{CE} 减小。所以 u_{be}、i_b、i_c 与 u_i 同相，u_{ce} 与 u_i 反相。

3. 由于电容 C_2 的隔直作用，仅 u_{CE} 的交流分量可以通过它传送到输出端。所以 $u_o = u_{ce}$，且 u_o 与 u_i 反相。这是共发射极电路的一个重要特点。

4. 放大是指输出交流分量与输入信号的关系，不包括直流成分。

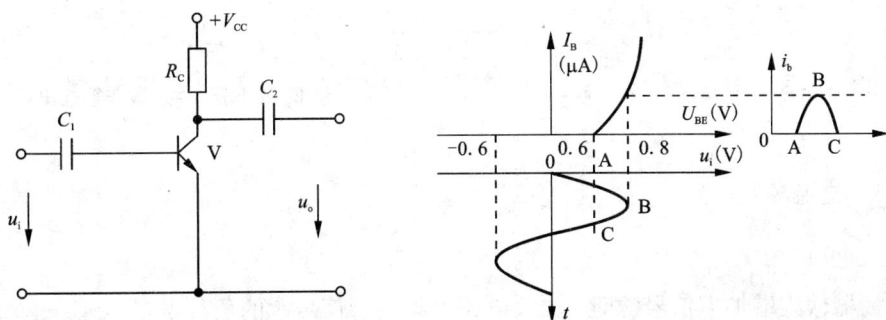

图 2 − 1 − 3　无直流偏置的放大电路及波形图

由图示可知：交流信号是搭载在直流上进行传输和放大的。如果没有直流分量电路就不能正常工作。在图 2 − 1 − 3 所示电路中，由于不接 R_B，则 $I_B = 0$，直接加到三极管的发射结上。由于三极管发射结存在死区电压,所以输入信号 u_i 的一个周期内,仅当 u_i 大于死区电压时,才有 i_b;而在 u_i 小于死区电压的部分和负半周,三极管截止,电路将没有输出,这时电路的输出波形相对于输入波形发生了畸变,称为失真。因为它是三极管工作在非线性区(截止区和饱和区)引起的,所以又称为非线性失真。合理设置静态工作点是保证放大电路正常放大的基础。

设置了合适的静态工作点,放大电路处于正常的放大状态,放大电路各处的电流、电压波形如图 2 - 1 - 4 所示。

对三极管放大电路进行动态分析通常就是求该放大电路的输入电阻 R_i、输出电阻 R_o 与电压放大倍数 A_u,最常见的方法是微变等效电路法。

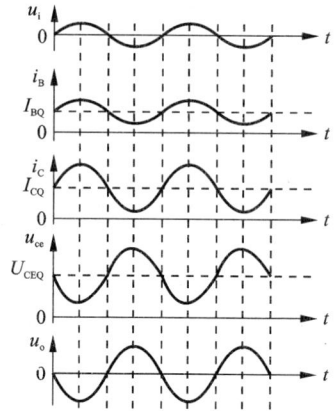

图 2 - 1 - 4　电压、电流的波形

放大电路的主要性能指标如 R_i、R_o、A_u 都是针对信号来讨论的。因此要进行动态分析就要从交流信号分量入手。只考虑交流信号源单独作用所得到的电路称交流通路。由于耦合电容的隔直通交,交流通路中电容 C_1、C_2 视为短路;直流电源不作用,可令 $V_{CC} = 0$,即电源接地,如图 2 - 1 - 5 共射电路交流等效电路所示。因为发射结加的正向电压、发射结正向电阻很小,一般为 300 Ω 左右,集电结因加反向电压,反向电阻 r_{cb} 很大,相当于断开。因 $r_{ce} = r_{cb} + r_{be}$,所以,集电极与发射极也可视为断开,这种等效为三极管内部微变等效,等效电路如图 2 - 1 - 6 所示。

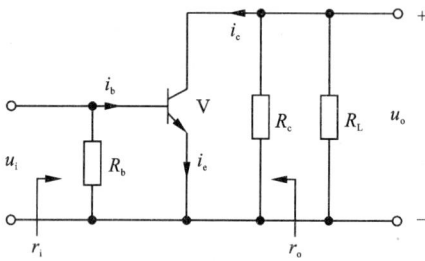

图 2 - 1 - 5　共射交流等效电路

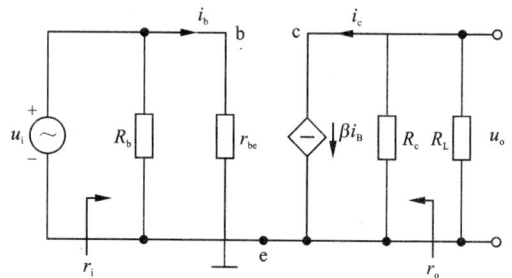

图 2 - 1 - 6　共射微变等效电路

2.1.3　交流参数

1. 输入电阻 r_i

当放大器输入端加上信号源时,放大电路就相当于信号源的负载电阻。

$$r_i = \frac{u_i}{i_i} = R_b /\!/ r_{be}$$

$$r_{be} = 300 + (1 + \beta)\frac{26(mV)}{I_{EQ}(mA)}$$

在放大电路中,r_i 越大,放大电路从信号源吸取的电流越小,放大电路的输入电压越接近信号电压。所以 r_i 反映了放大电路对信号源电压的衰减程度。

2. 输出电阻 r_0

放大电路向负载输出信号电压和电流，因此它是负载的信号源，该信号源等效为一个电压源和电阻 r_0 的串联。r_0 称为放大器的输出电阻。

$$r_0 = \frac{u_0}{i_0} = R_C$$

3. 电压放大倍数 A_u

放大器的电压放大倍数定义为输出电压与输入电压的比值，在正弦输入信号下，电压放大倍数

$$\dot{A}_u = \frac{\dot{U}_0}{\dot{U}_i} = -\frac{-i_C(R_C /\!/ R_L)}{i_b r_{be}} = -\beta \frac{R_C /\!/ R_L}{r_{be}}$$

由上式可知，电压放大倍数不仅与三极管电流放大倍数 β、集电极电阻 R_C 有关，还与负载电阻的大小有关。

2.2　分压式偏置放大器

由上节分析中可以看出，合理设置静态工作点是保证放大电路正常工作的先决条件，Q 点位置过高过低都可能使信号产生失真。放大电路内部因素对静态工作点有影响，外部条件发生变化时，也会使设置好的静态工作点 Q 移动，使原来合适的静态工作点变得不合适而产生失真。因此，设法稳定静态工作点是一个重要问题。

1. 静态工作点不稳定的原因

静态工作点不稳定的原因较多，如温度变化、电源波动、元件老化而使参数发生变化等，其中最主要的原因是温度变化的影响。

(1) 环境温度升高对 I_{CEO} 的影响

一般情况，温度每升高 12℃，锗管 I_{CEO} 数值增大一倍；温度每升高 8℃ 时，硅管的 I_{CEO} 数值增大一倍。在基极电流 i_B 保持不变的情况下，温度升高，静态工作点上升，集电极电流 I_{CQ} 增加。

(2) 温度变化对发射结电压 u_{BE} 影响

在电源电压不变的情况下，温度升高后，使 u_{BE} 减少，u_{BE} 减少，将使 i_B 和 i_C 增大，工作点上移。

(3) 温度变化对 β 的影响

温度升高将使晶体管的 β 值增大，温度每升高 1℃，β 值约增加 0.5% ~ 1%，最大可增加 2%。反之，温度下降时 β 将减少。

综上所述，当温度增加时，晶体管的 I_{CEO}、u_{BE}、β 等参数都将改变，最终结果将使 i_C 增加，Q 值上移。如果在原放大电路基础上改变一下，在上升的同时使 i_B 下降，以达到自动稳定工作点的目的。这就是分压式偏置电路。

2. 分压式偏置放大电路

分压式偏置电路如图 2 - 2 - 1 所示。

（1）电路的特点

利用 R_{b1}、R_{b2} 分压，固定基极电位 $U_B = \dfrac{R_{b2}}{R_{b1} + R_{b2}}$，$U_B$ 与晶体管参数无关。

利用发射极电阻 R_e 产生反映 i_C 变化的电位 u_E，u_E 能自动调节 i_B，使 i_C 保持不变。保持稳定的过程是

$$温度 \uparrow \to i_C \uparrow \to i_E \uparrow \to u_{BE} \downarrow \to i_B \downarrow \to i_C \downarrow$$
$$温度 \downarrow \to i_C \downarrow \to i_E \downarrow \to u_{BE} \uparrow \to i_B \uparrow \to i_C \uparrow$$

从以上可以看出，R_e 越大，稳定性越好，但不能太大，一般 R_e 为几百欧到几千欧，与 R_e 并联的电容 C_e 称为旁路电容，可为交流信号提供低阻通路，C_e 使电压放大倍数不至于降低，又有起到稳定静态工作点的作用，一般为几十微法到几百微法。

（2）分压式偏置放大电路的静态工作点可用下列估算法求出

静态工作点的计算，先画出直流通路，如图 2 - 2 - 2 所示。

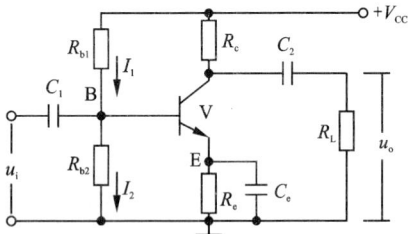

图 2 - 2 - 1　分压式偏置放大电路　　　　图 2 - 2 - 2　直流通路

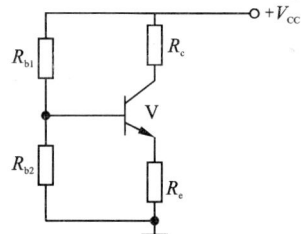

例 2 - 2　　如图所示的放大电路中，已知 $V_{CC} = 12$ V、$R_C = 2$ kΩ、$R_e = 2$ kΩ、$R_{b1} = 20$ kΩ，$R_{b2} = 10$ kΩ，晶体管 3DG6 的 $\beta = 37.5$，试求静态工作点。

解： 静态工作点

$$U_{BQ} = \frac{R_{b2}}{R_{b1} + R_{b2}} V_{CC} = \frac{10}{20 + 10} \times 12 \text{ V} = 4 \text{ V}$$

$$I_{CQ} \approx I_{EQ} = \frac{U_{BQ} - U_{BEQ}}{R_e} = \frac{4 - 0.7}{2 \text{ kΩ}} = 1.65 \text{ mA}$$

$$U_{CEQ} = V_{CC} - I_{CQ}(R_c + R_e) = 12 \text{ V} - 1.65 \times (2 + 2) \text{ V} = 5.4 \text{ V}$$

$$I_{BQ} = I_{CQ}/\beta = 1.65 \text{ mA}/37.5 = 0.044 \text{ mA} = 44 \text{ μA}$$

2.3　射极输出器

1. 电路的结构

射极输出器是指信号是从发射极输出的，又称共集电极放大电路。图 2 - 3 - 1 所示。这种电路的特点是晶体管的集电极作为输入输出的公共端，输入电压从基极对地（集电极）之间输入，输出电压从发射极对地（集电极）之间输出，集电极是输入与输出的公共端，故这种电路称为共集电极放大电路。

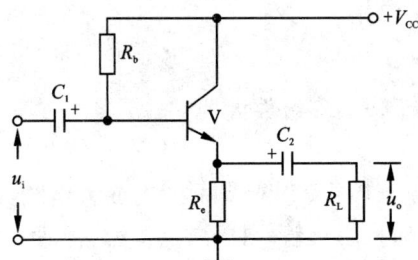

图 2-3-1　射极输出器

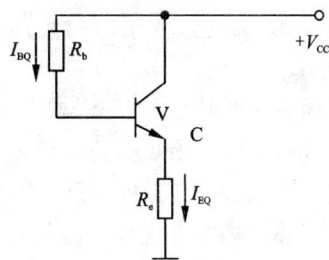

图 2-3-2　直流通路

2. 静态分析

图 2-3-2 所示的直流通路为射极输出器的直流等效电路。

由基极回路得：$V_{CC} = I_{BQ}R_b + U_{BEQ} + I_{EQ}R_e$

则：
$$I_{BQ} = \frac{V_{CC} - U_{BEQ}}{R_b + (1+\beta)R_e}$$

$$I_{CQ} = \beta I_{BQ}$$

$$U_{CEQ} = V_{CC} - I_{EQ}R_e \approx V_{CC} - I_{CQ}R_e$$

3. 射极输出器的特点

射极输出器输出电阻很低，一般在几十欧到几百欧，电压放大倍数小于 1 但近似等于 1，输出电压与输入电压同相位、输入电阻高、输出电阻低等特点，因而射极输出器得到了广泛应用。

4. 应用举例

图 2-3-3 是扩音机的输入电路，射极输出器输入电阻高，可以和内阻较高的话筒相匹配，使话筒输入信号能得到有效地放大，电位器的阻值为 22 kΩ，可用来调节输入信号强度，以控制音量大小。

在多级电子电路中，射极输出器也常作为缓冲级以隔离前后级之间的相互影响，射极输出器的输出电阻低，带负载能力强，有一定的功率放大作用，可以作为基本的功率输出电路。

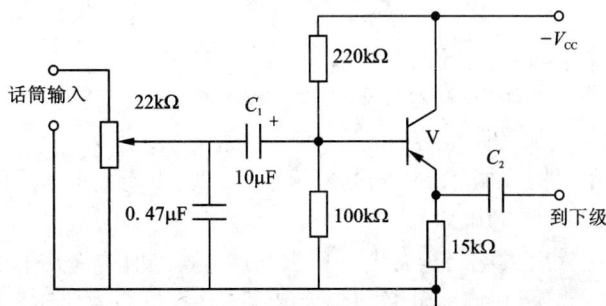

图 2-3-3　扩音机的输入电路

2.4　场效应管放大电路

由于场效应晶体管具有高输入电阻特点,它适用于作为多级放大器的输入级,尤其对于高内阻信号源,采用场效应晶体管才能有效放大。

场效应管的源极、漏极、栅极相当于它的发射极、集电极、基极。两者的放大电路类似,场效应管有共源极放大电路和源极输出器等。场效应管同三极管一样,必须设置合适的静态工作点,否则也会造成信号失真。

场效应管的共源极放大电路与三极管的共发射极放大电路在电路结构上类似,如图 2 - 4 - 1 所示。

首先以放大电路进行静态分析,场效应管是电压控制元件,当 V_{DD} 和 R_d 选定后,静态工作点是由栅 - 源极电压 u_{GS}(偏压)确定的。常见的偏置电路有下面两种。

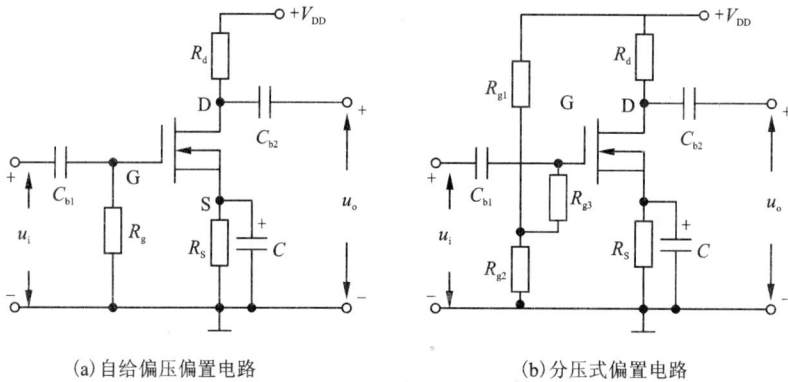

(a) 自给偏压偏置电路　　　　　　(b) 分压式偏置电路

图 2 - 4 - 1　场效应管放大电路

1. 自给偏压偏置电路

图 2 - 4 - 1(a)所示是 N 沟道耗尽型绝缘栅场效应晶体管的自给偏压偏置电路。源极电流 I_S(等于 I_D)流经源极电阻 R_S,在 R_S 上产生压降 $I_S R_S$,显然 $U_{GS} = -I_S R_S = -I_D R_S$,它就是自给偏压。

电路中各元件的作用如下:

R_S 为源极电阻,静态工作点受它控制,即阻值约为几千欧姆;

C_S 为源极电阻上的交流旁路电容,其容量为几十微法;

R_g 为栅极电阻,用以构成栅、源极间的直流通路,R_g 不能太小,否则影响放大电路的输入电阻,其电阻值为 200 kΩ ~ 10 MΩ;

R_d 为漏极电阻,它使放大电路具有电压放大功能,其阻值约为几十千欧;

C_{b1}、C_{b2} 分别为输入电路和输出电路的耦合电容,其容量约为 0.01 ~ 0.047 μF。

因 N 沟道增强型绝缘栅场效应管组成的放大电路,工作时 U_{GS} 为正,所以不能采用自给偏压电路。

2. 分压式偏置电路

在自给偏压电路中,R_s 具有电流负反馈,起到稳定静态工作点的作用。为了使工作点更稳定，就要增大 R_S 阻值。但 R_S 不应过大，否则会产生非线性失真。为了解决这一矛盾，就采用如图 2-4-1(b) 所示的分压式偏置电路。R_{g1} 和 R_{g2} 为分压电阻，电阻 R_{g3} 是为了提高放大电路的输入电阻而接的，R_{g3} 中并无电流流过。G 点产生一个正电位 U_G，其值为：

$$U_G = \frac{R_{g2}}{R_{g1} + R_{g2}} V_{DD}$$

这样栅-源极电压为

$$U_{GS} = U_G - I_D R_S$$

对 N 沟道耗尽型管，U_{GS} 为负值，所以 $I_D R_S > U_G$；对 N 沟道增强型管，U_{GS} 为正值，所以有 $I_D R_S < U_G$

2.5　多级放大电路

一般放大器是由几级放大电路组成，能对输入信号进行接力式的连续放大，以获得足够的功率去推动负载工作，这就是多级放大器。

多级放大电路中，相邻两级放大电路之间的信号传递叫耦合，实现级间耦合的电路叫耦合电路。多级放大电路的构成如图 2-5-1 所示。

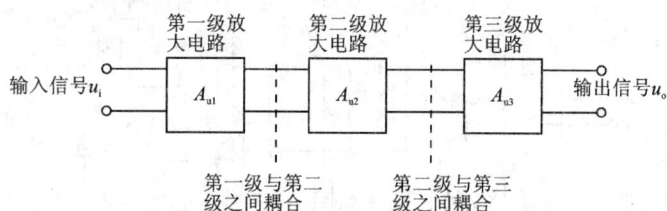

图 2-5-1　多级放大电路的构成

2.5.1　多级放大电路的组成

根据级间耦合方式，可将多级放大电路分为阻容耦合方式、变压器耦合方式与直接耦合方式。

1. 阻容耦合

阻容耦合如图 2-5-2 所示，信号通过电容 C_1、C_2、C_3 分别与第一级放大电路、第二级放大电路、负载电阻 R_L 相连，这种通过电容与下一级相连的耦合方式称为阻容耦合。

阻容耦合的放大电路具有各级放大器的静态工作点彼此独立，选用容量较大的电容进行耦合可以达到较高的传输效率等优点，但不能放大直流和频率很低的信号。另外，在集成电路中难以制造大容量的电容，因此在集成电路中不采用阻容耦合方式的多级放大电路在集成电路中几乎无法应用。

2. 变压器耦合

如图 2-5-3 所示，第一级的输出是通过变压器与第二级的输入相连的。这种耦合方式称为变压器耦合放大器。

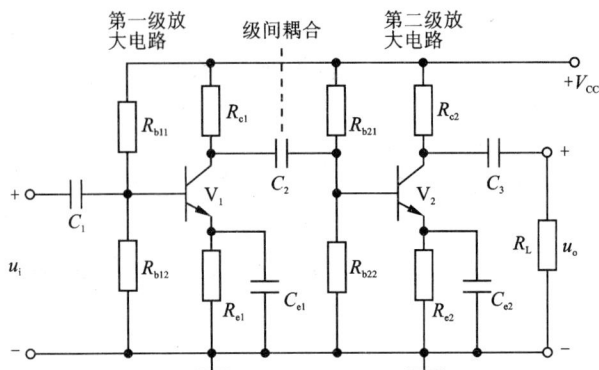

图 2 - 5 - 2　阻容耦合

变压器耦合的放大器与阻容耦合的放大器一样,静态工作点彼此独立,同时还具有阻抗变换作用,能使放大器达到最大的功率输出。不足之处是体积大,成本高,另外低频信号几乎不能通过。

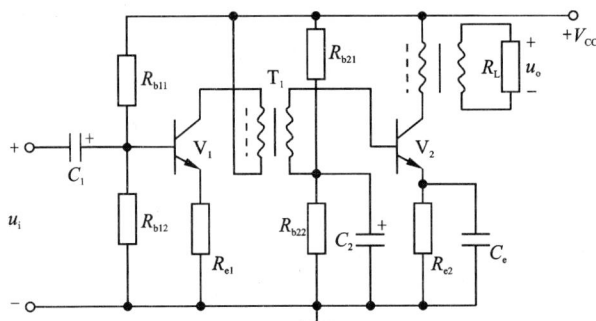

图 2 - 5 - 3　变压器耦合

3.直接耦合

前面讨论的阻容耦合和变压器耦合都有隔直流的重要一面,但在实际的生产和科研活动中,常常要对缓慢变化的信号进行放大,因此需要把前一级的输出端直接连到下一级的输入端,如图 2 - 5 - 4 所示。这种通过导线、二极管或电阻分别与第一级放大电路、第二级放大电路、负载电阻相连的耦合方式称为直接耦合。

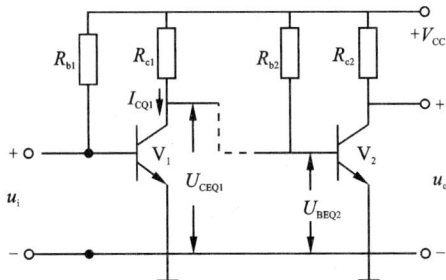

图 2 - 5 - 4　直接耦合

直接耦合的多级放大电路虽然可以放大各种不同频率的信号,并且易于集成化,但是却存在各级放大电路之间静态工作点的相互影响的缺点,必须采取特别的处理措施才能使各级放大电路正常工作。

2.5.2 多级放大电路的性能指标

（1）多级放大电路电压放大倍数的计算

因为多级放大电路是多级串联逐级连续放大的，所以总的电压放大倍数是各级放大倍数的乘积，即

$$A_{u总} = A_{u1} A_{u2} \cdots A_{un}$$

因此，求多级放大器的增益时，首先必须求出各级放大电路的增益。

（2）多级放大电路的输入电阻 r_i 就是第一级放大电路的输入电阻，输出电阻 r_0 就是最后一级的输出电阻。即：

$$r_i = r_{i1}$$

$$r_o = r_{on}$$

2.6 差动放大电路

多级放大电路的级间耦合方式一般有三种：阻容耦合、变压器耦合和直接耦合。对于频率较高的交流信号，常采用阻容耦合或变压器耦合。但在工业测量、自动控制及其他某些应用领域，需要放大的信号往往是变化缓慢的，甚至是直流信号。对于这些信号，不能采用阻容耦合、变压器耦合，而只能采用直接耦合。直接耦合多级放大电路不仅存在前后级静态工作点相互影响的问题，同时还存在零点漂移的问题。

当放大电路处于静态时，即输入的信号电压为零时，输出端的静态电压应为恒定不变的稳定值。但在直流放大电路中，即使输入信号为零，输出电压也会偏离稳定值而发生缓慢的、无规则的变化，这种现象叫零点漂移，简称零漂。如图 2-6-1 所示。

在多级直接耦合放大电路中，前级工作点的微小变化像信号一样被后面逐级放大，在输出端产生一个缓慢变化的漂移信号电压。放大倍数越高，零点漂移就越大。当输入信号较小时，会造成输出端漂移电压和有用信号难以区分的情况。零点漂移后果示意图如图 2-6-2 所示。因此，减少零点漂移，尤其是第一级的零点漂移尤为重要。采用差动放大器是目前应用最广泛的能有效抑制零点漂移的方法。

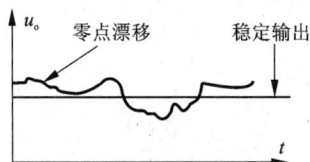

图 2-6-1 零点漂移

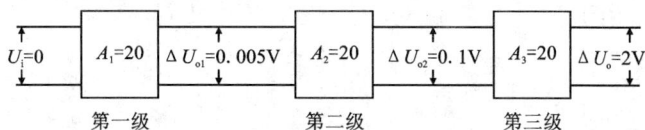

图 2-6-2 零点漂移后果示意图

2.6.1 差动放大电路的结构特点

差动放大电路的基本形式如图 2-6-3 所示，这种接法称为双端输入双端输出。它是由两个结构完全对称的单管放大器组成。两个晶体管 V_1、V_2 的特性相同，外接电阻也一一对

称相等,两管静态工作点也必然相同。输入信号从两管基极输入,输出信号从两管集电极之间输出。静态时,输入信号为零,即 $u_{i1} = u_{i2} = 0$,由于电路对称,所以 $u_{o1} = u_{o2}$,输出电压 u_o $= u_{o1} - u_{o2} = 0$

因此,静态时,无论温度或电源电压怎么变化,两个管子的集电极电压总是同时升高或降低,而且值也相同的,因而输出电压总为零,零点漂移被抑制。显然,电路的对称性越好,对零漂的抑制能力越强。在集成运算放大器等集成电路中,其输入级都采用差分放大电路。

2.6.2　差动放大电路的工作原理

图 2 – 6 – 3,它是由两个左右完全对称的单管共射放大电路组成。这种接法称为双端输入双端输出。

(1)静态时,前面已经叙述,电路静态时为零输出。

(2)加共模输入信号。加在两个输入端的输入信号电压大小相等,极性相同,即 $u_{i1} = u_{i2}$,称为共模输入信号,电路对共模信号电压的放大倍数称为共模放大倍数,记作 A_C。对于完全对称的差动放大电路,在共模信号的作用下,两管各级电流、电压的变化量也必然相同,因此 $u_O = u_{O1} - u_{O2} = 0$。故 $A_c = 0$。即在完全对称的理想情况下,电路对共模信号没有放大能力。

(3)加差模输入信号。加在两个输入端的输入信号电压大小相等,而极性相反,即 $u_{i1} = -u_{i2}$,称为差模输入信号,如图 2 – 6 – 4 所示,电路对差模信号的电压放大倍数称为差模放大倍数,记作 A_d。

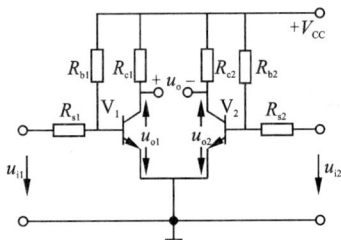

图 2 – 6 – 3　基本差动放大电路原理图

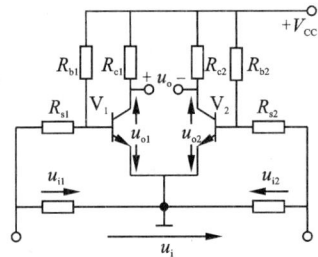

图 2 – 6 – 4　差模输入放大电路

由于 V_1、V_2 的输入电压分别为 U_{i1}、U_{i2}:

$$U_{i1} = \frac{1}{2} U_i$$

$$U_{i2} = -\frac{1}{2} U_i$$

那么 V_1、V_2 的输出电压为:

$$U_{O1} = A_1 \cdot U_{i1} = \frac{1}{2} A_1 \cdot U_i$$

$$U_{O2} = A_2 \cdot U_{i2} = -\frac{1}{2} A_2 \cdot U_i$$

则有　　　　　　　　$$U_O = U_{O1} - U_{O2} = \frac{1}{2} A_1 \cdot U_i - \left(-\frac{1}{2} A_2 \cdot U_i \right)$$

又 ∵
$$A_1 = A_2$$
∴
$$U_0 = A_1 \cdot U_i = A_2 \cdot U_i$$

差动放大电路的电压放大倍数为：

$$A_d = \frac{U_0}{U_i} = A_1 = A_2 = -\frac{\beta R_c}{R_{b1} + r_{be}}$$

从上式中可以看出差动放大电路的电压放大倍数与单管放大电路的放大倍数相同。可以认为差动放大电路的特点是多用一半电路来换取对零点漂移的抑制。

（4）共模抑制比

在理想情况下，差动放大电路的共模放大倍数 $A_c = 0$，实际上电路不可能完全对称。为了衡量电路对共模信号的抑制能力，对差模信号的放大能力，引入了共模抑制比的概念，用 $CMRR$ 表示。

$$CMRR = \left| \frac{A_d}{A_C} \right|$$

$CMRR$ 越大，则共模放大倍数 A_C 越小，抑制零点漂移能力越强。所以 $CMRR$ 代表了电路抑制零点漂移的能力，代表了电路工作的稳定程度，它是衡量、评定差动放大电路质量优劣的重要指标。在理想情况下，$A_C = 0$，$CMRR \rightarrow \infty$。

2.7　互补对称功率放大电路

2.7.1　功率放大电路的特点及类型

功率放大电路与电压放大电路有所不同，电压放大电路中的信号幅度较小，主要解决电压放大倍数和频率特性的问题；功率放大电路不仅要提供足够的信号电压，还要提供足够的信号电流，这样才能输出足够的功率，使负载正常工作。功率放大电路中，三极管工作在极限状态。

功率放大电路具有以下四个特点：

1. 功率放大电路的输出功率要大

为了获得足够大的功率输出，要求功放管的电压和电流都有足够大的输出幅度。最大的输出功率是指电路输出不失真或失真在允许范围内的情况下输出信号的最大功率。

2. 功率放大电路的效率要高

由于输出功率大，直流电源消耗的功率也大，这使效率成为一个主要问题。

我们把负载获得的功率 P_0 与直流电源提供的功率 P_E 之比定义为转换效率，用字母 η 表示，即 $\eta = \dfrac{P_0}{P_E}$。

3. 电路散热要好

在功率放大器中，所以有相当大的功率消耗在功放管的集电结上，因为结温和管壳的温度升高。集电结耗散功率 $P_C = P_E - P_0$，为了充分利用功放管所允许的管耗以获得足够大的输出功率，就要采取措施，使功放管能有效地散热。

采取的措施是给功放管安装散热片，散掉集电结产生的热量。

4.非线性失真要小

功率放大电路要放大信号,输入和输出信号的动态范围很大,工作状态接近晶体管的饱和截止状态,超越了晶体管特性曲线的线性范围,非线性失真不可忽视,所以必须想办法解决非线性失真问题,使非线性失真尽可能地减小。

按照功放管工作位置不同,功率放大器的工作状态可分为甲类、乙类放大和甲乙类放大等形式:

(1)甲类功率放大电路

功放的静态工作点设置在三极管输出特性曲线的线性区、交流负载线的中点,工作范围限定在放大区内。图2-7-1(a)所示这种工作状态下,直流电源始终不断地输送功率,在没有信号输入时,绝大部分消耗在功放管的集电结上,转化为热能散发出去。

甲类功率放大器放大的信号不失真,但功放管功率消耗大,效率太低,目前很少采用。

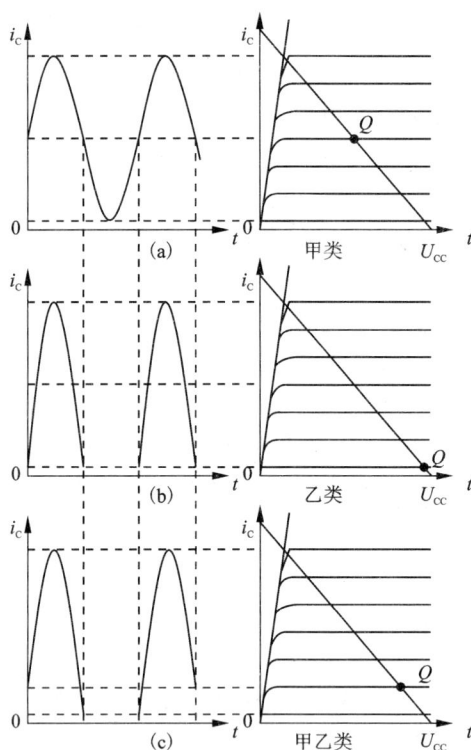

图2-7-1 功放电路工作状态

(2)乙类功率放大电路

从甲类功放的分析可知,静态电流是造成管耗的主要因素,也是效率不高的主要原因。所以,可以把功放的静态工作点下移到截止区与放大区的交界处,即 $I_b = 0$。在无信号输入时,功放管处于截止状态,$I_c = 0$,$U_{ce} = E_c$,这时功放管不消耗功率。如图2-7-1(b)所示,乙类功率放大器管耗低,效率高,可达到75%以上但是失真太严重。现一般采用两只晶体管轮流工作,分别放大正弦信号的正、负半周的办法来克服失真。

（3）甲乙类功率放大电路

将功放的静态工作点放置于靠近截止区但仍在放大区，图 2 - 7 - 1（c）所示在无信号输入时有较小的电流 I_c 通过功放管，即有较小的管耗。甲乙类功率放大器放大效率高，但失真大，目前采用互补对称电路加以克服。

2.7.2　典型功率放大电路分析

1. 乙类推挽功率放大电路

（1）电路的结构

乙类推挽功率放大电路如图 2 - 7 - 2 所示，该电路选用两只特性相同的晶体管使它们工作在乙类放大状态，一只负担正半周信号的放大，另一只负担负半周信号的放大，在负载上将这两个输出波形合在一起得到一个完整的放大的波形，这就是乙类推挽放大电路。

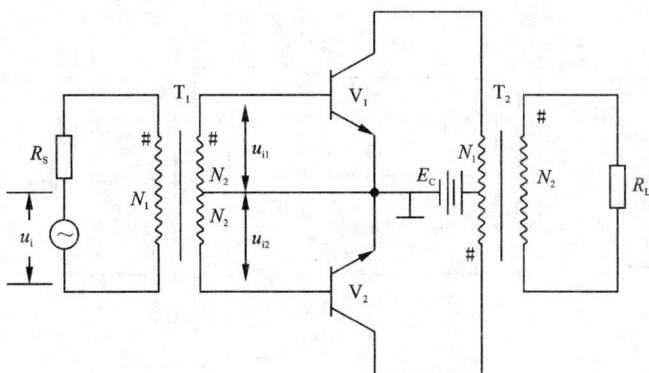

图 2 - 7 - 2　乙类推挽功率放大电路

该电路由两只特性相同的晶体管组成对称电路。其重要特点是不设偏置电路，在没有信号输入时，使 $I_{BQ} = 0$，$I_{CQ} \approx 0$，损耗功率为零以保证晶体管工作在乙类。T_1、T_2 为具有中心抽头的输入、输出变压器，它的作用是既使电路对称，又可使输入、输出阻抗实现匹配。

（2）工作原理

通过输入变压器中心抽头得到两个幅值相等、相位相反（相对于三极管）的输入信号 u_{i1} 和 u_{i2}，分别加到 V_1、V_2 的输入回路，使它们分别工作在输入信号的正、负半周。

①正半周

在输入信号的正半周，变压器 T_1 次级线圈感应电压极性为上正下负，显然 V_1 的发射结正偏，处于导通，有信号电流 i_{c1} 由 V_1 的集电极输出；而 V_2 的发射结反偏，处于截止状态，$i_{c2} = 0$，V_2 没有输出信号。由此可见，在输入信号正半周 V_1 工作，如图 2 - 7 - 3（a）所示。

②负半周

在输入信号的负半周，变压器 T_1 次级线圈感应电压极性为上负下正，显然 V_2 的发射结正偏，处于导通，有信号电流 i_{c2} 由 V_2 的集电极输出；而 V_1 的发射结反偏，处于截止状态，$i_{c1} = 0$，V_1 没有输出信号。由此可见，在输入信号正半周 V_2 工作，如图 2 - 7 - 3（b）所示。

(a) 正半周VT$_1$工作

(b) 负半周VT$_2$工作

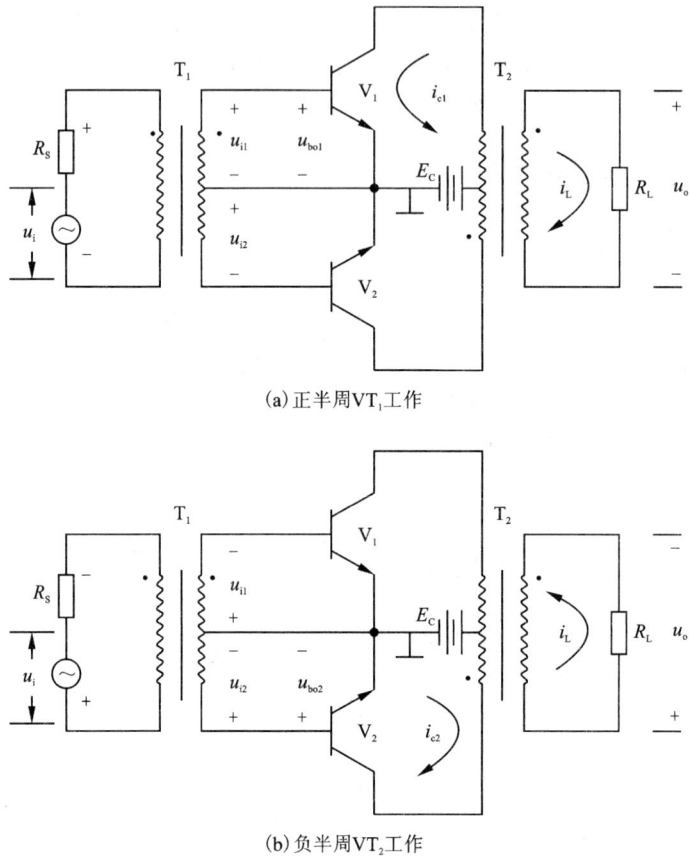

图 2 - 7 - 3 乙类推挽功率放大电路工作原理

③输出波形的合成

由 V_1 和 V_2 分别放大的两个半波电流 i_{c1} 和 i_{c2}，经输出变压器 T_2 在负载 R_L 上合并起来，

$$P_C = P_E - P_0$$

④交越失真

乙类推挽功率放大电路由于没有直流偏置，所以当输入电压 u_i 很低时，三极管工作在输入特性曲线的根部，使 i_{b1} 和 i_{b2} 的底部出现了失真。信号经三极管放大后，i_{c1} 和 i_{c2} 也出现了同样的失真。由于两管轮流工作，所以在输出信号正、负半周的交界处产生了失真，这种失真即交越失真，如图 2 - 7 - 4 所示。

2. 双电源互补对称电路

(1) 电路结构

双电源互补对称电路要求两只晶体管 V_1、V_2 互补对称，如 V_1 是 NPN 型三极管，V_2 是 PNP 型三极管，在静态时无基极偏流，两管全都处于截止状态。双电源互补对称电路又称为 OCL 电路，如图 2 - 7 - 5 所示。

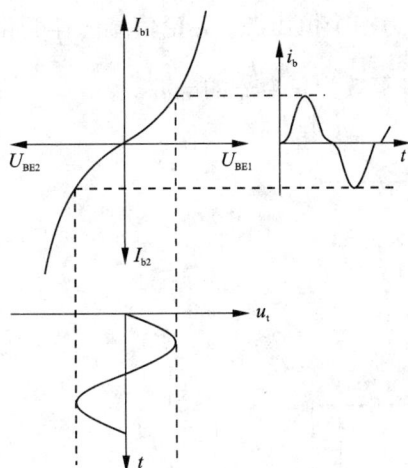

图 2 - 7 - 4　交越失真

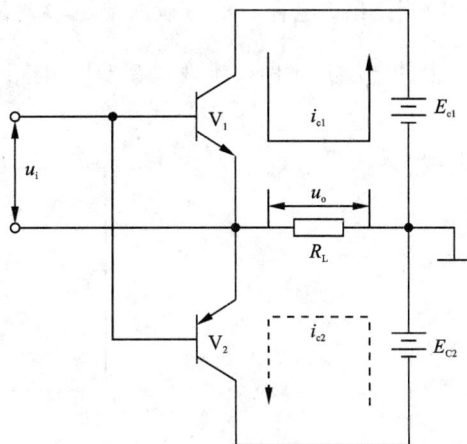

图 2 - 7 - 5　双电源互补对称电路

（2）工作原理

设 u_i 正半周输入端上正下负，则 NPN 型管处于正偏导通状态，集电极电流 i_{c1} 自左至右通过负载 R_L（图中实线箭头所示），此时 PNP 型管处于截止状态，$i_{c2} = 0$。

u_i 负半周输入端上负下正，则 PNP 型管处于正偏导通状态，集电极电流 i_{c2} 自右至左通过负载 R_L（图中虚线箭头所示），此时 NPN 型管处于截止状态，$i_{c1} = 0$。

由此可见，这种电路的工作原理与乙类推挽电路类似，也是两只管子轮流工作。推挽电路两只管子是同类型的管子，而互补对称功率放大器是两只类型相反的管子。在输入信号 u_i 的一个周期内，负载 R_L 上的输出信号方向有正有负为一个交流信号。

3. 单电源互补对称电路

双电源互补对称电路简单，效率高，可接近 80%，但是它需要两个电源来供电，既不经济，又不方便。为此将电路略加改进，省去一个电源，成为单电源互补对称电路，该电路也叫 OTL 电路，如图 2 - 7 - 6 所示。

电路可以看成由特性相同的 V_1、V_2 组成两个射极输出器，在共同的输出端与负载 R_L 之间串联一个容量足够大的电容器 C，V_2 的集电极接地。在没有输入信号时，调整基极电路的参数使得电容 C 两端为电源电压 E_C 的一半，即电容器的充电电压为 $\dfrac{E_C}{2}$，在输入信号的

图 2 - 7 - 6　单电源互补对称电路

正半周时，V_1 导通，电流自 E_C 经 V_1 为电容 C 充电，经过负载电阻 R_L 到地，在 R_L 上产生正半周的输出电压（电流方向如图中实线所指）。在输入信号的负半周时，V_2 导通，电容 C 通过 V_2 和 R_L 放电，在 R_L 上产生负半周的输出电

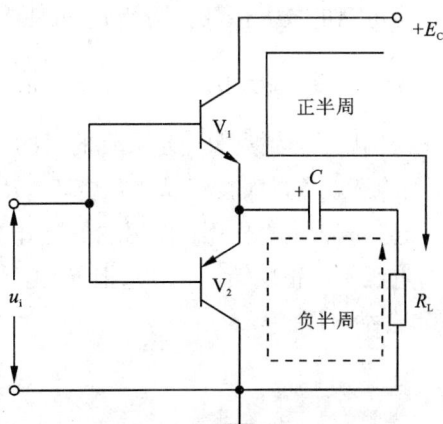

压(电流方向如图中虚线所示)。

应当指出,电容 C 的容量需要足够大,它可等效为一个恒压源,无论信号怎样变化,电容 C 上的电压几乎保持不变。在 OTL 电路中,电容 C 等效为一个 $\frac{E_C}{2}$ 的电源。

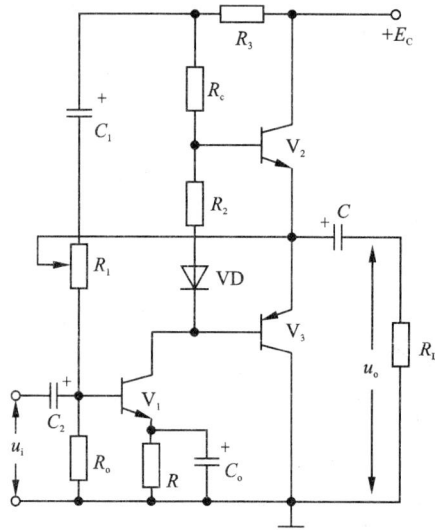

图2-7-7　典型互补对称电路

4. 典型互补对称电路分析

如图2-7-7所示,V_1 是推动级,它为 V_2 和 V_3 组成的互补推挽对称电路提供激励信号。R_1 是 V_1 的偏流电阻,它与输出端联接起交、直流负反馈作用,既稳定了电路的工作点,又可稳定电路的放大倍数。调节 R_1 可使 V_2 和 V_3 的 c、e 之间电压 E_C 均为电源电压的一半左右,这样电容器的充电电压为 $\frac{E_C}{2}$。电阻 R_2 与二极管 VD 串联起来,为 V_2 和 V_3 提供一个合适的正向偏压,达到克服交越失真的目的。应当指出,R_2 不能太大,绝对不能开路,否则 V_2 和 V_3 的静态电流过大会将晶体管烧坏。R_3、C_1 组成自举电路,其作用一是利用电容作为一个电源起到改善失真作用;作用二是提升 V_2 的基极电流使 V_2 接近饱和导通。自举电路实质是一个电压并联正反馈电路,它把 R_c 上端的电位自举了一个变量;R_3 将 E_C 和 C_1 隔开,使 V_2 获得自举电压。

本章小结

1. 单管共发射极放大电路中,三极管 T 是放大电路的核心,R_b 为基极偏置电阻。R_C 是集电极负载电阻,其作用是将三极管集电极电流的变化转换成电压的变化,C_1、C_2 为耦合电容,"隔直(流)通交(流)"。

2. 单管共发射极放大电路的静态工作点:

$$I_{BQ} = \frac{V_{CC} - U_{BEQ}}{R_b}$$

$$I_{CQ} = \beta I_{BQ}$$

$$U_{CEQ} = V_{CC} - I_{CQ}R_C$$

3. 分压式偏置电路能稳定温度变化时的静态工作点。

4. 射极输出器具有输出电阻很低、电压放大倍数近似等于 1、输出电压与输入电压同相位、输入电阻高、输出电阻低的特点。

5. 场效应管放大电路常见的偏置电路有自给偏压偏置电路、分压式偏置电路两种。

6. 多级放大电路的组成根据级间耦合方式，可将多级放大电路分为阻容耦合方式、变压器耦合方式与直接耦合方式。

7. 多级放大电路电压放大倍数是各级放大倍数的乘积，输入电阻 r_i 就是第一级放大电路的输入电阻，输出电阻 r_0 就是最后一级的输出电阻。

8. 采用差动放大器是目前应用最广泛的能有效抑制零点漂移的方法。

9. 功率放大器的工作状态可分为甲类、乙类放大和甲乙类放大等形式。

复习思考题

2-1　放大电路有两种工作状态，当 $u_i = 0$ 时电路的状态称为 _____ 态，有交流信号输入时，放大电路的工作状态称为 _____ 态。在 _____ 态情况下，晶体管各极电压、电流均包含 _____ 态分量和 _____ 态分量。放大器的输入电阻越 _____，就越能从前级信号源获得较大的电信号；输出电阻越 _____，放大器带负载能力就越强。

2-2　放大器输出波形的正半周削顶了，则放大器产生的失真是 _____ 失真，为消除这种失真，应将静态工作点 _____。

2-3　射极输出器具有 _____ 恒小于 1、接近于 1，_____ 和 _____ 同相，并具有 _____ 高和 _____ 低的特点。

2-4　放大电路应遵循的基本原则是：_____ 结正偏；_____ 结反偏。

2-5　测得某放大电路中晶体管的三个电极 A、B、C 的对地电位分别为 $V_A = -9\ V$，$V_B = -6\ V$，$V_C = -6.2\ V$，试分析 A、B、C 中哪个是基极 b、发射极 e、集电极 c，并说明此晶体管是 NPN 管还是 PNP 管。

2-6　用万用表直流挡，分别测得某放大电路中晶体管的三个电极 A、B、C 的电流 $I_A = -2\ mA$，$I_B = -0.04\ mA$，$I_C = 2.04\ mA$，试分析 A、B、C 中哪个是基极 b、发射极 e、集电极 c，并说明此晶体管是 NPN 管还是 PNP 管，它的 $\bar{\beta}$ 等于多少。

2-7　基本放大电路由哪些必不可少的部分组成？各元件有什么作用？

2-8　试画出 PNP 型三极管的基本放大电路，并注明电源的实际极性，以及各电极实际电流方向。

2-9　在哪些情况下，工作点沿直流负载线移动？在哪些情况下，工作点沿交流负载线移动？实际上工作点有没有可能到达交流负载线的上顶端和下顶端？为什么？

2-10　试分析分压偏置放大电路中，射极电阻 R_e 和它的并联电容 C_e 的工作原理。

2-11　如题图 2-1 所示放大电路，已知：三极管 $\beta = 50$，$V_{CC} = 20\ V$，$R_B = 470\ k\Omega$，$R_C =$

$6\ \mathrm{k\Omega}$,$R_{\mathrm{L}} = 4\ \mathrm{k\Omega}$。试求该放大电路的静态工作点。

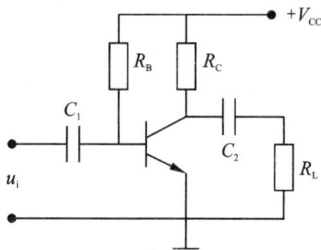
题图 2 – 1

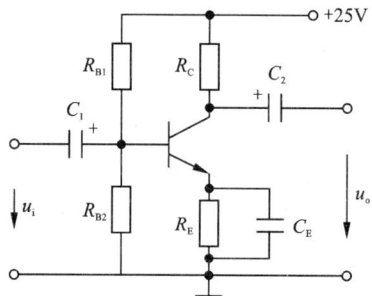
题图 2 – 2

2 – 12　如题图 2 – 2 所示电路分压式偏置放大电路中,已知 $R_{\mathrm{C}} = 3.3\ \mathrm{k\Omega}$,$R_{\mathrm{B1}} = 40\ \mathrm{k\Omega}$,$R_{\mathrm{B2}} = 10\ \mathrm{k\Omega}$,$R_{\mathrm{E}} = 1.5\ \mathrm{k\Omega}$,$\beta = 70$。求静态工作点 I_{BQ}、I_{CQ} 和 U_{CEQ}。

2 – 13　在题图 2 – 3 所示电路中,$E = 5\ \mathrm{V}$,$u_{\mathrm{i}} = 10\ \sin\omega t\ \mathrm{V}$,二极管为理想元件,试画出 u_0 的波形。

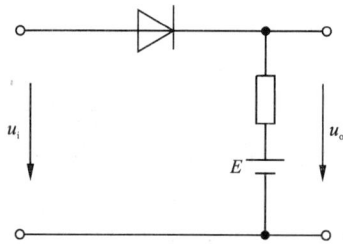 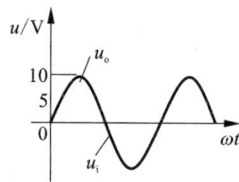
题图 2 – 3

能力训练二　示波器等仪器仪表的使用

1. 训练目的

(1)了解示波器显示波形的原理,了解示波器各主要组成部分及它们之间的联系和配合。

(2)熟悉使用示波器的基本方法,学会用示波器测量波形的电压幅度和频率。

(3)熟悉使用 FD22C 多用信号发生器的基本方法。

2. SR – 07lB 型双踪示波器

示波器是一种具有多种用途的电信号特性测试仪。可用它观察电信号波形,测试其幅度、周期、频率和相位。

示波器的种类很多。有用于频率很低的超低频示波器,也有用于频率极高、响应速度极快的高速采样示波器。现介绍 SR – 07lB 型双踪示波器的使用方法。

(1)示波器原理方框图(训练图 2 – 1)

(2)SR – 07lB 双踪示波器

SR – 07lB 原理方框图及面板介绍。训练图 2 – 2 是 SR – 07lB 型示波器原理方框图。训练图 2 – 3 是它的面板图。下面说明面板上关键性控件在方框图上的位置及作用

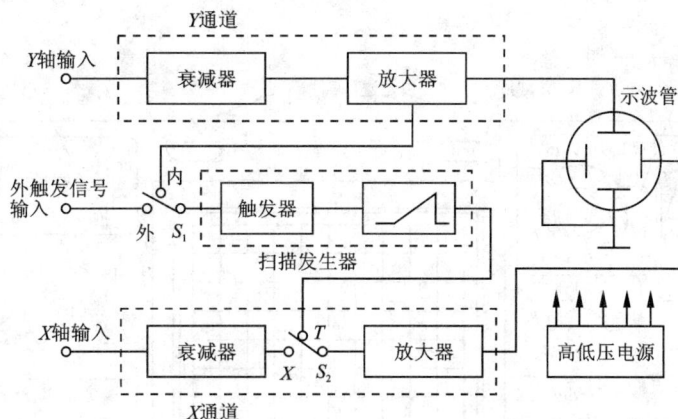

训练图 2-1　示波器组成方框图

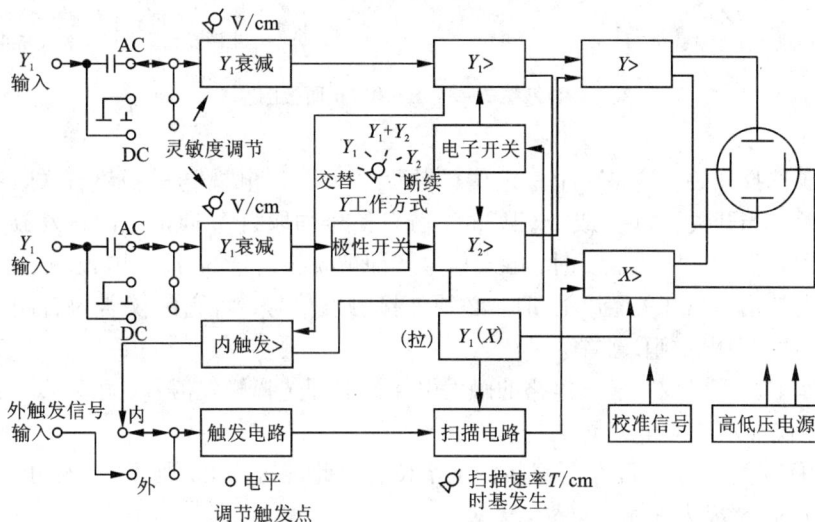

训练图 2-2　SR-07lB 型示波器原理方框图

　　①灵敏度选择开关。Y_1、Y_2 通道各有一个。灵敏度选择开关通常称衰减器,通过选择各自通道衰减器的衰减量,来设定通道增益值,为 Y 轴定标。实即设定 r 轴每厘米长度对应之电压值,表示为 V/cm。

　　②YT 方式开关。给电子开关置位,用以组合不同的单元电路,使整机完成下述 5 种显示功能:Y_1,Y_2,$Y_1 + Y_2$,交替和断续。

　　③扫描速率转换开关。用来控制扫描电路产生的锯齿形电压的宽度,以便选定 X 轴扫描速度,亦即设定 X 轴上单位长度对应的时间值(表示为 T/cm),达到为 X 轴定标的目的。需要注意的是,这个开关由两个套轴旋钮组合而成。"外轴"旋钮大,用来步进式改变时基(T/cm);"内轴"旋钮小,可连续改变扫描速度。但对 X 轴定标时,小旋钮必须置"校准"位(右

旋至极点，将细调开关关闭）。小旋钮拉出时，扫描速率增加 5 倍，波形在 X 方向扩展 5 倍。

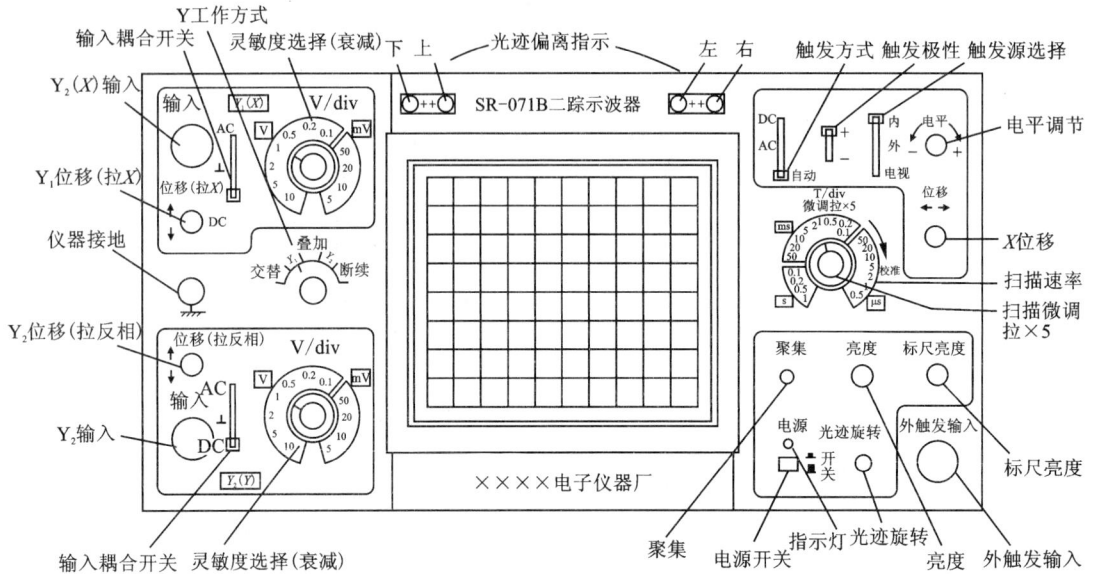

训练图 2 – 3　　R – 071B 面板图

④触发源选择开关。这是一个三定位（"内"，"外"，"电视"）的扳键开关，用以选择触发信号的来源。当开关置"内"或"电视"时，触发信号均取自 Y 通道经内触发放大器后对触发电路起作用。显然，"内"触发时，触发信号实即被观测信号本身。"电视"触发时是利用场同步信号触发扫描。当开关置"外"时，必须外接触发信号，将它由仪器的右侧面上设置的"外触发输入插孔"引入到仪器中。

⑤电平调节。用以调节触发电路的触发电压。实即选择触发信号的触发点。此旋钮的调节，对能否正确显示波形至关重要。

⑥Y_1 位移开关。调节 Y_1 信号显示的上下位置。此旋钮拉出，则 Y_1 输入的信号会加到 X 轴偏转板，此时 Y_1 成为 X 输入。

⑦Y_2 位移开关。调节 Y_2 信号显示的上下位置。此旋钮拉出时，Y_2 输入的信号在屏幕上会反相。

（3）操作方法（以单踪显示为例）：

①开机前的准备。

A. "亮度"顺时针调到最亮位。

B. "触发源选择"置"内"。

C. "触发方式"置"自动"。

D. "Y 工作方式"置"y_1"。

E. "y_1 输入耦合开关"置"⊥"。

F. "Y_1 灵敏度选择"，此开关的位置要根据输入信号的幅度而定，原则是使信号能显示在屏幕上，因而"V/div"值应大于 1/8 信号峰峰值。如果不知信号幅值，则"V/div"值可取得大一点，待观察到信号后再使"V/div"值合适。

G."扫描速率"，此开关决定周期信号在屏幕上显示的周期数，原则是"T/diV"值要大于1/10 周期值。若信号周期值未知，则"T/diV"值应取大一点，待信号显示出来后再调至合适档位。

H.检查"Y_1 位移"和"Y_2 位移"是否已按入。

②开机并显示波形。

A."电源开关"按入，指示灯亮。

B.开电源后半分钟观察屏幕上有无亮线（横线），若无亮线，可以同时调节"Y_1 位移"和"X 位移"使亮线出现。然后将亮线调至中央位置。

C.调"亮度"使光线亮度适中（注意光线太亮易损害眼睛和屏幕，且光点不易调细）。

D.调"聚焦"使光点变细。

E.Y_1 输入端输入信号（此时"输入耦合开关"在"上"位，屏幕上无信号波形），只要将"输入耦合开关"置"AC"或"DC"位，就会有波形显示。若波形不稳定，可调"电平调节"使波形稳定。

F.调"Y_1 灵敏度选择"，使波形在 Y 轴方向的高度合适。

G.调"扫描速率"开关，使屏幕上显示一到两个周期的信号。

③双线显示。只要将"Y 工作方式"置"交替"位（信号频率较高时用）或"断续"位（信号频率较低时用），即可实现双线显示，此时信号分别从 Y_1 和 Y_2 输入端输入，其他操作步骤与单线显示相同。

④电压测量。电压测量是在 Y 轴方向进行的。现以正弦波峰峰值的测量为例，说明电压测量的方法。当正弦波信号稳定显示在屏幕上后，做如下操作：

A.调"X 位移"使正弦波一正峰顶位于 Y 刻度标尺处。

B.调"Y 位移"使正弦波负峰顶位于某一条与 X 刻度标尺平行的横线上。正峰顶位于 A 点，负峰顶位于 B 点。

C.测出 A 点所在的横线与 B 点间高度 h（以 cm 为单位）。

D.在"灵敏度选择"开关上读出 Y 灵敏度"V/div"值 $S_y/(\mathrm{V} \cdot \mathrm{cm}^{-1})$。

E.正弦波峰峰值 $U_{\mathrm{P-P}}$ 为

$$U_{\mathrm{P-P}}/\mathrm{V} = h/\mathrm{cm} \times s/(\mathrm{V} \cdot \mathrm{cm}^{-1})$$

⑤时间测量。时间测量是在 x 轴方向上进行的。以正弦波周期测量为例。

A."扫描微调"旋钮（小旋钮）顺时针旋到底（"校准"位）。

B.调节"扫描速率"开关，使正弦波在屏幕上出现的周期数尽可能少（最好是一个周期，但不能少于一个周期）。

C.调节"X 位移"使正弦波左侧上升边与屏幕中间 X 刻度标尺线的交点位于与 Y 刻度标尺线垂直平行的线上。见训练图 2-4。

D.若正弦波第二个上升边与 X 刻度标尺线交于 B 点，见训练图 2-4。则测出 A、B 两点间的水平距离 XT/cm。

E.读出"扫描速率"开关指示的 T/div 值（设为 $SX/(\mathrm{V} \cdot \mathrm{cm}^{-1})$）。则正弦波周期 T 为

$$T = X_{\mathrm{T}}/\mathrm{cm} \times SX/(\mathrm{V} \cdot \mathrm{cm}^{-1})$$

如果在测 XT 时，扫描微调开关是在"扩展"位（拉出位置），则用上式计算时 XT 值应除以 5。

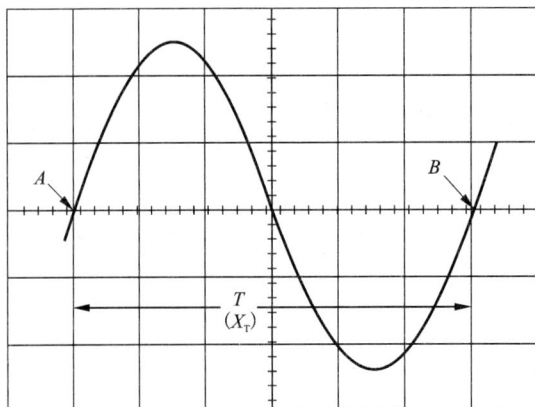

训练图 2 - 4　波形两点间的时间测量

3. FD22C 多用信号发生器

FD22C 多用信号发生器的面板示于训练图 2 - 5。它能输出正弦波和脉冲波两种波形。操作方法如下：

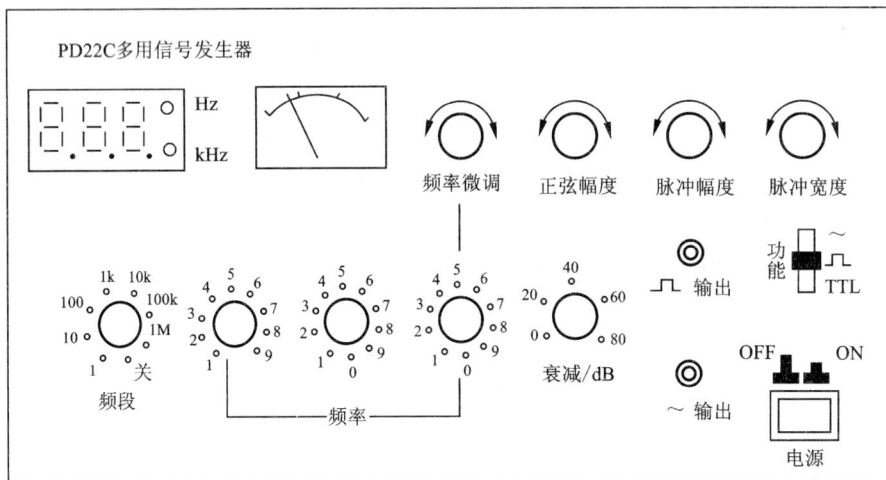

训练图 2 - 5　FD22C 多用信号发生器的面板

（1）正弦波输出

①信号从"～输出"端输出。

②"功能"开关置"～"位。

③频率调节。频率由左上角的数码管显示，读数时要注意小数点和单位（Hz 还是 kHz）。左下角的"频段"开关可调节小数点位置和单位值。频率的 3 位有效数调节开关可调节 3 位有效数（开关指示值与数码管显示值不一致时，以数码管显示值为准）

④正弦信号幅度由"正弦幅度"旋钮调节。但在实验时要注意以下几点：

A. 板上电压表指示的值是信号源电压的有效值（"衰减/dB"在 0dB 时输出端的开路电

压）当输出端接上负载时，输出电压值与电压表上指示值不一致。此时输出电压值要用示波器或晶体管毫伏表来测量。

B. 正常实验时，"衰减/dB"开关置 0dB 位，若置 20dB 位则输出电压减小 10 倍，衰减每增加 20dB，输出就减小 10 倍。

（2）脉冲波输出

①信号从"⊓ 输出"端输出。

②"功能"开关置"⊓"位。

③频率调节与正弦波输出相同。

④脉冲幅度由"脉冲幅度"旋钮调节。但要注意以下两点：

A. "衰减/dB"的用法与正弦波调节相同。

B. 面板上电压表指示的值与脉冲幅度无关。输出脉冲幅度必须由示波器来测定。

⑤"脉冲宽度"旋钮用来调节正脉冲的宽度。宽度调节得是否合适需用示波器测定。若脉冲宽度是周期的一半（即正脉冲宽度和负脉冲宽度相等），此时的脉冲波称为方波。

4. 实验内容及步骤

（1）了解示波器原理及 SR –07lB 型双踪示波器面板上主要开关和旋钮的名称、位置和所起的作用。

（2）熟记示波器显示波形的操作步骤，了解电压测量和时间测量的方法和注意事项。

（3）了解 FD22C 多用信号发生器的操作方法。

能力训练三　共射单管放大器静态工作点与放大功能测试

1. 训练目的

（1）深入理解放大器的工作原理，学习晶体管放大电路静态工作点的测试方法，进一步理解电路元件参数对静态工作点的影响，以及调整静态工作点的方法。

（2）学习测量输入电阻、输出电阻及最大不失真输出电压幅值的方法。

（3）观察电路参数对失真的影响。

（4）学习毫伏表、示波器及信号发生器的使用方法。

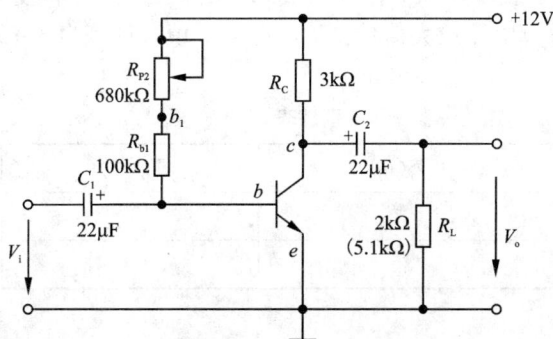

训练图 3 –1

2.训练内容及步骤

(1)测量并计算静态工作点

按训练图 3 - 1 接线。

将输入端对地短路,调节电位器 R_{P2} ,使 $V_C = 4$ 伏左右,测量 V_C 、 V_E 、 V_B 及 V_{P1} 的数值,记入训练表 3 - 1 中。

按下式计算 I_B 、 I_C ,并记入训练表 3 - 1 中。

$$I_B = \frac{V_{b1} - V_B}{R_{b1}} \qquad I_C = \frac{V_{CC} - V_C}{R_C}$$

训练表 3 - 1

调整 R_{b2}	测　　　量		计　　　算		
$V_C(V)$	$V_E(V)$	$V_B(V)$	$V_{b1}(V)$	$I_C(mA)$	$I_B(\mu A)$

(2)改变 R_L ,观察对放大倍数的影响

负载电阻分别取 $R_L = 2\ k\Omega$ 、 $R_L = 5.1\ k\Omega$ 和 $R_L = \infty$,输入 $f = 1\ kHz$ 的正弦信号,幅度以保证输出波形不失真为准。测量 V_i 和 V_0 ,计算电压放大倍数: $A_v = V_o/V_1$,填入训练表 3 - 2 中。

训练表 3 - 2

$R_L(W)$	$V_i(mV)$	$V_0(V)$	A_v
2K			
5.1K			
∞			

(3)改变 R_C ,观察对放大倍数的影响

取 $R_L = 5.1\ k\Omega$,按下表改变 R_C ,输入 $f = 1\ kHz$ 的正弦信号,幅度以保证输出波形不失真为准。测量 V_i 和 V_0 ,计算电压放大倍数: $A_v = V_o/V_1$,填入训练表 3 - 3 中。

训练表 3 - 3

$R_C(W)$	$V_i(mV)$	$V_0(V)$	A_v
3 kΩ			
2 kΩ			

(4)观察输入、输出电压相位关系

用示波器观察输入电压和输出电压波形,注意相位关系,画于训练表 3 - 4 中。

训练表 3 – 4

波　形
V_i ──────────────────────→ t V_o ──────────────────────→ t

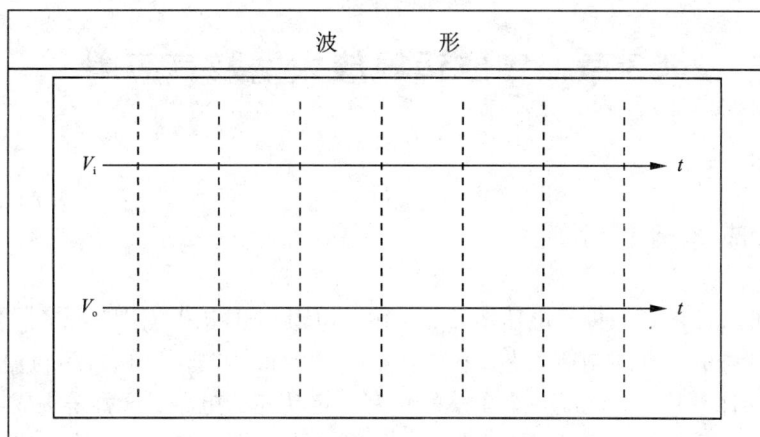

注：为了防止噪声对小信号的干扰，而影响示波器的观测，信号发生器输出使用三通，用专用连接线（两头带高频插头）将小信号接示波器输入端。

（5）观察静态工作点对放大器输出波形的影响

输入信号不变，用示波器观察正常工作时输出电压 V_o 的波形并描画下来。逐渐减小 R_{P2} 的阻值，观察输出电压的变化，在输出电压波形出现明显失真时，把失真的波形描画下来，并说明是哪种失真。（如果 $R_{P2} = 0$ Ω 后，仍不出现失真，可以加大输入信号 V_i，或将 R_{b1} 由 100 kΩ 改为 10 kΩ，直到出现明显失真波形）

逐渐增大 R_{P2} 的阻值，观察输出电压的变化，在输出电压波形出现明显失真时，把失真波形描画下来，并说明是哪种失真。如果 $R_{P2} = 1$ MΩ 后，仍不出现失真，可以加大输入信号 V_i，直到出现明显失真波形。

将观察结果分别填入训练表 3 – 5 中。

训练表 3 – 5

阻值	波　　形	何种失真
正常		
R_{P2} 减小		
R_{P2} 增大		

调节 R_{P2} 使输出电压波形不失真且幅值为最大（这时的电压放大倍数最大），测量此时的静态工作点 V_C、V_B、V_{b1} 和输出电压 V_o。将测量结果分别填入训练表 3 – 6 中。

训练表 3 – 6

V_{b1} (V)	V_C (V)	V_B (V)	V_o (V)

第3章　集成运算放大器及其应用

3.1　集成运放简介

集成运算放大器就是一种高电压增益、高输入电阻和低输出电阻的直接耦合多级放大电路。人们采用特殊的半导体制造工艺,把二极管、三极管、电阻、电容以及连接导线集中制造在一小块半导体基片上,构成一个完整的具有一定功能的电路,这就是集成电路。与分立元件电路相比,它具有通用性强、可靠性高、体积小、重量轻和性能优越等特点。因而它被广泛应用于计算技术、信息处理、自动测试、自动控制以及通信工程等各个领域。按功能划分,集成电路有模拟集成电路和数字集成电路两大类。模拟集成电路种类较多,有集成运放、集成功放、集成稳压器、集成模数和数模转换器等多种。其中集成运算放大器(简称集成运放)是应用最广泛的一种。由于这种电路最初用于模拟计算机中实现数字运算,所以得到了集成运算放大器的名称。

3.1.1　集成运算放大器的组成

集成运放的发展极为迅速,内部电路结构复杂,并有多种形式,但就通用型集成运放而言,均由输入级、中间级、输出级和偏置电路四个部分组成。其内部电路结构见电路框图 3 – 1 – 1所示。

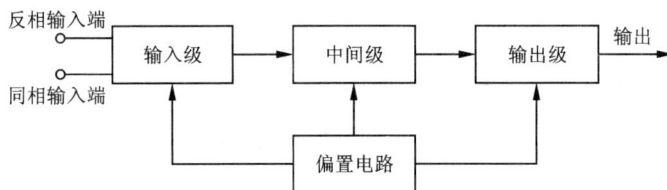

图 3 – 1 – 1　集成运放的内部电路框图

输入级是决定集成运算放大器质量的关键。为了减少零点漂移和抑制共模干扰信号,要求输入级温漂小、共模抑制比高、有极高的输入阻抗,一般采用高性能的恒流源差分放大电路。

中间级是整个电路的主放大器,其作用是提供较高的电压增益,一般采用共射放大电路。一般放大倍数可达几万倍至几十万倍。

输出级的作用是提供较高的输出电压和较大的输出功率,它的输出电阻小,有较强的带负载能力。大多数集成运放的输出级采用互补(或准互补)对称输出电路。

偏置电路一般由恒流源组成,它的作用是向各个放大级提供合适的偏置电流,使之具有合适的静态工作点。

3.1.2　集成运放的外形及符号

1. 集成运放的外形

常见的有三种：(1)圆壳式见图 3 - 1 - 2(a)，(2)双列直插式见图 3 - 1 - 2(b)，(3)扁平式见图 3 - 1 - 2(c)。

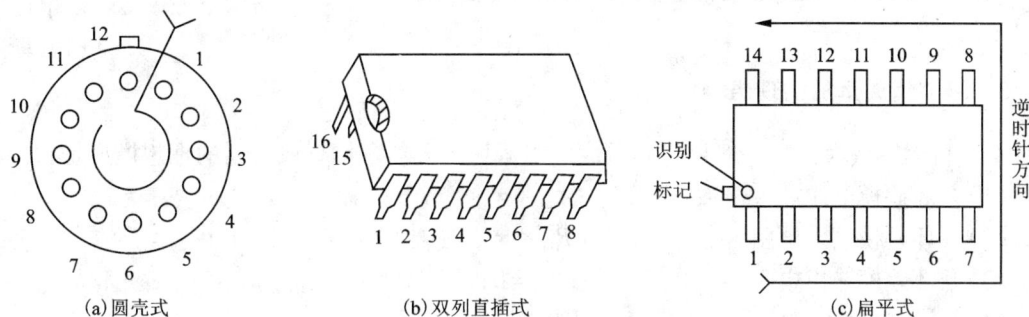

(a)圆壳式　　　　(b)双列直插式　　　　(c)扁平式

图 3 - 1 - 2　常见的集成运放

目前国产的集成运放主要采用圆壳式和双列直插式两种。

2. 集成运放的电路符号

集成运放的电路符号见图 3 - 1 - 3。它有两个输入端：一个是反相输入端，另一个是同相输入端，分别用"-"和"+"表示；有一个输出端，输出端电压与反相输入端相位相反，与同相输入端相位相同。"▷"表示信号的传输方向，"∞"表示理想条件。其输入输出关系为：

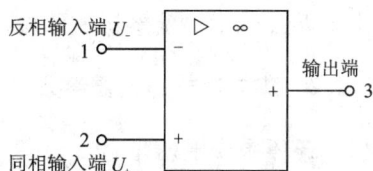

图 3 - 1 - 3　集成运放的电路符号

$$u_o = A_{od}(u_+ - u_-) \qquad (3-1-1)$$

式中：A_{od} 为集成运算放大器的开环电压放大倍数。

从外部看，可以认为集成运算放大器是一个双端输入、单端输出具有高差模放大倍数、高共模抑制比、高输入电阻、低输出电阻的差分放大电路。

大多数集成运放需要两个直流电源供电，如图 3 - 1 - 4 所示，图中 4、5 两个端子由运放

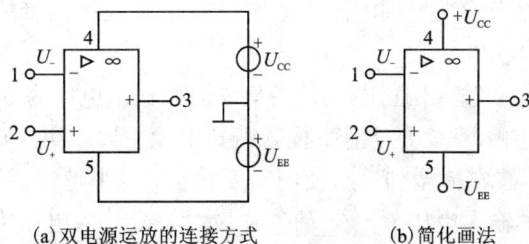

(a)双电源运放的连接方式　　　　(b)简化画法

图 3 - 1 - 4　在运算放大器中接直流电源

内部引出，分别接到正电源 $+V_{CC}$ 和负电源 $-V_{EE}$。

需要说明的是，集成运放除了输入、输出和电源端子外，有些还有调零端、相位补偿端以及其他一些特殊引出端子。只有在特殊应用场合，才可能涉及到电源端等少数端子。因此，只有在特殊需要时，才把有关引出端加以标注。

3.2　集成运放的理想模型与主要参数

3.2.1　集成运放的理想模型

在分析运算放大器时一般可将它看成理想运算放大器。运算放大器的理想模型是：

（1）开环差模电压放大倍数　　　　　　$A_{od} \to \infty$；

（2）开环差模输入电阻　　　　　　　　$R_{id} \to \infty$；

（3）开环差模输出电阻　　　　　　　　$R_{od} = 0$；

（4）共模抑制比　　　　　　　　　　　$K_{CMR} \to \infty$；

（5）频带宽度　　　　　　　　　　　　$BW \to \infty$

对于理想运放，由于 $A_{od} \to \infty$，而输出电压 u_o 为有限值，由式（3-1-1）可得差模输入电压 $u_{id} = u_+ - u_- = \dfrac{u_o}{A_{od}} = 0$，即 $u_+ - u_- = 0$，称为"虚短"。

由于 $R_{id} \to \infty$，则流经运放两输入端的电流 $i_- \approx i_+ \approx 0$，称为"虚断"。

3.2.2　集成运放的主要参数

（1）开环差模电压增益 A_{od}：集成运放的开环差模电压增益是指集成运放工作在线性区，接入规定负载而无负反馈情况下直流差模电压增益。通常 A_{od} 较大，一般可达 100 dB，最高可达 140 dB 以上。A_{od} 越大，电路性能越稳定，运算精度越高。

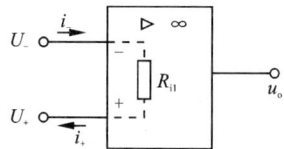

图 3-2-1　集成运放的电压、电流示意图

（2）输入失调电压 U_{IO}：通常指在室温 25℃、标准电源电压下，为了使输入电压为零时输出电压为零，在输入端加的补偿电压。U_{IO} 的大小反映了运放输入级电路的不对称程度。U_{IO} 越小越好，一般为 $\pm(1 \sim 10)$ mV。

（3）输入失调电流 I_{IO}：输入失调电流 I_{IO} 指常温下，输入信号为零时，放大器的两个输入端的基极静态电流之差称为输入失调电流 I_{IO}，它反映了输入级两管输入电流的不对称情况。I_{IO} 越小越好，一般为 1 nA ~ 0.1 μA。

（4）输入偏置电流 I_{IB}：输入偏置电流是指集成运放输出电压为零时，两个输入端静态电流的平均值，即 $I_{IB} = (I_{B1} + I_{B2})/2$ 的大小，输入偏置电流主要取决于运放差分输入级的性能，当 β 值太小时，将引起偏置电流增加。从使用角度看，I_{IB} 越小越好，一般为 10 nA ~ 1 μA。

（5）最大差模和共模输入电压 U_{idmax}、U_{icmax}：最大差模输入电压 U_{idmax} 是指集成运放输入差模电压的极限参数，差模输入电压超过 U_{idmax}，将会导至输入级差放管加反向电压的 PN 结击穿，使输入级损坏。最大共模输入电压 U_{icmax} 是指运放正常放大差模信号的条件下集成运放两输入端所允许加的最大共模电压，超过此值，集成运放的共模抑制比将明显下降，甚至不能工作。

（6）最大输出电压 U_{om}：在给定负载上，最大不失真输出电压的峰峰值称为最大输出电压。

其他重要参数还有开环带宽 BW、单位增益带宽 BW_G、开环差模输入电阻 r_{id}、转换速率 S_R、开环差模输出电阻 r_{od}、共模抑制比 K_{CMR} 等。

3.3 放大电路中的反馈

3.3.1 反馈的基本概念

所谓反馈，就是将放大电路输出端电量（电压或电流）的一部分或全部，通过一定网络回送到输入端，若回送的反馈信号使输入信号加强了，则为正反馈；若反馈信号使输入信号减弱了，则为负反馈。正反馈一般用于振荡电路中，负反馈广泛应用于一般放大电路中。

反馈放大电路的组成如图 3 - 3 - 1 所示。它主要包括两部分：标有 A 的方框称为基本放大电路；标有 F 的方框为反馈网络，它是联系放大电路的输出回路和输入回路的环节。$\dot{X}_i$、$\dot{X}_0$、$\dot{X}_f$ 分别表示放大电路的输入信号、输出信号和反馈信号，它们可以是电压也可以是电流；$\dot{X}_{id}$ 为基本放大电路的净输入信号，即 $\dot{X}_i$ 与 $\dot{X}_f$ 叠加后的信号；符号 $\otimes$ 表示比较环节，箭头表示信号的传递方向。

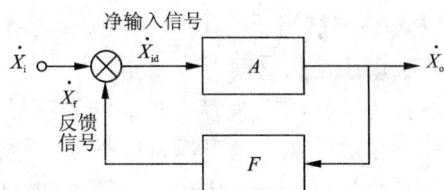

图 3 - 3 - 1 反馈放大电路的方框图

由图 3 - 3 - 1 可知，$\dot{X}_{id} = \dot{X}_i + \dot{X}_f$

若 $\dot{X}_f$ 与 $\dot{X}_i$ 极性相反，则 $X_{id} = X_i - X_f$，即 $X_{id} < X_i$，反馈信号起到削弱输入信号的作用，则该反馈为负反馈。

若 $\dot{X}_f$ 与 $\dot{X}_i$ 极性相同，则 $X_{id} = X_i + X_f$，即 $X_{id} > X_i$，反馈信号起到增强输入信号的作用，则该反馈为正反馈。

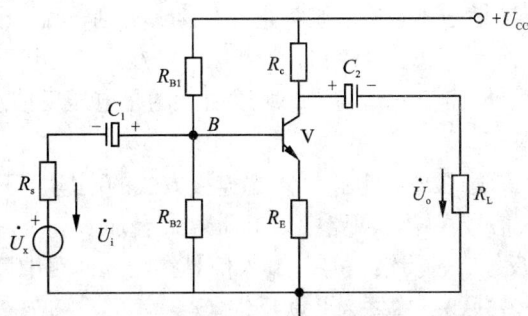

图 3 - 3 - 2 稳定静态工作点的放大电路

如图 3-3-2 中，射极电阻 R_E 就是起负反馈作用，自动稳定静态工作点的。例如当温度升高使电流 I_C 增加时，增加的电流通过 R_E 反馈到输入回路，利用 R_E 上的电压降的增大迫使和 $u_{BE}I_C$ 减少，维持工作点稳定，这个调整过程称为反馈过程。若 R_E 两端并有电容 C_E，则 R_E 两端的电压只反映电流中直流分量的变化，称为直流反馈；若 R_E 两端不并电容 C_E，则 R_E 两端的电压不仅只反映直流分量的变化，同时也反映交流分量的变化，对交流信号也有反馈作用，称为交流反馈。本节主要讨论交流反馈。

3.3.2　反馈放大电路的基本类型及其判别

1. 正反馈和负反馈

反馈的类型根据极性的不同可分为正反馈和负反馈。常用的判断方法叫瞬时极性法。首先假定输入端交流信号处于某一瞬时极性，然后根据放大电路的先放大后反馈的正向传输顺序，逐级地推出各点的瞬时极性，并在图中用"＋""－"号表示出来，然后判断反馈到输入端的信号的瞬时极性，是否对净输入信号起削弱作用，若是削弱的，则为负反馈；反之为正反馈。

例 3-1　试判断图 3-3-3 所示电路中的反馈为正反馈还是负反馈。

解： 电路中 R_f 为反馈元件。输入信号加在集成运放反相输入端，运用瞬时极性法，假设反向输入端瞬时极性为 ⊕，则输出端瞬时极性为 ⊖，经 R_f 反馈到反相输入端为 ⊖，净输入信号减少，$i_{id} = i_i - i_f$，为负反馈。

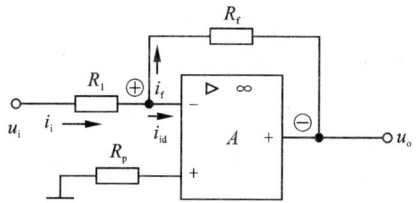

图 3-3-3　例 3-1 图、例 3-2 图、例 3-3 图

2. 电压反馈和电流反馈

根据反馈取样方式的不同，可以分为电压反馈和电流反馈。若反馈信号取自输出电压信号或与输出电压信号成正比，称为电压反馈；若反馈信号取自输出电流或与输出电流成正比，则称为电流反馈。

放大电路中引入电压负反馈，能稳定输出电压，其效果是使电路的输出电阻减小；而电流反馈，能稳定输出电流，因而使电路的输出电阻增大。

判断电路中引入的反馈是电压反馈还是电流反馈，一般可以将输出端交流短路，看此时电路中是否有反馈，若反馈信号不存在，则为电压反馈；否则，就是电流反馈。

例 3-2　电路如图 3-3-3 所示，判断电路中引入的反馈是电压反馈还是电流反馈。

解： 假设输出端短路，反馈信号则为零，所以引入的是电压反馈。

3. 串联反馈和并联反馈

根据反馈信号与输入信号在放大电路输入端连接方式的不同，可以分为串联反馈和并联反馈。若反馈信号与输入信号在输入回路中以电压形式叠加 $u_{id} = u_i - u_f$（即反馈信号与输入信号串联），称之为串联反馈；若反馈信号与输入信号在输入回路中以电流形式叠加 $i_{id} = i_i - i_f$（即反馈信号与输入信号并联），称之为并联反馈。

放大电路的输入端采用并联负反馈，将使其输入电阻减小；放大电路的输入端采用串联负反馈，将使输入电阻增大。

判断是串联反馈还是并联反馈一般根据定义来判断。改变净输入电压的（$u_{id} = u_i - u_f$），为串联反馈；改变净输入电流的（$i_{id} = i_i - i_f$），为并联反馈。

例3-3 电路如图3-3-3所示，判断是串联反馈还是并联反馈。

解： 对于输入端，由于反馈信号与输入信号在同一节点输入，且改变的是净输入电流，$i_{id} = i_i - i_f$，所以是并联反馈。

4. 反馈的基本组态

在一个实际的电路中，由于负反馈取样方式、回送方式的不同，可组合成下列4种类型的负反馈，见图3-3-4框图。它们分别是：电流串联负反馈，电压串联负反馈，电流并联负反馈，电压并联负反馈。

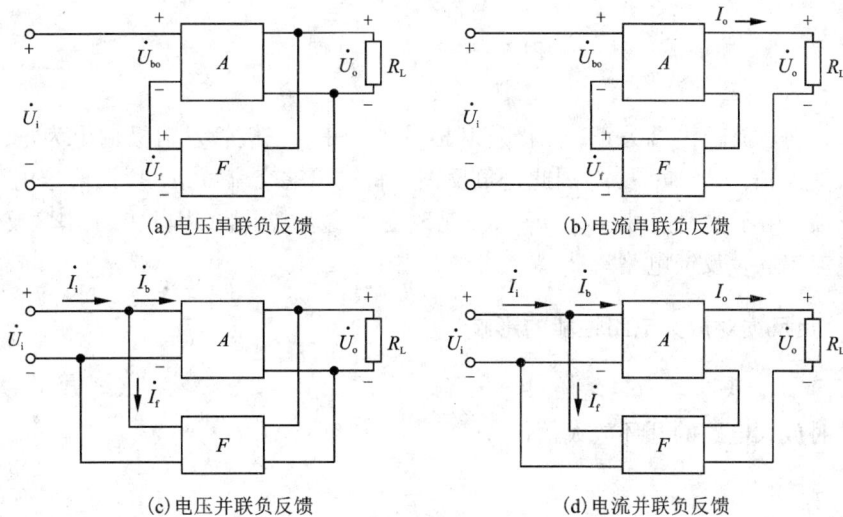

图3-3-4 负反馈放大电路的四种组态

在判断反馈类型时，一般按以下方法进行：①找出反馈网络，并用瞬时极性法确定是正反馈还是负反馈。②从输出回路看取样方式，取的是电压还是电流，确定是电压反馈还是电流反馈。③从输入回路看回送方式，分析反馈信号与输入信号的连接方式，确定是串联反馈还是并联反馈。

不同反馈类型具有不同的特点。电压串联负反馈稳定输出电压、闭环电压放大倍数和提高输入电阻。电压并联负反馈稳定输出电压、闭环互阻放大倍数和降低输入电阻。电流串联负反馈稳定输出电流、闭环互导放大倍数和提高输入电阻。电流并联负反馈稳定输出电流、闭环电流放大倍数和降低输入电阻。

例3-4 试判断图3-3-5所示电路的反馈类型。

解：（1）在图3-3-5（a）中，反馈元件为R_f可以用瞬时极性法来判断反馈的极性。当输入端基极的瞬时极性为正时，经三极管倒相后，集电极电位将降低，流过R_f的电流I_f增大，净输入I_b将减小，因此是负反馈；将输出端交流短路，反馈信号消失，所以属于电压反馈；由于反馈信号（$i_b = i_i - i_f$）是改变净输入电流的，因此属于并联反馈。所以，此电路是电压并联负反馈电路。

（2）在图3-3-5（b）中，反馈元件为R_2，可以用瞬时极性法来判断反馈的极性。设同相

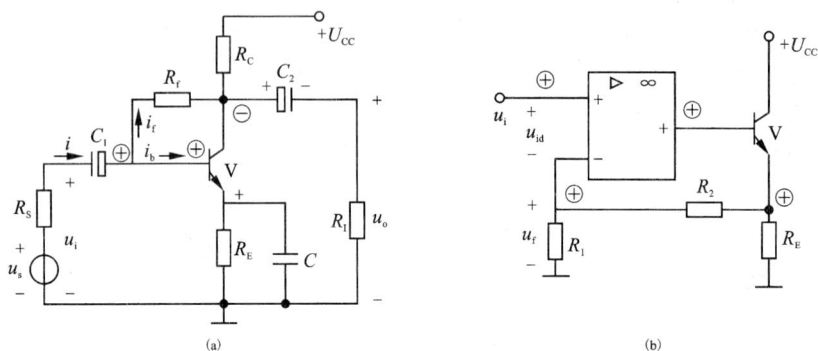

图 3 – 3 – 5 例 3 – 4 图

输入端为正，则运放输出端为正，三极管基极输入为正，三极管发射极输出为正，反馈到运放反相输入端为正，$u_{id} = u_i - u_f$，因此是负反馈。将输出端交流短路，反馈信号仍存在，所以属于电流反馈；由于反馈信号($u_{id} = u_i - u_f$)是改变净输入电压的，因此属于串联反馈。所以，此电路是电流串联负反馈电路。

3.3.3 负反馈对放大电路性能的影响

1. 提高电路放大倍数的稳定性

无反馈时放大电路的开环放大倍数

$$A = \frac{x_0}{x_{id}} \qquad (3 - 3 - 1)$$

反馈系数

$$F = \frac{x_f}{x_o} \qquad (3 - 3 - 2)$$

基本放大器的净输入信号 $\qquad x_{id} = x_i - x_f$

有反馈时的闭环放大倍数

$$A_f = \frac{x_o}{x_i} = \frac{x_o}{x_{id} + x_f} = \frac{x_o / x_{id}}{1 + \frac{x_f}{x_o} \cdot \frac{x_o}{x_{id}}} = \frac{A}{1 + AF} \qquad (3 - 3 - 3)$$

上式表示负反馈使放大倍数降低了$(1 + AF)$倍。

由上式对A_f求导数，整理可得

$$\frac{\mathrm{d}A_f}{A_f} = \frac{1}{1 + AF} \cdot \frac{\mathrm{d}A}{A} \qquad (3 - 3 - 4)$$

上式表示放大电路闭环放大倍数的相对变化量$\dfrac{\mathrm{d}A_f}{A_f}$只有开环放大倍数相对变化量$\dfrac{\mathrm{d}A}{A}$的$\dfrac{1}{1 + AF}$倍，即放大倍数的稳定性提高了$(1 + AF)$倍。

上述分析说明：引入负反馈后，放大倍数降低为原来的$\dfrac{1}{1 + AF}$，但放大倍数的稳定性提高了$(1 + AF)$倍。

当反馈深度 $(1+AF)\gg1$ 时称为深度负反馈，此时 $A_f = \dfrac{1}{1+AF} \approx \dfrac{A}{AF} = \dfrac{1}{F}$，说明在深度负反馈条件下，放大倍数由反馈网络决定，基本不受外界因素变化的影响，放大倍数较稳定。

2. 减小非线性失真

由于晶体管是非线性元件，在输入信号较大或静态工作点选择不当时，输出波形会产生非线性失真。在引入负反馈后，这种失真将会得到一定程度的改善。如图 3 - 3 - 6(a)所示为无负反馈时的放大电路，由图可见，若正弦波输入信号 $\dot{U}_i$ 放大后的失真波形为前半周大，后半周小；引入负反馈后，如图 3 - 3 - 6(b)，反馈信号 $\dot{U}_f$ 也是前半周大，后半周小；但它和输入信号 $\dot{U}_i$ 相减后的净输入信号 $\dot{U}_{id} = \dot{U}_i - \dot{U}_f$ 则变成前半周小，后半周大的波形，从而使输出波形趋于对称，这样就改善了输出波形。

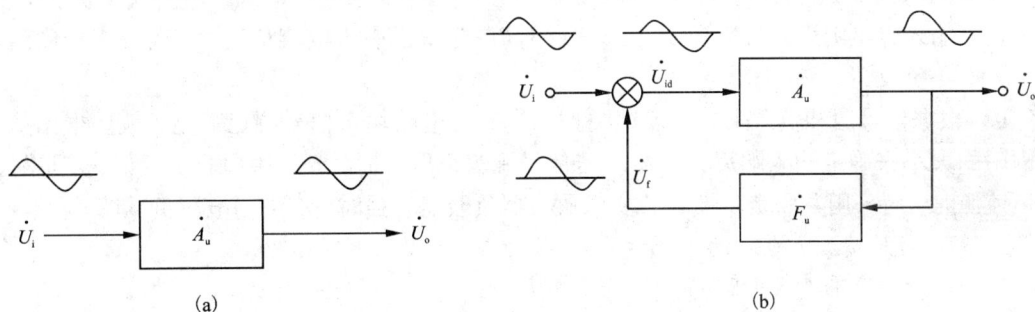

图 3 - 3 - 6　负反馈减少非线性失真示意图

3. 改变了输入、输出电阻

放大电路引入了负反馈，对输入、输出电阻都会产生影响(见表 3 - 3 - 1)。

(1)对输入电阻的影响：放大电路的输入电阻，是从输入端看进去的交流等效电阻。而输入电阻的变化，取决于输入端的负反馈方式(串联或并联)，与输出端采用的反馈方式(电流或电压)无关。串联负反馈使输入电阻增大，并联负反馈使输入电阻减少。

(2)对输出电阻的影响：放大电路的输出电阻，就是从放大电路的输出端看进去的交流等效电阻。而输出电阻的变化，取决于输出端采用的反馈方式(电流或电压)，与输入端采用的反馈方式(串联或并联)无关。电流负反馈使输出电阻增大，电压负反馈使输出电阻减小。

表 3 - 3 - 1　负反馈对输入、输出电阻的影响

负反馈放大电路	输入电阻 R_i	输出电阻 R_0
电压串联负反馈	增大	减小
电压并联负反馈	减小	减小
电流串联负反馈	增大	增大
电流并联负反馈	减小	增大

4. 展宽通频带

负反馈电路能扩展通频带。引入负反馈后，增益下降了，但通带宽度扩展了，减少了频率失真。对于单 RC 电路系统通频带扩展 $(1+AF)$ 倍。

3.3.4 负反馈放大电路应用中的几个问题

1. 放大电路引入负反馈的一般原则

由于不同形式的反馈对放大电路的影响不同，在引入负反馈改善放大电路的性能时要从以下几点考虑：

（1）要想稳定某个量就引入某个量的反馈。要想稳定直流量就引入直流反馈，要想稳定交流量就引入交流反馈，要想稳定电压就引入电压反馈，要想稳定电流就引入电流反馈。

（2）根据对输入、输出电阻的要求来选择反馈类型。要求减少输入电阻引入并联负反馈，要求提高输入电阻则引入串联负反馈，若要求高内阻输出引入电流负反馈，若要求低内阻输出引入电压负反馈。

（3）根据信号源和负载来确定反馈类型。当放大电路输入信号源已确定，就要根据信号源内阻的大小来确定输入端反馈类型。若信号源为恒压源时，应采用串联负反馈，若信号源为恒流源时，应采用并联负反馈。若要求放大器负载能力强时，应采用电压负反馈。

2. 深度负反馈放大电路的性能估算

（1）深度负反馈放大电路的特点

当放大电路为深度负反馈时 $(1+AF) \gg 1$，$A_\text{f} = \dfrac{1}{F}$

由于
$$A_\text{f} = \frac{x_\text{o}}{x_\text{i}}, \quad F = \frac{x_\text{f}}{x_\text{o}}$$

所以深度负反馈放大电路中
$$x_\text{f} \approx x_\text{i} \tag{3-3-5}$$

即
$$x_\text{id} \approx 0 \tag{3-3-6}$$

上式说明在深度负反馈条件下，反馈信号近似等于输入信号，净输入信号近似为零。这是深度负反馈放大电路的重要特点。

由于负反馈对输入、输出电阻的影响，串联负反馈输入电阻很大，并联负反馈输入电阻很小；电流负反馈输出电阻很大，电压负反馈输出电阻很小。在工程近似估算时，常理想化的近似认为：在深度负反馈条件下，串联负反馈输入电阻 $r_\text{if} \to \infty$，并联负反馈输入电阻 $r_\text{if} \to 0$；电流负反馈输出电阻 $r_\text{of} \to \infty$，电压负反馈输出电阻 $r_\text{of} \to 0$。

根据上述特点，对深度负反馈放大电路可以得出两个重要结论：

①对串联负反馈 $u_\text{f} \approx u_\text{i}$，$u_\text{id} \approx 0$；对并联负反馈 $r_\text{if} \to 0$，$u_\text{id} \approx 0$。即基本放大电路两输入端"虚短"。

②串联负反馈 $r_\text{if} \to \infty$，$i_\text{id} \approx 0$；并联负反馈 $i_\text{id} \approx 0$。即放大电路两输入端也即基本放大电路两输入端"虚断"。

（2）深度负反馈放大电路的性能估算

利用"虚短"和"虚断"的概念，可以很方便地估算深度负反馈放大电路的性能。

例 3-5 估算如图 3-3-7 所示负反馈放大电路的电压放大倍数。

解： 由图可知电路为电压串联负反馈放大电路，由于集成运放开环放大倍数很大，故为

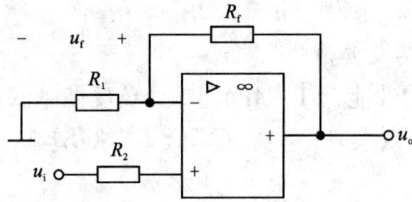

图 3 - 3 - 7　例 3 - 5 图

深度负反馈，有 $u_f \approx u_i$。

而根据分压关系

$$u_f = \frac{R_1}{R_1 + R_f} u_o$$

则该电路的闭环电压放大倍数

$$A_{uf} = \frac{u_o}{u_i} \approx \frac{u_o}{u_f} = \frac{u_o}{\dfrac{R_1}{R_1 + R_f} u_o} = 1 + \frac{R_f}{R_1}$$

例 3 - 6　估算如图 3 - 3 - 8 所示负反馈放大电路的电压放大倍数。

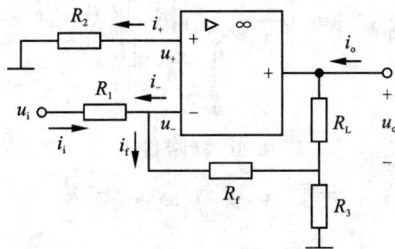

图 3 - 3 - 8　例 3 - 6 图

解： 由图可知电路为电流并联负反馈放大电路，由于集成运放开环放大倍数很大，故为深度负反馈。

由虚断可得：$i_{id} \approx 0$ 可得：$i_- \approx i_+ \approx 0$

由虚短 $u_{id} \approx 0$ 可得：$u_- \approx u_+ = 0$

且由于图中 $u_+ = 0$ 则有 $u_- \approx u_+ = 0$

$$i_1 = \frac{u_i - u_-}{R_1} \approx \frac{u_i}{R_1} \tag{1}$$

$$i_f \approx \frac{R_3}{R_f + R_3} i_o = \frac{R_3}{R_f + R_3} \cdot \frac{-u_o}{R_L} \tag{2}$$

又由于 $i_1 \approx i_f$，把 (1)、(2) 代入得

$$\frac{u_i}{R_1} = \frac{R_3}{R_f + R_3} \cdot \frac{-u_o}{R_L}$$

故
$$A_{uf} = \frac{u_o}{u_i} \approx -\frac{R_L}{R_1} \cdot \frac{R_f + R_3}{R_3}$$

3. 负反馈电路的自激振荡及其消除

负反馈改善了放大电路的性能，$(1 + AF)$ 越大，负反馈越深，改善程度越显著。但是，反馈深度也不能无限制地增大，太大时，一方面降低了电路增益，另一方面还可能产生自激振荡，使放大电路工作不稳定。

自激振荡是指放大电路的输入端无外加信号时，也能在输出端产生一定幅度和频率的交流信号的现象。形成的原因是：在负反馈放大电路中，基本放大电路在高频段要产生附加相移，若在某些频率上附加相移达到 180°，那么在这些频率上的反馈信号将会由负反馈变成正反馈，形成自激振荡。另外，电路中的分布参数也会形成正反馈而自激。而在深度负反馈放大电路中，开环放大倍数很大，因此，在高频段很容易因附加相移变成正反馈而产生自激。

消除自激一般采取在基本放大电路中插入相位补偿网络（亦称消振电路），以改变基本放大电路高频段的频率特性，破坏自激振荡条件，从而消除自激。图 3 - 3 - 9 为高频补偿网络的几种接法。

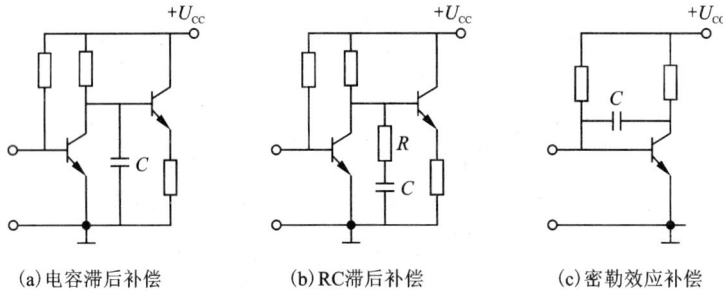

(a)电容滞后补偿　　　　(b)RC滞后补偿　　　　(c)密勒效应补偿

图 3 - 3 - 9　高频补偿网络

3.4　集成运放电路的应用

集成运放的基本运用电路，从功能上看，有信号的运算、处理和产生电路等。由于这种电路最初用于模拟计算机中实现数字运算，所以得到了集成运算放大器的名称。

3.4.1　基本运放电路

1. 比例运算电路

比例运算电路是运算电路中最简单的电路，它的输出电压与输入电压成比例。

（1）反相比例运算电路

如图 3 - 4 - 1 为反相比例运算电路。

图中输入信号 u_i 经电阻 R_1 送到反相输入端，同相输入端 R_P 经接地。R_f 为反馈电阻，构成电压并联负反馈组态。电阻 R_P 称为直流平衡电阻，以消除静态时集成运放内输入级基极电流对输出电压产生影响，进行直流平衡。其阻值等于反相输入端所接的等效电阻即 $R_P =$

$R_1 /\!/ R_f$。由于运放工作在线性区，由虚断、虚短有

$$i_+ = i_- = 0 \qquad u_+ = u_-$$

而 R' 上电压为 0，故有

$$u_+ = u_- = 0 \qquad (3-4-1)$$

上式表明，集成运放反相输入端的电位为零，但实际上它并没有真正直接接地，故为"虚地"

输入电流 i_i 等于电阻 R_f 上的电流即

$$i_i = i_f \qquad (3-4-2)$$

则有

$$\frac{u_i - u_-}{R_1} = \frac{u_- - u_o}{R_f}$$

将 $u_- = 0$ 代入整理得

$$u_o = -\frac{R_f}{R_1} u_i \qquad (3-4-3)$$

闭环电压放大倍数为

$$A_{uf} = -\frac{R_f}{R_1} \qquad (3-4-4)$$

式(3-4-3)、(3-4-4)表明输出电压与输入电压相位相反，且成比例关系。

若当 $R_1 = R_f$，则 $A_{uf} = -1$，即电路的 u_o 与 u_i 大小相等，相位相反，则此时电路成为反相器。

由于"虚地"，故放大电路的输入电阻为

$$r_i = R_1 \qquad (3-4-5)$$

放大电路的输出电阻为

$$r_o = 0 \qquad (3-4-6)$$

$r_o = 0$ 说明电路有很强的带负载能力。

（2）同相比例运算电路

若将反相比例运算电路的输入端和"地"互换，则可得到同相比例运算电路。如图 3-4-2 所示，集成运放的反相输入端通过 R_1 接地，同相输入端，经 R_2 输入信号，$R_2 = R_1 /\!/ R_f$；R_f 与 R_1 使运放构成电压串联负反馈电路。

由于集成运放工作在线性区，由虚断、虚短知

$$i_+ = i_- = 0 \qquad u_+ = u_-$$

故 R_2 上电压为零，$u_+ = u_- = u_i$

根据 $i_R = i_f$

可得

$$\frac{u_- - 0}{R_1} = \frac{u_o - u_-}{R_f}$$

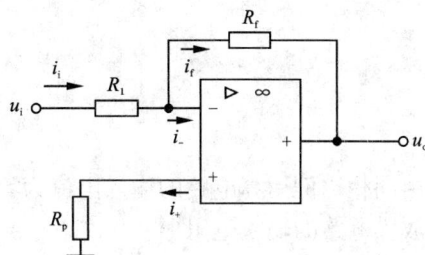

图 3-4-1　反相比例运算电路

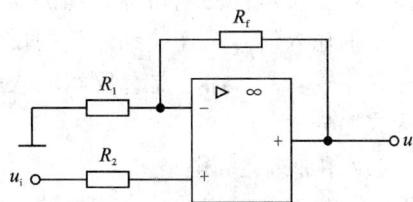

图 3-4-2　同相比例运算电路

整理

$$u_o = (1 + \frac{R_f}{R_1}) u_i \qquad\qquad (3-4-7)$$

$$A_{uf} = \frac{u_o}{u_i} = 1 + \frac{R_f}{R_1} \qquad\qquad (3-4-8)$$

由同相比例运算电路的输入电流为零,可知

放大电路的输入电阻　　　　　　　　$r_i \rightarrow \infty$

放大电路的输出电阻　　　　　　　　$R_o = 0$

式(3-4-7)、(3-4-8)表明电路的输出电压与输入电压相位相同,且成比例关系,比例系数为 A_{uf}。

注意:由于 $u_+ = u_- = u_i$,因此必须选用共模抑制比高的集成运放。

式(3-4-8)中,当取 $R_i \rightarrow \infty$,$R_f = 0$ 时,$u_o = u_i$,即 $A_{uf} = 1$,此电路为电压跟随器,电路如图3-4-3所示。

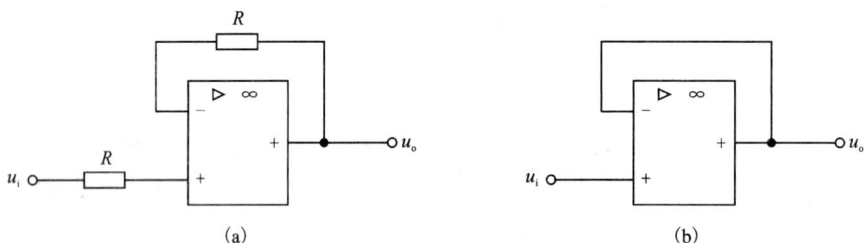

图3-4-3　电压跟随器

电压跟随器与射极跟随器类似,但其跟随性能更好,输入电阻更高,输出电阻趋于零,常用作变换器或缓冲器。

2. 加法运算电路

能实现加法运算的电路称为加法器或求和电路。根据输入信号是连接到运放的反相输入端还是同相输入端,加法器有反相输入式和同相输入式之分。

(1)反相加法运算电路

图3-4-4是反相加法运算电路。其中 R_f 引入了深度电压并联负反馈,R_p 为平衡电阻 ($R_p = R_1 /\!/ R_2 /\!/ R_f$)

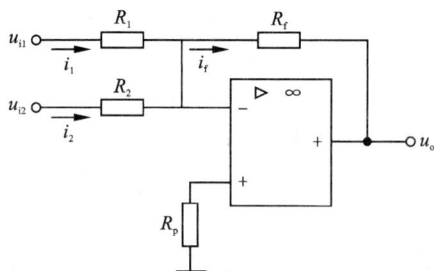

图3-4-4　反相输入加法电路

由于"虚地" $u_- = u_+ = 0$

故有

$$i_1 = \frac{u_{i1}}{R_1}$$

$$i_2 = \frac{u_{i2}}{R_2}$$

$$i_f = -\frac{u_o}{R_f}$$

由虚断 $i_+ = i_- = 0$，可得

$$i_f = i_1 + i_2$$

由以上各式可得

$$u_o = -i_f R_f = -R_f\left(\frac{u_{i1}}{R_1} + \frac{u_{i2}}{R_2}\right) \tag{3-4-9}$$

上式表明，反相加法运算电路的输出电压等于各输入电压以不同的比例反相求和

若取 $R_1 = R_2$

$$u_o = -\frac{R_f}{R}(u_{i1} + u_{i2}) \tag{3-4-10}$$

则电路为比例加法器

若取 $R_f = R_1 = R_2$ 则有

$$u_o = -(u_{i1} + u_{i2}) \tag{3-4-11}$$

反相加法运算电路的特点是：当改变某一输入回路的电阻值时，只改变该路输入信号的放大倍数(比例系数)，而不影响其他输入信号的放大倍数，因此，调节灵活方便。

(2)同相加法运算电路

图 3-4-5 所示电路为同相加法运算电路。

根据理想运放工作在线性区的"虚短"、"虚断"，对同相输入端列节点电流方程

$$\frac{u_{i1} - u_+}{R_1} + \frac{u_{i2} - u_+}{R_2} = \frac{u_+}{R}$$

令同相输入端总电阻

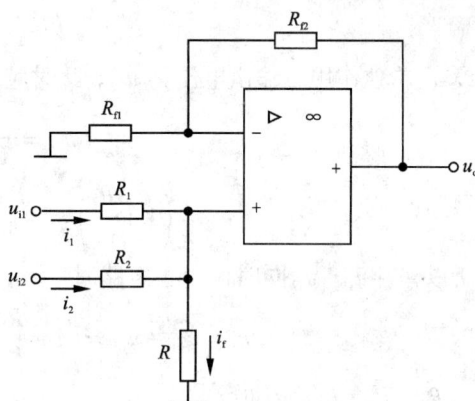

图 3-4-5　同相加法运算电路

$$R' = R_1 /\!/ R_2 /\!/ R$$

解得

$$u_+ = R'\left(\frac{u_{i1}}{R_1} + \frac{u_{i2}}{R_2}\right)$$

将上式代入(3-4-7)可得

$$u_o = \left(1 + \frac{R_{f2}}{R_{f1}}\right)R'\left(\frac{u_{i1}}{R_1} + \frac{u_{i2}}{R_2}\right) \tag{3-4-12}$$

反相输入端总电阻　　　　　　$R'' = R_{f1} /\!/ R_{f2}$

通常　　　　　　　　　　　　$R' = R''$

则　　$u_o = \frac{R_{f1} + R_{f2}}{R_{f1} R_{f2}} \cdot R_{f2} \cdot R'\left(\frac{u_{i1}}{R_1} + \frac{u_{i2}}{R_2}\right) = \frac{R_{f2}}{R''}R'\left(\frac{u_{i1}}{R_1} + \frac{u_{i2}}{R_2} + \frac{u_{i3}}{R_3}\right) \tag{3-4-13}$

$$u_0 = R_{f2}\left(\frac{u_{i1}}{R_1} + \frac{u_{i2}}{R_2}\right) \tag{3-4-14}$$

（3 − 4 − 14）式说明同相加法运算电路的输出电压等于各输入电压以不同的比例同相求和。

3. 减法运算电路

利用差分电路以实现减法运算，电路图 3 − 4 − 6 是用差分电路来实现减法运算的。外加输入信号 u_{i1} 和 u_{i2} 分别通过电阻加在运放的反相输入端和同相输入端，故称为差动输入方式。其电路参数对称，即 $R_1 // R_f = R_2 // R_3$，以保证运放输入端保持平衡工作状态。

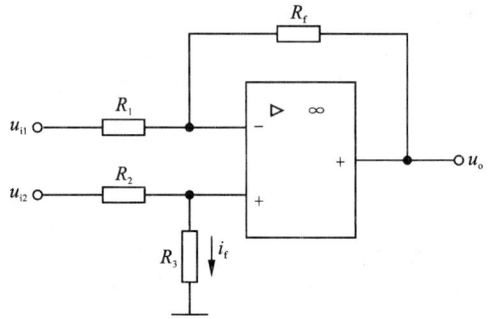

图 3 − 4 − 6　减法运算电路

由电路可以判断出：对于输入信号 u_{i1}，引入了电压并联负反馈；对于输入信号 u_{i2}，引入了电压串联负反馈。所以运放工作在线性区。利用迭加原理，可以对其分析。

设 u_{i1} 单独作用时输出电压为 u_{o1}，此时应令 $u_{i2} = 0$，电路为反相比例放大电路

$$u_{o1} = -\frac{R_f}{R_1} u_{i1}$$

设 u_{i2} 单独作用时输出电压为 u_{o2}，此时应令 $u_{i1} = 0$，电路为同相比例放大电路

$$u_+ = \frac{R_3}{R_2 + R_3} u_{i2}$$

$$u_{o2} = \left(1 + \frac{R_f}{R_1}\right) u_+ = \left(1 + \frac{R_f}{R_1}\right) \times \left(\frac{R_3}{R_2 + R_3}\right) u_{i2}$$

所以，当 u_{i1}、u_{i2} 同时作用于电路时

$$u_o = u_{o1} + u_{o2} = \left(1 + \frac{R_f}{R_1}\right) \times \left(\frac{R_3}{R_2 + R_3}\right) u_{i2} - \frac{R_f}{R_1} u_{i1}$$

当 $R_1 = R_2$，$R_f = R_3$ 时

$$u_o = \frac{R_f}{R_1} (u_{i2} - u_{i1}) \tag{3 − 4 − 15}$$

由（3 − 4 − 15）式可以看出，输出电压与输入电压的差值成比例。

当 $R_1 = R_f$ 时，$u_o = u_{i2} - u_{i1}$，实现了两个信号的减法运算。

例 3 − 7　电路如图 3 − 4 − 7 所示，试求输出电压与输入电压的关系。

解：该电路由两级运放构成，第一级为反相比例放大电路，第二级为反相加法运算电路

由图可得：

$$u_{o1} = -\frac{R_f}{R_1} \cdot u_{i1} = -u_{i1}$$

$$u_o = -\left(\frac{R_4}{R_3} \cdot u_{i2} + \frac{R_4}{R_3} \cdot u_{o1}\right) = \frac{R_4}{R_3} \cdot (u_{i1} - u_{i2})$$

由表达式可以看出，输出电压与输入电压的差值成比例。

由上例可知，利用两级运放也可实现信号的减法运算。

4. 积分、微分运算电路

在自动控制系统中，常用积分运算电路和微分运算电路作为调节环节。此外，积分运算

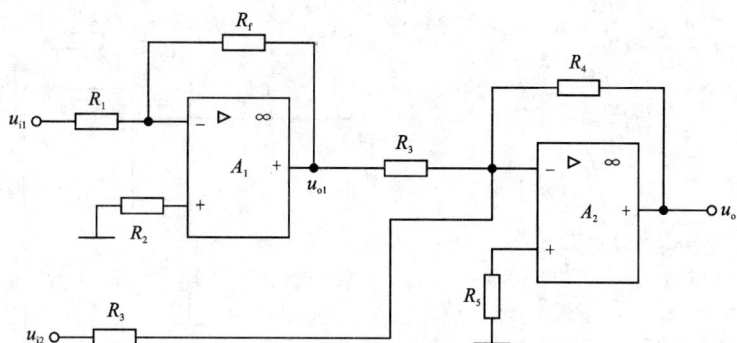

图 3 - 4 - 7　例 3 - 7 图

电路还用于延时、定时和非正弦波发生电路之中。

（1）积分运算电路

积分运算电路如图 3 - 4 - 8 所示，输入信号 u_i 通过电阻 R 接至反相输入端，电容 C 为反馈元件。

根据虚断、虚短

$$i_+ = i_- = 0 \qquad u_+ = u_-$$

可知运放的反相端"虚地"，

$$u_+ = u_- = 0$$

电容 C 上流过的电流等于电阻 R_1 中的电流

$$i_C = i_R = \frac{u_i}{R}$$

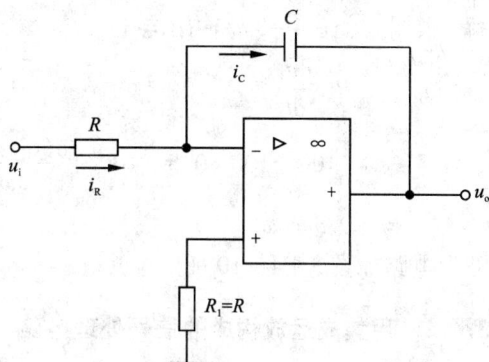

图 3 - 4 - 8　积分运算电路

输出电压与电容电压的关系为

$$u_c = u_- - u_o$$

则有

$$u_o = -u_c$$

且电容电压等于 i_C 的积分

$$u_C = \frac{1}{C} \int i \mathrm{d}t = \frac{1}{RC} \int u_i \mathrm{d}t$$

故

$$u_o = -u_c = -\frac{1}{RC} \int u_i \cdot \mathrm{d}t \qquad\qquad (3 - 4 - 16)$$

由（3 - 4 - 16）可知 u_o 为 u_i 对时间的积分，负号表示它们在相位上是相反的，其比例常数取决于电路的积分时间常数 $\tau = RC$。

（2）微分运算电路

微分运算电路如图 3 - 4 - 9 所示，由于微分与积分互为逆运算，所以只要将积分器的电阻与电容位置互换即可。图中 R_1 为平衡电阻，取 $R_1 = R$。

根据虚断、虚短原则，且 $u_- = u_+ = 0$，"虚地"，可得

$$u_c = u_i$$

$$i_C = i_R$$

且 $$i_C = C \frac{du_c}{dt} = C \frac{du_i}{dt}$$

$$i_R = i_C = C \frac{du_i}{dt}$$

则输出电压

$$u_o = -i_R R = -RC \frac{du_i}{dt}$$

$$(3-4-17)$$

式(3-4-17)说明输出电压是输入电压对时间的微分。

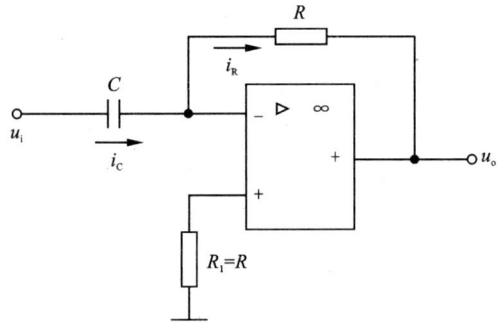

图 3-4-9 微分运算电路 例 3-8 图

例 3-8 电路如图 3-4-9 所示, 已知 $R = 100\ k\Omega$, $C = 0.5\ \mu F$, $u_i = 6\sin\omega t\ (V)$。试画出 u_i 和 u_o 的波形图。

解: 根据式(3-4-17)输出电压

$$u_o = -RC \frac{du_i}{dt}$$

$$= -(100 \times 10^3 \times 0.5 \times 10^{-6}) \frac{d(6\sin\omega t)}{d\omega t}$$

$$= -0.3\cos\omega t$$

波形电路如图 3-4-10 所示。

3.4.2 用集成运放构成的信号处理电路

集成运放广泛应用于模拟信号处理, 常见的有: 有源滤波器、信号比较器等。

1. 有源滤波器

有源滤波器能使有用频率信号通过, 同时抑制无用频率信号的选频电路。

滤波器通常可分为低通、高通、带通、带阻滤波器等。

(1) RC 低通滤波器

如图 3-4-11(a) 所示, 为简单 RC 低通滤波电路。

其电压传输系数为

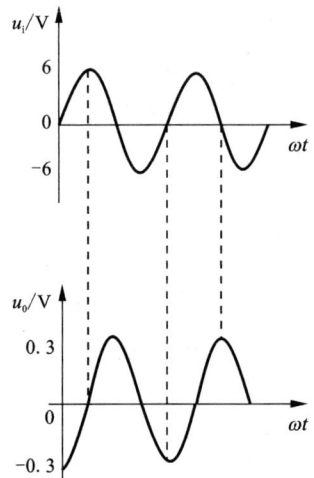

图 3-4-10 例 3-8 波形图

$$\dot{A}_u = \frac{\dot{U}_o}{\dot{U}_i} = \frac{1/(j\omega C)}{\frac{1}{j\omega C} + R} = \frac{1}{1 + j\omega CR}$$

令

$$\omega_H = \frac{1}{RC} \qquad f_H = \frac{1}{2\pi RC}$$

$$\dot{A}_u = \frac{1}{1 + j\frac{\omega}{\omega_H}} = \frac{1}{1 + j\frac{f}{f_H}}$$

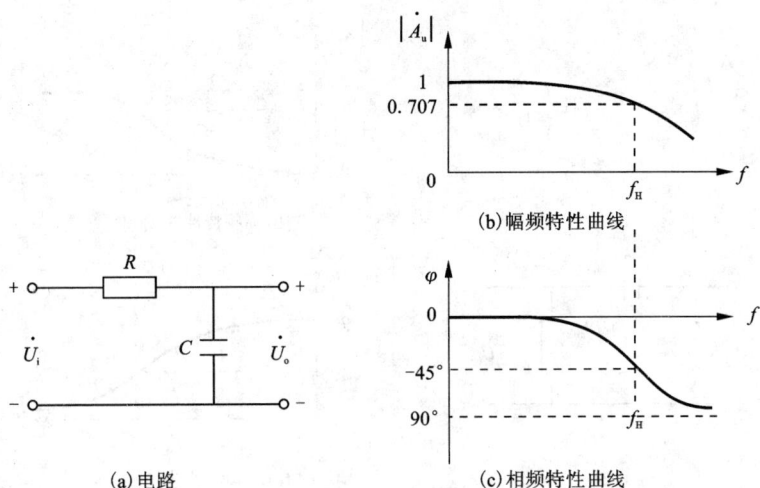

(b)幅频特性曲线

(a)电路

(c)相频特性曲线

图 3 - 4 - 11　简单 RC 低通滤波电路

其幅频特性和相频特性分别为

$$|\dot{A}_u| = \frac{1}{\sqrt{1 + \left(\dfrac{\omega}{\omega H}\right)^2}} = \frac{1}{\sqrt{1 + \left(\dfrac{f}{f_H}\right)^2}} \qquad (3 - 4 - 18)$$

$$\varphi = -\arctan\frac{\omega}{\omega H} = -\arctan\frac{f}{f_H} \qquad (3 - 4 - 19)$$

由式(3 - 4 - 18)可画出幅频特性曲线如图 3 - 4 - 11(b)所示。

从幅频特性曲线可看出,对相同的输入电压来说,频率越高输出电压就越小。低频信号比高频信号更容易通过。

在 $f = f_H$ 时,$|\dot{A}_u| = \dfrac{1}{\sqrt{2}} = 0.707$,$f_H$ 称为低通滤波电路的上限截止频率,说明 RC 低通滤波器的通带范围为 $0 \sim f_H$。

由式(3 - 4 - 19)可画出相频特性曲线如图 3 - 4 - 11(c)所示。

从相频特性曲线可看出,随着频率增大,φ 趋近于 $-90°$,

在 $f = f_H$ 时,$\varphi = -45°$。

(2) RC 高通滤波器

如图 3 - 4 - 12(a)为简单 RC 高通滤波电路。

其电压传输系数为

$$\dot{A}_u = \frac{\dot{U}_o}{\dot{U}_i} = \frac{R}{R + \dfrac{1}{j\omega C}} = \frac{1}{1 + 1/j\omega CR}$$

令

$$\omega_L = \frac{1}{RC} \qquad f_L = \frac{1}{2\pi RC}$$

$$\dot{A}_u = \frac{1}{1 - j\dfrac{\omega_L}{\omega}} = \frac{1}{1 - j\dfrac{f_L}{f}}$$

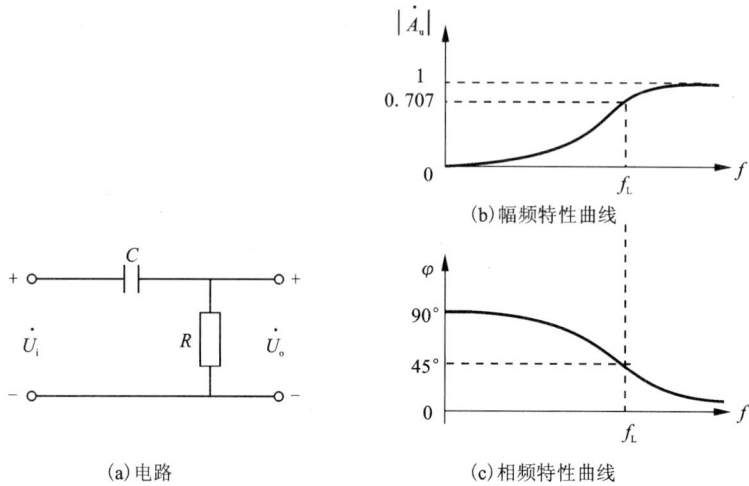

(a)电路   (b)幅频特性曲线   (c)相频特性曲线

图 3 − 4 − 12   简单 RC 高通滤波电路

其幅频特性和相频特性分别为

$$|\dot{A}_u| = \frac{1}{\sqrt{1 + (\frac{\omega_L}{\omega})^2}} = \frac{1}{\sqrt{1 + (\frac{f_L}{f})^2}} \tag{3-4-20}$$

$$\varphi = \arctan \frac{\omega_L}{\omega} = \arctan \frac{f_L}{f} \tag{3-4-21}$$

由式(3 − 4 − 20)可画出幅频特性曲线如图 3 − 4 − 12(b)所示，由图可知，f_L 为高通滤波电路的下限截止频率，说明 RC 高通滤波器的通频带范围为 $f_L \sim \infty$。

由式(3 − 4 − 21)可画出相频特性曲线如图 3 − 4 − 12(c)所示。

从相频特性曲线可看出，随着频率增大，φ 趋近于 0°，

在 $f = f_L$ 时，$\varphi = 45°$。

（3）用集成运放构成的有源滤波器

如图 3 − 4 − 13 所示，是一阶有源滤波器，它是由同相比例运算电路和 RC 无源滤波器两部分组成。

因集成运放是有源器件，故将集成运放构成的滤波器称为有源滤波器。

假设无源滤波器的输出为 $\dot{U}_+$，

则有

$$\dot{U}_0 = (1 + \frac{R_f}{R_1}) \dot{U}_+ \tag{3-4-22}$$

由上式可知，集成运放构成的有源滤波器具有与其内部包含的无源滤波器基本相同的频率特性及和集成运放基本相同的负载特性，具有较好的稳定性。

例 3 − 9   分析如图 3 − 4 − 14 所示电路的频率特性。

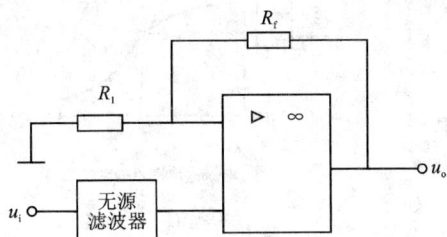

图 3 - 4 - 13　用集成运放构成的有源滤波器

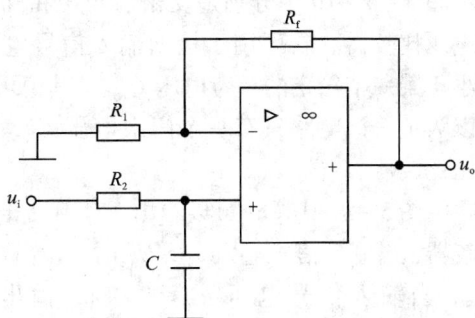

图 3 - 4 - 14　例 3 - 9 电路图

解： 无源滤波器的电压传输系数为

$$\dot{A}_{u1} = \frac{1}{1 + j\omega CR}$$

同相比例运放的电压放大倍数 $A_u = (1 + \frac{R_f}{R_1})$

有源滤波器

$$\dot{U}_o = (1 + \frac{R_f}{R_1})\dot{U}_+$$

有源滤波器的电压传输系数为

$$\dot{A}_u = \frac{\dot{U}_o}{\dot{U}_i} = (1 + \frac{R_f}{R_1})\frac{1}{1 + j\omega CR} = \frac{A_{uf}}{1 + j\frac{\omega}{\omega_o}}$$

其幅频特性和相频特性分别为

$$|\dot{A}_u| = \frac{|A_{uf}|}{\sqrt{1 + (\frac{\omega}{\omega_o})^2}}$$

$$\varphi = \arctan\frac{\omega}{\omega_o}$$

　　根据上述分析可作出电路的幅频特性曲线和相频特性曲线如图 3 - 4 - 15 所示。可知电路为一阶低通滤波电路。

　　为了改善滤波效果，有时也将两级 RC 电路串接起来，形成二阶有源滤波器。

　　2. 电压比较器

　　电压比较器是把输入电压信号（被测信号）与基准电压信号进行比较，根据比较结果输出高电平或低电平的电路。

　　通常在电压比较器中，电路不是处在开环工作状态，就是引入正反馈，集成运放工作在非线性区。输出电压与输入电压不是线性关系。输出电压只有两种情况，当 $u_+ > u_-$ 时，$u_o = +U_{OM}$；当 $u_+ < u_-$ 时，$u_o = -U_{OM}$。也就是说，比较器的输入信号是连续变化的模拟量，而输出信号则只有高、低电平两种情况，可看作是数字量"1"或"0"。因此，电压比较器可以作为模拟电路与数字电路一种最简单的接口电路。

图 3 – 4 – 16 中分别是反相输入式和同相输入式单限电压比较器。它可用于检测输入信号电压是否大于或小于某一个给定的参考电压 U_{REF}，其值可以为正，也可以为负。该电路只有一个门限电压 U_T，故称为单限电压比较器。

由图 3 – 4 – 16(a)可以看出，对于反相输入式单限比较器，当输入信号电压 $u_i > U_T$ 时，输出电压 u_o 为 $-U_{OM}$；当输入信号电压 $u_i < U_T$ 时，输出电压 u_o 为 $+U_{OM}$。

对于同相输入式单限比较器，当输入信号电压 $u_i > U_T$ 时，输出电压 u_o 为 $+U_{OM}$；当输入信号电压 $u_i < U_T$ 时，输出电压 u_o 为 $-U_{OM}$，见图 3 – 4 – 16(b)。

在输入信号 u_i 增大或减小的过程中，只要经过某一电压值，输出电压 u_o 就发生跳变，传输特性上输出

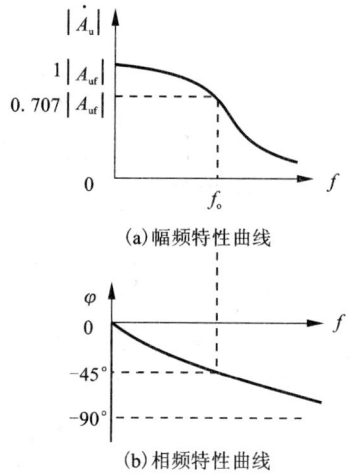

(a)幅频特性曲线

(b)相频特性曲线

图 3 – 4 – 15 例 3 – 9 图

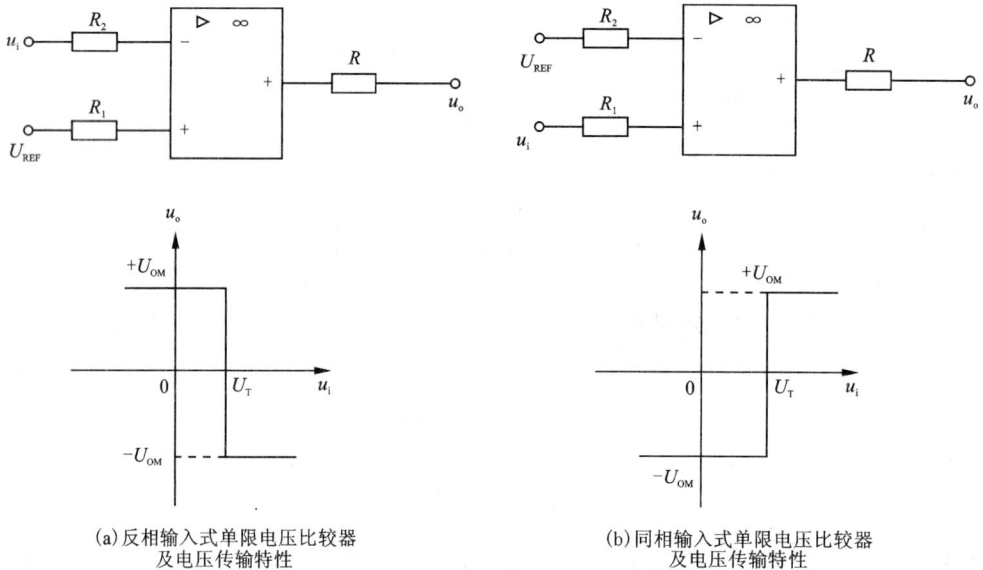

(a)反相输入式单限电压比较器
及电压传输特性

(b)同相输入式单限电压比较器
及电压传输特性

图 3 – 4 – 16 单限比较器

电压发生转换时的输入电压称为门限电压 U_T（或阈值电压）。

当阈值电压 U_T 为零时，比较器称为过零电压比较器，简称过零比较器。过零比较器实际上是单限比较器的一种特例。其电路和电压传输特性见图 3 – 4 – 17。

为了使比较器的输出电压等于某个特定值，可以采取限幅的措施。图 3 – 4 – 18(a)中，电阻 R 和双向稳压管 U_Z 构成限幅电路，稳压管的稳压值 $U_Z < U_{OM}$，U_Z 的正向导通电压为 U_D。所以输出电压 $u_o = \pm (U_Z + U_D)$。在实用电路中常将稳压管接到集成运放的反相输入端，如图 3 – 4 – 18(b)所示。

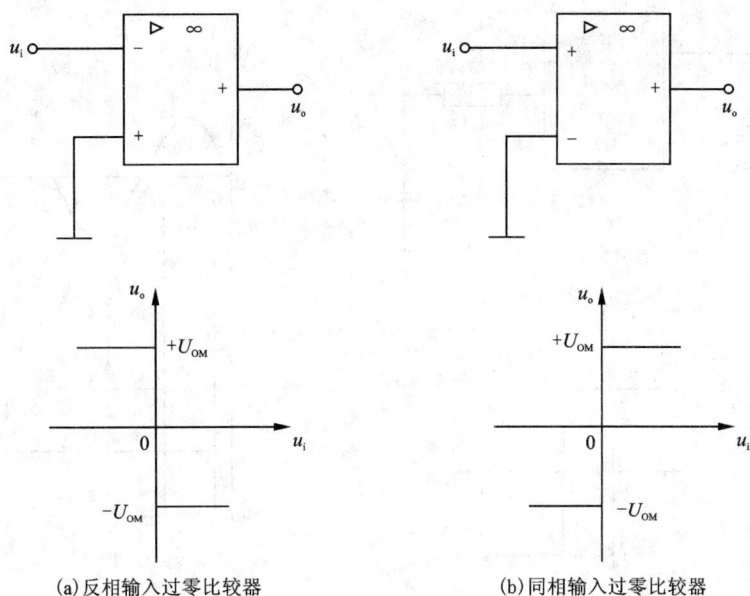

(a)反相输入过零比较器　　　　　　　　　(b)同相输入过零比较器

图 3 – 4 – 17　过零电压比较器

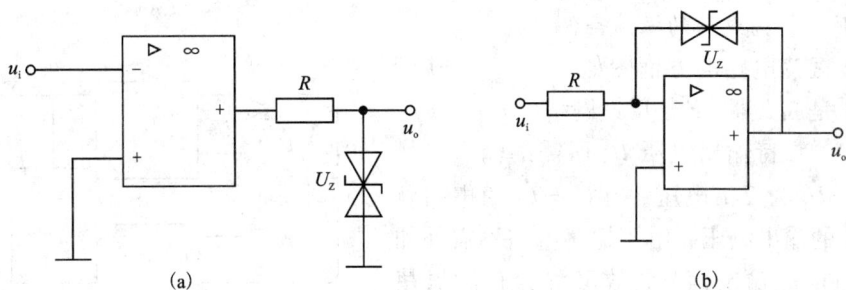

(a)　　　　　　　　　　　　　　　(b)

图 3 – 4 – 18　带稳压管的过零电压比较器

例 3 – 10　电路如图 3 – 4 – 19 所示,(1)试画出它的传输特性;(2)当输入电压 $u_i =$ 6sinωt(V)时,画出输出电压 u_o 的波形。

解:(1)由图可知电路为反相输入单限比较器,$U_T = 3$ V,当 $u_i > 3$ V 时,输出电压 u_o 为 -6 V;当输入信号电压 $u_i < 3$ V 时,输出电压 u_o 为 $+6$ V。传输特性见图 3 – 4 – 19(b)。

(2)根据传输特性可画出输出电压 u_o 的波形,见图 3 – 4 – 19(c)。

3.4.3　正弦波振荡电路

正弦波振荡电路是一种信号发生电路,在通信、测量等领域得到广泛应用。正弦波振荡电路是指在不加任何输入信号,自身就能产生具有一定频率、一定幅度的正弦波信号的电路。它一般包括四个基本环节:放大电路、反馈网络、选频网络和稳幅环节。

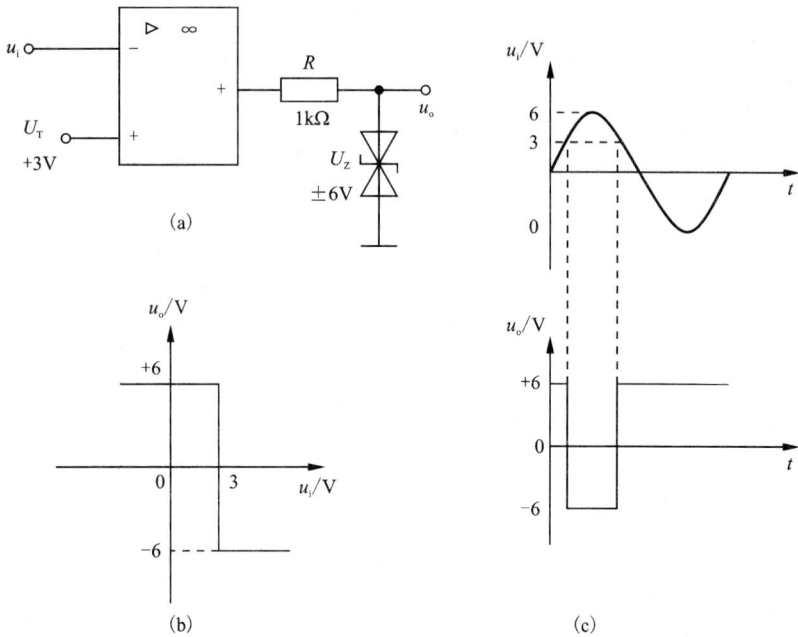

图 3 - 4 - 19　例 3 - 10 图

1. 正弦波振荡电路的振荡条件

正弦波振荡电路的方框图如图 3 - 4 - 20 所示。其中 $\dot{A}$ 是放大器，$\dot{F}$ 是反馈网络。

设放大器维持输出电压 $\dot{U}_o$ 所需的输入信号电压为 $\dot{U}_{id}$，$\dot{U}_f$ 为反馈电压，当 $\dot{U}_f = \dot{U}_{id}$ 时电路就能维持稳定的输出电压。由于振荡电路不需外加信号就有稳定的输出信号，故又称为自激振荡电路。

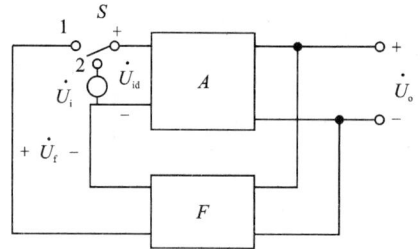

图 3 - 4 - 20　正弦波振荡电路方框图

放大器 $\dot{A}$ 没有非线性失真，则其输出信号为

$$\dot{U}_0 = \dot{A}\dot{U}_{id}$$

经 F 反馈回来的信号则为

$$\dot{U}_f = \dot{F}\dot{U}_0 = \dot{F}\dot{A}\dot{U}_{id}$$

如果要满足 $\dot{U}_f = \dot{U}_{id}$，则必须有

$$\dot{A}\dot{F} = 1 \tag{3 - 4 - 23}$$

式(3 - 4 - 23)为振荡电路产生自激振荡的平衡条件

写成幅值与相角的形式，可得振荡电路产生自激振荡的平衡条件：

(1)振幅平衡条件

$$|\dot{A}\dot{F}| = 1 \tag{3 - 4 - 24}$$

(2)相位平衡条件

$$\varphi_a + \varphi_f = 2n\pi, \ n = 0,1,2,\cdots \tag{3 - 4 - 25}$$

2. 振荡电路的起振与稳幅

前面两式是维持振荡的平衡条件，为使电路在通电时能自动起振，电路必须满足起振条件：

$$|\dot{A}\dot{F}| > 1 \qquad\qquad (3-4-26)$$

$$\varphi_a + \varphi_f = 2n\pi, \ n = 0, 1, 2, \cdots \qquad\qquad (3-4-27)$$

当振荡电路在刚通电（合上开关）时，电路中就会产生微小的电扰动，这就是起始信号。它含有丰富的、各种频率的谐波成分，其中必定有一种频率信号能满足相位平衡条件，如果电路的幅度条件也能满足$|\dot{A}\dot{F}| > 1$，那么微小的电信号通过正反馈不断地放大，输出信号很快就由小变大，使振荡电路起振。起振后，由于振荡幅度迅速增大，放大器进入非线性区工作，导致放大倍数下降，一直到$|\dot{A}\dot{F}| = 1$，振荡电路进入稳幅振荡状态。

3. RC 正弦波振荡电路

常见的正弦波振荡电路有：RC 正弦波振荡电路、LC 振荡电路和石英晶体振荡电路。在这里，我们只重点介绍 RC 正弦波振荡电路。

（1）RC 串、并联选频网络的选频特性

RC 串、并联网络如图 3-4-21(a)所示。在频率很低时，$\frac{1}{\omega C_1} \gg R_1$，$\frac{1}{\omega C_2} \gg R_2$，使得串联中 R_1 的电压、并联中 C_2 的分流可以忽略不计，此时，选频网络可近似地用图 3-4-21(b)所示的 RC 高通电路表示。随着信号频率的减小，输出电压 $|\dot{U}_2|$ 也减小，但 $\dot{U}_2$ 与 $\dot{U}_1$ 的相移 φ_f 却愈大，当 ω 趋近于零时，$|\dot{U}_2|$ 趋近于零，相移 φ_f 近于 $90°$；当信号频率很高时，$\frac{1}{\omega C_1} \ll R_1$，$\frac{1}{\omega C_2} \ll R_2$，使得串联中电容 C_1 的电压、并联中 R_2 的分流可以忽略不计，则选频网络可近似的用图 3-4-21(c)所示的 RC 低通电路来表示。随着信号频率增高，输出电压 $|\dot{U}_2|$ 仍将减小，$\dot{U}_2$ 滞后于 $\dot{U}_1$ 的相移 φ_f 愈大。同样，当信号频率趋于无穷大时，$|\dot{U}_2|$ 趋近于零，相移 φ_f 趋近于 $-90°$。

因此，可以确定，在信号频率为零和无穷大之间，必然存在某一频率 f_0 相移 $\varphi_f = 0$，且其输出电压幅度可能有一最大值。说明网络具有选频特性。

通常 $R_1 = R_2$，$C_1 = C_2$，此时反馈系数

$$\dot{F}_u = \frac{\dot{U}_2}{\dot{U}_1} = \frac{j\omega RC}{(1 - \omega^2 R^2 C^2) + 3j\omega RC} = \frac{1}{3 + j\left(\omega RC - \frac{1}{\omega RC}\right)} \qquad (3-4-28)$$

当上式分母中虚部系数为零时，相角 φ_f 为零，满足这个条件的频率可由式(3-4-28)得出

$$\omega_0 = \frac{1}{RC}$$

$$f_0 = \frac{1}{2\pi RC} \qquad\qquad (3-4-29)$$

将式(3-4-29)代入式(3-4-28)得

$$F_u = \frac{1}{3 + j\left(\dfrac{\omega}{\omega_0} - \dfrac{\omega_0}{\omega}\right)} \qquad\qquad (3-4-30)$$

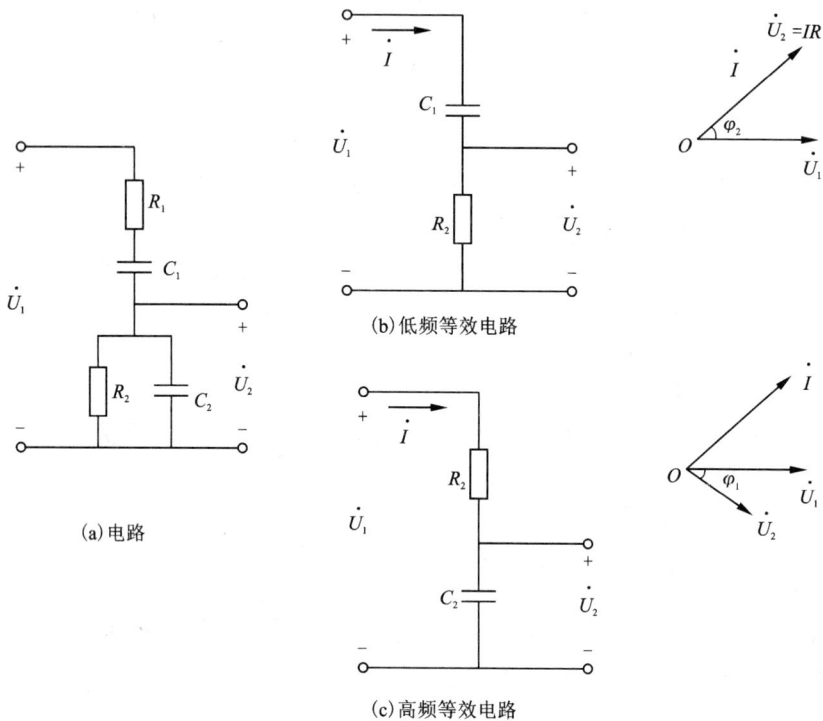

(a) 电路

(b) 低频等效电路

(c) 高频等效电路

图 3 - 4 - 21 RC 串、并联选频网络

因此有

$$F_u = \frac{1}{\sqrt{3^2 + j(\frac{\omega}{\omega_0} - \frac{\omega_0}{\omega})^2}} \tag{3-4-31}$$

$$\varphi_f = -\arctan \frac{(\frac{\omega}{\omega_0} - \frac{\omega_0}{\omega})}{3} \tag{3-4-32}$$

由上式可知，当 $\omega = \omega_0$，$F_{umax} = \frac{1}{3}$，且 $\varphi_f = 0$。

由式(3 - 4 - 31)和式(3 - 4 - 32)可画出串、并联选频网络的幅频特性和相频特性曲线，如图 3 - 4 - 22(a)、(b)所示。

RC 桥式正弦波振荡电路如图 3 - 4 - 23 所示，它是采用 RC 串并联网络和同相比例运算电路组成。

图中 RC 串并联网络包含选频和反馈网络，该电路为 RC 带通滤波电路。

(1)当时 $\omega = \omega_0 = \frac{1}{RC}$ 时，输入与输出同相，$\varphi_a + \varphi_f = 0$，相位条件满足。

(2)当 $\omega = \omega_0 = \frac{1}{RC}$，反馈系数 $F = \frac{1}{3}$，同相比例运算电路的放大倍数 $|A_{uf}| = 1 + \frac{R_f}{R_3}$

要满足 $|\dot{A}\dot{F}| > 1$，须 $|A_{uf}| = 1 + \frac{R_f}{R_3} > 3$，即 $R_f > 2R_3$ 时，电路很容易满足起振条件，能顺利

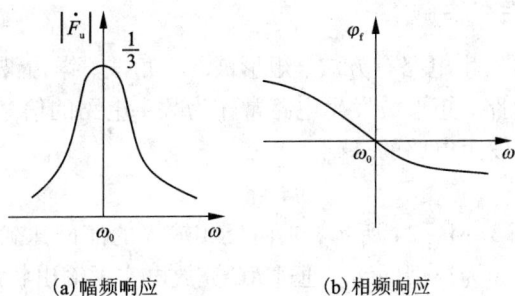

(a)幅频响应　　　　　　　　(b)相频响应

图 3 - 4 - 22　RC 串、并联网络的频率响应

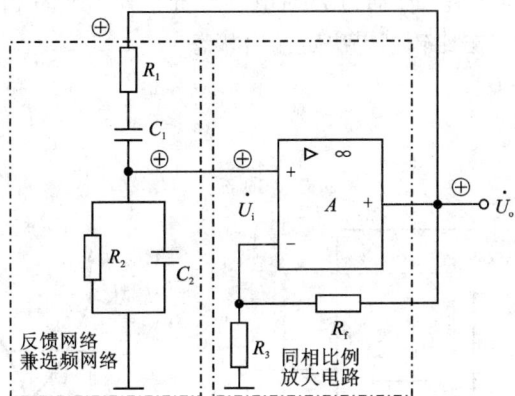

图 3 - 4 - 23　*RC* 桥式正弦波振荡电路

起振。

　　起振后，由于反馈元件或晶体管的非线性，放大倍数下降，最后到 $|\dot{A}\dot{F}| = 1$，振荡电路进入稳幅振荡状态，电路振荡平衡条件得到满足。

　　在实际中，为了更好地稳定输出电压的幅值，可采用负温度系数的热敏电阻来代替 R_f。起振时，由于输出电压幅值较小，流过 R_f 的电流也较小，发热小，阻值较大，因而放大电路的电压放大倍数 A_u 较大，有利于起振；然后，输出电压幅值逐渐增大，流过 R_f 的电流也增大，电阻因温度升高而导致阻值下降，放大电路的电压放大倍数 A_u 也随之下降，从而实现了增益的自动调节，使电路输出幅值稳定。

　　RC 桥式正弦波振荡电路的振荡频率就是 RC 串，并联电路的谐振频率 f_0

$$f_0 = \frac{1}{2\pi RC} \tag{3 - 4 - 33}$$

　　由上式可知，调节 R、C 的值可改变振荡频率。

　　RC 振荡电路的振荡频率较低，一般在 1 MHz 以下。对于 1 MHz 以上的信号，应考虑采用 LC 振荡电路。

3.4.4　非正弦波信号发生器

常见的非正弦波信号发生电路有方波、矩形波、三角波、锯齿波等。方波发生器是非正弦发生器中应用最广的电路,矩形波发生电路常作为数字电路的信号源或模拟电子开关的控制信号,是其他非正弦波发生电路的基础。

1. 方波发生器

方波发生器电路如图 3-4-24 所示,它由反相输入的滞回比较器和 RC 电路组成。RC 回路既作为延迟环节,又作为反馈网络,通过 RC 充放电实现输出状态的自动转换。

图中虚线框内为滞回比较器,它的输出电压 $u_o = \pm U_Z$,

阈值电压
$$\pm U_T = \pm \frac{R_1}{R_1 + R_2} U_Z \tag{3-4-34}$$

R、C 组成一个负反馈网络,u_o 通过 R 对电容 C 充电使 C 上获得一个三角波电压 u_C。运放将 u_C 与 u_+ 进行比较,根据比较结果决定输出状态。

当 $u_C > u_+$ 时,$u_o = -U_Z$;

当 $u_C < u_+$ 时,$u_o = +U_Z$。

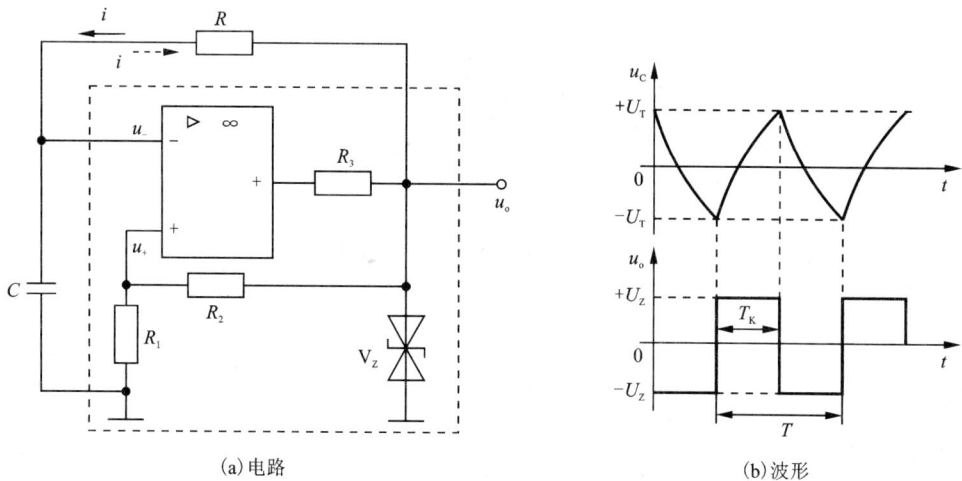

(a)电路　　　　　　　　　　　　　(b)波形

图 3-4-24　方波发生器电路及波形图

设某一时刻输出电压 $u_o = +U_Z$,则 $u_+ = +U_T$。u_o 通过电阻 R 对电容 C 充电(如图中实线箭头所示),反相输入端 u_- 随时间 t 逐渐升高,当 t 趋近于无穷时,u_- 应趋于 $+U_Z$;但是,当 u_- 过 U_T 时,u_o 就从 $+U_Z$ 跳变为 $-U_Z$,同时 u_+ 从 $+U_T$ 变为 $-U_T$。然后电容 C 开始放电(也可说是反向充电如图中虚线箭头所示),反相输入端 u_- 随时间 t 而逐渐降低,当时间 t 趋于无穷时,u_- 应趋于 $-U_Z$;但是,当 u_- 过 $-U_T$ 时,u_o 就从 $-U_Z$ 跳变为 $+U_Z$,与此同时 u_+ 从 $-U_T$ 变为 $+U_T$,电容又开始正向充电。就这样周而复始,电路产生自激振荡。由于电容充电与放电时间常数相同,所以在一个周期内 u_o 为 $+U_Z$ 的时间与 u_o 为 $-U_Z$ 的时间相等,则输出电压 u_o 为方波。如图 3-4-24(b)所示。

占空比是指矩形波中高电平的宽度 T_K 与其周期 T 的比值,方波的占空比为 50%。

利用一阶 RC 电路的三要素法可求出电路的振荡周期和频率为

$$T = 2RC \cdot \ln\left(1 + \frac{2R_1}{R_2}\right) \tag{3-4-35}$$

$$f = \frac{1}{T} = \frac{1}{2RC\ln\left(1 + \frac{2R_1}{R_2}\right)} \tag{3-4-36}$$

若适当选取 R_1、R_2 的值，使 $\ln\left(1 + \frac{2R_1}{R_2}\right) = 1$ 则有

$$T = 2RC \tag{3-4-37}$$

$$f = \frac{1}{2RC} \tag{3-4-38}$$

由以上分析可知，调整电压比较器的电路参数 R_1、R_2 和 U_Z 可以改变方波发生器的振荡幅值，调整电阻 R_1、R_2、R 和电容 C 的值可以改变电路的振荡频率。

2. **矩形波发生器**

在方波发生电路中，若能采取措施改变输出波形的占空比，则电路就变成矩形波发生电路。利用前面所学知识可知，利用二极管的单向导电性使电容正向充电和反向充电的通路不同，从而使它们时间常数不同，即可改变输出电压的占空比，电路如图 3-4-25(a)所示。

图 3-4-25(a)中，电位器 R_p 的滑动端将 R_p 分成 R_{p1} 和 R_{p2} 两部分，若忽略二极管 VD$_1$ 和 VD$_2$ 的导通电阻，则电容 C 充电回路的电阻为 $(R + R_{p1})$，而放电回路的电阻则为 $(R + R_{p2})$。如果调整 R_p，使 $R_{p1} < R_{p2}$，则充电快而放电慢，即电容 C 充电时间 T_1 小于放电时间 T_2，如果调整 R_p，使 $R_{p1} > R_{p2}$，则情况刚好相反。波形图如图 3-4-25(b)所示。

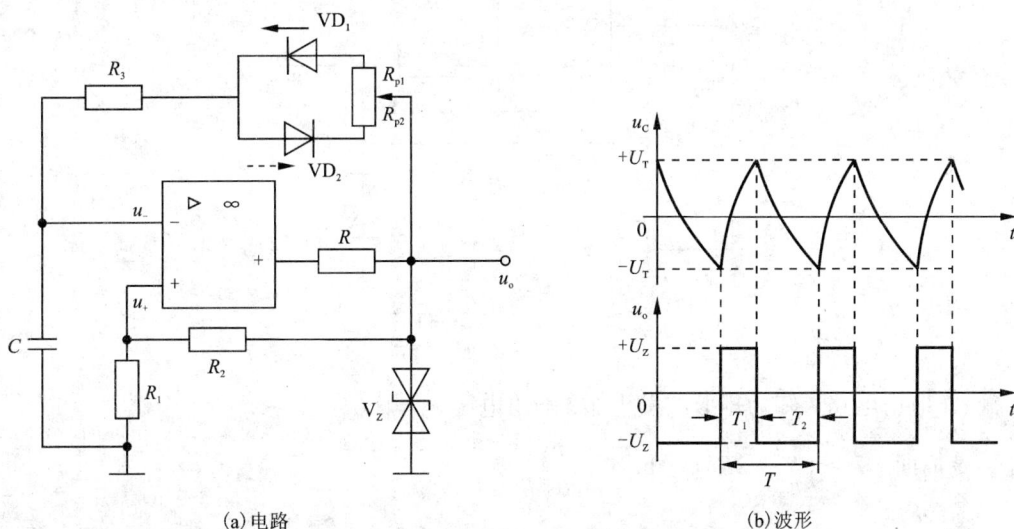

(a) 电路　　　　　　　　　　　　　(b) 波形

图 3-4-25　矩形波发生器电路及波形图

根据一阶 RC 电路的三要素法可导出：

$$T_1 = (R + R_{p1})C \cdot \ln\left(1 + \frac{2R_1}{R_2}\right) \tag{3-4-39}$$

$$T_2 = (R + R_{p2})C \cdot \ln\left(1 + \frac{2R_1}{R_2}\right) \tag{3-4-40}$$

振荡周期

$$T = T_1 + T_2 = (2R + R_p)C \cdot \ln\left(1 + \frac{2R_1}{R_2}\right) \tag{3-4-41}$$

矩形波的占空比

$$\delta = \frac{T_1}{T} = \frac{R + R_{p1}}{2R + R_p} \tag{3-4-42}$$

由式(3-4-41)、(3-4-42)可知,改变电位器 R_p 滑动端位置可以调节矩形波的占空比,但振荡周期保持不变。

例 3-11 图 3-4-26 所示电路中,已知 $R = 10$ kΩ, $R_1 = 10$ kΩ, $R_2 = 50$ kΩ, $R_p = 150$ kΩ, $R_3 = 10$ kΩ, $C = 0.1$ μF, $\pm U_Z = \pm 6$ V。试求:

(1)输出电压的幅值和振荡频率约为多少;

(2)占空比的调节范围约为多少。

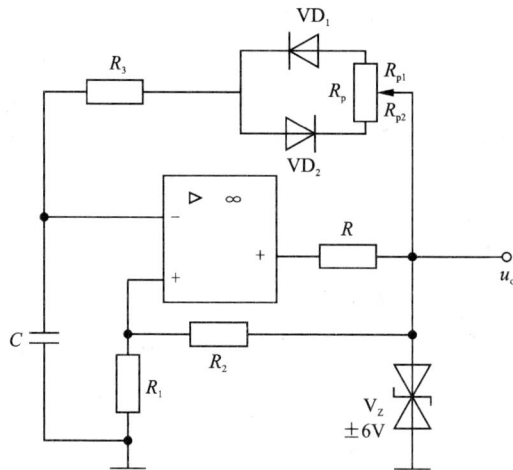

图 3-4-26 例 3-11 图

解: (1)由电路可知为矩形波发生器,输出电压 $u_o = \pm 6$ V。

振荡周期 $\quad T \approx (R_p + 2R)C \cdot \ln\left(1 + \frac{2R_1}{R_2}\right)$

$$= (150 + 2 \times 10) \times 10^3 \times 0.1 \times 10^{-6} \cdot \ln\left(1 + \frac{2 \times 10}{50}\right)$$

$$= 5.72 \times 10^{-3} \text{S} = 5.72 \text{ ms}$$

振荡频率 $\qquad\qquad\qquad f = \frac{1}{T} \approx 175$ Hz

（2）$\delta_{\min} = \dfrac{T_1}{T} = \dfrac{R}{2R + R_p} = \dfrac{10}{2 \times 10 + 150} = 5.88\%$

$\delta_{\max} = \dfrac{T_1}{T} = \dfrac{R + R_p}{2R + R_p} = \dfrac{10 + 150}{2 \times 10 + 150} = 94.1\%$

占空比 δ 的调节范围在 $5.88\% \sim 94.1\%$ 之间。

本章小结

1. 集成运算放大器就是一种高电压增益、高输入电阻和低输出电阻的直接耦合多级放大电路，它主要由输入级、中间级、输出级和偏置电路四个部分组成。

2. 在分析运算放大器时，常把运算放大器理想化。即 $A_{od} \to \infty$；$R_{id} \to \infty$；$R_{od} = 0$；$K_{CMR} \to \infty$。

3. 放大电路中引入负反馈，改善了放大电路的性能，提高了电路放大倍数的稳定性，减小非线性失真，改变了输入、输出电阻，展宽通频带，但降低了放大倍数。

4. 理想运放线性应用时具有虚短（$u_+ = u_-$）、虚断（$i_+ = i_- = 0$）两个特性。当集成运放工作在线性区时，可根据理想运放的特点，结合外围电路进行分析计算，实现比例、加、减、积分、微分等多种数学运算。

5. 用集成运放构成的信号处理电路常见的有：有源滤波器、信号比较器。

6. 正弦波振荡电路是正弦波信号发生电路，它包括四个基本环节：放大电路、反馈网络、选频网络和稳幅环节。常见的正弦波振荡电路有：RC 正弦波振荡电路、LC 振荡电路和石英晶体振荡电路。在此只介绍了 RC 正弦波振荡电路。

7. 非正弦波信号发生器是在电压比较器的基础上构成的。本章介绍了方波、矩形波产生电路。

复习思考题

3－1　通用型集成运放由哪几部分电路组成？每一部分有什么作用？

3－2　集成运放的理想化条件是什么？

3－3　什么是"虚短"、"虚断"？

3－4　电路如题图 3－1 所示，放大器中的 u_+ 接地，u_- 虚地，若将两端短接，电路能否正常工作？

3－5　试在题图 3－2 所示电路中找出反馈元件，并判断反馈类型。

3－6　已知一反馈放大电路的开环电压放大倍数 $A_u = 1000$，电压反馈系数 $F_u = 0.02$，输出电压为 5 V，试求输入电压、反馈电压和净输入电压各为多少？

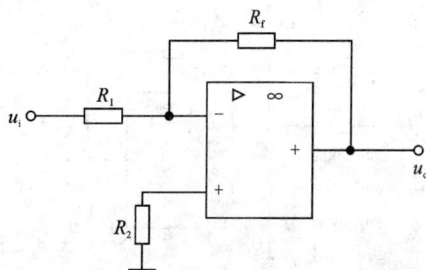

题图 3－1

3－7　某负反馈放大电路，其闭环电压放大倍数为 100，当开环电压放大倍数变化 10% 时其闭环电压放大倍数的变化不超过 1%，试求开环电压放大倍数和反馈系数。

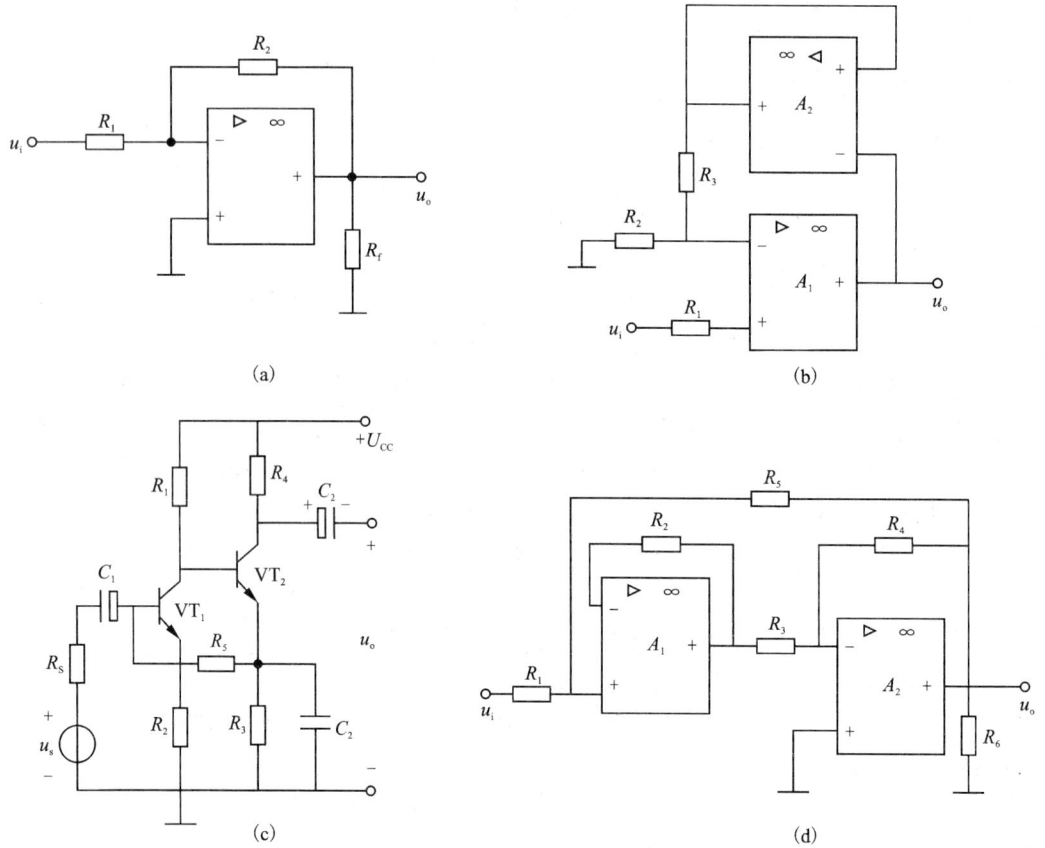

(a)

(b)

(c)

(d)

题图 3 – 2

3 – 8　在题图 3 – 3 所示电路中，已知输入电压 $u_i = -1$ V，运放的开环电压放大倍数 A_u = 100000，试求输出电压 u_o。

3 – 9　电路如题图 3 – 4 所示，已知集成运放为理想运放，$R_1 = 20$ kΩ，$u_i = 200$ mV 时输出电压 $u_o = -0.5$ V，求电路中 R_f 和 R_2 的值。

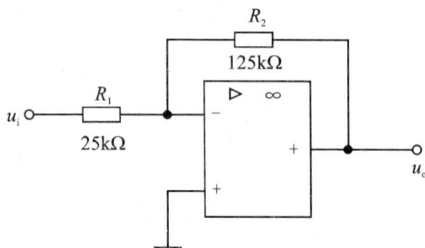

题图 3 – 3

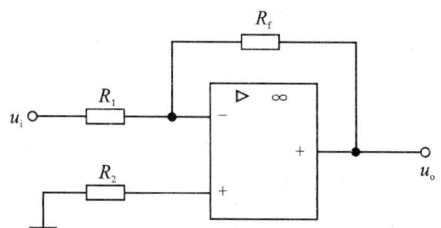

题图 3 – 4

3 – 10　电路如题图 3 – 5 所示，已知集成运放为理想运放，$R_1 = 5$ kΩ，$R_f = 50$ kΩ，集成运放输出电压的最大幅值为 $U_{OM} = \pm 14$ V，求输入电压 $u_i = 100$ mV 时，输出电压 u_o 的值。

3-11　电路如题图 3-6 所示，集成运放为理想运放，试求出电路的输出电压 u_o。

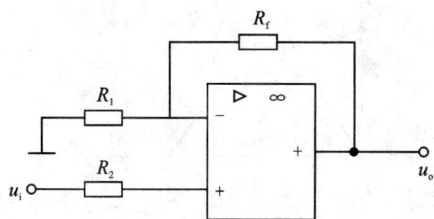

题图 3-5

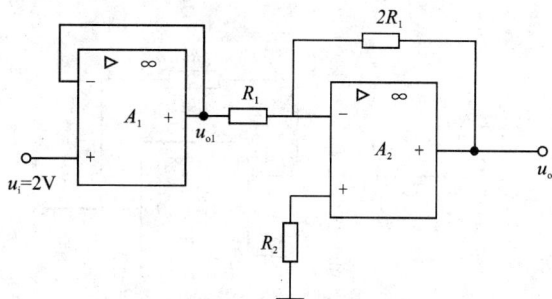

题图 3-6

3-12　电路如题图 3-7 所示，各集成运放为理想运放，求出输出电压 u_o 与输入电压 u_i 的关系。

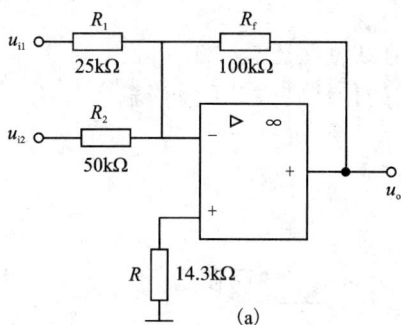

(a)

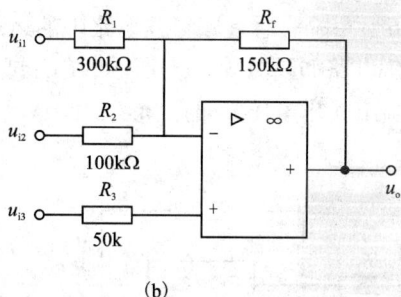

(b)

题图 3-7

3-13　电路如题图 3-8(a)所示，已知输入电压 u_i 的波形图 3-8(b)所示，当 $t=0$ 时，$u_o=5$ V，对应画出输出电压 u_o 的波形。

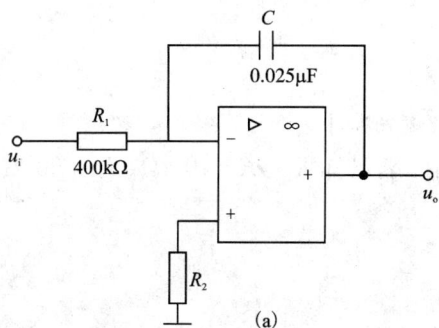

(a)

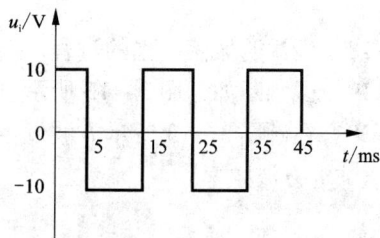

(b)

题图 3-8

3-14 电路如题图 3-9(a)所示，输入信号如图 3-9(b)所示，试画出输出电压 u_o 的波形。

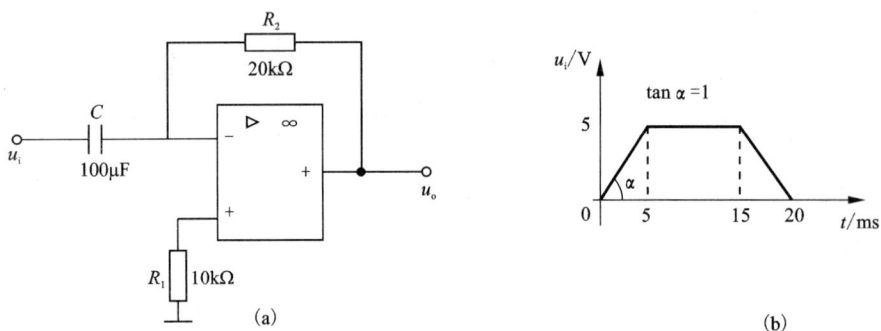

题图 3-9

3-15 在题图 3-10 所示低通有源滤波电路中，已知 $R_1 = R_2 = 50$ kΩ，$R_f = 100$ kΩ，试求 $W = W_0$ 时的幅值和相位角。

3-16 一阶低通有源滤波电路中的运放工作在线性区还是非线性区？

3-17 电路如题图 3-11 所示，(1)试画出它的传输特性。(2)当输入电压 $u_i = 6\sin\omega t$ (V)时，画出输出电压 u_o 的波形。

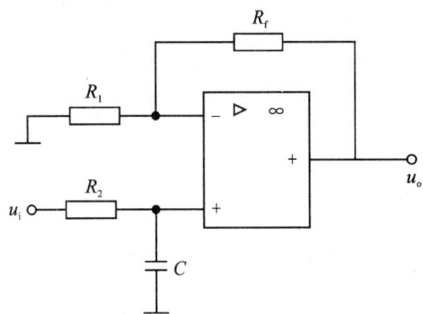

题图 3-10

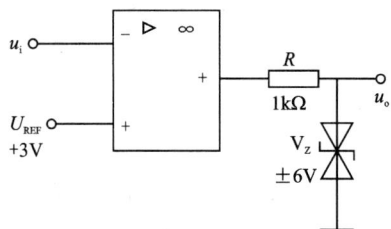

题图 3-11

3-18 请说明振荡建立的过程。

3-19 试判断如题图 3-12 所示电路能否起振？为什么？

3-20 在题图 3-13 所示方波发生器电路中，若已知 $R_1 = R = 10$ kΩ，$R_2 = 20$ kΩ，$C = 0.1$ μF，试求方波频率。

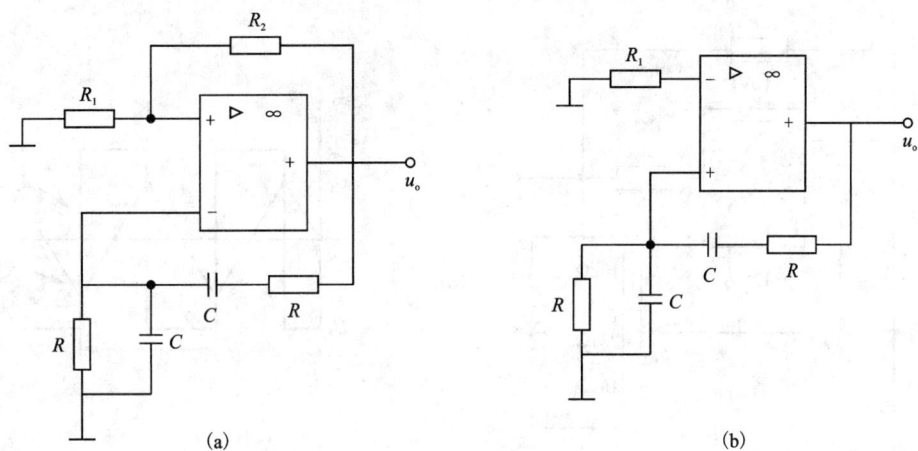

题图 3-12

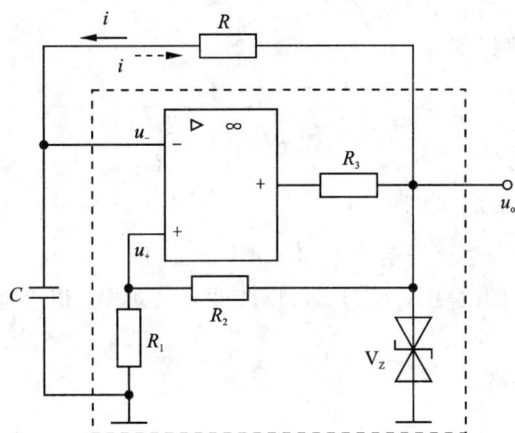

题图 3-13

能力训练四 集成运放构成的方波发生器的调试

1. 训练目的

(1) 掌握方波发生器的结构及工作特点。

(2) 熟悉方波发生器的调整与主要性能指标测试方法。

(3) 提高集成运放的应用能力。

2. 训练能力要求

(1) 了解方波发生器的工作原理。

训练图 4-1 所示为由滞回比较器及简单 RC 网络组成的方波发生器。它的特点是线路简单，主要用于产生方波。

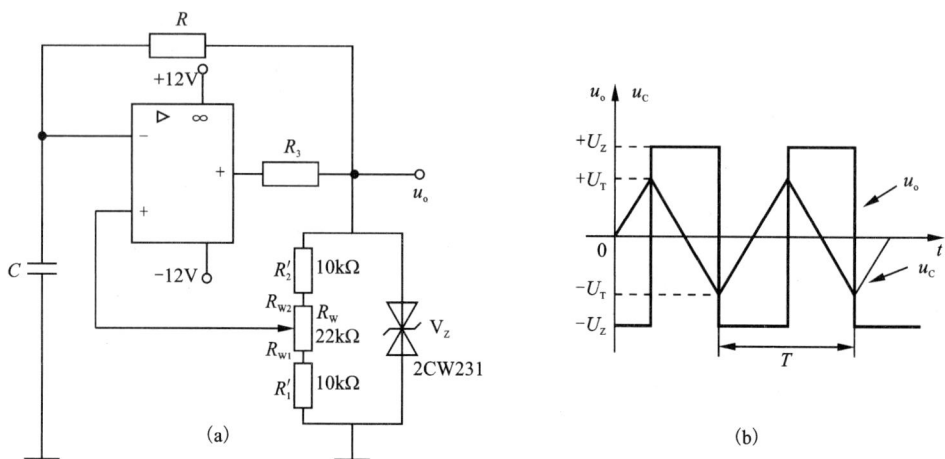

训练图 4 - 1   方波发生器原理图及输出波形

(2)会估算方波发生器的振荡频率。

方波发生电路的振荡频率

$$f = \frac{1}{T} = \frac{1}{2RC\ln\left(1 + \frac{2R_1}{R_2}\right)}$$

式中 $R_1 = R_1' + R_W'$ $R_2 = R_2' + R_W''$

方波输出幅值 $U_= \pm U_Z$

(3)调节电位器 R_W(即改变 R_2/R_1),可以改变振荡频率,也可通过改变 R(或 C)来实现振荡频率的调节。

(4)学会设计实验表格。

3. 实训器材

(1) ±12 V 直流电源   (2)双踪示波器

(3)交流毫伏表   (4)频率计

(5)集成运算放大器 μA741 ×2   (6)稳压管 2CW231 ×1

(7)电阻器、电容器若干

4. 实训步骤

(1)按训练图 4 - 1 连接实验电路。

(2)将电位器 R_W 调至中心位置,用双踪示波器观察并描绘方波 u_o 及三角波 u_C 的波形(注意对应关系),测量其幅值及频率,记录之。

(3)改变 R_W 动点的位置,观察 u_o、u_C 幅值及频率变化情况。把动点调至最上端和最下端,测出频率范围,记录之。

(4)将 R_W 恢复至中心位置,将一只稳压管短接,观察 u_o 波形,分析 V_Z 的限幅作用。

(5)数据整理与分析。

(6)写实训总结。

5. 注意事项

（1）接线前先检测元器件参数是否完好。

（2）接线时要注意集成运放电源的极性，不要接错。

（3）按图接好实验电路，检查再通电。

思考：

（1）电路参数变化对方波频率及电压幅值有什么影响？

（2）怎样测量非正弦波电压的幅值？

第4章　直流稳压电源

电子设备中都需要稳定的直流电源，功率较小的直流电源大多数都是将 50 Hz 的交流电经过整流、滤波和稳压后获得的。本章只讨论直流稳压电源中的稳压电路部分。知识要点如下：

- 直流稳压电源的基本组成、作用；
- 常用稳压电路的类型、电路组成、工作原理等。

4.1　直流稳压电源的组成与作用

小功率直流稳压电源由电源变压器、整流电路、滤波电路、稳压电路组成，如图 4-1-1 所示。

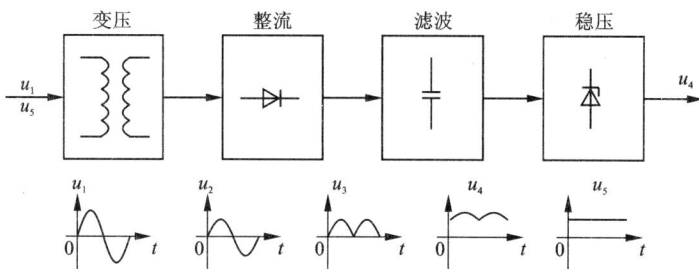

图 4-1-1　直流稳压电源的组成

各部分的作用如下：

(1)电源变压器：由于所需直流电压的数值较低，而电网电压比较高，所以在整流前首先用电源变压器把 220 V 电网电压变换成所需要的交流电压值。

(2)整流电路：利用整流元件的单向导电性，把交流电变成方向不变但大小随时间变化的脉动直流电。

(3)滤波电路：利用电容器、电感线圈的储能特性，把脉动直流电中交流成分滤掉，从而得到较为平滑的直流电。

(4)稳压电路：虽然经过滤波电路输出较为平滑的直流电，但由于电网电压的波动或负载发生改变，都会引起输出电压的改变。采用稳压电路可以减轻电网电压波动和负载变化造成的直流电压变化率。

4.2　直流稳压电路

直流稳压电路的分类方法有多种，根据直流稳压电路组成的元件类型可以分为分立元件型直流稳压电路和集成稳压电路；根据直流稳压电路中的核心元件(调整管)与负载之间的连接关系可以分为并联型直流稳压电路和串联型直流稳压电路；根据直流稳压电路的核心元件(调整管)工作状态可以分为线性稳压电路和开关稳压电路；根据直流稳压电路的适用范围可以分为通用型直流稳压电路和专用型直流稳压电路。下面将介绍几种常用的直流稳压电路。

4.2.1　并联型稳压电路

1. 硅稳压管稳压电路(并联型稳压电路)的电路组成。如图 4-1-2 所示，稳压电路主要由硅稳压管和限流电阻组成。

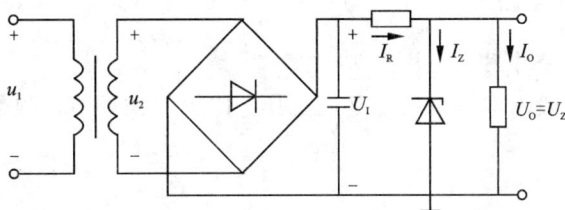

图 4-2-1　硅稳压管稳压电路

2. 工作原理

输入电压 U_i 波动时会引起输出电压 U_o 波动。如 U_i 升高将引起 U_o 随之升高，导致稳压管的电流 I_Z 急剧增加，使得电阻 R 上的电流 I_R 和电压 U_R 迅速增大，从而使 U_o 基本上保持不变。反之，当 U_i 减小时，U_R 相应减小，仍可保持 U_o 基本不变。当负载不变而电网电压变化时的稳压过程示意图如下：

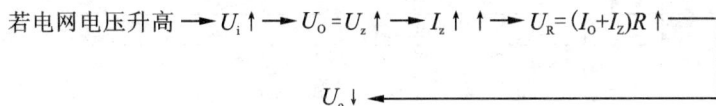

$$若电网电压升高 \longrightarrow U_i\uparrow \longrightarrow U_o=U_z\uparrow \longrightarrow I_z\uparrow\uparrow \longrightarrow U_R=(I_O+I_z)R\uparrow$$

$$U_o\downarrow$$

当负载电流 I_o 发生变化引起输出电压 U_o 发生变化时，同样会引起 I_Z 的相应变化，使得 U_o 保持基本稳定。如当 I_o 增大时，I 和 U_R 均会随之增大使得 U_o 下降，这将导致 I_Z 急剧减小，使 I 仍维持原有数值保持 U_R 不变，使得 U_o 得到稳定。当电网电压不变而负载变化时的稳压过程示意图如下：

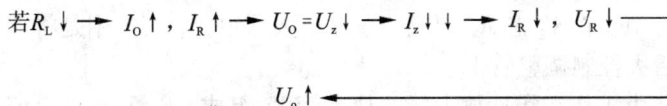

$$若R_L\downarrow \longrightarrow I_O\uparrow，I_R\uparrow \longrightarrow U_o=U_z\downarrow \longrightarrow I_z\downarrow\downarrow \longrightarrow I_R\downarrow，U_R\downarrow$$

$$U_o\uparrow$$

3. 电路参数计算

(1)稳压管的选型：

$$U_Z = U_o$$
$$I_{ZM} = (1.5 \sim 3)I_{O(MAX)}$$

(2)输入电压的确定：

$$U_\mathrm{I} = (2 \sim 3)U_\mathrm{o}$$

(3)限流电阻 R 的计算：

$$\frac{U_\mathrm{I(min)} - U_\mathrm{o}}{I_\mathrm{Z} + I_\mathrm{0(Max)}} \geqslant R \geqslant \frac{U_\mathrm{I(max)} - U_\mathrm{o}}{I_\mathrm{ZM} + I_\mathrm{0(min)}}$$

4. 硅稳压管稳压电路的特点

硅稳压管稳压电路具有电路结构简单，负载短路时稳压管不会损坏等优点，但输出电压不能调节、负载电流变化范围小，只适合负载电流较小、稳压要求较低的场合。

4.2.2 串联型稳压电路

1. 电路组成及各部分作用

串联型稳压电路一般由取样环节、基准电压、比较放大环节、调整环节四个部分组成。如图 4 - 2 - 2 所示。

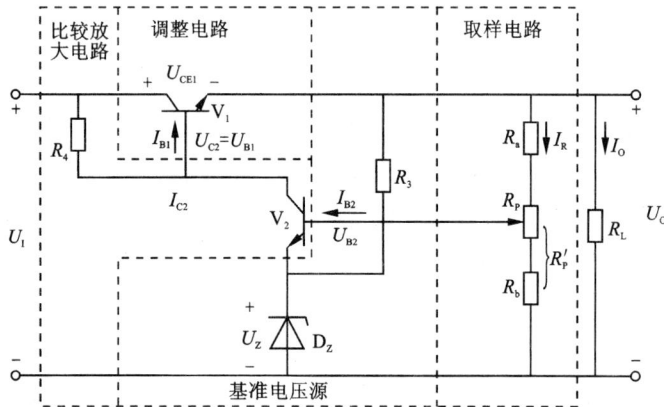

图 4 - 2 - 2 串联型稳压电路组成

可以看出，这是一个由分立元件组成的串联型稳压电路，各组成部分的作用如下：

(1)取样环节。由 R_1、R_P、R_2 组成的分压电路构成，它将输出电压 U_o 分出一部分作为取样电压 U_F，送到比较放大环节。

(2)基准电压。由稳压二极管 D_Z 和电阻 R_3 构成的稳压电路组成，它为电路提供一个稳定的基准电压 U_Z，作为调整、比较的标准。

(3)比较放大环节。由 V_2 和 R_4 构成的直流放大器组成，其作用是将取样电压 U_F 与基准电压 U_Z 之差放大后去控制调整管 V_1。

(4)调整环节。由工作在线性放大区的功率管 V_1 组成，V_1 的基极电流 I_B1 受比较放大电路输出的控制，它的改变又可使集电极电流 I_C1 和集、射电压 U_CE1 改变，从而达到自动调整稳定输出电压的目的。

2. 稳压工作原理

当输入电压 U_i 或输出电流 I_o 变化引起输出电压 U_o 增加时，取样电压 U_F 相应增大，使 V_2 管的基极电流 I_B2 和集电极电流 I_C2 随之增加，V_2 管的集电极电位 U_C2 下降，因此 V_1 管的基

极电流 I_{B1} 下降，使得 I_{C1} 下降，U_{CE1} 增加，U_o 下降，使 U_o 保持基本稳定。

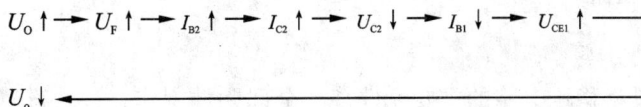

$$U_o \uparrow \longrightarrow U_F \uparrow \longrightarrow I_{B2} \uparrow \longrightarrow I_{C2} \uparrow \longrightarrow U_{C2} \downarrow \longrightarrow I_{B1} \downarrow \longrightarrow U_{CE1} \uparrow$$

$$U_o \downarrow$$

同理，当 U_i 或 I_o 变化使 U_o 降低时，调整过程相反，U_{CE1} 将减小使 U_o 保持基本不变。从上述调整过程可以看出，该电路是依靠电压负反馈来稳定输出电压的。

3. 电路的输出电压

设 V_2 发射结电压 U_{BE2} 可忽略，则：

$$U_F = U_Z = \frac{R'_P}{R_a + R_P + R_b} \cdot U_o$$

或

$$U_o = \frac{R_a + R_P + R_b}{R'_P} \cdot U_Z$$

用电位器 R_P 可以调节输出电压 U_o 的大小，但 U_o 必定大于或等于 U_Z，如 $U_Z = 6$ V，$R_a = R_b = R_P = 100$ Ω，则 $R_a + R_b + R_P = 300$ Ω，R'_P 最大为 200 Ω，最小为 100 Ω。由此可知输出电压 U_o 在 9 ~ 18 V 范围内连续可调。

4. 采用集成运算放大器的串联型稳压电路

如果用集成运算放大器替代分立元件的比较放大电路，则得到采用集成运算放大器的串联型稳压电路，如图 4 - 2 - 3 所示。

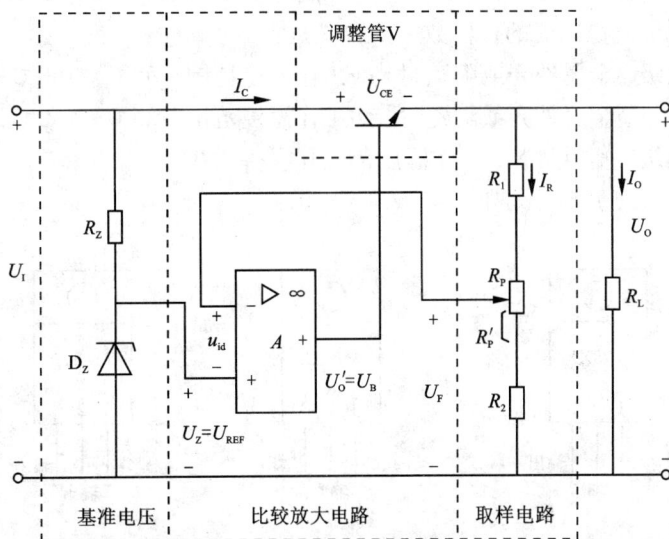

图 4 - 2 - 3　采用集成运算放大器的串联型稳压电路

可以看出，其电路组成部分、工作原理及输出电压的计算与前述电路完全相同，惟一不同之处是放大环节采用集成运算放大器而不是晶体管。因此，该电路的稳压性能将会更好。

4.2.3　集成稳压器

1. 集成稳压器的分类

集成稳压电路是将稳压电路的主要元件甚至全部元件制作在一块硅基片上的集成电路，因而具有体积小、使用方便、工作可靠等特点。

集成稳压器的类型很多，作为小功率的直流稳压电源，应用最为普遍的是三端式串联型集成稳压器。三端式集成稳压器是指集成稳压电路仅有输入、输出、接地(或公用)三个接线端子的集成稳压电路。

根据稳压电路的输出电压类型可以分为三端固定式集成稳压器和三端可调式集成稳压器两种；如果根据稳压电路的输出电压极性分可以分为正电压输出型(W7800)和负电压输出型(W7900)。

三端集成稳压器的主要类型和型号如下：

(1)三端固定正输出集成稳压器，国标型号为 CW78—/CW78M—/CW78L—

(2)三端固定负输出集成稳压器，国标型号为 CW79—/CW79M—/CW79L—

(3)三端可调正输出集成稳压器，国标型号为 CW117—/CW117M—/CW117L—

CW217—/CW217M—/CW217L—

CW317—/CW317M—/CW317L—

(4)三端可调负输出集成稳压器，国标型号为 CW137—/CW137M—/CW137L–

CW237—/CW237M—CW237L–

CW337—/CW337M—/CW337L—

其中三端可调集成稳压器的首位数字的含义是：

● 1 为军用品级，金属外壳或陶瓷封装，工作温度范围 –55℃ ~150℃；

● 2 为工业品级，金属外壳或陶瓷封装，工作温度范围 –25℃ ~150℃；

● 3 为民用品级，塑料封装，工作温度范围 0℃ ~125℃。

三端集成稳压器的引脚排列如图 4 – 2 – 4 所示：

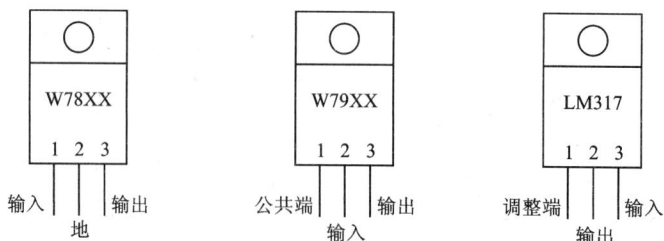

图 4 – 2 – 4

2. 典型应用电路

(1)基本电路，如图 4 – 2 – 5 所示。

在基本电路中，输出电压 $U_0 = U_Z$。

(2)提高输出电压的电路，如图 4 – 2 – 6 所示。

在上述电路中，输出电压 $U_0 = U_{XX} + U_Z$。

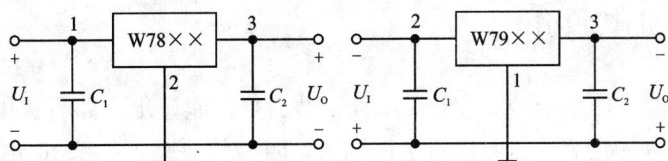

图 4 - 2 - 5　基本电路

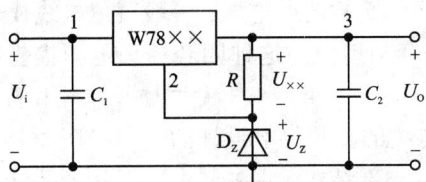

图 4 - 2 - 6　提高输出电压的电路

（3）能同时输出正、负电压的电路，如图 4 - 2 - 7 所示。

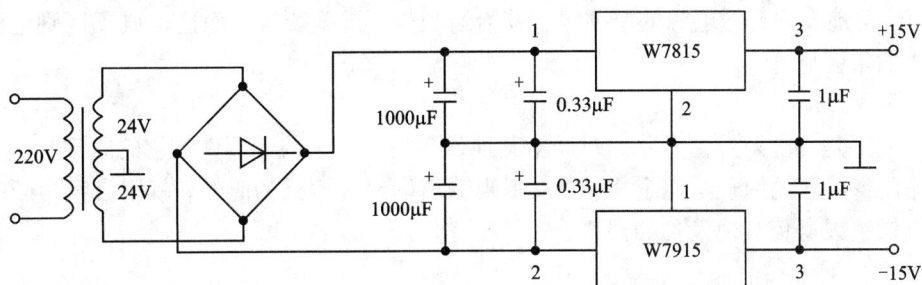

图 4 - 2 - 7　能同时输出正、负电压的电路

（4）三端可调集成稳压电路，如图 4 - 2 - 8 所示。

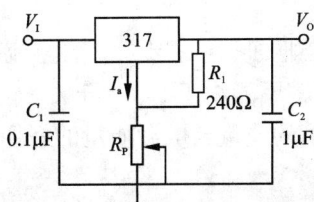

图 4 - 2 - 8　三端可调集成稳压电路

该电路的主要性能：输出电压可调范围为 1.2 ~ 37 V，最大输出电流为 1.5 A，输出与输入电压差允许范围：3 ~ 40 V。

4.3 计算机电源介绍

计算机主机电源一般采用独立设计、单独安装，并且能输出多路直流电源电压，以满足不同电路的需要，其中主要是二十芯的主板插头、四芯的驱动器插头和四芯小驱专用插头。二十芯的主板插头只有一个且具有方向性，可以有效地防止误插，插头上还带有固定装置可以钩住主板上的插座，不至于接头松动导致主板在工作状态下突然断电，四芯的驱动器电源插头用处最广泛，所有的 CD – ROM、DVD – DOM、CD – RW、硬盘甚至部分风扇都要用到它。四芯插头提供了 + 12 V 和 + 5 V 两组电压，一般黄色电线代表 + 12 V 电源，红色电线代表 + 5 V 电源，黑色电线代表 0 V 地线。这种四芯插头电源提供的数量是最多的，如果用户还不够用可以使用一转二的转接线。四芯小驱专用插头原理和普通四芯插头是一样的，只是接口形式不同罢了，是专为传统的小驱供电设计的。

打开电源的外壳即可看到内部结构，它主要由以下几个部分组成。

1. 电磁滤波器

电磁滤波器的主要作用是滤除外界的突发脉冲和高频干扰，并且减少开关电源本身对外界的电磁干扰。电磁滤波器虽然原理简单，但是却是电源中的重要设备。如果在这上面偷工减料的话，电源的屏蔽性能将大打折扣。如果我们拿优质的电磁滤波器和普通的相比较的话，就会清楚地发现普通电源的电磁滤波器恰恰缺少了屏蔽装置。而这也成了区别电源质量优秀与否的重要标志。

2. 压敏电阻

压敏电阻是在电源发生短路的时候给其他设备提供保护的元器件。它的原理其实和我们家里使用的保险丝的原理是完全相同的，每当输出端出现短路的时候，就用自我熔断的方式切断电流供给以避免其他设备的损坏。

3. 全桥

输入端的全桥整流将输入的交流电转变为脉冲直流电，其封装的形式有两种：一种是用四个分立的二极管组成；另一种是将四个二极管封装在一起。而后一种的方式就被称为全桥。全桥和二极管所能承受的最低耐压程度和最大电流是有限值的：耐压应不低于 700 V，最大电流应不大于 1 A。

4. 开关三极管

开关三极管是开关电源的中心枢纽，它主要负责将直流电送到开关变压器上。其耐压程度不能小于 800 V，输出的电流通常不能小于 5 A。开关三极管是容易损坏的部件，而它又是开关电源的核心。所以开关三极管的质量与电源质量的好坏是息息相关的。

5. 开关变压器

电源中，在两个散热片之间的金属线包就是我们看到的开关变压器。它的主要作用就是将高压转变为低压，根据电磁学的原理，其转换比例主要由线圈的匝数来决定的。一个体积较大的开关变压器可以传递更多的能量，所以它是优质电源的首选。而那些劣质电源就是用小型的开关变压器来敷衍了事。

6. 控制/保护电路

控制/保护电路支配着电源的一举一动，是电源的大脑，它负责启动电源并进行电压监测和调整，同时在出现短路、断路、过压、过流、欠压、欠流等情况的时候进行自动保护。劣质产品则常常简化控制电路，甚至不设保护电路。这一切都给电脑使用带来了诸多隐患。

7. 电源风扇

电源的一个重要组成部分——电源风扇，负责将电源内的热空气抽出（也有部分是向内吹风的）。打开电源内部可以看到有两块较大的散热片，散热片上的大功率管的性能和极限参数直接影响到电源的安全承载功率和产品成本，电源功率余量的大小与具体功率管的型号有着重要的关系，一部电源是否货真价实打开铁盒内部就能一目了然，高档电源的 220V 交流输入插座采用带有滤波器一体化插座，虽然为此将增加成本，但对于净化电源、吸收浪涌电流都有好处。

本章小结

1. 直流稳压电源是电子设备的重要组成部分，用来将交流电压变换为稳定的直流电压。一般小功率直流电源由电源变压器、整流滤波电路和稳压电路等组成。对直流稳压电源的要求是：输入电压变化以及负载变化时，输出电压应保持稳定。此外，还要求纹波电压及温度系数要小。

2. 稳压电路用来在交流电源电压波动或者负载变化时，稳定直流输出电压。目前广泛采用集成稳压器，在小功率供电系统中多采用线性集成稳压器，而中、大功率稳压电源一般采用开关稳压器。

复习思考题

4-1　串联式稳压电路如题图 4-1 所示，稳压管的稳定电压 $U_Z = 5.3$ V，电阻 $R_1 = R_2 = 200$ Ω，三极管的 $U_{BE} = 0.7$ V。

（1）说明电路的如下四个部分分别由哪些元器件构成：①调整管；②基准电压；③取样环节；④放大环节。

（2）当 R_W 的滑动端在最下端时 $U_0 = 15$ V，求 R_W 的值。

（3）若 R_W 的滑动端移至最上端时，问 $U_0 = ?$

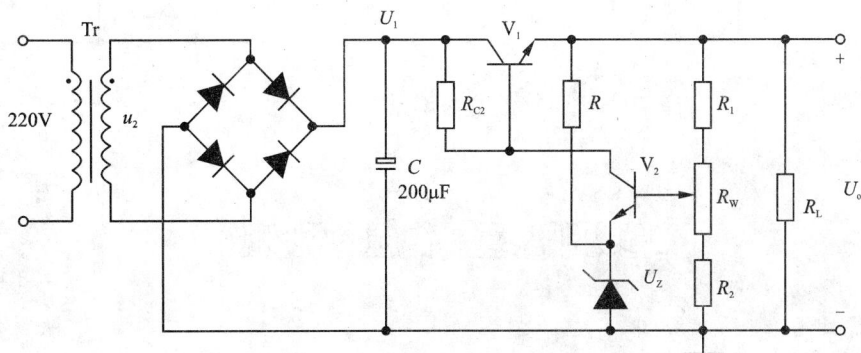

题图 4-1

4 - 2　稳压电路如题图 4 - 2 所示。设变压器次级电压的有效值 $U_2 = 20$ V，稳压管的稳压值 $U_Z = 6$ V，三极管的 $U_{BE} = 0.7$ V，$R_1 = R_2 = R_W = 300$ Ω，电位器 R_W 在中间位置。

（1）计算 A、B、C、D、E 点的电位和 U_{CE1} 的值。

（2）计算输出电压的调节范围。

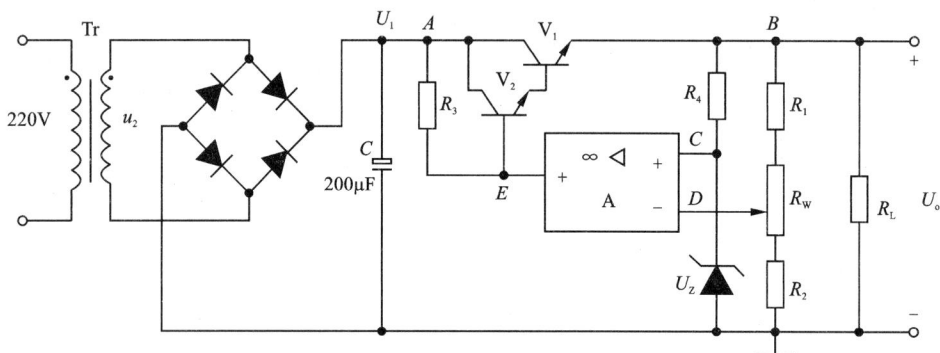

题图 4 - 2

4 - 3　用三端可调式集成稳压器 W117 构成的稳压电路如题图 4 - 3 所示。W117 的 3、1 端间电压 $U_{REF} = 1.25$ V。

（1）求输出电压的调节范围。

（2）二极管 D_1、D_2 在电路中起什么作用？

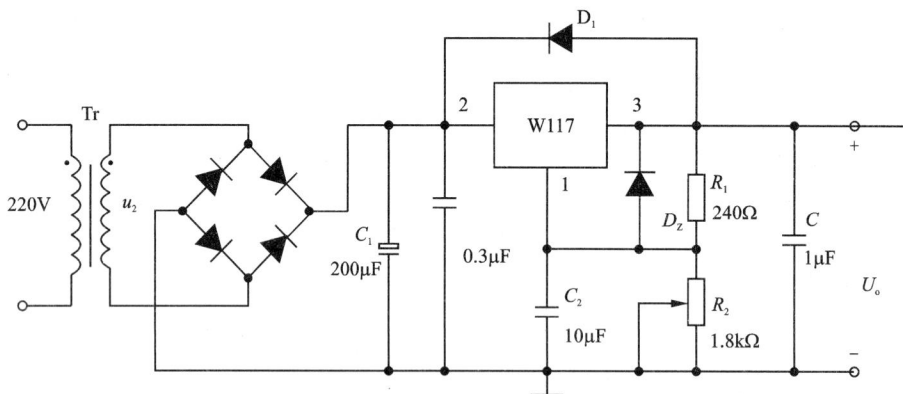

题图 4 - 3

能力训练五　集成电源测试

1. 训练目的

（1）熟悉集成稳压器的型号及特征。

（2）熟悉集成三端固定稳压器和三端可调稳压器的使用方法。

（3）掌握集成三端固定稳压器和三端可调稳压器的调整与测试方法。

2. 训练内容

（1）识读集成稳压器的型号，并测量判断引脚序号及其功能。

（2）空载测试。在加电条件下，断开负载后测量集成稳压器的输出电压是否为设计值，并检查变压器的温升情况。

（3）加载测试。在加电和带负载条件下，测量集成稳压器的输出电压是否为设计值、并用示波器检查测量集成稳压器的输出纹波大小。

（4）稳压性能测试。定性检测或定量测试集成稳压器适应电网电压、负载大小等因素变化的能力。

*第5章　晶闸管应用电路

晶闸管即晶体闸流管也称为可控硅，它是一种能控制强电的半导体器件。常用的晶闸管有单向和双向两大类。由于晶闸管具有体积小、重量轻、效率高、寿命长、使用方便等优点，它已广泛应用于各种无触点开关电路及可控整流设备中。本章简要介绍晶闸管的结构和工作原理及其应用电路。

5.1　晶闸管

5.1.1　单、双向晶闸管的内部结构及工作原理

1. 单向晶闸管的内部结构及工作原理

(1) 外形及其符号

单向晶闸管从外形上分，主要有螺栓式和平板式及塑封式等几种，见图5-1-1，它们都有三个电极，阳极 a(或 A)，阴极 k(或 K)和控制极 g(或 G)。螺栓式晶闸管的阳极是一个螺栓，使用时把它拧紧在散热器上，另一端有两根引线，其中较粗的一根叫阴极，较细的一根叫做控制极。平板式晶闸管的中间金属环是控制极，上面是阴极，区分的方法是阴极距控制极比阳极距控制极近。晶闸管的电路符号见图5-1-1(d)，文字符号常用 SCR、V 表示，本书用 V 表示。

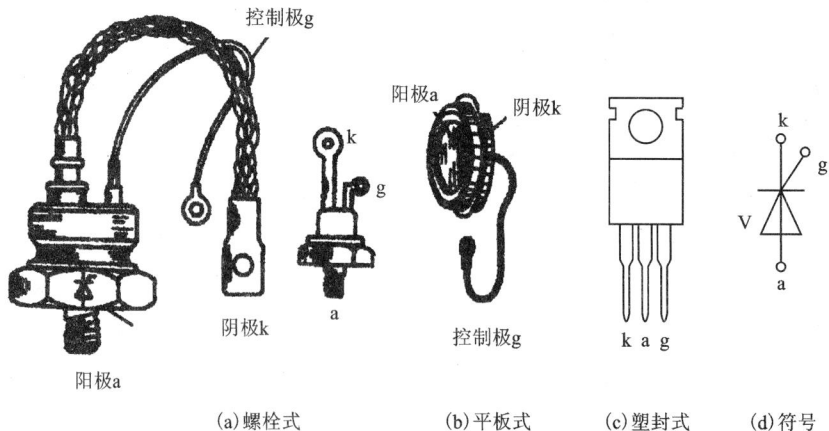

图 5-1-1　单向晶闸管的外形及其符号

(2) 内部结构

单向晶闸管的内部结构如图5-1-2(a)所示。由图可知，它由 PNPN 四层半导体构成，中间形成三个 PN 结：J_1、J_2、J_3，由最外层的 P_1、N_2 分别引出两个电极称为阳极 a(或 A)和

阴极 k(或 K)，由中间的 P_2 引出控制极 g(或 G)。

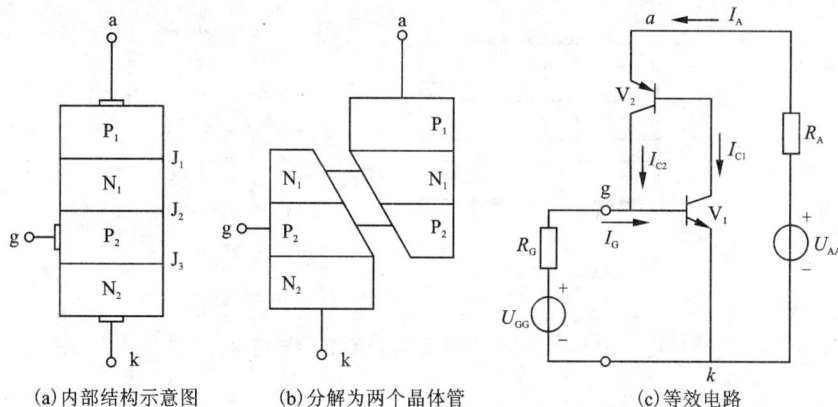

| (a)内部结构示意图 | (b)分解为两个晶体管 | (c)等效电路 |

图 5 – 1 – 2　内部结构及其等效电路

（3）工作原理

为了说明晶闸管的工作原理，可把四层 PNPN 半导体分成两部分，如图 5 – 1 – 2(b)所示。P_1、N_1、P_2 组成 PNP 型管，N_2、P_2、N_1 组成 NPN 型管，这样，晶闸管就好像是由一对互补复合的三极管构成的，其等效电路如图 5 – 1 – 2(c)所示。

如果在控制极不加电压，无论在阳极与阴极之间加上何种极性的电压，管内的三个 PN 结中，至少有一个结是反偏的，因而阳极没有电流产生；如果在晶闸管 a、k 之间接入正向阳极电压 U_{AA} 后，在控制极加入正向控制电压 U_{GG}，V_1 管基极便产生输入电流 I_G，经 V_1 管放大，形成集电极电流 $I_{C1} = \beta_1 I_G$，I_{C1} 又是 V_2 管的基极电流，同样经过 V_2 的放大，产生集电极电流 $I_{C2} = \beta_1 \beta_2 I_G$，$I_{C2}$ 又作为 V_1 的基极电流再进行放大。如此循环往复，形成正反馈过程，晶闸管的电流越来越大，内阻急剧下降，管压降减小，直至晶闸管完全导通。这时晶闸管 a、k 之间的正向压降约为 0.6 ~ 1.2 V。因此流过晶闸管的电流 I_A 由外加电源 U_{AA} 和负载电阻 R_A 决定，即 $I_A \approx U_{AA}/R_A$。由于管内的正反馈，使管子导通过程极短，一般不超过几微秒；晶闸管一旦导通，控制极就不再起控制作用，不管 U_{GG} 存在与否，晶闸管仍将导通；若要导通的管子关断，只有减小 U_{AA}，直至切断阳极电流才行，使之不能维持正反馈过程。

在反向阳极电压作用下，两只三极管均处于反向电压，不能放大输入信号，所以晶闸管不导通。

2. 双向晶闸管的内部结构及工作原理

双向晶闸管的结构如图 5 – 1 – 3(a)所示。由图可知，它是由 NPNPN 五层半导体构成的，对外引出三个电极，分别是 T_1、T_2、G。因该器件可以双向导通，故控制极 G 以外的两个电极统称为主端子，用 T_1、T_2 表示，不再划分成阳极和阴极。其特点是，当 G 极和 T_2 极相对于 T_1 的电压均为正时，T_2 是阳极，T_1 是阴极。反之，当 G 极和 T_2 极相对于 T_1 的电压均为负时，T_1 变为阳极，T_2 变为阴极。双向晶闸管的电路符号，如图 5 – 1 – 3(b)所示，文字符号常用 TLC、SCR、CT、KS、KG、V 等表示，本书用 V 表示。

双向晶闸管只用一个控制极，就可以控制它的正向导通和反向导通了。对于双向晶闸管，不管其控制极电压极性如何，它都可能被触发导通，这个特点是单向晶闸管所没有的。

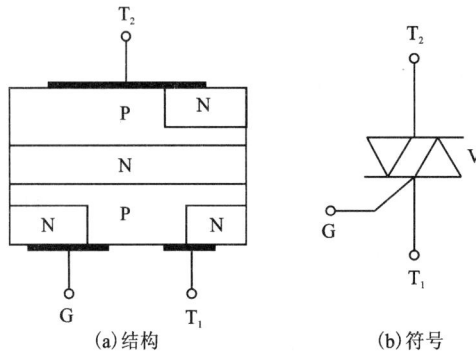

图 5 – 1 – 3　双向晶闸管的结构与符号

5.1.2　双向触发二极管

　　双向触发二极管简称为触发二极管，亦称二端交流器件，它与双向晶闸管同时问世。双向触发二极管如图 5 – 1 – 4 所示。图(a)是实物图，图(b)是内部结构图。可以看出，双向触发二极管是由 NPN 三层半导体构成的，且两端具有对称性。图(c)是双向触发二极管的电路符号，文字符号用 V 表示。图(d)是伏安特性，可以看出，当器件两端的电压 u 小于正向转折电压 U_{BO} 时，呈高阻态；当 $u > U_{BO}$ 时，管子进入负阻区，当 u 超过反向转折电压 U_{BR} 时，管子也能进入负阻区。双向触发二极管的耐压值 U_{BO} 大致分为三个等级：20 ~ 60 V、100 ~ 150 V、200 ~ 250 V。

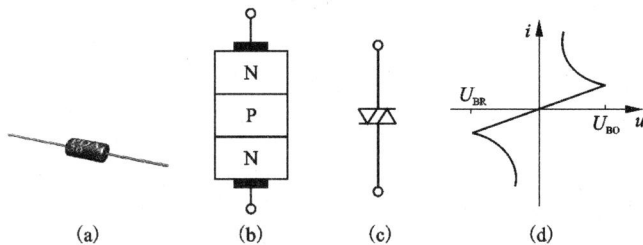

图 5 – 1 – 4　双向触发二极管

5.1.3　单向晶闸管性能演示

演示电路及操作过程：

1. 演示电路

电路的连接如图 5 – 1 – 5 所示。

（1）阳极与阴极之间通过灯泡接电源 U_{AA}。

（2）控制极与阴极之间通过电阻 R 及开关 S 接控制电源(触发信号) U_{GG}。

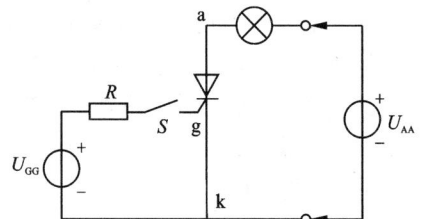

图 5 – 1 – 5　单向晶闸管连接图

2. 操作过程及现象

(1) S 断开，$U_{GG}=0$，U_{AA} 为正向，灯泡不亮，称之为正向阻断，如图 5－1－6(a) 所示。

(2) S 断开，$U_{GG}=0$，U_{AA} 为反向，灯泡不亮，如图 5－1－6(b) 所示。

(3) S 合上，U_{GG} 为正向，U_{AA} 为反向，灯泡不亮，称之为反向阻断，如图 5－1－6(c) 所示。

(4) S 合上，U_{GG} 为正向，U_{AA} 为正向，灯泡亮，称之为触发导通，如图 5－1－6(d) 所示。

(5) 在 (4) 基础上，断开 S，灯泡仍亮，称之为维持导通，如图 5－1－6(e) 所示。

(6) 在 (5) 基础上，逐渐减小 U_{AA}，灯泡亮度变暗，直到熄灭，如图 5－1－6(f) 所示。

(7) U_{GG} 反向，U_{AA} 正向，灯泡不亮，称之为反向触发，如图 5－1－6(g) 所示。

(8) U_{GG} 反向，U_{AA} 反向，灯泡仍不亮，如图 5－1－6(h) 所示。

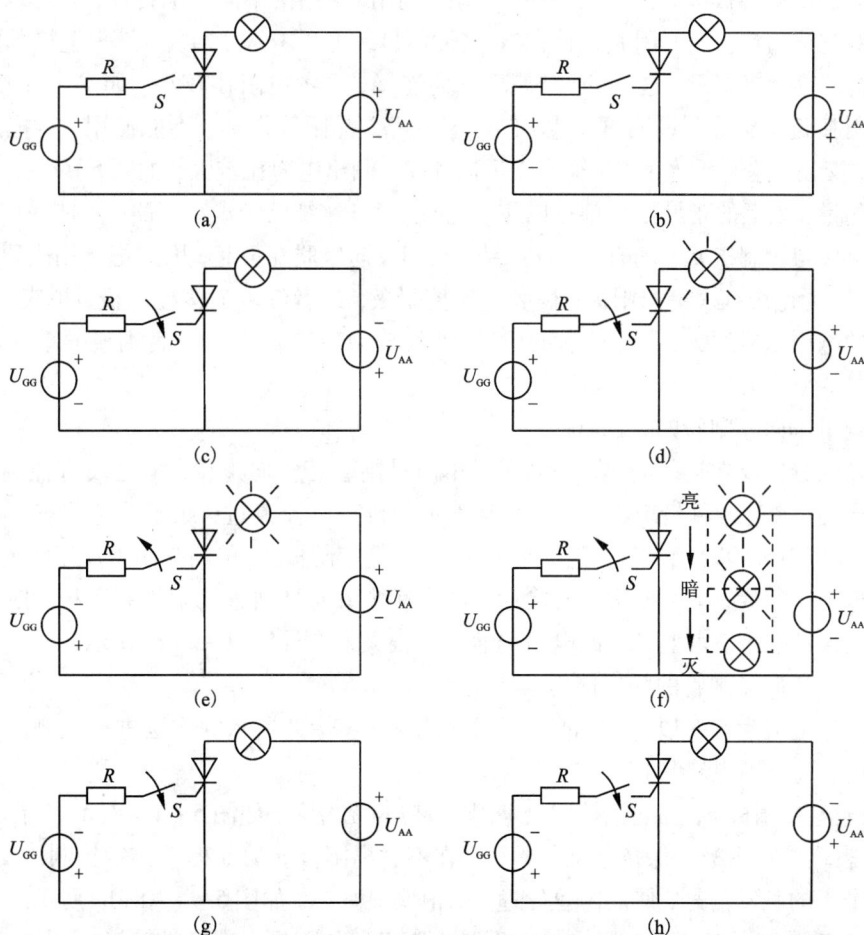

图 5－1－6　单向晶闸管工作示意图

3. 现象分析及结论

(1) 由图 5－1－6(c)、(d) 得出，晶闸管具有单向导电性。

(2) 由图 5－1－6(a)、(b)、(d)、(g)、(h) 得出，只有在控制极加上正向电压的前提下，晶闸管的单向导电性才得以实现。

（3）出图 5 - 1 - 6（e）得出，导通的晶闸管即使去掉控制极电压，仍维持导通状态。

（4）由图 5 - 1 - 6（f）得出，要使导通的晶闸管关断，必须把正向阳极电压降低到一定值。

5.1.4 普通晶闸管质量粗测

1. 单向晶闸管质量粗测

（1）测量单向晶闸管内部的 PN 结

单向晶闸管的内部有三个 PN 结，这三个 PN 结的好坏直接影响单向晶闸管的质量。所以使用单向晶闸管之前，应该先对这三个 PN 结进行测量。测量方法如图 5 - 1 - 7 所示。单向晶闸管控制极 g 和阴极 k 之间只有一个 PN 结，利用 PN 结的单向导电特性，就可以用万用表的电阻挡对它进行测量。万用表先置在 R × 100（Ω）或 R × 10（Ω）挡，用红表笔接单向晶闸管的阴极，黑表笔接控制极，这时 PN 结属于正向连接，显示电阻比较小。如果表针几乎不动，显示的电阻接近无穷大，说明这个 PN 结已经断路，晶闸管损坏，不能使用。再把万用表的红、黑表笔交换，这时候这个 PN 结属于反向连接，测出电阻比较大。如图 5 - 1 - 7（a）所示。如果两次测量，表上的指针几乎都指向零，说明这个 PN 结已经击穿短路，不能使用。单向晶闸管的阳极 a 与控制极 g 之间有两个 PN 结，它们反向串联在一起，因此把万用表置在 R × 10 k 电阻挡后，无论用红表笔接阳极，黑表笔接控制极，或者红表笔接控制极，黑表笔接阳极，表上显示的电阻都应很大（指针基本不动），如图 5 - 1 - 7（b）所示，否则说明单向晶闸管已经损坏。

（2）测量单向晶闸管的关断状态

单向晶闸管在反向连接时是不导通的，单向晶闸管若正向连接，但是没有控制电压，它也是不导通的。在这两种情况下，单向晶闸管中间没有电流流过，属于关断状态。把万用表置在 R × 1k（或 R × 10k）挡，黑表笔接阳极 a，红表笔接阴极 k，单向晶闸管属于正向连接，表上显示的电阻应很大；把两根表笔对换后，再分别接单向晶闸管的阳极和阴极，使单向晶闸管处于反向连接状态，表上显示的电阻仍然应该很大，如图 5 - 1 - 7（c）所示。

（3）测量单向晶闸管的触发能力

对于工作电流为 5 A 以下的晶闸管，可采用图 5 - 1 - 8 所示的方法进行检测。万用表置于 R × 1（Ω）挡。检测步骤如下：

① 黑表笔接阳极 a，红表笔接阴极 k，阻值应为无穷大，如图 5 - 1 - 8（a）所示。

② 红表笔接在阴极 k 保持不动，黑表笔在不脱离阳极 a 的前提下接触控制极 g，给控制极施加一个正的触发信号，使晶闸管导通，阻值明显减小，如图 5 - 1 - 8（b）所示。

③ 红表笔依然保持不动，黑表笔在不脱离阳极 a 的前提下离开控制极 g，晶闸管仍维持导通状态，说明晶闸管具有触发能力，如图 5 - 1 - 8（c）所示。否则，说明晶闸管已经损坏。对于大功率晶闸管，因其导通状态压降较大，加之 R × 1（Ω）挡提供的阳极电流低于维持电流，所以晶闸管不能完全导通，在开关断开时晶闸管会随之关断。此时，可采用双表法，把两只万用表的 R × 1（Ω）挡串联起来使用，得到 3 V 电源电压。具体检测步骤同小功率晶闸管。

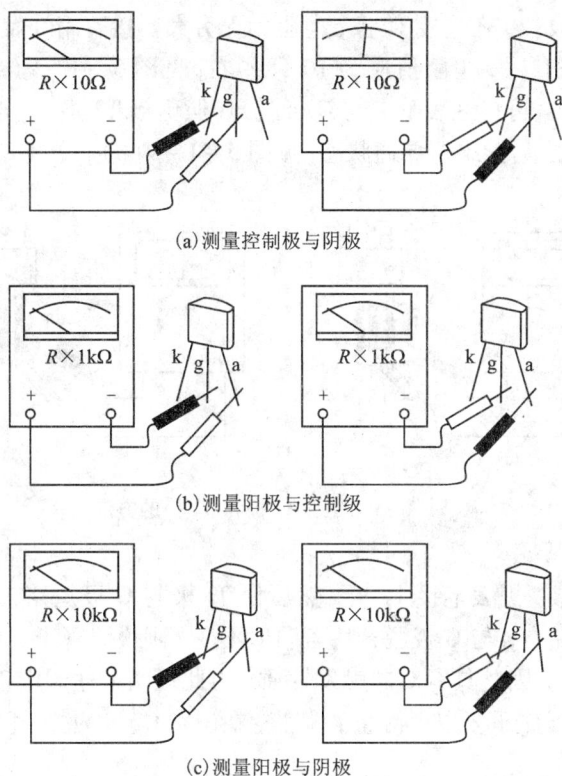

(a)测量控制极与阴极

(b)测量阳极与控制级

(c)测量阳极与阴极

图 5 - 1 - 7　单向晶闸管的测量

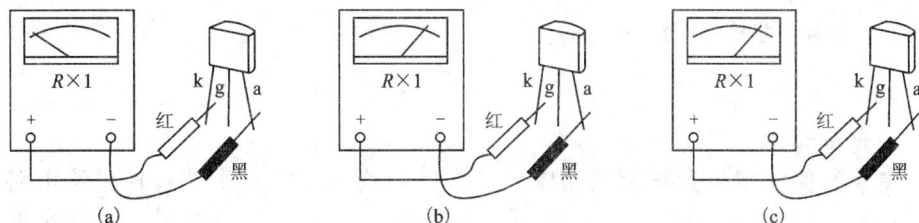

图 5 - 1 - 8　检测单向晶闸管的触发能力

2. 双向晶闸管质量粗测

测量双向晶闸管电极与触发能力。

(1) 判定 T_2 极

由图 5 - 1 - 9(a)可见，G 极与 T_1 极靠近，距 T_2 极较远。因此，G、T_1 极之间的正、反向电阻都很小。在用 R×1 挡测任意两脚之间的电阻时，只有 G、T_1 极之间显现低阻，正、反电阻仅为几十欧。而 T_2、G 极和 T_2、T_1 极之间的正、反向电阻均为无穷大。这表明，如果测出某脚和其他两脚都不通，这肯定是 T_2 极。

(2)区分 G 极与 T_1 极

①找出 T_2 极之后,首先假定剩下两脚中某一脚为 T_1 极,另一脚为 G 极。

②把黑表笔接 T_1 极,红表笔接 T_2 极,电阻为无穷大。接着用红表笔尖把 T_2 极与 G 极短路并给 G 极加上负触发信号,电阻值应为 10 Ω 左右[见图 5 - 1 - 9(a)],证明管子已经导通,导通方向为 $T_1 \rightarrow T_2$。再将红表笔尖与 G 极脱开(但仍接 T2 极),如果临时性阻值保持不变,这表明管子在触发之后能维持导通状态[见图 5 - 1 - 9(b)]。

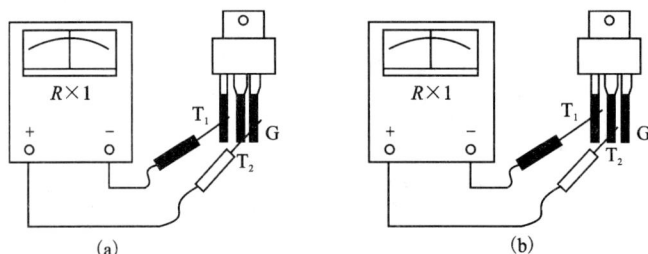

图 5 - 1 - 9　区分 G 极和 T_1 极的方法

③把红表笔接 T_1 极,黑表笔接 T_2 极,然后使 T_2 极与 G 极短路,给 G 极加上正触发信号,电阻值仍为 10 Ω 左右,与 G 极脱开后若阻值不变,则说明管子经触发后,在 $T_2 \rightarrow T_1$ 方向上也能维持导通状态,因此具有双向触发性质。由此证明上述假定正确。否则是假定与实际不符,需重新作出假定,重复以上测量。显然,在识别 G、T_1 极的过程中,也就检查了双向晶闸管的触发能力。

5.2　晶闸管电路应用

5.2.1　单相可控整流电路

1. 单相半波可控整流电路

(1) 电路组成

用晶闸管替代单相半波整流电路中的二极管就构成了单相半波可控整流电路,如图 5 - 2 - 1(a)所示。

(2) 工作原理

设 $u_2 = \sqrt{2} U_2 \sin\omega t$。电路各点的波形如图 5 - 2 - 1(b)所示。

在 u_2 正半周,晶闸管承受正向电压,但在 $0 \sim \omega t_1$ 期间,因控制极未加触发脉冲,故不导通,负载 R_L 没有电流流过,负载两端电压 $u_o = 0$,晶闸管承受 u_2 全部电压。

在 $\omega t_1 = \alpha$ 时刻,触发脉冲加到控制极,晶闸管导通,由于晶闸管导通后的管压降很小,约 1 V 左右,与 u_2 的大小相比可忽略不计,因此在 $\omega t_1 \sim \pi$ 期间,负载两端电压与 u_2 相似,并有相应的电流流过。

当交流电压 u_2 过零值时,流过晶闸管的电流小于维持电流,晶闸管便自行关断,输出电压为零。

当交流电压 u_2 进入负半周时,晶闸管承受反向电压,无论控制极加不加触发电压,晶闸

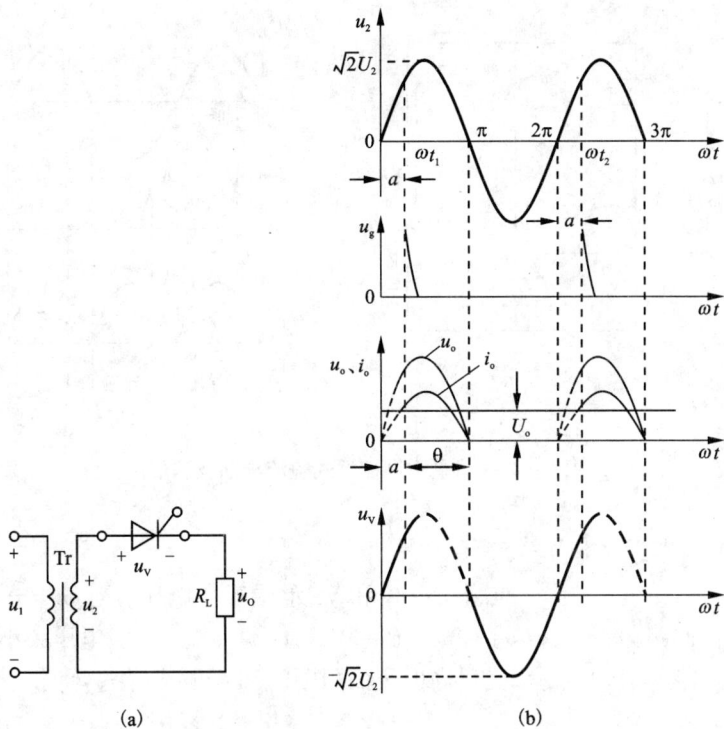

图 5 - 2 - 1　单相半波整流电路及波形

管均不会导通，呈反向阻断状态，输出电压为零。当下一个周期来临时，电路将重复上述过程。

加入控制极电压 u_g 使晶闸管开始导通的角度 α 称为控制角，$\theta = \pi - \alpha$ 称为导通角，如图 5 - 2 - 1(b) 所示。显然，控制角 α 越小，导通角 θ 就越大，当 $\alpha = 0$ 时，导通角 $\theta = \pi$，称为全导通。α 的变化范围为 $0 \sim \pi$。

由此可见，改变触发脉冲加入时刻就可以控制晶闸管的导通角，负载上电压平均值也随之改变，α 增大，输出电压减小，反之，α 减小，输出电压增加，从而达到可控整流的目的。

半波整流电路主要优点是电路简单，所使用的元器件少，缺点是输出电压低，脉动大，变压器利用率低，因此除了在要求不高、负载电流较小的场合下应用外，很少采用。

2. 单相半控桥式整流电路

（1）电路组成

将二极管桥式整流电路中的两个二极管用两个晶闸管替换，就构成了半控桥式整流电路，如图 5 - 2 - 2 所示。

（2）工作原理

设 $u_2 = \sqrt{2}U_2\sin\omega t$，电路各点的波形如图 5 - 2 - 2(b) 所示。

在 u_2 的正半周，a 端为正，b 端为负时，V_1 和 V_4 承受正向电压在 $\omega t = \alpha$ 时刻触发晶闸管 V_1，使之导通，其电流回路为：电源 a 端 $\rightarrow V_1 \rightarrow R_L \rightarrow V_4 \rightarrow$ 电源 b 端。若忽略 V_1、V_4 的正向压降，输出电压 u_o 与 u_2 相等，极性为上正下负，这时 V_2、V_3 均承受反向电压而阻断。电源电

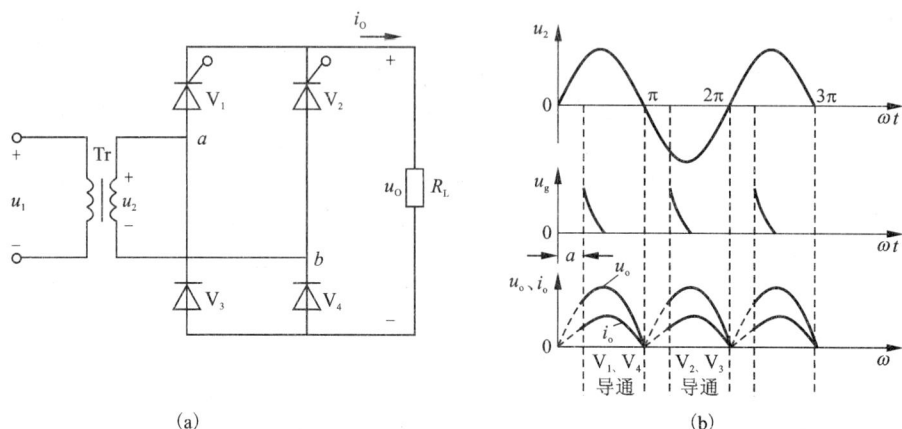

图 5 - 2 - 2　单相半控桥式整流电路及波形

压 u_2 过零时，V_1 阻断，电流为零。

在 u_2 的负半周，a 点为负，b 点为正，V_2 和 V_3 承受正向电压，当 $\omega t = \pi + \alpha$ 时触发 V_2，使之导通，其电流回路为：电源 b 端→V_2→R_L→V_3→电源 a 端，负载电压大小和极性与 u_2 在正半周时相同，这时 V_1 和 V_4 均承受反向电压而阻断。当 u_2 由负值过零时，V_3 阻断，电流为零。

在 u_2 的第二个周期内，电路将重复第一个周期的变化。如此重复下去，以至无穷。

5.2.2　单结晶体管触发器

1. 单结晶体管的结构及其性能

（1）外形及符号

图 5 - 2 - 3(a)所示为单结晶体管的外形图。可以看出，它有三个电极，但不是三极管，而是具有三个电极的二极管，管内只有一个 PN 结，所以称之为单结晶体管。三个电极中，一个是发射极，两个是基极，所以也称为双基极二极管。

双基极二极管的电路符号如图 5 - 2 - 3(b)所示，文字符号用 V 表示。其中，有箭头的表示发射极 e；箭头所指方向对应的基极为第一基极 b_1，表示经 PN 结的电流只流向 b_1极；第二基极用 b_2 表示。

（2）单结管的结构

单结晶体管的结构如图 5 - 2 - 4(a)所示，它是在一块电阻率比较高的 N 型硅片两头制作

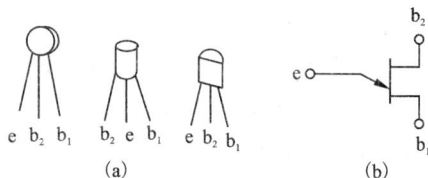

图 5 - 2 - 3　单结管的外形、符号图

两个接触电极，分别叫第一基极 b_1 和第二基极 b_2。在靠近第二基极 b_2 的一侧中间，用合金或扩散法掺入 P 型杂质，形成一个 PN 结，引出电极，称为发射极 e。单结管的等效电路如图 5 - 2 - 4(b)所示。发射极对基极呈现出 PN 结，同时两个基极 b_1 与 b_2 之间呈电阻性，称基极电阻，$R_{bb} = R_{b1} + R_{b2}$，阻值范围为 $3 \sim 12~\text{k}\Omega$ 之间，具有正的温度系数，其中 R_{b1} 为 b_1 与 e 间

的电阻，阻值随发射极电流 i_E 而变化，R_{b2} 为 b_2 与 e 间的电阻，阻值维持不变。

（3）单结管的伏安特性

用实验方法可以得出单结管的伏安特性，如图 5-2-5 所示。在图 5-2-5(a) 中，两个基极 b_1 与 b_2 之间加一个电压 U_{BB}（b_1 接负，b_2 接正），则此电压在 $b_1 \sim a$ 与 $b_2 \sim a$ 之间按一定比例 η 分配，$b_1 \sim a$ 之间电压用 U_A 表示为

图 5-2-4　单结管结构及等效电路

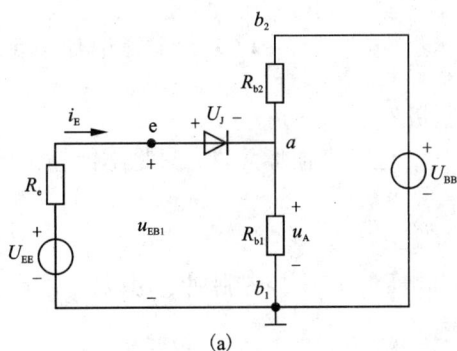

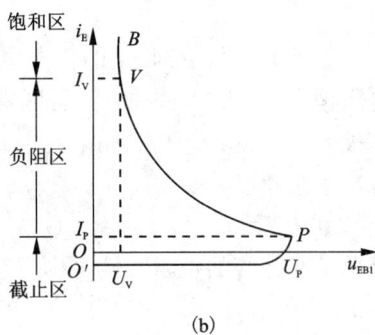

$$U_A = \frac{R_{b1}}{R_{b1} + R_{b2}} U_{BB} = \eta U_{BB}$$

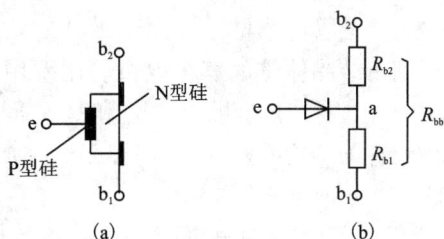

图 5-2-5　单结晶体管的特性

式中

$$\eta = \frac{R_{b1}}{R_{b1} + R_{b2}}$$

叫分压比，不同的单结管有不同的分压比，其数值与管子的几何形状有关，在 $0.3 \sim 0.9$ 之间，它是单结管的重要参数。

在发射极 e 与基极 b_1 间加一个电压 U_{EE}，将可调直流电源 U_{EE} 通过限流电阻 R_e 接到 e 和 b_1 之间，当外加电压 $U_{EB1} < U_A + U_J$ 时，PN 结上承受了反向电压，发射极上只有很小的反向电流通过，单结管处于截止状态，这段特性区称为截止区。如图 5-2-5(b) 中的 $O'P$ 段。

当 $U_{EB1} > U_A + U_J$ 时，PN 结正偏，i_E 猛增，R_{b1} 急剧下降，η 下降，U_A 也下降，PN 结正偏电压增加，i_E 更大。这一正反馈过程使 U_{EB1} 反而减小，呈现负阻效应，如图 5-2-5(b) 中的 PV 段曲线。这一段伏安特性称之为负阻区；P 点处的电压 U_P 称为峰点电压，相对应的电流称之为峰点电流，峰点电压是单结管的一个很重要的参数，它表示单结管未导通前最大发射极电压，当 U_{EB1} 稍大于 U_P 或者近似等于 U_P 时，单结管电流增加，电阻下降，呈现负阻特性，所以习惯上认为达到峰点电压 U_P 时，单结管就导通，峰点电压 U_P 为：$U_P = \eta U_{BB} + U_J$，U_J 为单结管正向压降。当 U_{EB1} 降低到谷点以后，i_E 增加，U_{EB1} 也有所增加，器件进入饱和区，如图 5-2-5(b) 所示的 VB 段曲线。其动态电阻为正值。负阻区与饱和区的分界点 V 称为谷点，该点的电压称为谷点电压 U_V。谷点电压 U_V 是单结管导通的最小发射极电压，在 $U_{EB1} < U_V$

时，器件重新截止。

（4）单结管的测量

识别单结晶体管的三个电极。用万用表 $R \times 100$ 或 $R \times 1k$ 电阻挡分别测试 e、b_1 和 b_2 之间的电阻值，可以判断管子结构的好坏，识别三个管脚，其示意图如图 5-2-6 所示。

e 对 b_1：测正反向电阻；

e 对 b_2：测正反向电阻。

b_1 对 b_2 相当于一个固定电阻，表笔正、反向测得电阻值不变，不同的管子，此阻值是不同的，一般在 $3 \sim 12k\Omega$ 之间。利用以上测量结果，可找出发射极来。

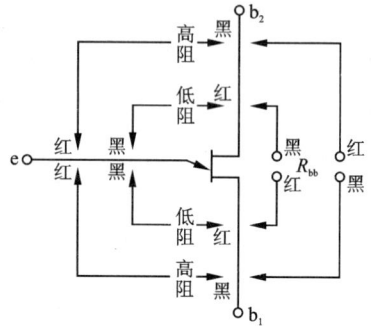

由于 e 靠近 b_2，故 e 对 b_1 的正向电阻比 e 对 b_2 的正向电阻稍大一些，用这种方法可区别第一基极 b_1 和第二基极 b_2。实际应用中，如果 b_1、b_2 接反了，也不会损坏元件，只是不能输出脉冲，或输出的脉冲很小罢了。

图 5-2-6　单结管电极识别示意图

2. 单结晶体管振荡器

利用单结晶体管的负阻特性可构成自激振荡电路，产生控制脉冲，用以触发晶闸管，如图 5-2-7(a) 所示。

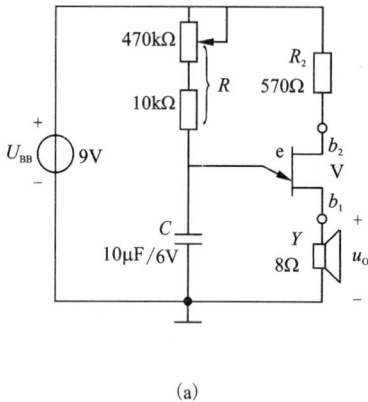

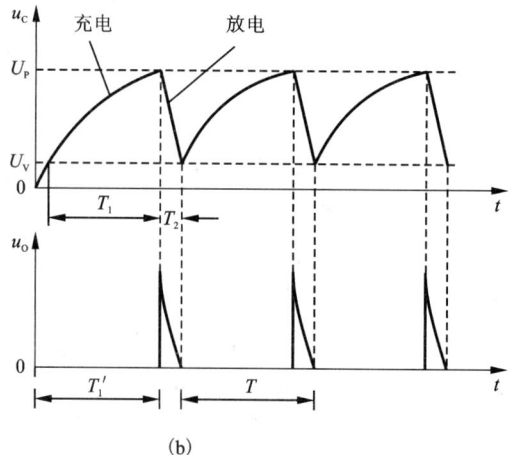

(a)　　　　　　　　　　　　　　(b)

图 5-2-7　振荡器电路图及波形图

3. 单结晶体管同步触发电路

电路如图 5-2-8(a) 所示，图中下半部分为主回路，是一单相半控桥式整流电路。上半部分为单结晶体管触发电路。T 为同步变压器，它的初级线圈与可控桥路均接在 220V 交流电源上，次级线圈得到同频率的交流电压，经单相桥式整流，变成脉动直流电压 U_{AD}，再经稳压管削波变成梯形波电压 U_{BD}。此电压为单结管触发电路的工作电压，加削波环节的目的首先是起到稳压作用，使单结管输出的脉冲幅值不受交流电源波动的影响，提高了脉冲的稳定性；其次，经过削波后，可提高交流同步电压的幅值，增加梯形波的陡度，扩大移相范围。由于主、触回路接在同一交流电源上，起到了很好的同步作用，当电源电压过零时，振荡自动停止，故电容每次充电时，总是从电压的零点开始，这样就保证了脉冲与主电路晶闸管阳极电压同步。

在每个周期内的第一个脉冲为触发脉冲，其余的脉冲没有作用。调整电位器 R_P，使触发脉冲移相，改变控制角 α。电路中各点波形如图 5 - 2 - 8(b) 所示。

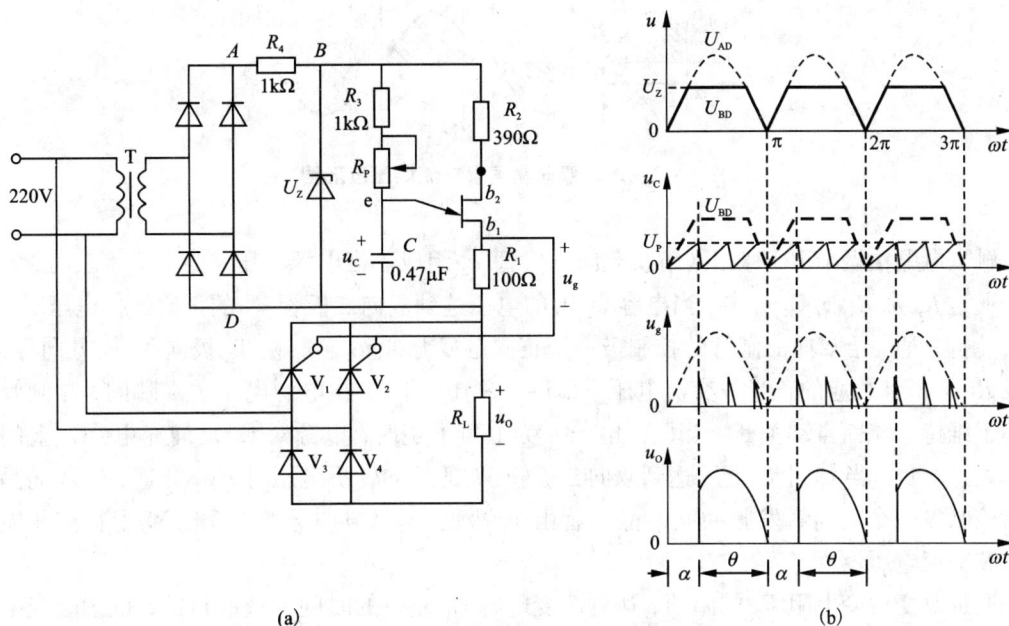

(a)　　　　　　　　　　(b)

图 5 - 2 - 8　单结晶体管同步触发电路

5.2.3　交流调光台灯的应用电路

图 5 - 2 - 9 是调光台灯的应用电路，图 5 - 2 - 10 为它的工作波形图。下面分析电路的工作原理。

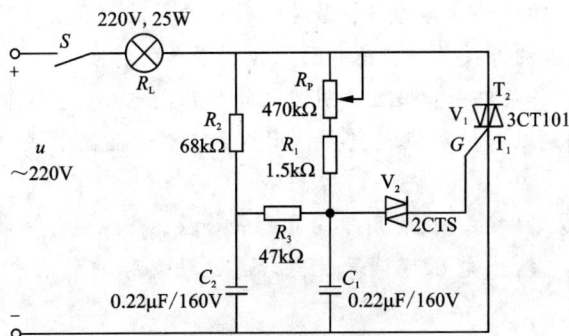

图 5 - 2 - 9　调光台灯应用电路

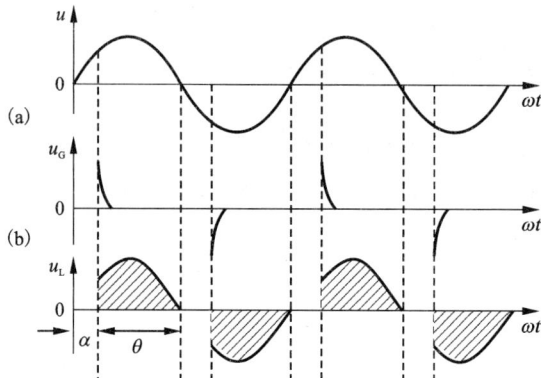

图 5 - 2 - 10　双向晶闸管交流调压波形图

触发电路由两节 RC 移相网络及双向二极管 V_2 组成。当电源电压 u 为上正下负时，电源电压通过 R_P 和 R_1 向 C_1 充电，当电容 C_1 上的电压达到双向二极管 V_2 的正向转折电压时，V_2 突然转折导通，给双向晶闸管的控制极一个正向触发脉冲 u_G，V_1 由 T_2 极向 T_1 极方向导通，负载 R_L 上得到相应的正半波交流电压[图 5 - 2 - 10(a)]。在电源电压过零瞬间，晶闸管电流小于维持电流而自动关断。当电源电压 u 为上负下正时，电源对 C_1 反向充电，C_1 上的电压为下正上负，当 C_1 上的电压达到双向二极管 V_2 的反向转折电压时，V_2 导通，给双向晶闸管的控制极一个反向触发脉冲 u_G，晶闸管由 T_1 极向 T_2 极方向导通，负载 R_L 上得到相应的负半波交流电压。

通过改变可变电阻 R_P 的阻值，达到改变电容 C_1 充电的时间常数的目的，也就改变了触发脉冲出现的时刻，使双向晶闸管的导通角 θ[图 5 - 2 - 10(b)]受到控制，达到交流调压的目的。

在图 5 - 2 - 9 中，还设置了 R_2C_2 移相网络，它与 R_P、R_1、C_1 一起构成两节移相网络，这样移相范围可接近 180°，使负载电压可从零伏开始调起，即灯光可从全暗逐渐调亮。

本章小结

1. 晶闸管是一种大功率半导体器件，也是一种可控整流元件，既具有二极管的单向导电的整流作用，又具有可控的开关作用，具有弱电控制强电的特点。

2. 单向晶闸管的工作条件是：阳极与阴极之间加正向电压，控制极与阴极之间加正向控制电压。单向晶闸管导通后，控制极就失去作用。要使单向晶闸管关断，必须使阳极电流小于维持电流。

3. 将二极管整流电路中的二极管用单向晶闸管替换，就组成了可控整流电路，它具有输出电流大、反向耐压高、输出电压可调等优点。通过触发脉冲的移相，可调节输出电压的大小。

4. 单结晶体管的基本特性是负阻特性，利用该特性可以组成振荡器，为单向晶闸管提供触发脉冲。

复习思考题

5-1 单向晶闸管具有什么特性? 其导通的条件是什么? 怎样才能使导通的单向晶闸管关断?

5-2 现有一不知管脚名称的普通型单向晶闸管, 你能否根据对晶闸管的 PN 结的质量检查方法, 用万用表判断出各电极来?

5-3 双向晶闸管与单向晶闸管的工作特性有什么不同?

5-4 怎样用万用表区分双向晶闸管的电极?

5-5 双向触发二极管与双向晶闸管有什么不同?

5-6 根据半导体的基本知识及 PN 结正反向电阻的不同, 你能用万用表的 Ω 挡判断出单结管的三个电极吗?

5-7 题图 5-1 示电路为多音调门铃电路, 它能发出多种不同声音的信号, 可以安装在家中前后门上, 有客来时, 只要根据不同的音调, 就可知道客人在哪个门口。请分析该电路的工作原理。

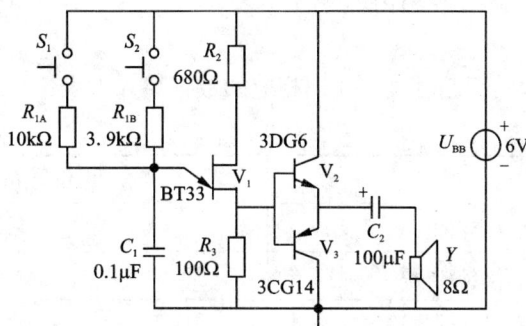

题图 5-1

能力训练六 自制交流调光台灯的调试

1. 训练目的

(1)掌握双向二极管和晶闸管的工作原理。

(2)掌握双向二极管和晶闸管的简易测试方法。

(3)掌握双向二极管和晶闸管的应用电路。

2. 训练能力要求

(1)会使用常用的工具: 万用电表测试元器件、双综示波器测试各点波形等。

(2)会分析基本单元电路的工作原理及调试方法。

3. 训练器材

220V 交流电源一个, 万用电表一块, 双综示波器一台, 25W/220V 灯泡一个, 灯座一套, 导线若干, 双向二极管 2CTS 一个, 双向晶闸管 3CT101 一个, 0.22 μF/160 V 电容器 2 个, 电阻：1.5 kΩ 1 个，68 kΩ 1 个，47 kΩ 1 个，电位器 470 kΩ 1 个。

4. 训练步骤

(1) 电路组成

下图是调光台灯的应用电路(训练图 6 - 1)。

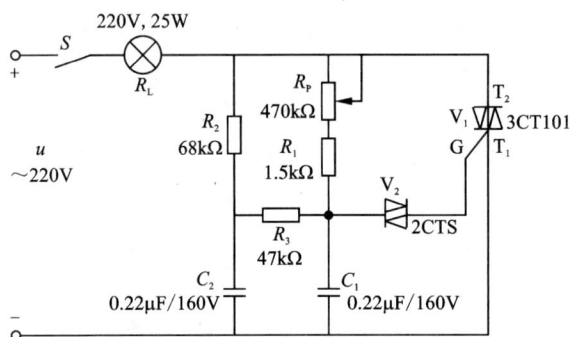

训练图 6 - 1 调光台灯的应用电路

(2) 电路工作原理(见 5.2.3 节内容)

(3) 技能训练

调节电位器，看灯泡的亮暗程度，并把相应的数据填入下表：

状态	电位器 R_P 的电阻值
灯泡微亮时，断开交流电源	
灯泡最亮时，断开交流电源	
调试中出现的故障及排除方法	

5. 注意事项

由于电路直接与市电相连，调试时应注意安全，防止触电。

模块三　数字电路

第 6 章　数字电路概述

6.1　数字信号与数字电路

6.1.1　模拟信号与数字信号

(1)模拟信号:在时间上和数值上连续的信号,称为模拟信号,如图 6-1-1。

(2)数字信号:在时间上和数值上不连续的(即离散的)信号,称为数字信号,如图 6-1-2。

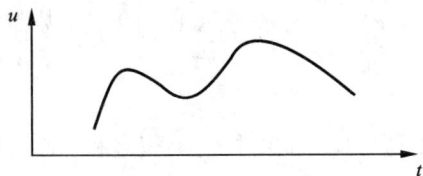

图 6-1-1 模拟信号波形　　　　　　　　　图 6-1-2　数字信号波形

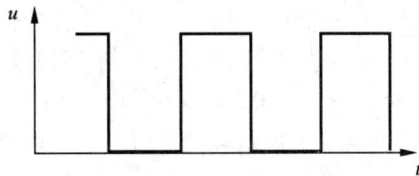

(3)模拟电路:对模拟信号进行传输、处理的电子线路称为模拟电路。

(4)数字电路:对数字信号进行传输、处理的电子线路称为数字电路。

6.1.2　数字电路的特点

(1)工作信号是二进制的数字信号,在时间上和数值上是离散的(不连续),反映在电路上就是低电平和高电平两种状态(即 0 和 1 两个逻辑值)。

在数字电路中的信号通常用最简单的数字"1"与"0"表示,这两个数字可以用脉冲的"有"与"无"、高电平"H"与低电平"L"来代表,从而把脉冲和数字联系在一起。现定:以"1"表示高电平"H"(一般为 3V 以上),以"0"表示低电平"L"(一般为 0.3V 以下),称为正逻辑;若以"0"表示高电平"H",以"1"表示低电平"L",称为负逻辑,本书均采用正逻辑。

(2)在数字电路中,研究的主要问题是电路的逻辑功能,即输入信号的状态和输出信号的状态之间的逻辑关系。

(3)对组成数字电路的元器件的精度要求不高,只要在工作时能够可靠地区分 0 和 1 两种状态即可。

6.1.3　数字电路的分析方法

数字电路主要研究电路的输出信号与输入信号之间的状态，即所谓的逻辑关系。通常，数字电路用逻辑代数、真值表、逻辑图等进行分析。

数字电路和模拟电路是电子电路的两个分支，在实际中，两者常配合使用。例如，用传感器得到的信号，大多是模拟信号，实际使用的信号也往往是模拟信号，因此，常需要将数字信号与模拟信号进行转换[D/A(数/模)转换或 A/D(模/数)转换]。

6.2　数制与码制

6.2.1　常见的数制

1. 十进制数

十进制数的特点：

(1)采用 10 个基本数码：0、1、2、3、4、5、6、7、8、9。

(2)按"逢十进一、借一当十"的原则计数，即 $9 + 1 = 10$。

在十进制数里，数码所处的位置不同，所表示的数值的大小也是不同的。例如十进制数 598.38，5 在百位，表示 5×10^2；9 在十位，表示 9×10^1；8 在个位，表示 8×10^0；小数点后的 3 表示 3×10^{-1}；8 表示 8×10^{-2}，所以这个数可以表示为：

$$598.38 = 5 \times 10^2 + 9 \times 10^1 + 8 \times 10^0 + 3 \times 10^{-1} + 8 \times 10^{-2}$$

任意一个十进制数都可以表示为各个数位上的数码与其对应的权的乘积之和，称权展开式。如：$(5555)_{10} = 5 \times 10^3 + 5 \times 10^2 + 5 \times 10^1 + 5 \times 10^0$

又如：$(209.04)_{10} = 2 \times 10^2 + 0 \times 10^1 + 9 \times 10^0 + 0 \times 10^{-1} + 4 \times 10^{-2}$

所以，任意一个十进制数 D 均可展开为：

$$D = \sum K_i * 10^i \tag{6-2-1}$$

其中 K_i 是第 i 位的系数，它可以是 0~9 这十个数中的任何一个。若整数部分的位数是 n，小数部分的位数是 m，则包含从 $(n-1)$ 到 0 的所有正整数和从 -1 到 $-m$ 的所有负整数。若以 N 取代式(6-2-1)中的 10，即可以得到任意进制(N 进制)数展开的普遍形式

$$D = \sum K_i * N^i \tag{6-2-2}$$

式中 i 的取值与式(6-2-1)的规定相同，N 称为计数的基数，K_i 为第 i 位的系数，N^i 称为第 i 位的权。

在数字电路中，电路的状态以数来表示。显然，若在数值电路中采用十进制，需要有十种电路状态，这很难实现。在电路中最容易实现的状态有两种，例如电位的高和低、脉冲的有和无等。因此在数字电路中，广泛采用的是二进制数。

2. 二进制数

二进制数的特点：

(1)只采用两个数码：0、1，基数是 2。

(2)运算规律和法则：逢二进一、借一当二，即：

加法规则：$0 + 0 = 0$，$0 + 1 = 1$，$1 + 0 = 1$，$1 + 1 = 10$

乘法规则：$0*0=0$，$0*1=0$，$1*0=0$，$1*1=1$

二进制数的权展开式：

$$D = \sum K_i * 2^i \qquad (6-2-3)$$

如：$(101.01)_2 = 1 \times 2^2 + 0 \times 2^1 + 1 \times 2^0 + 0 \times 2^{-1} + 1 \times 2^{-2} = (5.25)_{10}$

上面讨论了两种进制，使用时为了便于区别，通常采用附加下标的方法，即在数的最低位的右下角标注该数的数制，例如$(19)_{10}$表示十进制数，而$(1101)_2$表示二进制数。

3. 八进制数

八进制数的特点：

(1)数码为：$0 \sim 7$；基数是 8。

(2)运算规律：逢八进一，即：$7+1=10$。

八进制数的权展开式：

$$D = \sum K_i * 8^i \qquad (6-2-4)$$

如：$(207.04)_8 = 2 \times 8^2 + 0 \times 8^1 + 7 \times 8^0 + 0 \times 8^{-1} + 4 \times 8^{-2} = (135.0625)_{10}$

4. 十六进制数

十六进制数的特点：

(1)数码为：$0 \sim 9$、A(10)、B(11)、C(12)、D(13)、E(14)、F(15)表示，基数是 16。

(2)运算规律：逢十六进一，即：F(15)$+1=10$。

十六进制数的权展开式：

$$D = \sum K_i * 16^i \qquad (6-2-5)$$

如：$(D8.A)_{16} = 13 \times 16^1 + 8 \times 16^0 + 10 \times 16^{-1} = (216.625)_{10}$

6.2.2　数制转换

十进制是人们熟悉的计数方式，而数字逻辑电路中使用的是二进制（或八进制和十六进制），所以有时需要将二进制转换成十进制或将十进制转换成二进制。

1. 二进制转换成十进制

把二进制数转换为等值的十进制数称为二 – 十转换。要将一个二进制数转换成为它的等效十进制数，只要将它按权展开，然后相加就可以了。例如：$(101101)_2 = 1 \times 2^5 + 1 \times 2^4 + 1 \times 2^3 + 1 \times 2^2 + 1 \times 2^1 + 1 \times 2^0 = (45)_{10}$

2. 十进制转换成二进制

将十进制数转换成等值的二进制数，可采用"除2求余法"。具体转换步骤如下：

第一步，用二进制数的数基2除给定的十进制数，余数（0 或 1）即为二进制数的最低位。

第二步，在用2除前一步所得的商，余数即为二进制数的次低位。

依次类推，以后各步都用2相继除前一步所得的商，记下每次余数，直到商数为零为止，末次所得的余数为所求二进制的最高位。然后把全部余数按顺序排列起来，就是其等值的二进制数。

例如把十进制数$(14)_{10}$转换成二进制数，可用竖式除法表示这个转换过程：

所以$(14)_{10} = (K_3 K_2 K_1 K_0)_2 = (1110)_2$

6.2.3　码制

人们习惯十进制，但是在与计算机和其他数字系统中采用的是二进制，因而在输入、输

$$
\begin{array}{lll}
2\underline{|14} & \cdots\cdots & \text{余}0 \\
2\underline{|7} & \cdots\cdots & \text{余}1 & \cdots\cdots & K_0 \\
2\underline{|3} & \cdots\cdots & \text{余}1 & \cdots\cdots & K_1 \\
2\underline{|1} & \cdots\cdots & \text{余}1 & \cdots\cdots & K_2 \\
2\underline{|0} & \cdots\cdots & \text{余}1 & \cdots\cdots & K_3
\end{array}
\quad
\begin{array}{l}
\text{读}\\\text{取}\\\text{顺}\\\text{序}
\end{array}\uparrow
$$

出数据时,必须进行十进制与二进制之间的相互转换。如按前所述的方法将十进制数转换为二进制数,有时相当不方便。因此,常用四位二进制数表示一位十进制数,这是二-十进制编码,简称 BCD 码(Binary Coded Decimal)。

十进制数共有十个数码,四位二进制变量所有取值的不同组合共有 $2^4=16$ 种,而表示一位十进制数,只需要十个,还有六个剩余,所以用四位数表示十进制的编码方案有许多种。表 $6-2-1$ 列出了常用的 BCD 编码方案,供使用时参考。

表 6 - 2 - 1　常用的 BCD 编码方案

十进制数	BCD 码			
	8421 码	2421	5421 码	余 3 码
0	0000	0000	0000	0011
1	0001	0001	0001	0100
2	0010	0010	0010	0101
3	0011	0011	0011	0110
4	0100	0100	0100	0111
5	0101	1011	1000	1000
6	0110	1100	1001	1001
7	0111	1101	1010	1010
8	1000	1110	1011	1011
9	1001	1111	1100	1100
权	8421	2421	5421	

1. 8421BCD 码

8421BCD 码中,从 0 到 9 十个数字所对应的四位二进制码是与该十进制数值等值的二进制数,因此每个代码与二进制数一样,从左到右各位的权分别为 8、4、2、1,所以把这种代码成为 8421BCD 码。

十进制数码转换成 8421BCD 码的原则是:每个十进制数码,分别用一个等值的 8421BCD 码来表示。例如要把十进制数 $(756)_{10}$ 编为 8451BCD 则为 $(0111\ 0101\ 0110)$

$(756)_{10}=(0111\ 0101\ 0110)8421BCD$

$$十进制数　　7　5　6$$

$$8421BCD数　0111　0101　0110$$

同样要将 8421BCD 码所表示的数还原成十进制数,即译码,只要将每个四位的二进制码所表示的十进制数写出来即可。例如:

$$8421BCD数　1001　0001　0011　0100$$

$$十进制数　　9　1　3　4$$

所以 $(1001\ 0001\ 0011\ 0100)8421BCD = (9134)_{10}$

8421BCD 码的优点是它与二进制数的规律相同。在数字设备中,用 8421BCD 码进行十进制的运算比较方便。

2. 余 3BCD 码

余 3BCD 码的特点是每个代码的二进制数值,比其所代表的十进制数多 3;而且 0 与 9 的代码正好逐位 0、1 相反,1 与 8 的代码正好逐位 0、1 相反,这有利于进行补码和反码的运算。

6.3　逻辑门电路

逻辑门电路:用以实现基本和常用逻辑运算的电子电路,简称逻辑门电路。

基本的常用门电路有与门、或门、非门(反相器)、与非门、或非门、与或非门和异或门等。

逻辑 0 和 1:电子电路中用高、低电平来表示。

高、低电平的基本判断方法:利用半导体开关元件的导通、截止(即开、关)两种工作状态。

6.3.1　基本逻辑关系及其门电路

1. 与逻辑和与门电路

当决定某事件的全部条件同时具备时,结果才会发生,这种因果关系叫做与逻辑。实现与逻辑关系的电路称为与门。

如图 6 - 3 - 1(a)为与门的逻辑电路图逻辑符号,表 6 - 3 - 1 为与门状态表,表 6 - 3 - 2 为与逻辑真值表。

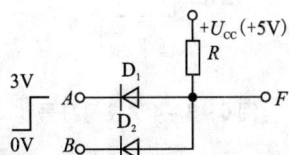

图 6 - 3 - 1(a)　与门电路图

表 6 - 3 - 1　与门状态表

u_A	u_B	u_F	D_1	D_2
0 V	0 V	0 V	导通	导通
0 V	3 V	0 V	导通	截止
3 V	0 V	0 V	截止	导通
3 V	3 V	3 V	截止	截止

表 6 - 3 - 2　与逻辑真值表

A	B	F
0	0	0
0	1	0
1	0	0
1	1	1

$F=AB$

图 6 - 3 - 1(b)

与门的逻辑功能可概括为：输入有 0，输出为 0；输入全 1，输出为 1。

逻辑关系式：$F = AB$

逻辑与(逻辑乘)的运算规则为：

$0 \cdot 0 = 0 \quad 0 \cdot 1 = 0 \quad 1 \cdot 0 = 0 \quad 1 \cdot 1 = 1$

与门的输入端可以有多个。图 6 - 3 - 1(e)为一个三输入与门电路的输入信号 A、B、C 和输出信号 F 的波形图。如图 6 - 3 - 2 所示。

目前常用集成电路来组成门电路，常用的与门集成电路有 74LS08，其外引脚逻辑如图 6 - 3 - 3。

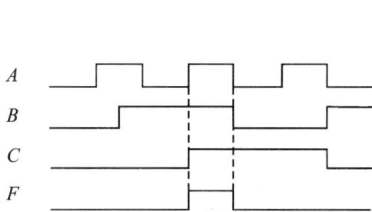

图 6 - 3 - 2　与逻辑波形图

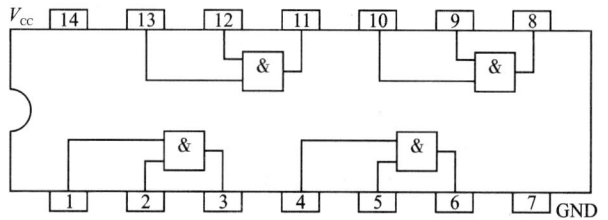

图 6 - 3 - 3　74LS08 外引脚图

2. 或逻辑和或门电路

在决定某事件的条件中，只要任一条件具备，事件就会发生，这种因果关系叫做或逻辑。实现或逻辑关系的电路称为或门。

表 6 - 3 - 3 为或门的真值表，图 6 - 3 - 4 为或门的运算符号。

表 6 - 3 - 3　逻辑真值表

A	B	F
0	0	0
0	1	1
1	0	1
1	1	1

$F=A+B$

图 6 - 3 - 4　或门符号

或门的逻辑功能可概括为：输入有 1，输出为 1；输入全 0，输出为 0。

逻辑关系式：$F = A + B$

逻辑或(逻辑加)的运算规则为:

$0+0=0$　　$0+1=1$　　$1+0=1$　　$1+1=1$

或门的输入端也可以有多个。图 6－3－5 为一个三输入或门电路的输入信号 A、B、C 和输出信号 F 的波形图。

常用的或门集成电路有 74LS32,其外引脚如图 6－3－6。

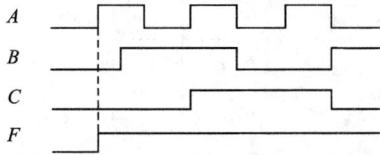

图 6－3－5　或逻辑波形图

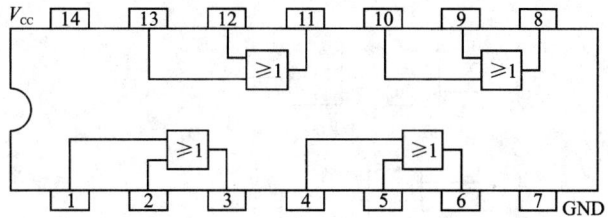

图 6－3－6　74LS32 外引脚图

3. 非逻辑和非门电路

决定某事件的条件只有一个,当条件出现时事件不发生,而条件不出现时,事件发生,这种因果关系叫做非逻辑。实现非逻辑关系的电路称为非门,也称反相器。

如下图 6－3－7 为非门的运算符号,表 6－3－4 为非门的真值表,

逻辑非(逻辑反)的运算规则为: $\bar{0}=1$,$\bar{1}=0$

逻辑关系为 $F=\bar{A}$

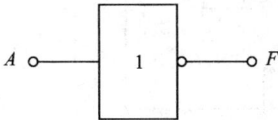

表 6－3－4　非逻辑真值表

A	F
0	1
1	0

图 6－3－7　非门符号

常用的非门集成电路有 74LS04,其外引脚如图 6－3－8。

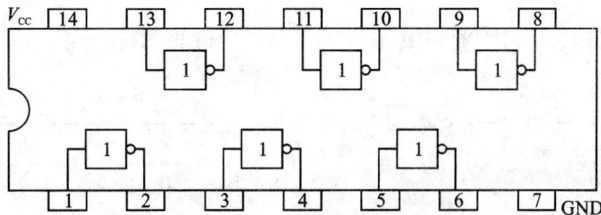

图 6－3－8　74LS04 外引脚图

6.3.2　复合门电路

将与门、或门、非门组合起来，可以构成多种复合门电路。

1. 与非门

由与门和非门构成与非门。

图 6 - 3 - 9 为与非门的逻辑电路图和逻辑运算符号，表 6 - 3 - 5 为与非逻辑的真值表。

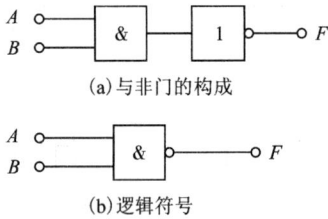

图 6 - 3 - 9　与非门

表 6 - 3 - 5　与非逻辑真值表

A	B	F
0	0	1
0	1	1
1	0	1
1	1	0

$$F = \overline{AB}$$

与非门的逻辑功能可概括为：输入有 0，输出为 1；输入全 1，输出为 0。

逻辑关系成为 $F = \overline{AB}$。

常用的集成与非门电路有 74LS00，它内部有四个二输入与非门电路。它的外引脚如图 6 - 3 - 10。

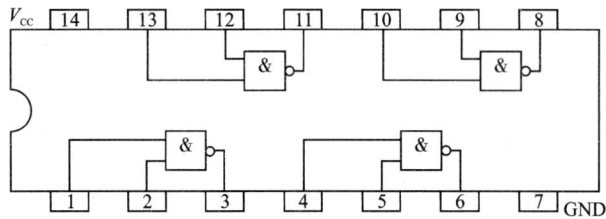

图 6 - 3 - 10　74LS00 外引脚图

2. 或非门

由或门和非门构成或非门。

如下图 6 - 3 - 10 为或非门的逻辑电路图和逻辑运算符号，表 6 - 3 - 6 为或非逻辑的真值表。

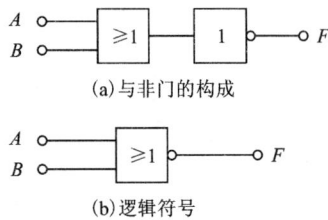

图 6 - 3 - 11　或非门

表 6 - 3 - 6　或非逻辑真值表

A	B	F
0	0	1
0	1	0
1	0	0
1	1	0

$$F = \overline{A + B}$$

或非门的逻辑功能可概括为：输入有 1，输出为 0；输入全 0，输出为 1。

常用的集成或非门电路有 74LS02，它内部有四个二输入或非门电路。它的外引脚如图 6 – 3 – 12所示。

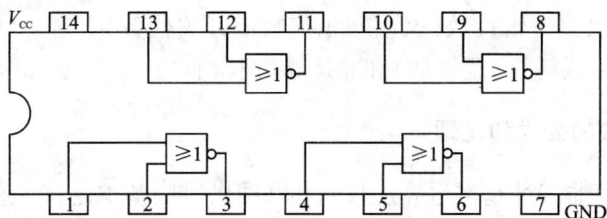

图 6 – 3 – 12　74LS02 外引脚图

3. 异或门电路、同或门电路

异或门也是一个常用的组合逻辑门，图形符号如图 6 – 3 – 13 所示，其逻辑关系见表6 – 3 – 7。

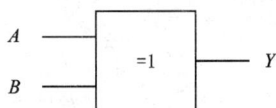

图 6 – 3 – 13　异或门符号

表 6 – 3 – 7　异或逻辑真值表

A	B	Y
0	0	0
0	1	1
1	0	1
1	1	0

从逻辑关系图可知：输入相同时，输出为 0；输入相异时，输出为 1。逻辑表达式为

$$Y = \bar{A}B + A\bar{B} = A \oplus B$$

其常用的集成电路芯片是 74LS86，这是四个二输入的异或门，其管脚图参考有关资料。

另外，由于同或关系在逻辑上和异或是相反的，即

$$F = \overline{A \oplus B} = AB + \bar{A}\bar{B}$$

图形符号如图 6 – 3 – 14 所示，实际集成电路并没有专门的同或芯片，需要时可在异或门后面加上一个非门来实现。

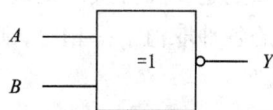

图 6 – 3 – 14　同或门符号

必须指出：在数字电路中，门电路用得非常多。但是，晶体三极管与二极管组成的电路的制造成本相当高，而且不可能制成小型的。因而大多使用集成门电路。

在集成门电路中，有以晶体管为中心制成的 TTL 型和以场效应管为中心制成的 CMOS 型。TTL 型数字集成电路是 74 系列，其电源电压标准是 5 V，标准高电平为 3.6 V，标准低电平为 0.3 V；CMOS 型数字集成电路是 C 系列，电源电压使用范围广，在 3 ~ 18 V 之间，标准高电平为电源电压，标准低电平为 0 V，功耗小。

6.4　逻辑函数及其化简

将门电路按照一定的规律连接起来,可以组成具有各种逻辑功能的逻辑电路。分析和设计逻辑电路的数学工具是逻辑代数(又叫布尔代数或开关代数)。逻辑代数具有 3 种基本运算:与运算(逻辑乘)、或运算(逻辑加)和非运算(逻辑非)。

6.4.1　逻辑代数的公式和定理

根据逻辑与、或、非三种基本运算法规,可以推出一些基本定律,这些定律有些与普通代数有相似处,有一些则是逻辑代数自身特殊的规律。

1. 常量之间的关系

与运算: $0 \cdot 0 = 0$　$0 \cdot 1 = 0$　$1 \cdot 0 = 0$　$1 \cdot 1 = 1$

或运算: $0 + 0 = 0$　$0 + 1 = 1$　$1 + 0 = 1$　$1 + 1 = 1$

非运算: $\bar{1} = 0$　$\bar{0} = 1$

2. 变量与常量的关系

与运算: $A \cdot 0 = 0$　$A \cdot 1 = A$　$A \cdot A = A$　$A \cdot \bar{A} = 0$

或运算: $A + 0 = A$　$A + 1 = A$　$A + A = A$　$A + \bar{A} = 1$

非运算: $\bar{\bar{A}} = A$

3. 基本定理

交换律:$\begin{cases} A \cdot B = B \cdot A \\ A + B = B + A \end{cases}$

结合律:$\begin{cases} (A \cdot B) \cdot C = A \cdot (B \cdot C) \\ (A + B) + C = A + (B + C) \end{cases}$

分配律:$\begin{cases} A \cdot (B + C) = A \cdot B + A \cdot C \\ A + B \cdot C = (A + B) \cdot (A + C) \end{cases}$

反演律(摩根定律): $\begin{array}{l} \overline{A \cdot B} = \bar{A} + \bar{B} \\ \overline{A + B} = \bar{A} \cdot \bar{B} \end{array}$

同一律: $A + A = A$

　　　　　$AA = A$

以上定律和公式的正确性,最直接的方法是通过列真值表来证明,若等式两边的函数在变量的各种取值下都相等,则等式成立。如证明 $A \cdot B = B \cdot A$,见表 $6 - 4 - 1$。

表 6 - 4 - 1

A	B	$(AB)A \cdot B$	$B \cdot A$
0	0	0	0
0	1	0	0
1	0	0	0
1	1	1	1

4. 常用公式

利用基本公式可以推出一些常用公式, 这些公式有助于化简逻辑函数。

$$AB + A\bar{B} = A$$

$$A + AB = A$$

$$A + \bar{A}B = A + B$$

$$AB + \bar{A}C + BC = AB + \bar{A}C$$

6.4.2　逻辑函数的表示方法

常用的逻辑函数表示方法有: 逻辑真值表(简称真值表)、逻辑函数式(也称逻辑式或函数式)、逻辑图、卡诺图和波形图等。这里只介绍前面三种方法, 只要知道其中一种表示形式, 就可转换为其他几种表示形式。

1. 真值表

真值表: 是由变量的所有可能取值组合及其对应的函数值所构成的表格。

真值表列写方法: 每一个变量均有 0、1 两种取值, n 个变量共有 $2i$ 种不同的取值, 将这 $2i$ 种不同的取值按顺序(一般按二进制递增规律)排列起来, 同时在相应位置上填入函数的值, 便可得到逻辑函数的真值表。

例如表 6 - 4 - 2: 当 A、B 取值相同时, 函数值为 0; 否则, 函数取值为 1。

表 6 - 4 - 2

A	B	F
0	0	0
0	1	1
1	0	1
1	1	0

2. 逻辑表达式

逻辑表达式: 是由逻辑变量和与、或、非 3 种运算符连接起来所构成的表达式。

表达式列写方法: 将那些使函数值为 1 的各个状态表示成全部变量(值为 1 的表示成原变量, 值为 0 的表示成反变量)的与项(例如上表 6 - 4 - 2 中 $A = 0$、$B = 1$ 和 $A = 1$、$B = 0$ 时函数 F 的值均为 1, 则对应的与项的或逻辑, 即为函数的与或表达式。

$$F = \bar{A}B + A\bar{B}$$

3. 逻辑图

逻辑图: 是由表示逻辑运算的逻辑符号所构成的图形。

如逻辑函数 $F = AB + BC$ 的逻辑图表示如图 6 - 4 - 1。

以上介绍的几种表示方法均可以相互转换, 在实际中, 一般根据需要和最简的方法来表示逻辑函数。

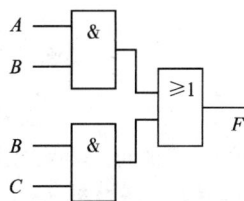

图 6 - 4 - 1

6.4.3　逻辑函数的化简

数字电路中, 往往要根据实际问题进行逻辑设计, 得出的逻辑函数要进行化简, 只有最简的逻辑函数才能使得电路最简, 逻辑表达式越简单, 实现它的电路越简单, 电路工作越稳定可靠。

下面通过几个例子来说明。

1. 利用公式 $A + A = 1$, 将两项合并为一项, 并消去一个变量。

例题如下:

$Y_1 = ABC + \overline{A}BC + B\overline{C} = (A + \overline{A})BC + B\overline{C} = BC + B\overline{C} = B(C + \overline{C}) = B$ 　（运用分配律）

$Y_2 = ABC + A\overline{B} + A\overline{C} = ABC + A(\overline{B} + \overline{C}) = ABC + A\overline{BC} = A(BC + \overline{BC}) = A$ 　（运用摩根定律）

2. 利用公式 $A + AB = A$，消去多余的项。

例如：

$Y_1 = \overline{A}B + \overline{A}BCD(E + F) = \overline{A}B$

$Y_2 = A + \overline{\overline{B} + \overline{\overline{CD}}} + \overline{AD\overline{B}} = A + BCD + AD + B = (A + AD) + (B + BCD) = A + B$ 　（运用摩根定律）

3. 利用公式 $A + \overline{A}B = A + B$，消去多余的变量。

例如：

$\begin{aligned} Y &= AB + \overline{A}\overline{C} + \overline{B}\overline{C} \\ &= AB + (\overline{A} + \overline{B})C \\ &= AB + \overline{AB}C \\ &= AB + C \end{aligned}$ 　　　　$\begin{aligned} Y &= A\overline{B} + C + \overline{A}CD + BCD \\ &= A\overline{B} + C + \overline{C}(\overline{A} + B)D \\ &= A\overline{B} + C + (\overline{A} + B)D \\ &= A\overline{B} + C + \overline{A\overline{B}}D \\ &= A\overline{B} + C + D \end{aligned}$

4. 利用公式 $A = A(\overline{B} + B)$，为某一项配上其所缺的变量，以便用其他方法进行化简。

例如：

$\begin{aligned} Y &= A\overline{B} + B\overline{C} + \overline{B}C + \overline{A}B \\ &= A\overline{B} + B\overline{C} + (A + \overline{A})\overline{B}C + \overline{A}B(C + \overline{C}) \\ &= A\overline{B} + B\overline{C} + A\overline{B}C + \overline{A}\overline{B}C + \overline{A}BC + \overline{A}B\overline{C} \\ &= A\overline{B}(1 + C) + B\overline{C}(1 + \overline{A}) + \overline{A}C(\overline{B} + B) \\ &= A\overline{B} + B\overline{C} + \overline{A}C \end{aligned}$

5. 利用公式 $A + A = A$，为某项配上其所能合并的项。

例如：

$\begin{aligned} Y &= ABC + AB\overline{C} + A\overline{B}C + \overline{A}BC \\ &= (ABC + AB\overline{C}) + (ABC + A\overline{B}C) + (ABC + \overline{A}BC) \\ &= AB + AC + BC \end{aligned}$

本章小结

本章所讲的主要内容有数字电路和数字信号；数制和码制，二进制、二进制与十进制的相互转换；逻辑门电路的逻辑符号及逻辑功能；逻辑代数的公式与定理、逻辑函数的表示方法、逻辑函数的化简。

数字信号的电路称数字电路，数字信号是以 1、0 代表高、低电平的离散信号，故数字信号又称脉冲信号。

门电路是数字电路的基本逻辑单元，基本门电路有与门、或门、非门；复合门电路有与非门、或非门、与或非门等。

TTL 与非门电路是应用最广泛的逻辑电路，高电平典型值是 3.6 V；低电平典型值是 0.3 V。

利用逻辑代数基本公式和定理可对逻辑函数进行化简，使电路最简单。

复习思考题

6－1　什么叫正逻辑? 什么叫负逻辑? 正逻辑时的高、低电平分别为多少伏?

6－2　试比较 TTL 门电路 CMOS 门电路的特点。

6－3　TTL 系列门电路按如图 6－1 方式连接, 求各门电路的输出。

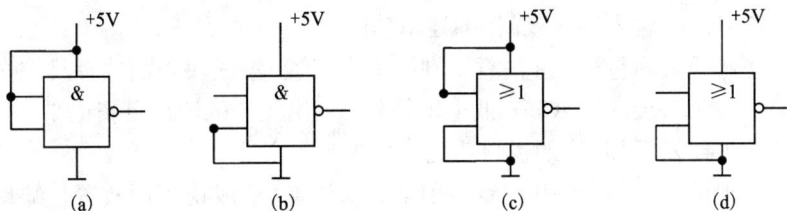

题图 6－1

6－4　用公式化简下列函数为最简的与或表达式

(1) $Y = ABC + A\bar{B} + A\bar{C}$

(2) $Y = A\bar{B} + \bar{A}B + AB$

(3) $Y = \overline{(\overline{A+B})C} + \overline{A}B\overline{C}$

(4) $Y = ABD + \overline{\overline{ABC}}$

(5) $Y = A\bar{B}C + AB\bar{C} + A + \bar{A}B$

(6) $Y = AB + \bar{A}C + \bar{B}C$

能力训练七　基本门电路的逻辑功能测试

1. 训练目的

(1)熟悉数字逻辑实验箱的结构、基本功能和使用方法。

(2)掌握各种门电路的逻辑功能的测试方法。

2. 训练能力要求

(1)能用基本门电路构成复合门电路。

(2)熟练掌握几种基本门电路的逻辑功能。

(3)理解逻辑门电路所完成的逻辑对应关系。

3. 训练器材

(1)数字逻辑实验箱　　　　1 台

(2)元器件:

①74LS08(二输入端四与门)　　　　1 片

②74LS32(二输入端四或门)　　　　1 片

③74LS04(六反相器)　　　　1 片

④74LS00(二输入端四与非门)　　　　1 片

⑤74LS20（四输入端二与非门）　　　　　1 片

⑥74LS86（二输入端四异或门）　　　　　1 片

（3）导线若干

4．训练步骤

（1）测试 74LS08（二输入端四与门）的逻辑功能

将 74LS08 芯片正确插入面包板，并注意识别第 1 脚位置（集成块正面放置且缺口向左，则左下角为第 1 脚）。按表一要求输入高、低电平信号，测出相应的输出逻辑电平。

（2）测试 74LS32（二输入端四或门）的逻辑功能

将 74LS32 正确插入面包板，并注意识别第 1 脚位置（集成块正面放置且缺口向左，则左下角为第 1 脚）。按表一要求输入高、低电平信号，测出相应的输出逻辑电平。

（3）测试 74LS04（六反相器）的逻辑功能

将 74LS04 正确插入面包板，并注意识别第 1 脚位置（集成块正面放置且缺口向左，则左下角为第 1 脚）。按表一要求输入高、低电平信号，测出相应的输出逻辑电平。

（4）测试 74LS00（二输入端四与非门）的逻辑功能

将 74LS00 芯片正确插入面包板，并注意识别第 1 脚位置（集成块正面放置且缺口向左，则左下角为第 1 脚）。按表一要求输入高、低电平信号，测出相应的输出逻辑电平。

（5）测试 74LS20（四输入端二与非门）的逻辑功能

将 74LS20 芯片正确插入面包板，并注意识别第 1 脚位置（集成块正面放置且缺口向左，则左下角为第 1 脚）。按表一要求输入高、低电平信号，测出相应的输出逻辑电平。

（6）测试 74LS86（二输入端四异或门）的逻辑功能

将 74LS86 芯片正确插入面包板，并注意识别第 1 脚位置（集成块正面放置且缺口向左，则左下角为第 1 脚）。按表一要求输入高、低电平信号，测出相应的输出逻辑电平。

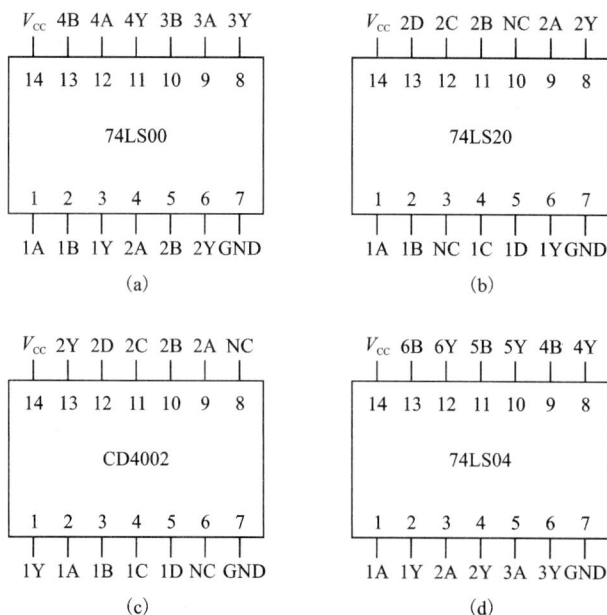

训练图 7-1　几种典型芯片的外引脚图

5. 实验报告

（1）完成实验训练表 7 – 1，验证各逻辑门的逻辑关系。

（2）完成实验报告。

训练表 7 – 1

输入		输　　　　　　出						
A	B	74LS08 $Y = AB$	74LS32 $Y = A + B$	74LS04 $Y = \bar{A}$	74LS00 $Y = \overline{AB}$	74LS20 $Y = \overline{AB}$	74LS86 $Y = A \oplus B$	CD4002 $Y = \overline{A + B}$
0	0							
0	1							
1	0							
1	1							

第7章　组合逻辑电路

7.1　组合逻辑电路的分析与设计

根据逻辑功能的不同特点，可以把数字电路分为两大类：一类叫做组合逻辑电路(简称组合电路)；另一类叫做时序逻辑电路(简称时序电路)。

在组合逻辑电路中，任意时刻的输出仅仅取决于该时刻的输入，与电路原来的状态无关。这就是组合逻辑电路在逻辑功能上的共同特点。组合电路是由逻辑门构成的，也不包含具有记忆功能的器件，不存在从输出到输入的反馈电路，不存在记忆元件和存储电路，这就是组合逻辑电路在电路结构上的共同特点。

组合电路应用很广泛，常用的有比较器、加法器、译码器、编码器和数据选择器等。

7.1.1　组合逻辑电路的分析

1. 分析步骤

组合逻辑电路分析的目的是为了明确组合电路的逻辑功能和应用方法。组合逻辑电路分析大致可分为以下几个步骤：

(1) 根据组合逻辑电路的逻辑图，写出电路输出函数的逻辑表达式；

(2) 对逻辑表达式进行化简，得到最简的逻辑表达式；

(3) 列真值表，将输入输出变量及所有可能的取值列成表格；

(4) 确定功能，根据真值表和逻辑表达式确定电路的逻辑功能。

即：逻辑图 $\xrightarrow{(1)}$ 逻辑表达式 $\xrightarrow{(2)}$ 最简与或表达式 $\xrightarrow{(3)}$ 真值表 $\xrightarrow{(4)}$ 电路的逻辑功能

2. 例题分析

例7-1　分析下面图7-1-1逻辑图的逻辑功能。

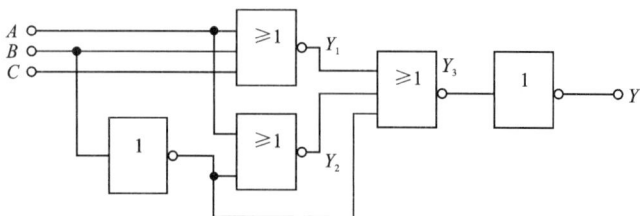

图7-1-1

解：(1)根据逻辑图，写出电路输出函数的逻辑表达式

$$\left.\begin{array}{l} Y_1 = \overline{A+B+C} \\ Y_2 = \overline{A+\overline{B}} \\ Y_3 = \overline{Y_1+Y_2+\overline{B}} \end{array}\right\} Y = \overline{Y}_3 = Y_1 + Y_2 + \overline{B} = \overline{A+B+C} + \overline{A+\overline{B}} + \overline{B}$$

（2）化简：$Y = \overline{A}\,\overline{B}\,\overline{C} + \overline{A}B + \overline{B} = \overline{A}B + \overline{B} = \overline{A} + \overline{B}$

（3）根据化简式列真值表：如表 7 - 1 - 1。

（4）根据真值表得出电路的逻辑功能：电路的输出 Y 只与输入 A、B 有关，而与输入 C 无关。Y 和 A、B 的逻辑关系为：A、B 中只要一个为 0，$Y=1$；A、B 全为 1 时，$Y=0$。所以 Y 和 A、B 的逻辑关系为与非运算的关系。

（5）画出最简的逻辑关系图，用与非门实现如图 7 - 1 - 2。

表 7 - 1 - 1

A	B	C	Y
0	0	0	1
0	0	1	1
0	1	0	1
0	1	1	1
1	0	0	1
1	0	1	1
1	1	0	0
1	1	1	0

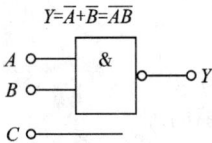

图 7 - 1 - 2

一般来说，把电路的逻辑功能列成真值表以后，它的功能就一目了然了。

7.1.2　组合逻辑电路的设计

根据给出的实际逻辑问题，求出实现这一逻辑功能的最简单逻辑电路，这就是设计组合逻辑电路时要完成的工作。这里所说的"最简"，是指电路所用的器件数最少、输入端数最少、级数最少。组合逻辑电路的设计工作通常可按下列步骤进行：

1. 设计步骤

（1）分析实际问题。确定需要哪些是输入变量，哪些是输出变量，并赋值（即以二值逻辑的 0、1 两种状态分别代表输入变量和输出变量的两种不同状态，这里 0 和 1 的具体含义完全由设计者人为设定），并分析变量间的逻辑关系，把实际问题归纳为逻辑问题，并确定它们之间逻辑关系。

（2）列出真值表。若有 N 个变量，则共有 2^N 种输入变量组合，要列出所有可能情况下输出变量的取值，即采用"穷举法"。

（3）根据真值表。写出输出逻辑数表达式并化简成所需要的最简单的表达式。

（4）根据实际问题、技术和材料的要求设计出逻辑电路。

即：分析问题 $\xrightarrow{(1)}$ 真值表 $\xrightarrow{(2)}$ 逻辑表达式 $\xrightarrow{(3)}$ 最简与或表达式（必要时需进行逻辑变换）$\xrightarrow{(4)}$ 逻辑电路图

2. 例题分析

例 7 - 2　用与非门设计一个交通报警控制电路。

解：（1）分析实际问题：交通信号灯有红、绿、黄 3 种，3 种灯分别单独工作或黄、绿灯同时工作时属正常情况,其他情况均属故障,出现故障时输出报警信号。

(2)设红、绿、黄灯分别用 A、B、C 表示,灯亮时其值为1,灯灭时其值为0;输出报警信号用 F 表示,灯正常工作时其值为0,灯出现故障时其值为1。根据逻辑要求列出真值表如表 7-1-2。

表 7-1-2

A	B	C	F	A	B	C	F
0	0	0	1	1	0	0	0
0	0	1	0	1	0	1	1
0	1	0	0	1	1	0	1
0	1	1	0	1	1	1	1

(3)根据真值表写出逻辑函数式并化简:

$$F = \overline{A}\,\overline{B}\,\overline{C} + A\overline{B}C + AB\overline{C} + ABC$$

化简得:

$$F = \overline{A}\,\overline{B}\,\overline{C} + ABC + AB\overline{C} + A\overline{B}C$$
$$= \overline{A}\,\overline{B}\,\overline{C} + AB(C + \overline{C}) + AC(B + \overline{B})$$
$$= \overline{A}\,\overline{B}\,\overline{C} + AB + AC$$

再进行逻辑变换得:

$$F = \overline{\overline{A}\,\overline{B}\,\overline{C} \cdot \overline{AB} \cdot \overline{AC}}$$

(4)根据最简式画出实现该功能的逻辑电路图,如图 7-1-3。

例 7-3 用与非门设计一个女子举重裁判表决电路。设举重比赛有3个裁判,一个主裁判和两个副裁判。杠铃完全举上的裁决由每一个裁判按一下自己面前的按钮来确定。只有当两个或两个以上裁判判明成功,并且其中有一个为主裁判时,表明成功的灯才亮。

解:(1)设主裁判为变量 A,副裁判分别为 B 和 C;表示成功与否的灯为 Y,根据逻辑要求列出真值表。

(2)列出真值表,如表 7-1-3 所示。

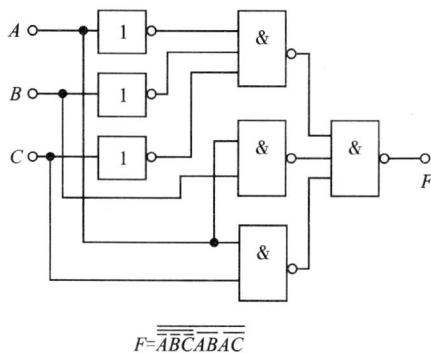

$$F = \overline{\overline{A}\,\overline{B}\,\overline{C} \cdot \overline{AB} \cdot \overline{AC}}$$

图 7-1-3

表 7-1-3

A	B	C	Y	A	B	C	Y
0	0	0	0	1	0	0	0
0	0	1	0	1	0	1	1
0	1	0	0	1	1	0	1
0	1	1	0	1	1	1	1

(3)根据真值表,写出逻辑表达式,并化简。

$$Y = A\bar{B}C + AB\bar{C} + ABC$$

化简得
$$\begin{aligned}
Y &= A\bar{B}C + AB\bar{C} + ABC \\
&= ABC + AB\bar{C} + ABC + A\bar{B}C \\
&= AB(C + \bar{C}) + AC(B + \bar{B}) \\
&= AB + AC
\end{aligned}$$

逻辑变换得
$$Y = \overline{\overline{AB} \cdot \overline{AC}}$$

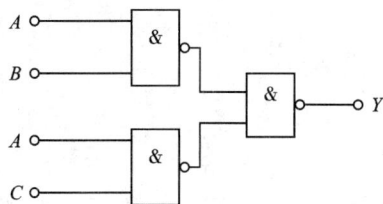

图 7 − 1 − 4

(4)根据逻辑表,画出逻辑电路图,如图 7 − 1 − 4 所示。

7.2 组合逻辑电路部件

组合逻辑部件是指具有某种逻辑功能的中规模集成组合逻辑电路芯片。常用的组合逻辑部件有编码器、译码器、加法器、数值比较器、数据选择器和数据分配器等。本章将对这些部件做一一介绍。

7.2.1 编码器

实现编码操作的电路称为编码器。将若干个 0 和 1,按照一定的规律排列并赋予它们特定的含义叫编码。常见的编码器有 8 − 3 线编码器、16 − 4 线编码器、10 − 4 线编码器等。

1. 3 位二进制编码器

(1)真值表(表 7 − 2 − 1)

表 7 − 2 − 1 3 位二进制编码器真值表

输入	输 出		
	Y_2	Y_1	Y_0
I_0	0	0	0
I_1	0	0	1
I_2	0	1	0
I_3	0	1	1
I_4	1	0	0
I_5	1	0	1
I_6	1	1	0
I_7	1	1	1

从真值表可以看出:输入 8 个互斥的信号输出 3 位二进制代码。

(2)逻辑表达式

$$Y_2 = I_4 + I_5 + I_6 + I_7 = \overline{\overline{I_4}\,\overline{I_5}\,\overline{I_6}\,\overline{I_7}}$$
$$Y_1 = I_2 + I_3 + I_6 + I_7 = \overline{\overline{I_2}\,\overline{I_3}\,\overline{I_6}\,\overline{I_7}}$$

$$Y_0 = I_1 + I_3 + I_5 + I_7 = \overline{\overline{I_1}\,\overline{I_3}\,\overline{I_5}\,\overline{I_7}}$$

（3）逻辑图（图 7 - 2 - 1）

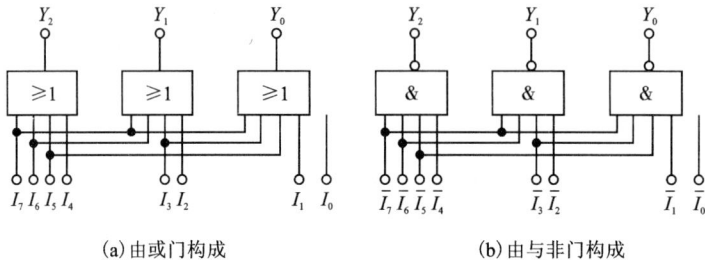

(a) 由或门构成　　　　　　　　(b) 由与非门构成

图 7 - 2 - 1　3 位二进制编码器

说明：用或门实现时，输入端高电平有效，用与非门实现时，输入端低电平有效。

2. 8421 码编码器

8421 码编码器的输入端输入一个一位十进制数，通过内部编码，输出四位 8421BCD 码二进制代码，每组代码与相应的十进制数对应。

（1）真值表

表 7 - 2 - 2　真值表

输 入	输　　　出			
I	Y_3	Y_2	Y_1	Y_0
$0(I_0)$	0	0	0	0
$1(I_1)$	0	0	0	1
$2(I_2)$	0	0	1	0
$3(I_3)$	0	0	1	1
$4(I_4)$	0	1	0	0
$5(I_5)$	0	1	0	1
$6(I_6)$	0	1	1	0
$7(I_7)$	0	1	1	1
$8(I_8)$	1	0	0	0
$9(I_9)$	1	0	0	1

从真值表可以看出：输入 10 个互斥的数码输出 4 位二进制代码。

（2）逻辑表达式

$$Y_3 = I_8 + I_9 = \overline{\overline{I_8}\,\overline{I_9}}$$

$$Y_2 = I_4 + I_5 + I_6 + I_7 = \overline{\overline{I_4}\,\overline{I_5}\,\overline{I_6}\,\overline{I_7}}$$

$$Y_1 = I_2 + I_3 + I_6 + I_7 = \overline{\overline{I_2}\,\overline{I_3}\,\overline{I_6}\,\overline{I_7}}$$

$$Y_0 = I_1 + I_3 + I_5 + I_7 + I_9 = \overline{\overline{I_1}\,\overline{I_3}\,\overline{I_5}\,\overline{I_7}\,\overline{I_9}}$$

(3)逻辑电路图(图 7 - 2 - 2)

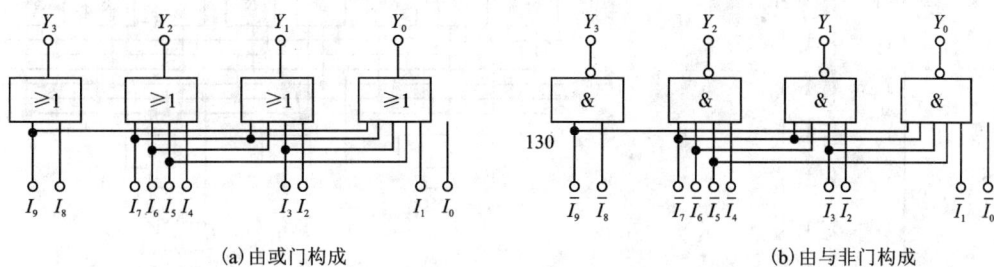

图 7 - 2 - 2 8421 码编码器

(a)由或门构成 　　　　(b)由与非门构成

7.2.2 译码器

把代码状态的特定含义翻译出来的过程称为译码,实现译码操作的电路称为译码器。译码是编码的逆过程。译码器有很多种,常用的有显示译码器、二进制译码器和二 - 十进制译码器等。

1. 3 线 - 8 线译码器

二进制译码器可以译出输入变量的全部状态,故又称为变量译码器。

(1)3 线 - 8 线译码器真值表(表 7 - 2 - 3)

表 7 - 2 - 3 3 线 - 8 线译码器真值表

A_2	A_1	A_0	Y_0	Y_1	Y_2	Y_3	Y_4	Y_5	Y_6	Y_7
0	0	0	1	0	0	0	0	0	0	0
0	0	1	0	1	0	0	0	0	0	0
0	1	0	0	0	1	0	0	0	0	0
0	1	1	0	0	0	1	0	0	0	0
1	0	0	0	0	0	0	1	0	0	0
1	0	1	0	0	0	0	0	1	0	0
1	1	0	0	0	0	0	0	0	1	0
1	1	1	0	0	0	0	0	0	0	1

从真值表可以看出:输入为 3 位二进制代码,输出为 8 个互斥的信号。

（2）逻辑表达式

$$
\begin{cases}
Y_0 = \bar{A}_2 \bar{A}_1 \bar{A}_0 \\
Y_1 = \bar{A}_2 \bar{A}_1 A_0 \\
Y_2 = \bar{A}_2 A_1 \bar{A}_0 \\
Y_3 = \bar{A}_2 A_1 A_0 \\
Y_4 = A_2 \bar{A}_1 \bar{A}_0 \\
Y_5 = A_2 \bar{A}_1 A_0 \\
Y_6 = A_2 A_1 \bar{A}_0 \\
Y_7 = A_2 A_1 A_0
\end{cases}
$$

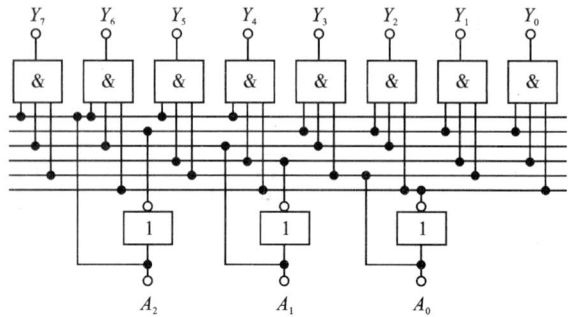

图 7 - 2 - 3　3 线 - 8 线译码器

（3）逻辑图（如图 7 - 2 - 3）

常见的 3 线 - 8 线译码器有 74LS138。

3. 二 - 十进制译码器（8421 码译码器）

把二 - 十进制代码翻译成 10 个十进制数字信号的电路，称为二 - 十进制译码器。这种译码器的输入端子有四个，分别输入四位 8421BCD 码二进制代码的各位，用 A_3、A_2、A_1、A_0 表示；输出的是与 10 个十进制数字相对应的 10 个信号，用 $Y_9 \sim Y_0$ 表示。由于二 - 十进制译码器有 4 根输入线，10 根输出线，所以又称为 4 线 - 10 线译码器。

（1）真值表：如表 7 - 2 - 4。

表 7 - 2 - 4　二 - 十进制译码器真值表

A_3	A_2	A_1	A_0	Y_9	Y_8	Y_7	Y_6	Y_5	Y_4	Y_3	Y_2	Y_1	Y_0
0	0	0	0	0	0	0	0	0	0	0	0	0	1
0	0	0	1	0	0	0	0	0	0	0	0	1	0
0	0	1	0	0	0	0	0	0	0	0	1	0	0
0	0	1	1	0	0	0	0	0	0	1	0	0	0
0	1	0	0	0	0	0	0	0	1	0	0	0	0
0	1	0	1	0	0	0	0	1	0	0	0	0	0
0	1	1	0	0	0	0	1	0	0	0	0	0	0
0	1	1	1	0	0	1	0	0	0	0	0	0	0
1	0	0	0	0	1	0	0	0	0	0	0	0	0
1	0	0	1	1	0	0	0	0	0	0	0	0	0

（2）逻辑表达式：

$$Y_0 = \bar{A}_3 \bar{A}_2 \bar{A}_1 \bar{A}_0 \quad Y_1 = \bar{A}_3 \bar{A}_2 \bar{A}_1 A_0 \quad Y_2 = \bar{A}_3 \bar{A}_2 A_1 \bar{A}_0 \quad Y_3 = \bar{A}_3 \bar{A}_2 A_1 A_0$$

$$Y_4 = \bar{A}_3 A_2 \bar{A}_1 \bar{A}_0 \quad Y_5 = \bar{A}_3 A_2 \bar{A}_1 A_0 \quad Y_6 = \bar{A}_3 A_2 A_1 \bar{A}_0 \quad Y_7 = \bar{A}_3 A_2 A_1 A_0$$

$$Y_8 = A_3 \bar{A}_2 \bar{A}_1 \bar{A}_0 \quad Y_9 = A_3 \bar{A}_2 \bar{A}_1 A_0$$

（3）逻辑图：如图 7 - 2 - 4。常用的有 74LS42。

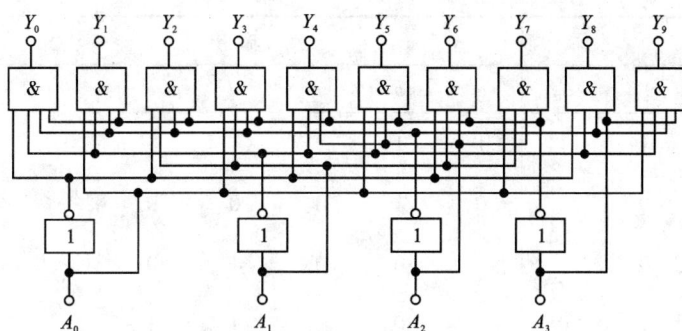

图 7 - 2 - 4　二 - 十进制译码器

4. 显示译码器

用来驱动各种显示器件,从而将用二进制代码表示的数字、文字、符号翻译成人们习惯的形式直观地显示出来的电路,称为显示译码器。显示译码器有很多种,下面以控制发光二极管显示的译码为例来讨论。

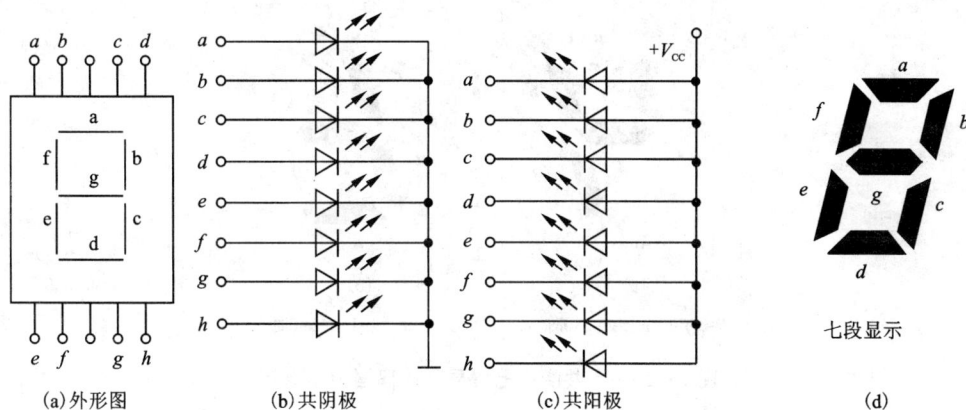

(a)外形图　　　(b)共阴极　　　(c)共阳极　　　(d)

图 7 - 2 - 5

(1)真值表(真值表仅适用于共阴极 LED):见表 7 - 2 - 5。

表 7 - 2 - 5　七段显示译码器真值表(共阴极)

输　入				输　出							显示字形
A_3	A_2	A_1	A_0	a	b	c	d	e	f	g	
0	0	0	0	1	1	1	1	1	1	0	
0	0	0	1	0	1	1	0	0	0	0	
0	0	1	0	1	1	0	1	1	0	1	

续表 7 - 2 - 5

输　入				输　出							显示字形
A_3	A_2	A_1	A_0	a	b	c	d	e	f	g	
0	0	1	1	1	1	1	1	0	0	1	
0	1	0	0	0	1	1	0	0	1	1	
0	1	0	1	1	0	1	1	0	1	1	
0	1	1	0	0	0	1	1	1	1	1	
0	1	1	1	1	1	1	0	0	0	0	
1	0	0	0	1	1	1	1	1	1	1	
1	0	0	1	1	1	1	0	0	1	1	

2. 举例：如图 7 - 2 - 6。

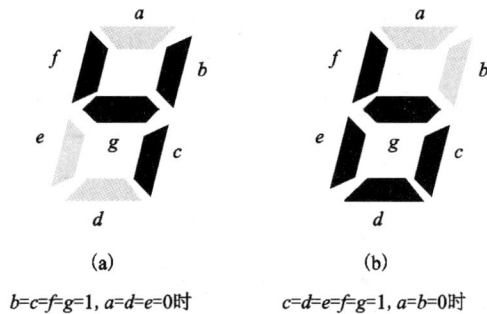

(a) $b=c=f=g=1$, $a=d=e=0$时　　　(b) $c=d=e=f=g=1$, $a=b=0$时

图 7 - 2 - 6　共阴极七段显示译码器显示举例

7.2.3　加法器

两个二进制数之间的算术运算无论是加、减、乘、除，目前在数字计算机中都是化着若干步加法运算进行的。因此，加法器是构成算术运算器的基本单元。

1. 半加器

能对两个 1 位二进制数进行相加而求得和及进位的逻辑电路称为半加器。

（1）半加器真值表：

表 7 - 2 - 6 半加器真值表。

（2）逻辑表达式：

$$S_i = \overline{A}_i B_i + A_i \overline{B}_i = A_i \oplus B_i$$

（3）电路图及符号：如图 7 - 2 - 7。

表 7-2-6 半加器真值表

A_i	B_i	S_i	C_i
0	0	0	0
0	1	1	0
1	0	1	0
1	1	0	1

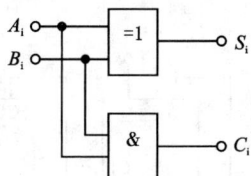

半加器电路图

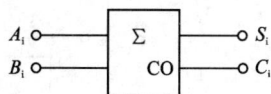

半加器符号

图 7-2-7 半加器

2. 全加器

能对两个 1 位二进制数进行相加并考虑低位来的进位，即相当于 3 个 1 位二进制数相加，求得和及进位的逻辑电路称为全加器。

（1）全加器真值表：表 7-2-7。

A_i、B_i：加数；C_{i-1}：低位来的进位；S_i：本位的和；C_i：向高位的进位。

（2）逻辑表达式：

$$S_i = \bar{A}_i\bar{B}_iC_{i-1} + \bar{A}_iB_i\bar{C}_{i-1} + A_i\bar{B}_i\bar{C}_{i-1} + A_iB_iC_{i-1}$$
$$= \bar{A}_i(\bar{B}_iC_{i-1} + B_i\bar{C}_{i-1}) + A_i(\bar{B}_i\bar{C}_{i-1} + B_iC_{i-1})$$
$$= \bar{A}_i(B_i \oplus C_{i-1}) + A_i(\overline{B_i \oplus C_{i-1}})$$
$$= A_i \oplus B_i \oplus C_{i-1}$$

化简得：$S_i = A_i \oplus B_i \oplus C_{i-1}$

$$C_i = \bar{A}_iB_iC_{i-1} + A_i\bar{B}_iC_{i-1} + A_iB_i$$
$$= (\bar{A}_iB_i + A_i\bar{B}_i)C_{i-1} + A_iB$$
$$= (A_i \oplus B_i)C_{i-1} + A_iB_i$$

化简得：$C_i = (A_i \oplus B_i)C_{i-1} + A_iB_i$

表 7-2-7 全加器真值表

A_i	B_i	C_{i-1}	S_i	C_i
0	0	0	0	0
0	0	1	1	0
0	1	0	1	0
0	1	1	0	1
1	0	0	1	0
1	0	1	0	1
1	1	0	0	1
1	1	1	1	1

（3）逻辑电路图：如图 7-2-8(a)、图 7-2-8(b)。

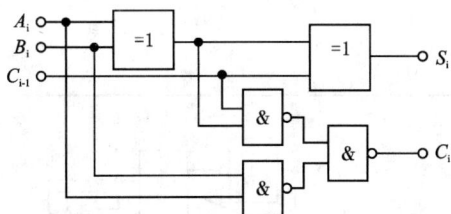

(a)逻辑图

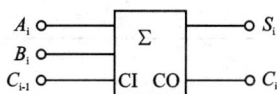

(b)逻辑符号

图 7-2-8 全加器

3. 串行进位加法器

实现多位二进制数相加的电路称为多位加法器。下面以串行进位加法器为例来分析。

（1）构成：把 n 位全加器串联起来，低位全加器的进位输出连接到相邻的高位全加器的进位输入。

（2）逻辑图：如图 7-2-9。

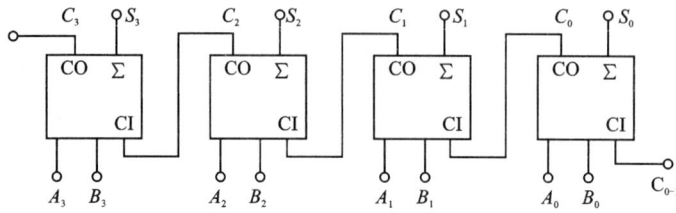

图 7 – 2 – 9　串行进位加法器

（3）特点：进位信号是由低位向高位逐级传递的，速度不高。

另外，为了提高运算速度，在逻辑设计上采用超前进位的方法，即每一位的进位根据各位的输入同时预先形成，而不需要等到低位的进位送来后才形成，这种结构的多位数加法器称为超前进位加法器。

7.2.4　数值比较器

数值比较器就是对两个二进制数进行比较，以判断其大小的逻辑电路。

下面以一位数值比较器为例，说明其工作原理，如图 7 – 2 – 10 所示。设两个二进制数的对应位为 A_i、B_i，若 $A_i = B_i$，则输出 1，否则输出 0。根据 A_i、B_i 取值的四种情况，列出真值表，如表 7 – 2 – 8 所示。

（1）真值表

表 7 – 2 – 8　同比较器真值表

A	B	$L_1(A > B)$	$L_2(A < B)$	$L_3(A = B)$
0	0	0	0	1
0	1	0	1	0
1	0	1	0	0
1	1	0	0	1

（2）逻辑表达式

$$\begin{cases} L_1 = A\bar{B} \\ L_2 = \bar{A}B \\ L_3 = \bar{A}\bar{B} + AB = \overline{\overline{AB} + A\bar{B}} \end{cases}$$

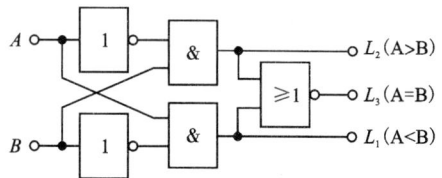

图 7 – 2 – 10　同比较器

7.2.5　数据选择器与数据分配器

1.数据选择器

在数字信号的传输过程中，有时需要从一组数据中选出某一个来，这就要用到一种叫做数据选择器（或称多路开关）的逻辑电路。下面以 4 选 1 数据选择器来分析。

（1）真值表：表 7 – 2 – 9。

表 7 – 2 – 9 4 选 1 数据选择器真值表

输 入			输 出
D	A_1	A_0	Y
D_0	0	0	D_0
D_1	0	1	D_1
D_2	1	0	D_2
D_3	1	1	D_3

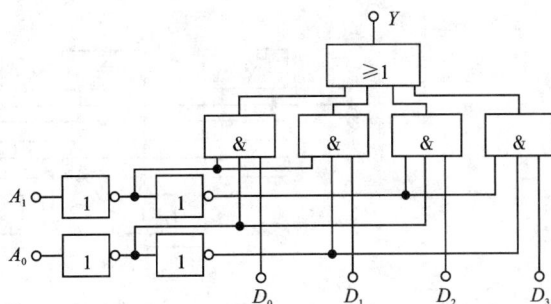

图 7 – 2 – 11 4 选 1 数据选择器

从真值表可以看出：由地址码决定从 4 路输入中选择哪 1 路输出（A_1、A_0 为地址变量）。

（2）逻辑表达式：

$$Y_0 = D\bar{A}_1\bar{A}_0 \quad Y_1 = D\bar{A}_1 A_0$$
$$Y_2 = DA_1\bar{A}_0 \quad Y_3 = DA_1 A_0$$

（3）逻辑电路图（图 7 – 2 – 11）。

2. 数据分配器

与数据选择器相反，数据分配器是将一个输入数据分时传送到多个输出端输出，但在同一时刻只能把输入的数据送到一个指定的输出端，而这个指定的输出端是由选择输入控制信号的不同组合所控制。下面以 1 路 – 4 路数据分配器来分析其原理。

（1）真值表（表 7 – 2 – 10）：

表 7 – 2 – 10 1 路 – 4 路数据分配器真值表

输 入			输 出			
D	A_1	A_0	Y_0	Y_1	Y_2	Y_3
	0	0	D	0	0	0
0	0	1	0	D	0	0
1	1	0	0	0	D	0
1	1	1	0	0	0	D

从真值表可以看出：由地址码决定从 4 路输入中选择哪 1 路输出（A_1、A_0 为地址变量）。

（2）逻辑表达式：

$$Y = D_0\bar{A}_1\bar{A}_0 + D_1\bar{A}_1 A_0 + D_2 A_1\bar{A}_0 + D_3 A_1 A_0$$

（3）逻辑图：如图 7 – 2 – 12。

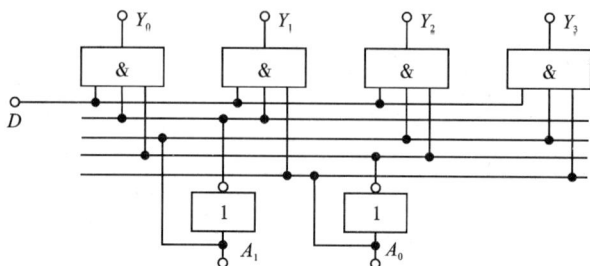

图 7 - 2 - 12 1 路 - 4 路数据分配器

本章小结

本章介绍了组合逻辑电路的基本分析方法和设计方法。并介绍了最常用的组合逻辑电路组件：如编码器、译码器、数据选择器、数据分配器、比较器、加法器等。

分析组合逻辑电路的目的在于找出电路的输出与输入之间的逻辑关系，确定电路的逻辑功能。

组合逻辑电路的设计任务是根据实际问题的要求，找出一个能满足逻辑功能的逻辑电路。设计过程实际是分析的逆过程，其中的关健是如何把实际问题抽象为逻辑问题，确定输入变量、输出变量，建立它们之间的逻辑关系并用逻辑电路来实现。

本章介绍了组合逻辑部件，通过分析逻辑函数表达式、真值表、逻辑功能表、电路图来分析其外部性能。希望读者能举一反三，对主要组合逻辑部件的功能有较明确的认识。

复习思考题

7 - 1 分析题图 7 - 1 所示组合电路的功能是什么？

7 - 2 在击剑比赛中，若有 A、B、C 三名裁判，A 为主裁判。当两名以上裁判（必须包括 A 在内）认为运动员得分，按动电钮，发出得分信号，设计该组合电路。

7 - 3 用红、黄、绿三个指示灯表示三台设备的工作情况：绿灯亮表示全部正常；红灯亮表示有一台不正常；黄灯亮表示两台不正常；红、黄全亮表示三台都不正常。试设计出组合电路。

7 - 4 用四选一数据选择器实现下列函数：

（1）$F = \bar{A}BC + A\bar{B}\bar{C} + AB$

（2）$F = \sum(1, 3, 5, 7)$

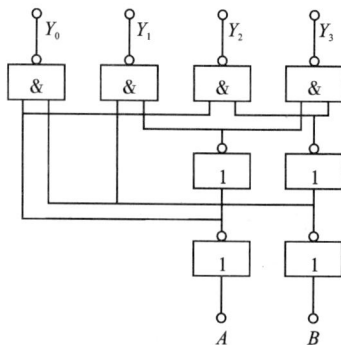

题图 7 - 1

7 - 5 试用二输入与非门和反相器设计一个 4 位的奇偶校验器，当四个输入变量中有偶数个 1 时输出为 1，否则为 0。

能力训练八　数据选择及译码显示

1. 训练目的

(1)掌握数据选择器的工作原理。

(2)掌握二进制译码器和 7 段显示译码器的逻辑功能。

(3)掌握数码管动态显示的使用及测试方法。

2. 训练要求

(1)掌握数据选择器、译码器的相关资料，了解 74LS153、74LS139、CD4511、74LS161 的功能及使用方法。

(2)掌握数码管动态显示原理。

(3)能按设计任务要求，画出电路连接图，设计相应的实验步骤及实验表格。

3. 训练器材

(1)直流稳压电源一台。

(2)数字电路实验箱一个。

(3)74LS153 两只、CD4511 一只、74LS139 一只、74LS161 一只。

4. 原理介绍

(1)数据选择器

能够从来自不同地址的多路数字信息中任意选出所需要的一路信息作为输出的组合电路。数据选择器有多个输入，一个输出。其功能类似于单刀多掷开关，故又称为多路开关(MUX)。在控制端的作用下可从多路并行数据中选择一路送输出端。数据选择器的主要用途是实现多路信号的分时传送、实现组合逻辑函数、进行数据的串—并转换等。

下面简介 TTL 中规模数据选择器 74LS153 的使用特点。74LS153 是一个双四选一多路数据选择器，其引脚如训练图 8－1。

74LS153 逻辑功能见训练表 8－1。从功能表可看出，当 S 端输入为低电平时，四选一数据选择器处于工作状态，它有 4 位并行数据 $D_0 \sim D_3$ 输入，当选择地址输入 A_0、A_1 的二进制码依次由 00 递增至 11 时，4 个通道的并行数据便依次传送到输出端 Y，转换成串行数据。

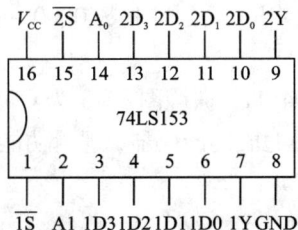

训练图 8－1　74LS153 数据选择器

图中 $1D_0—1D_3$，$2D_0—2D_3$ 分别为两组数据输入端，A0、A1 是二个地址码输入端，1Y 和 2Y 分别为两个输出端。选通控制端 S 为低电平有效，即 S＝0 时芯片被选中，处于工作状态；S＝1 时芯片被禁止，Y＝0。

训练表 8－1　74LS153 逻辑功能

输　　入				输　出
S	D	A_0	A_1	Y
1	X	X	X	0
0	D	0	0	D
0	D1	1	0	D1
0	D2	0	1	D2
0	D3	1	1	D3

（2）显示译码器

在数字系统中，常常需要将运算结果用人们习惯的十进制显示出来，这就要用到显示译码器。显示译码器主要用来驱动各种显示器件，如 LED、LCD 等，从而将二进制代码表示的数字、文字、符号"翻译"成人们习惯的形式，直观地显示出来。

目前用于显示电路的中规模译码器种类很多，其中用得较多的是七段显示译码器。它的输入是 8421BCD 码，输出是由 a、b、c、d、e、f、g 构成的一种代码，我们称之为七段显示码。根据字形的需要，确定 a、b、c、d、e、f、g 各段应加什么电平，就得到两种代码对应的编码表。七段显示码被送到七段显示器显示。七段显示器分共阴极和共阳极两种形式，它们的外形结构和二极管连接方式分别如训练图 8 - 2 所示。

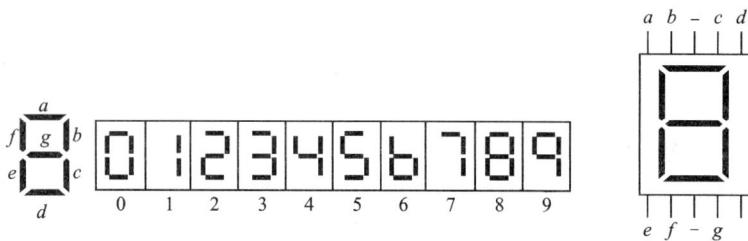

训练图 8 - 2　译码器外形结构和二极管连接方式

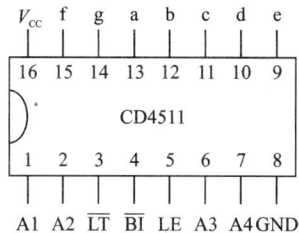

训练图 8 - 3　CD4511 引脚图

二 - 十进制译码器（ BCD 码，Binary Coded Decimal）。用 4 位二进制数 0000 - 1001 分别代表十进制数 0 ~ 9，称为二 - 十进制数，又称 BCD 码。

下面介绍最常用的 BCD 码 - 7 段译码 显示译码器 CD4511。训练图 8 - 3 为 CD4511 引脚图。CD4511 是一个用于驱动共阴 LED 显示器的 BCD 码——七段码译码器，逻辑功能见训练表 8 - 2，8421 BCD 码对应的显示见训练表 8 - 2。

其功能介绍如下：

BL：熄灭，输出控制端。当 BI = 0 时，不管其他输入端状态如何，七段数码管均处于熄灭状态，不显示数字。

LT：正常显示检查端。当 BI = 1，LT = 0 时，不管输入 DCBA 状态如何，七段均发亮，显示"8"。它主要用来检测数码管是否损坏。

LE：使能控制端，当 LE = 0 时，允许译码输出。

DCBA：为 8421BCD 码输入端。

abcdefg：为译码输出，输出为高电平。

训练表 8 – 2　CD4511 逻辑功能

输　　入							输　　出							显示
LE	$\overline{BL}$	$\overline{LT}$	D	C	B	A	a	b	c	d	e	f	g	
×	×	0	×	×	×	×	1	1	1	1	1	1	1	s
×	0	1	×	×	×	×	0	0	0	0	0	0	0	
0	1	1	0	0	0	0	1	1	1	1	1	1	0	0
0	1	1	0	0	0	1	0	1	1	0	0	0	0	1
0	1	1	0	0	1	0	1	1	0	1	1	0	1	2
0	1	1	0	0	1	1	1	1	1	1	0	0	1	3
0	1	1	0	1	0	0	0	1	1	0	0	1	1	4
0	1	1	0	1	0	1	1	0	1	1	0	1	1	5
0	1	1	0	1	1	0	0	0	1	1	1	1	1	6
0	1	1	0	1	1	1	1	1	1	0	0	0	0	7
0	1	1	1	0	0	0	1	1	1	1	1	1	1	8
0	1	1	1	0	0	1	1	1	1	1	0	1	1	9
0	1	1	1	0	1	0	0	0	0	0	0	0	0	
0	1	1	1	0	1	1	0	0	0	0	0	0	0	
0	1	1	1	1	0	0	0	0	0	0	0	0	0	
0	1	1	1	1	0	1	0	0	0	0	0	0	0	
0	1	1	1	1	1	0	0	0	0	0	0	0	0	
0	1	1	1	1	1	1	0	0	0	0	0	0	0	
1	1	1	×	×	×	×	0							0

5．实验原理

（1）数据选择分时传输组成动态译码框图如训练图 8 – 4。

训练图 8 – 4 所示为数据选择分时传输组成动态译码的组成框图。用四路数据选择从多路输入数据（BCD 码）中选择其中 1 路送到输出端，由译码显示器驱动 LED 显示十进制数。四路数据由四个 LED 分别显示，由显示控制译码器负责选通，数据选择器和显示控制译码器由数据选通信号实现同步传输和显示。

①利用数据选择器的分时传输功能，可分别传送四组 8421BCD 码，并进行译码显示。一般一个数码管需要一个七段译码显示器，利用数据选择器和显示控制译码器组成动态显示，则若干个数码管可共用一片七段译码显示器。

②用四个四选一（这里，我们使用两片双四选一 74LS153）可组成一个四路数据选择器。四路 8421BCD 码如训练图 8 – 5 连接：每一路数据的个位数全送至数据选择器 A 的 $D_0 \sim D_3$ 位，十位送选择器 B 的 $D_0 \sim D_3$ 位，百位送选择器 C 的 $D_0 \sim D_3$ 位，千位送选择器 D 的 $D_0 \sim$

D_3 位。当地址码为 00 时，数据选择器传送的是第一路 8421BCD 码，当地址码为 01、10、11 时则分别传送第二至第四路数据，经译码驱动后就分别得到四路数据的七段显示码。哪一个数码管亮，受地址码经 2 - 4 线译码器的输出控制。

当 $A_1A_0 = 00$ 时，$Y_0 = 0$，则对应第一路数据的数码管亮，其他依次类推为第二到第四路数据的数码管亮。

6. 实验任务

(1)测试数据选择器的功能

利用逻辑开关 SW1 ~ SW4 设置 4 个不同的

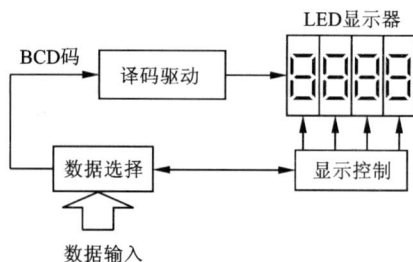

训练图 8 - 4　数据选择分时传输组成动态译码的组成框图

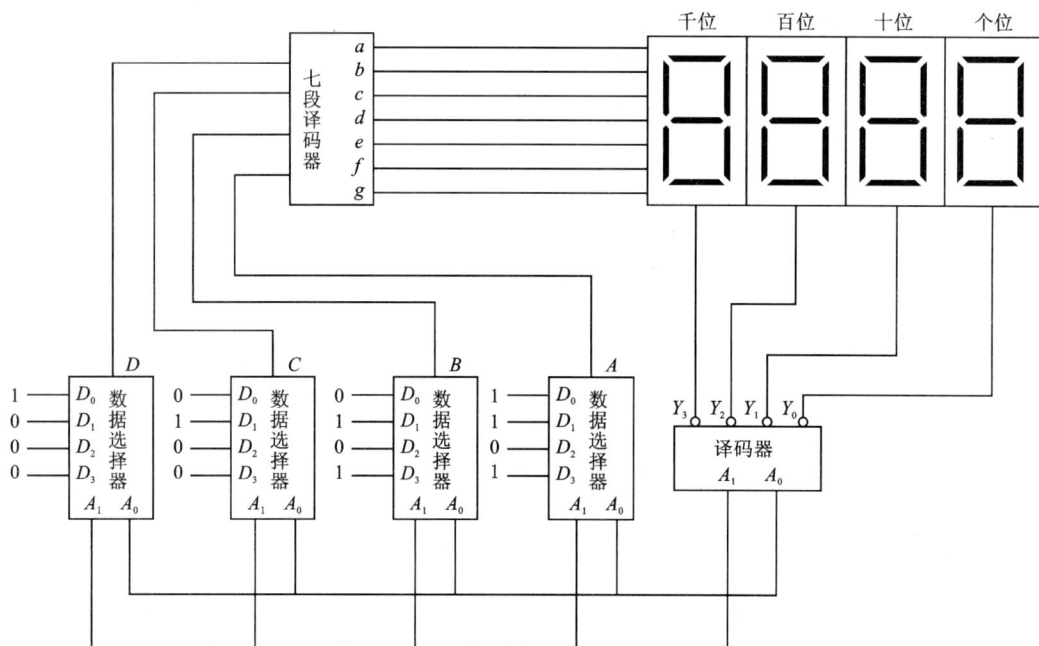

训练图 8 - 5　回路 8421BCD 码连接图

数，分别送到数据选择器的 4 路输入端，依次改变数据选择器的两个地址输入端状态，将实验结果填写于训练表 8 - 3。

训练表 8 - 3

A_1	A_0	数码管 LED3	LED2	LED1	LED0	LS153 输出显示(BCD 码)
0	0					
0	1					
1	0					
1	1					

根据以上的实验数据得出相应的实验结论。

（2）BCD 码 – 七段码显示译码器功能测试

选择一位数码管，并将其对应的地址码通过手动设置输入，在此位对应的 BCD 码逻辑开关处改变 BCD 码的值，观察数码管显示的变化，将实验结果填入训练表 8 – 4。

训练表 8 – 4

BCD 码输入	数码管显示	BCD 码输入	数码管显示
0000	0110		
0001	0111		
0010		1000	
0011		1001	
0100		1010	
0101			

7. 实验分析

（1）总结数码管动态显示整个调试过程。

（2）写出实验报告。

第8章 时序逻辑电路

8.1 双稳态触发器

触发器(Flip Flop,简写为 FF)是时序逻辑电路的基本单元电路,由门电路构成,专门用来接收存储输出 0、1 代码,具有记忆功能。即其输出状态除了与当时的输入信号有关之外,还与过去的状态有关。

触发器按功能分类有 RS 触发器、JK 触发器、K 触发器、T 和 T′触发器;按结构分类有基本触发器、同步触发器、主从触发器、维持阻塞和边沿触发器;按触发方式分有上升沿触发器、下降沿触发器、高电平触发器、低电平触发器;按输出稳定状态数分类有双稳态触发器、单稳态触发器和无稳态触发器(多谐振荡器)。

双稳态触发器有两个特点:输出有两个稳定状态,"0"和"1";在输入信号作用下,两个稳态可相互转换。

触发器的逻辑功能是指电路次态和输入信号及现态之间的逻辑关系,可以用状态表、激励表、特征方程式、状态转换图、波形图等方式描述。

8.1.1 RS 触发器

1. 基本 RS 触发器

(1) 电路构成

基本 RS 触发器由两个与非门的输入和输出交叉连接而成,Q 和 $\bar{Q}$ 为两个互补输出端,当 $Q = 1$,$\bar{Q} = 0$;反之亦然。通常将 Q 的状态定义为触发器的状态。如图 8 – 1 – 1 所示。$\bar{R}$ 和 $\bar{S}$ 为输入端(又称触发信号端,低电平触发有效)。

(2) 逻辑功能分析

设 Q 为触发器的原状态(现态),即触发信号输入前的状态;Q_{n-1} 为触发器的新状态(次态),即触发信号输入后的状态。

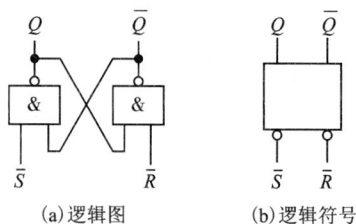

(a) 逻辑图　　　(b) 逻辑符号

图 8 – 1 – 1　基本触发器

根据 $\bar{R}$、$\bar{S}$ 的不同输入组合,可以得出基本触发器的逻辑功能。

① $\bar{R} = 1$,$\bar{S} = 1$,触发器保持原状态不变。

当 $\bar{R} = 1$,$\bar{S} = 1$ 时,触发器的状态取决于过去的状态,若 $Q_n = 0$,则 $Q_{n+1} = 0$;若 $Q_n = 1$,则 $Q_{n+1} = 1$。即触发器维持原来的状态不变,表示为 $Q_{n+1} = Q_n$。

② $\bar{S} = 1$,$\bar{R} = 0$,触发器被置为 0 态。

由于 $\bar{R} = 0$,使 $\bar{Q} = 1$,同时又因为 $\bar{S} = 1$,使 $Q = 0$。即 $Q_{n+1} = 0$,实现了置 0 功能。

③ $\bar{S} = 0$,$\bar{R} = 1$,触发器被置为 1 态。

由于 $\bar{S}=0$，使 $Q=1$，又因为 $\bar{R}=1$，使 $\bar{Q}=0$。即 $Q_{n+1}=1$，实现了置 1 功能。

④ $\bar{S}=0$，$\bar{R}=0$，触发器状态不确定。

当 $\bar{S}=0$，$\bar{R}=0$ 时，$Q=\bar{Q}=1$，对于触发器来说，是一种非正常状态。此时，若 $\bar{R}$ 和 $\bar{S}$ 同时由 0 变 1，则触发器输出状态由两个与非门传输时间的长短等随机因素而定，难以确定是 0 还是 1，即会出现不定状态。触发器正常工作时，不允许出现 $\bar{R}$、$\bar{S}$ 全 0 的情况，规定其约束条件：$\bar{R}+\bar{S}+=1$。

综合上述分析，基本 RS 触发器的逻辑功能可由表 8-1-1 描述。

表 8-1-1 与非门组成的基本触发器 RS 的功能表

输 入		输 出		逻辑功能
$\bar{R}$	$\bar{S}$	Q_n	Q_{n-1}	
0	0	0	×	不定
		1	×	
0	1	0	0	置 0
		1	0	
1	0	0	1	置 1
		1	1	
1	1	0	0	保持不变
		1	1	

由表 8-1-1 可以看出：

(1)当 $\bar{R}=\bar{S}=1$ 时，基本 RS 触发器具有保持功能；

(2)当 $\bar{R}=0(\bar{S}=1)$ 时，触发器具有置 0 功能，将 $\bar{R}$ 端称为复位端，低电平有效；

(3)当 $\bar{S}=0(\bar{R}=1)$ 时，触发器具有置 1 功能，将 $\bar{S}$ 端称为置位端，低电平有效；

(4)由与非门组成的基本 RS 触发器输入低电平有效，因此，在 R、S 上加 "-" 号，即 $\bar{R}$、$\bar{S}$。在图 8-1-1(b)所示逻辑符号中，对应 S 和 R 端的小圈也表示 S 和 R 是低电平有效。

也可用特征方程来描述：

将表 8-1-1 中的数据关系填入卡诺图。如图 8-1-2 所示，化简得基本 RS 触发器的特性方程：

$$Q_{n+1}=\bar{S}+\bar{R}Q_n$$

$$\bar{R}+\bar{S}=1 \quad （约束条件）$$

例 8-1-1 基本触发器如图 8-1-3 所示。试根据给定的输入信号波形对应画出输出 Q 和 $\bar{Q}$ 的波形。

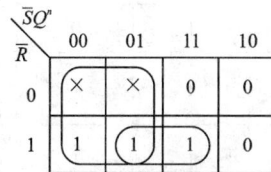

图 8-1-2 基本触发器逻辑关系卡诺图

2. 同步 RS 触发器

在数字系统中，一般含有多个触发器，为了使系统协调工作，引入一个控制信号，这个控制信号通常被称作时钟信号，用 CP 表示，同步 RS 触发器逻辑符号如图 8-1-4 所示。图

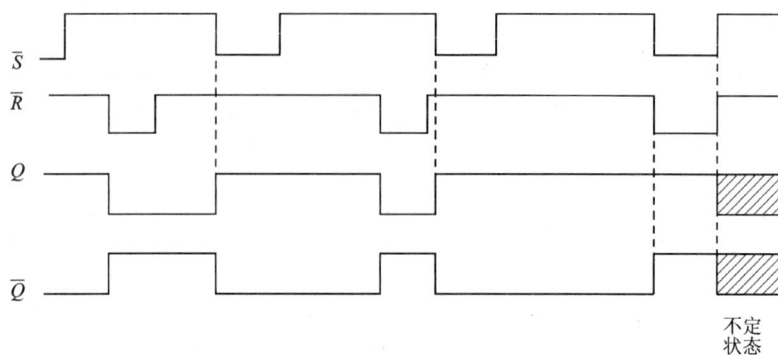

图 8 – 1 – 3　基本触发器输出端的波形图

中，$\bar{R}_D$、$\bar{S}_D$ 是直接置 0、置 1 端，用来设置触发器的初始状态。R、S 为信号输入端，CP 为时钟脉冲。

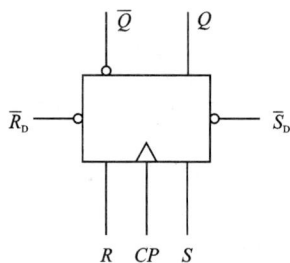

图 8 – 1 – 4　同步触发器逻辑符号

① 同步 RS 触发器逻辑功能表(表 8 – 1 – 2)。

表 8 – 1 – 2　同步触发器逻辑功能表

CP	$\bar{R}_D$	$\bar{S}_D$	R	S	Q_n	Q_{n+1}	功　能
×	0	1	×	×	×	0	直接置 0
×	1	0	×	×	×	1	直接置 1
1	1	1	0	0	0 1	0 1	保持
1	1	1	0	1	0 1	1	置 1
1	1	1	1	0	0 1	1	置 0
1	1	1	1	1	0 1	—	不定

② 同步 RS 触发器的特性方程：$Q_{n+1} = S + \bar{R}Q_n$

$RS = 0$　　（约束条件）

8.1.2　JK 触发器

JK 触发器是功能最全的触发器，没有约束条件。其逻辑符号如图 8 – 1 – 5 所示。图中，$\overline{R}_D$、$\overline{S}_D$ 是直接置 0、置 1 端，用来设置触发器的初始状态。J、K 为信号输入端，CP 为时钟脉冲，高电平有效。JK 触发器的逻辑功能表如表 8 – 1 – 3 所示。所谓计数就是触发器状态翻转的次数与 CP 脉冲输入的个数相等，以翻转的次数记录 CP 的个数。

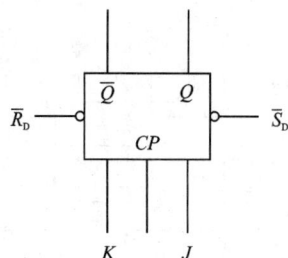

图 8 – 1 – 5　JK 触发器的逻辑符号

表 8 – 1 – 3　JK 触发器的逻辑功能表

CP	J	K	Q_{n+1}	功能
1	0	0	Q_n	保持
1	0	1	0	置 0
1	1	0	1	置 1
1	1	1	$\overline{Q}_n$	翻转（计数）

根据 JK 触发器的逻辑功能表可得 JK 触发器的特性方程：

$$Q_{n+1} = J\overline{Q}_n + \overline{K}Q_n$$

例 8 – 2　试根据给定的输入信号波形如图 8 – 1 – 6 所示，对应画出输出 Q 和 $\overline{Q}$ 的波形。

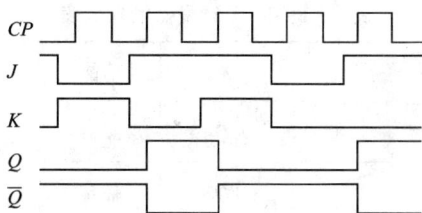

8.1.3　D 触发器

D 触发器又叫 D 锁存器，只有一个信号（数据）输入端 D，逻辑功能最简单，常用来储存一位二进制数。CP 脉冲有效时，触发器接收信号 D，即 $Q_{n+1} = D$。图 8 – 1 – 7 为 D 触发器的逻辑符号。图 8 – 1 – 8 为 D 触发器的状态转换图。

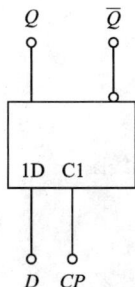

图 8 – 1 – 6　JK 触发器波形图

图 8 – 1 – 7　D 触发器的逻辑符号

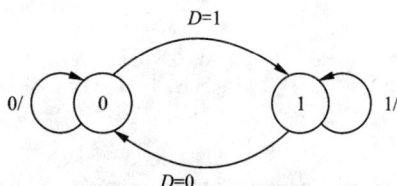

图 8 – 1 – 8　D 触发器的状态转换图

例 8－3　试根据给定的输入信号波形如图 8－1－9 所示，对应画出输出 Q 和 $\overline{Q}$ 的波形。

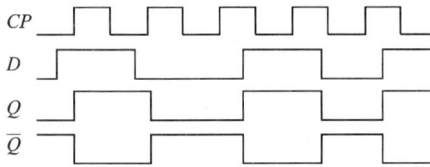

图 8－1－9　D 触发器输出波形

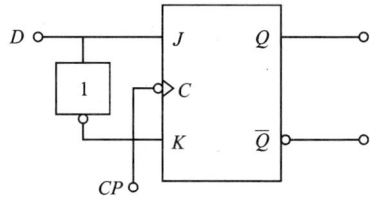

图 8－1－10　JK 触发器转换成 D 触发器的接线图

8.1.4　触发器逻辑功能转换

1. 将 JK 触发器转换成 D 触发器

图 8－1－10 所示为将 JK 触发器转换成 D 触发器的接线图。

2. 将 JK 触发器转换成 T 触发器

T 触发器的逻辑功能为：在 CP 时钟脉冲控制下，$T=0$ 时触发的状态保持不变，$Q_{n+1}=Q_n$；$T=1$ 时触发器翻转，$Q_{n+1}=\overline{Q}_n$。表 8－1－4 为 T 触发器的功能表。图 8－1－11 为 JK 触发器转换成 T 触发器的接线图。

表 8－1－4　T 触发器的功能表

T	Q^{n+1}	功能
0	Q^n	保持
1	$\overline{Q}^n$	翻转

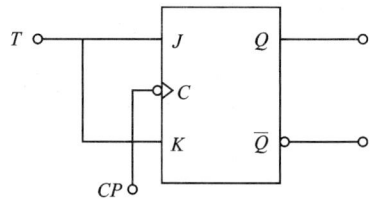

图 8－1－11　JK 触发器转换成 T 触发器的接线图

3. 将 D 触发器转换成 T′触发器

T′触发器的逻辑功能为：每来一个 CP 脉冲，触发器的状态翻转一次，即 $Q_{n+1}=\overline{Q}_n$。图 8－1－12 所示为将 D 触发器转换成 T′触发器的接线图。

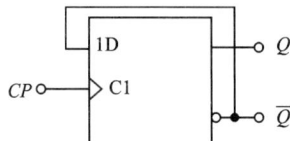

图 8－1－12　将 D 触发器转换成 T′触发器的接线图

8.1.5　集成触发器的应用

1. 集成触发器简介

集成触发器和其他数字集成电路相同，可以分成 TTL 电路和 CMOS 电路两大类。通过查阅有关数字集成电路的手册，可以得到各种类型的集成触发器的详尽资料。对于初学者，熟悉集成触发器的外引脚线排列和各引出端的功能，很有必要。图 8 - 1 - 13 所示为几种常用的 JK 触发器和 D 触发器的外引脚线排列图。下面对有关引出端的功能，符号意义作简单说明。

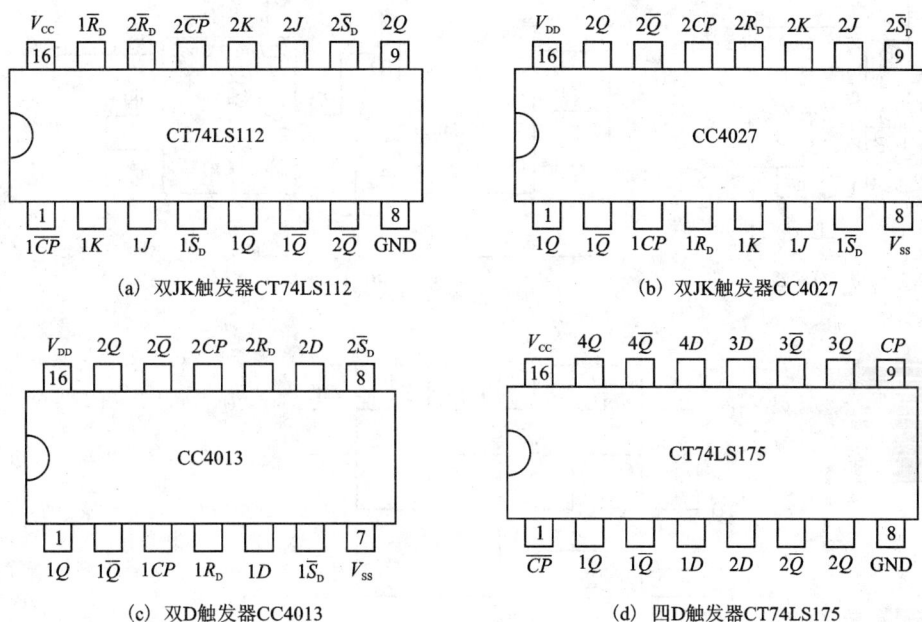

(a) 双JK触发器CT74LS112　　　　　　　(b) 双JK触发器CC4027

(c) 双D触发器CC4013　　　　　　　(d) 四D触发器CT74LS175

图 8 - 1 - 13　几种常用集成 JK 触发器和 D 触发器的外引脚线排列图

　　① 字母符号上方加横线的，表示加入低电平信号有效。如 $\bar{S}_D = 0$，触发器置 1，$\bar{R}_D = 0$，触发器置 0。字母符号上方不加横线，则表示加高低电平信号有效。

　　② 两个触发器以上的多触发器集成器件，在它的输入、输出符号前，加同一数字，如 $1\bar{S}_D$、$1\bar{R}_D$、$1CP$、$1Q$、$1\bar{Q}$、$1J$、$1K$ 等等，都属于同一触发器的引脚。

　　③ GND 表示接地，NC 为空脚，$\overline{CR}(CR)$ 表示总清零(即置零)端。

　　④ TTL 电路的电源 V_{CC} 一般为 + 5 V，CMOS 电路的电源 V_{DD} 通常在 + 3 ~ + 18 V 之间，V_{SS} 接电源负极(一般情况电源负极接地)。

　　⑤ 图 (a) 为集成边沿 JK 触发器 74LS112 的管脚排列图。所谓边沿触发器，简单说就是在脉冲上升沿或下降沿瞬间触发有效。常用集成边沿 JK 触发器 74LS112 为双下降沿 JK 触发器。

2. 集成触发器应用举例

（1）分频器

应用一片 CC4027 双触发器，可以组成 2 分频器，也可以组成 4 分频器。如图 8 - 1 - 14 (a) 为 2 分频器。图中引出端⑤、⑥、⑩接电源 V_{DD}，即有 $1J = 1K = 1$，电路为计数状态。而④、⑦、⑧端接地，即 $1S_D = 1R_D = 0$，异步置 0、置 1 功能无效(正常工作时均应使它们处于无效状态)。输入脉冲信号频率为 f_i，它由③脚加入，即从 1CP 端引入。每输入一个脉冲，触发器的状态 1Q 变化一次，所以输入两个脉冲，输出才变化一个周期。因此，$f_0 = \dfrac{1}{2}f_i$，实现了 2 分频。图 8 - 1 - 14(b) 是 4 分频器。由图可知，它是两个计数型触发器的串接，第一个计数器的输出脉冲作为第二个计数器的时钟脉冲。因此，输出端 $2Q$ 的信号频率是 $1Q$ 的一半，从而实现了对输入频率 f_i 的 4 分频。图 8 - 1 - 14(c) 是它们的波形图。$1Q$ 为 2 分频输出信号，$2Q$ 是 4 分频输出信号。

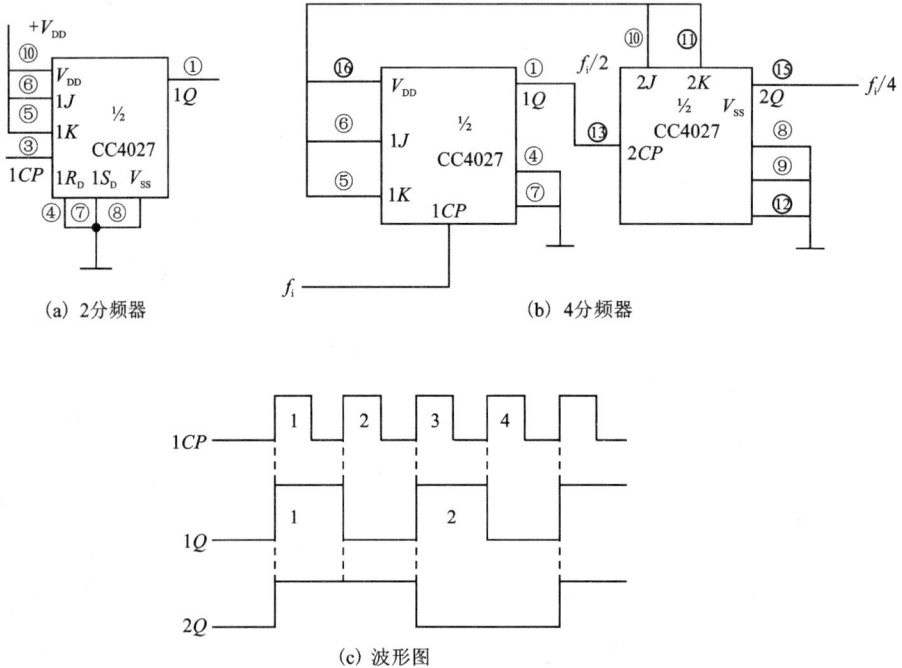

(a) 2分频器　　　　　　　　　　　　　　　(b) 4分频器

(c) 波形图

图 8 - 1 - 14　分频器

（2）触摸开关电路

电路用一片 CC4031 双 D 触发器组成，电路如图 8 - 1 - 15 所示。B 为触摸电极。其中触发器 FF_2 接成计数状态，即 $2\overline{Q}_{n+1} = 2D = 2\overline{Q}_n$。下面简单分析一下它的工作原理。

当手指触摸电极 B 时，由于人体感应作用，会在 $1CP$ 端产生一个正跳变脉冲（由 0 变为 1）。由于 $1D = 1$（高电平），因此 $1Q$ 端输出高电平 V_{O1}。V_{O1} 通过电阻 R 对电容 C 充电。当电容两端电压 V_C 升高达到复位电平时，$1R_D = 1$，于是 FF_1 复位，$1Q$ 由 1 变 0，$1\overline{Q}$ 由 0 变 1。$1\overline{Q}$ 输出一个正脉冲。触发器 FF_2 是计数状态，$1\overline{Q}$ 输出的正脉冲信号使 FF_2 的输出状态发生改变。

综上所述，手指每触摸一下电极 B，$2Q$ 的输出状态就翻转一次。若原来 $2Q$ 为低电平，它使三极管 V_1 截止，继电器 K 失电不工作。用手摸一下 B 极，$2Q$ 翻转为高电平，V_1 饱和导通，继电器 K 得电工作。若再触一下 B 极，则 $2Q$ 翻转，恢复为低电平，V_1 截止，则 K 失电停止工作。通过继电器 K，可以控制其他电器的开停。如台灯、床头灯、电风扇等等。电路简单、使用方便、工作可靠。

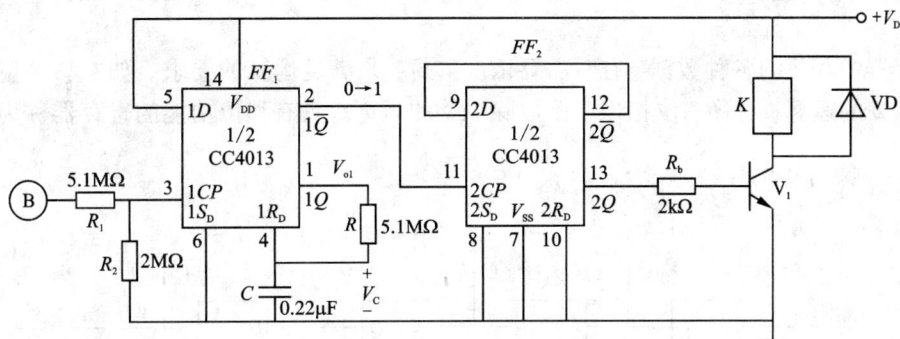

图 8 - 1 - 15　触摸开关电路

8.2　寄存器

在数字电路中经常要求将运算数据或指令代码暂时存放起来,能够存储数码的逻辑部件称为寄存器。每个触发器能够存储一位二进制数码,存放 N 位二进制数码则需要 N 个触发器。寄存器能够存放数码,移位寄存器除具有存放数码功能外,还能将数码移位。

8.2.1　数码寄存器

图 8 - 2 - 1(a)是由 JK 触发器组成的四位数码寄存器,图 8 - 2 - 1(b)是由 D 触发器组成的两位数码寄存器。当然也可用其他触发器组成寄存器。

下面以(a)图为例,简单说明寄存器的工作过程。将欲存的数码分别加在 $D_4 \sim D_1$ 一端,在 CP 到来时,待存数码将同时存入相应的触发器中,又可以同时从各触发器的 Q 端输出,所以称其为并行输入、并行输出的寄存器。

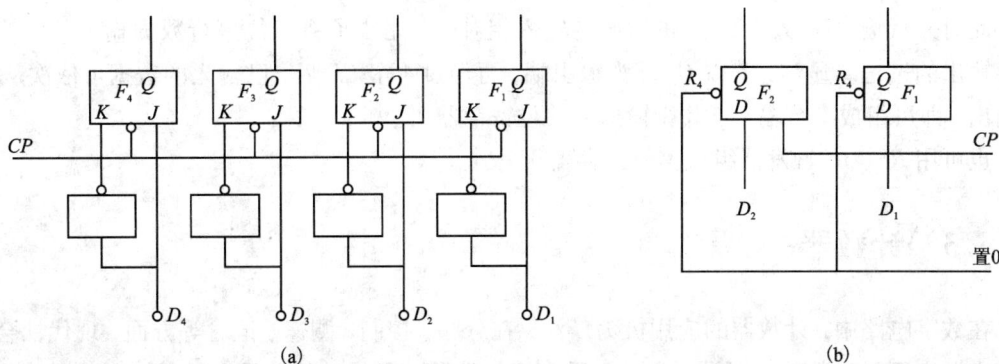

(a)

(b)

图 8 - 2 - 1　数码寄存器

8.2.2 移位寄存器

寄存器中存放的各种数据,有时需要依次移位,来满足运算的要求。如左移一位相当于该数乘以 2 的运算;右移一位相当于该数除以 2 的运算。具有移位功能的寄存器称为移位寄存器。

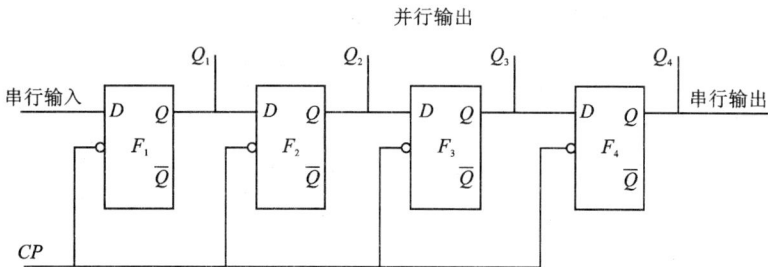

图 8 - 2 - 2　右移寄存器

移位寄存器分为单向移位寄存器和双向移位寄存器,单向移位寄存器又分为单向左移寄存器和单向右移寄存器。按输入输出方式,又分为串行输入、串行输出;串行输入、并行输出;并行输入、串行输出和并行输入、并行输出等四种。图 8 - 2 - 2 是由 D 触发器组成的四位右移寄存器,它可以串行输入、串行输出,又可以串行输入、并行输出。其中从 Q_4 输出为串行输出,从 $Q_4 Q_3 Q_2 Q_1$ 输出为并行输出。

设现态为 $Q_4 Q_3 Q_2 Q_1 = 0000$,若将数据 1011 从高位到低位依次输入,则

当第一个 CP 到来时,$Q_4 Q_3 Q_2 Q_1 = 0001$

当第二个 CP 到来时,$Q_4 Q_3 Q_2 Q_1 = 0010$

当第三个 CP 到来时,$Q_4 Q_3 Q_2 Q_1 = 0101$

当第四个 CP 到来时,$Q_4 Q_3 Q_2 Q_1 = 1011$

此时并行输出端 $Q_4 Q_3 Q_2 Q_1$ 的数码与输入相对应,完成了将四位串行数据输入并转换为并行输出的过程。显然,若以 Q_4 端为输出端,再经过 4 个 CP 后,已输入的数据可依次从 Q_3 端输出,即可组成串行输入、并行输出的移位寄存器。

也可用 RS、JK 触发器组成移位寄存器。

8.3　计数器

在数字电路中,计数器的应用极为广泛,在分频、控制、测速、记时等方面,现代社会的生产生活离不开计数器。所谓计数,就是利用触发器的翻转功能计算时钟脉冲的个数,能实现这种功能的时序逻辑电路称为计数器。

计数种类繁多,按不同进制计数,可分为二进制计数器、十进制计数器、十六进制计数器等;按触发器翻转次序可分为同步、异步计数等;按计数的增减可分为加法、减法计数器等;还可按工艺分类等。

8.3.1 二进制计数器

二进制计数器在数字电路中被广泛应用，由 N 个触发器组成的计数器可计数 2^N 个，我们又称 2^N 为计数的模，记作 M。按触发器翻转的次序又分为同步计数器和异步计数器。

1. 同步二进制计数器

计数器的各触发器的 CP 端由同一时钟控制，触发器的翻转与时钟脉冲同时进行的，触发器是否发生翻转则是由各触发器的控制端状态决定的。下面以三位二进制加法计数为例介绍计数器的原理，对 N 位的计数器，控制进位的规律可依次类推。

同步二进制加法计数器如图 8-3-1 所示。

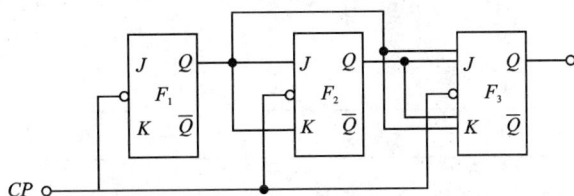

图 8-3-1 同步二进制加法计数器

JK 触发器在 J = 1，K = 1 时，当 CP 下降沿到来时发生翻转，即计数。当第一个 CP 到来最低位的 F_1 发生一次翻转，若初始状态 $Q_1 = 0$ 使 F_1 的次态 $Q_1 = 1$，这时 F_2 不会发生翻转，因为 F_1 的现态 $Q_1 = 0$，同样 Q_3 也不会翻转，计数器 $F_3F_2F_1$ 表示的数字便是 001；第二个 CP 到来后，F_1 再翻转使 F_1 的次态 $Q_1 = 0$，而此时 F_2 发生翻转使 F_2 的次态 $Q_2 = 1$，因为 F_2 的现态是 $Q_2 = 0$ 从而 F_3 也不会翻转，计数器 $F_3F_2F_1$ 表示的数字便是 010；第三个 CP 到来后，F_1 还会翻转使 F_1 的次态 $Q_1 = 1$，同样因为 F_1 的现态 $Q_1 = 0$ 使 F_2、F_3 不会翻转，计数器 F_3F_2 表示的数字便是 011；当第四个 CP 到来后，F_1、F_2 都会翻转使 F_1、F_2 的次态 $Q_1 = 0$，$Q_2 = 0$，而 F_3 也满足了翻转的条件使 F_3 的次态 $Q_3 = 1$，计数器 $F_3F_2F_1$ 表示的数字便是 100，说明此时已经有 4 个 CP 到来，完成了计数功能。当第五、第六、第七个 CP 到来后，计数器 $F_3F_2F_1$ 表示的数字便是相应的 CP 数量，计数器 $F_3F_2F_1$ 表示的数字分别是 101、110 和 111。当第八个 CP 到来后，F_1、F_2、F_3 都满足翻转条件，使 F_1、F_2、F_3 的次态为 $Q_1 = 0$、$Q_2 = 0$、$Q_3 = 0$ 便开始了下一轮的计数。图中未接线的 J、K 端表示高电平。

根据以上分析可得到三个触发器 J、K 端的逻辑表达式为

$$J_1 = K_1 = 1$$

$$J_2 = K_2 = Q_1$$

$$J_3 = K_3 = Q_2Q_1$$

多位计数器可按触发器的个数类推，第 n 个触发器的 J、K 端的逻辑表达式是

$$J_0 = K_0 = Q_{n-1}Q_{n-2}\cdots Q_2Q_1$$

由此也可列出三位二进制加法计数器的状态表，见表 8-3-1。

表 8 – 3 – 1　三位二进制加法计数器状态表

时钟脉冲的个数 CP	触 发 器 状 态			十进制数
	Q_3	Q_2	Q_1	
0	0	0	0	0
1	0	0	1	1
2	0	1	0	2
3	0	1	1	3
4	1	0	0	4
5	1	0	1	5
6	1	1	0	6
7	1	1	1	7
8	0	0	0	0

同步计数器的优点是计数速度高、干扰脉冲小；缺点是要求信号源功率大、位数越多，低位触发器负载越重。

2. 异步二进制计数器

把低位触发器的输出接到高位触发器的时钟脉冲输入端，当 CP 输入时，高位各触发器的翻转不是同时的，状态的改变有先有后，高位触发器与 CP 不同步，我们称为异步计数器。下面介绍三位异步二进制减法计数器，如图 8 – 3 – 2 所示。

二进制减法是 $1 - 1 = 0$，$1 - 0 = 1$，$0 - 0 = 0$，$0 - 1 = 1$（借位），当 $0 - 1$ 时向高位有借位，就要求输出一个信号作为借位，按图 8 – 3 – 2 连接时则可满足要求。设触发器现态 $Q_1 = 0$，$Q_2 = 0$，$Q_3 = 0$，则计数器 $F_3 F_2 F_1$ 表示的数字是 000；当第一个 CP 到来后，F_1 次态 $Q_1 = 1$，而

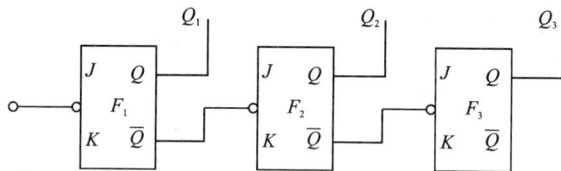

图 8 – 3 – 2　异步三位二进制减法计数器

由 F_1 的现态 $\overline{Q} = 1$ 使 F_2 翻转，则 $Q_2 = 1$，同理 $Q_3 = 1$，计数器 $F_3 F_2 F_1$ 表示的数字是 111，其中最低位表示是差，两高位表示是借位，对计数器来说表示向第四位有借位；当第二个 CP 到来后，只有 F_1 满足翻转条件，使 F_1 的次态 $Q_1 = 0$，而 F_2、F_3 是保持状态，计数器 $F_3 F_2 F_1$ 表示的数字是 110；当第三个 CP 到来后，F_1、F_2 满足翻转条件使 $Q_1 = 1$，$Q_2 = 0$，F_3 是保持状态，计数器 $F_3 F_2 F_1$ 表示的数字是 101；当第四个 CP 到来后，同理计数器 $F_3 F_2 F_1$ 表示的数字 100；第五、第六、第七个 CP 到来后也可类推，即计数器 $F_3 F_2 F_1$ 表示的数字分别是 011、010 和 001。第八个 CP 到来后开始了第二轮的计数。根据分析，可得出三位二进制减法计数

器的状态表,见表 8 – 3 – 2。

表 8 – 3 – 2　三位异步二进制减法计数器

计数脉冲 CP	触 发 器 状 态			十进制数
	Q_3	Q_2	Q_1	
0	0	0	0	0
1	1	1	1	7
2	1	1	0	6
3	1	0	1	5
4	1	0	0	4
5	0	1	1	3
6	0	1	0	2
7	0	0	1	1
8	0	0	0	0

异步计数器优点是电路简单,缺点是速度慢,并且限制 CP 的频率,而且在计数过程中会产生干扰脉冲,因此在高速的数字系统中,一般采用同步计数器。

8.3.2　十进制计数器

二进制计数器的优点是使用方便,但十进制还是人们最习惯的计数方法,这里的十进制计数用四位二进制数来表示一位十进制数的计数方法,图 8 – 3 – 3 给出了由四个 JK 触发器组成的 5421BCD 码异步十进制数的加法计数器。

下面我们来分析图 8 – 3 – 3 所示的 5421BCD 码十进制加法计数器的逻辑功能。

第一步:写出驱动方程

$$J_1 = \overline{Q_3} \quad K_1 = 1$$
$$J_1 = 1 \quad K_2 = 1$$
$$J_3 = Q_2 \cdot Q_1 \quad K_3 = 1$$
$$J_4 = 1 \quad K_4 = 1$$

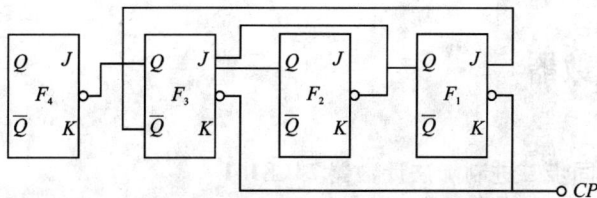

图 8 – 3 – 3　5421BCD 码十进制加法计数器

第二步：写出时钟脉冲方程表达式

$$CP_1 = CP$$
$$CP_2 = Q_1$$
$$CP_3 = CP$$
$$CP_4 = Q_3$$

第三步：写出次态方程

$$Q_1^{n+1} = \overline{Q}_3 \cdot CP_3 \downarrow$$
$$Q_2^{n+1} = \overline{Q}_2 \cdot CP_2 \downarrow$$
$$Q_3^{n+1} = \overline{Q}_3 \cdot Q_2 \cdot Q_1 \cdot CP_3 \downarrow$$
$$Q_4^{n+1} = \overline{Q}_4 \cdot CP_4 \downarrow$$

第四步：列出状态转换表

设置初值 $Q_4 = Q_3 = Q_2 = Q_1 = 0$，代入次态方程依次进行计算，从第 1 个 CP 下降沿开始算至第 10 个 CP 下降沿为止，根据运算结果，得出 5421BCD 码异步十进制加法计数器的状态转换表，见表 8 – 3 – 3。

表 8 – 3 – 3　异步十进制加法计器状态表

计算脉冲 CP	触 发 器 状 态				十进制数
	Q_4	Q_3	Q_2	Q_1	
0	0	0	0	0	0
1	0	0	0	1	1
2	0	0	1	0	2
3	0	0	1	1	3
4	0	1	0	0	4
5	1	0	0	0	5
6	1	0	0	1	6
7	1	0	1	0	7
8	1	0	1	1	8
9	1	1	0	0	9
10	0	0	0	0	0

8.4　集成计数器

8.4.1　4 位集成同步二进制加法计数器 74LS161

1. 74LS161 逻辑功能介绍

如图 8 – 4 – 1 所示，74LS161 具有下列逻辑功能。

（1）异步清零功能。当 $\overline{CR} = 0$ 时，不管其他输入信号为何状态，计算器直接清零，与 CP

脉冲无关。

（2）同步并行置数功能。当 $\overline{CR}=1$、$\overline{LD}=0$ 时，在 CP 上升沿到达时，不管其他输入信号为何状态，并行输入数据进入计数器，使 $Q_3Q_2Q_1Q_0=D_3D_2D_1D_0$，即完成了并行置数功能。$\overline{LD}$ 称为数据输入端。

（3）同步二进制加法计数器功能，当 $\overline{CR}=\overline{LD}=1$ 时，若 $CT_T=CT_P=1$ 时，则计数器对 CP 脉冲按照自然二进制码循环计数（CP 上升沿翻转）。当计数状态达到 1111 时，$CO=1$，产生进位信号。即按 4 位自然二进制码同步计数。

（4）保持功能。当 $\overline{CR}=\overline{LD}=1$ 时，若 $CT_T \cdot CT_P=0$，计数器保持原来状态不变。

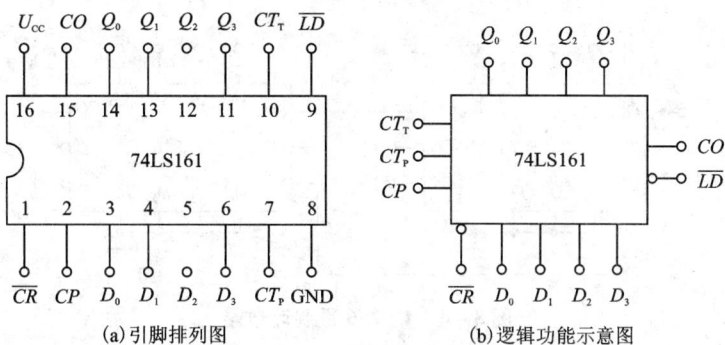

(a)引脚排列图 (b)逻辑功能示意图

图 8 – 4 – 1 74LS161 外引脚线排列

2. 用 74LS161 构成十二进制计数器

利用 74LS161 的异步清零端 $\overline{CR}$ 和同步置数端 $\overline{LD}$ 可以很方便地组成小于 16 的任意进制计数器。图 8 – 4 – 2(a) 用异步清零端清零法将 Q_3 和 Q_2 通过与非门反馈到 $\overline{CR}$ 端，以实现十二进制计数器。即将状态 1100 反馈到清零端归零。图 8 – 4 – 2(b) 用同步置数法将 Q_3、Q_1 和 Q_0 通过与非门反馈到 $\overline{LD}$ 端，以实现十二进制计数器。即将状态 1011 反馈到清零端归零。它们的波形图如图 8 – 4 – 3 所示。

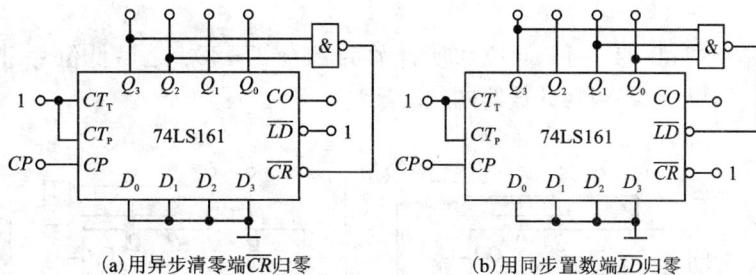

(a)用异步清零端 $\overline{CR}$ 归零 (b)用同步置数端 $\overline{LD}$ 归零

图 8 – 4 – 2 用 74LS161 构成的十二进制计数器

必须说明的是，用异步归零构成十二进制计数器，存在一个极短暂的过渡状态 1100。十二进制计数器从状态 0000 开始计数，计到状态 1011 时，再来一个 CP 计数脉冲，电路应该立即归零。然而用异步归零法所得到的十二进制计数器，不是立即归零，而是先转换到状态 1100，借助 1100 的译码使电路归零，随后变为初始状态 0000。

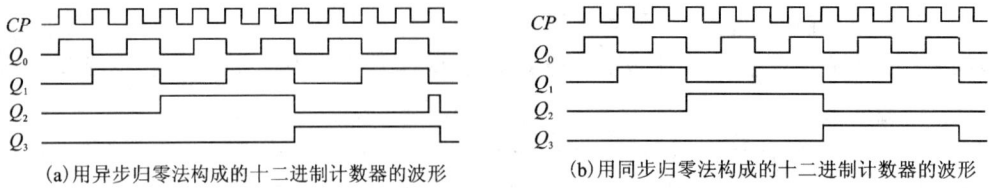

(a)用异步归零法构成的十二进制计数器的波形   (b)用同步归零法构成的十二进制计数器的波形

图 8 - 4 - 3　用 74LS161 构成的十二进制计数器波形图

用 74LS161 构成 256 进制和 60 进制计数器(如图 8 - 4 - 4、8 - 4 - 5 所示)。

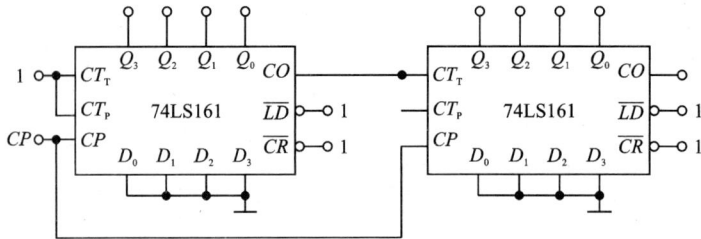

图 8 - 4 - 4　256 进制计数器

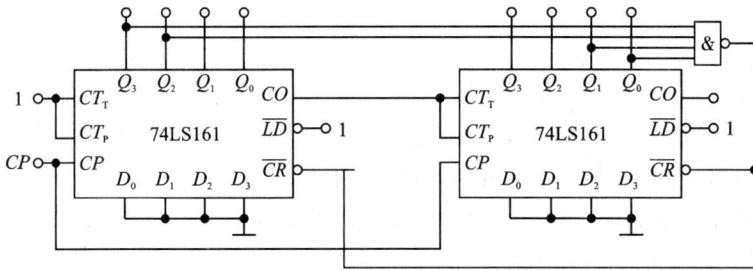

图 8 - 4 - 5　60 进制计数器

高位片计数到 3(0011)时，低位片所计数为 $16 \times 3 = 48$，之后低位片继续计数到 12 (1100)，与非门输出 0，将两片计数器同时清零。

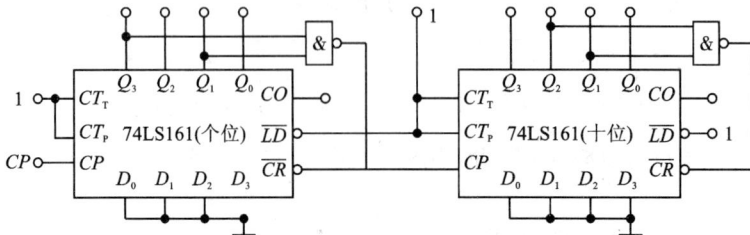

图 8 - 4 - 6　8421 码 60 进制计数器

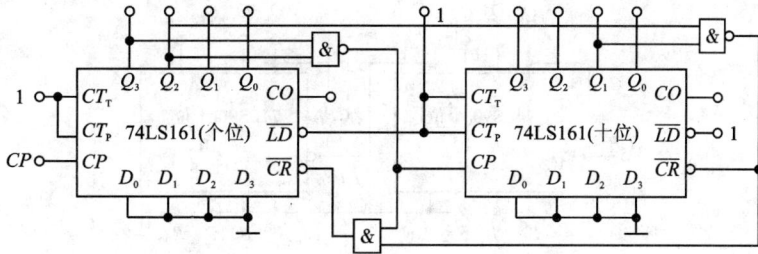

图 8 - 4 - 7　8421 码 24 进制计数器

3．用 74LS161 构成 8421 码 60 进制(如图 8 - 4 - 6)和 24 进制计数器(如图 8 - 4 - 7 所示)

还可以用 74LS161 构成 N 进制计数器。异步计数器一般没有专门的进位信号输出端，通常可以用本级的高位输出信号驱动下一级计数器计数，即采用串行进位方式来扩展容量。

8.4.2　集成异步十进制计数器 74LS90

74LS90 是一种多功能计数芯片，如表 8 - 4 - 1 所示。

表 8 - 4 - 1　74LS90 功能表

输　入						输　出			
R_{0A}	R_{0B}	S_{9A}	S_{9B}	CP_0	CP_1	Q_3	Q_2	Q_1	Q_0
1	1	0	×	×	×	0	0	0	0
1	1	×	0	×	×	0	0	0	0
×	×	1	1	×	×	1	0	0	1
×	0	×	0	↓	0	二进制计数			
×	0	0	×	0	↓	五进制计数			
0	×	×	0	↓	Q_0	8421 码十进制计数			
0	×	0	×	Q_1	↓	5421 码十进制计数			

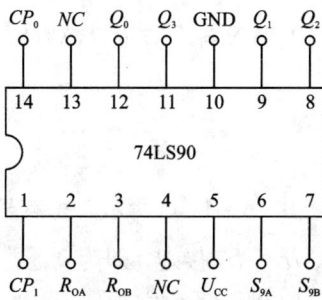

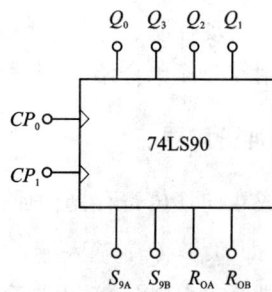

(a)引脚排列图　　　　(b)逻辑功能示意图

图 8 - 4 - 8　74LS90 外引脚线排列

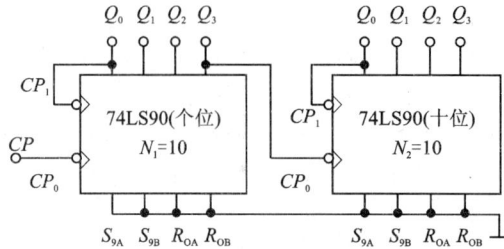

图 8 - 4 - 9　74LS90 构成的 100 进制计数器

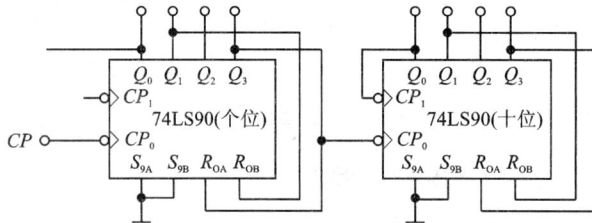

图 8 - 4 - 10　74LS90 构成的 60 进制计数器

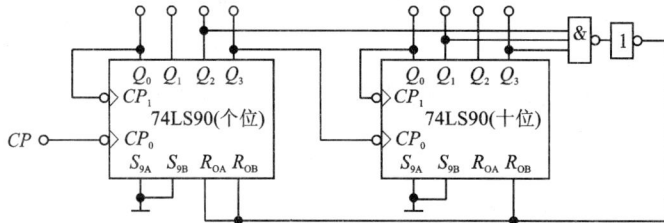

图 8 - 4 - 11　74LS90 构成的 64 进制计数器

8.5　时序逻辑电路的应用

时序逻辑电路在自动控制、自动检测、计时电路等各个方面，都有广泛的应用。下面对时序逻辑电路的应用作个简单介绍。

8.5.1　环形脉冲分配器

电路用一片集成双向移位寄存器构成，如图 8 - 5 - 1(a)所示。寄存器的输出端 Q_3 与右移输入端 D_{SR} 相连，即 $D_{SR} = Q_3$；输入端 $D_0 = 1$，$D_1 \sim D_3$ 接地，即为 0 态。电路在 CP 脉冲的连续作用下，输出端 $D_0 \sim D_3$ 将轮流出现高电平 1。所以，称之为环形脉冲分配器。

电路工作原理如下：令 $\overline{CR} = 1$。工作前，首先使 $M_0 M_1 = 11$，电路处在并行输入工作方式。当 CP 脉冲上升沿到来后，输入端 $D_0 \sim D_3$ 的信号状态被移入寄存器中，即 $Q_0 Q_1 Q_2 Q_3 = 1000$。进入工作时，$M_0 M_1 = 10$，电路处在右移工作状态。根据 CT74LS194 的右移功能可知，

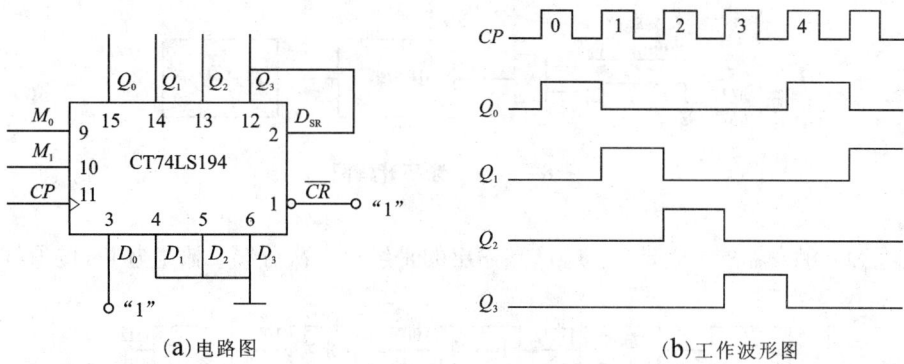

(a)电路图　　　　　　　　　　　　(b)工作波形图

图 8 − 5 − 1　环形脉冲分配器

每输入一个 CP 脉冲，Q_0 的状态就右移一位，而其他各输出端的状态也依次右移。因为 D_{SR} $= Q_3$，所以 Q_3 的状态同时移入 Q_0。从以上分析可以看出，Q_0 的高电平 1 态将随 CP 脉冲的不断输入，在 $D_0 \sim D_3$ 之间依次轮流出现。图 8 − 5 − 1(b)是它的工作波形图，表 8 − 5 − 1 给出了环形脉冲分配器在 CP 脉冲作用下的工作状态。

表 8 − 5 − 1　环形脉冲分配器状态表

CP	M_0	M_1	$D_{SR}(Q_S)$	Q_0	Q_1	Q_2	Q_3
0	1	1	0	1	0	0	0
1	1	0	0	0	1	0	0
2	1	0	0	0	0	1	0
3	1	0	1	0	0	0	1
4	1	0	0	1	0	0	0

综上分析，在 CP 脉冲的连续作用下，$D_0 \sim D_3$ 按一定的时间节拍、顺序输出高电平 1。若用 $D_0 \sim D_3$ 去控制四组彩灯，那么各组彩灯将按程序定时闪烁发光，给节日之夜增添喜庆欢乐的气氛。

8.5.2　频率计

频率计框图如图 8 − 5 − 2 所示。将待测频率的脉冲和取样脉冲，一起送入与门中。在取样脉冲为高电平 1($t_1 \sim t_2$) 期间，与门开启，待测脉冲通过与门进入计数器计数。计数器计数的结果，就是在 $t_1 \sim t_2$ 期间待测脉冲的个数 N。由此可得待测脉冲的频率为

$$f = \frac{N}{t_2 - t_1}$$

取样脉冲产生电路如图 8 − 5 − 3 所示。石英晶体振荡器产生频率精确的正弦波信号，经过脉冲形成电路，加工成脉冲信号。如图中所设频率为 1 kHz，通过三级十进制计数器的逐级分频，得到频率为 1 Hz、周期为 1 s、脉冲宽度为 0.5 s 的矩形波。然后把这个方波信号送

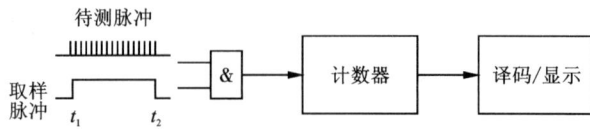

图 8 - 5 - 2　频率计框图

入计数器型 JK 触发器的 CP 端，于是 Q 端输出的是经过 2 次分频、脉宽为 1 s 的取样脉冲。

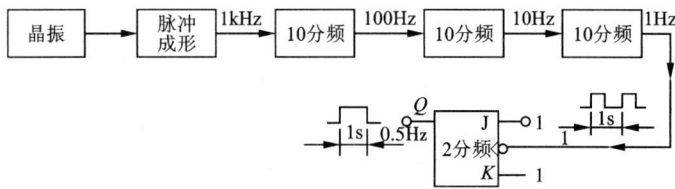

图 8 - 5 - 3　取样脉冲产生电路

图 8 - 5 - 4 是测频计测频部分的示意图。与门输出的信号，是取样脉宽 $t_1 \sim t_2$ 期间的原待测脉冲波。经过计数器计数后，送入译码显示。于是，我们就可以直接读出被测信号的频率。

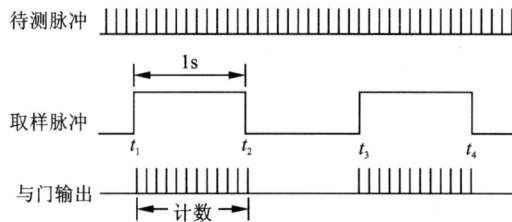

图 8 - 5 - 4　测频原理

图 8 - 5 - 5 是数字钟原理方框图，它可显示秒、分、时。

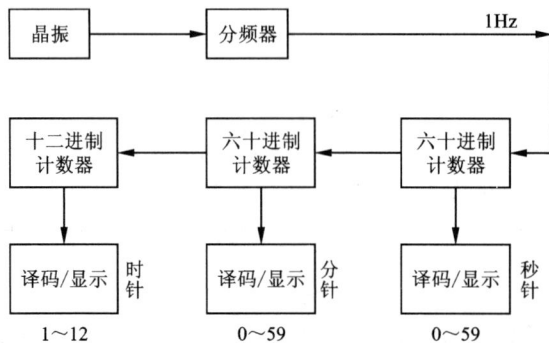

图 8 - 5 - 5　数字钟原理图

　　石英晶体振荡器产生频率精确的正弦波信号。它经过脉冲整形、分频，最后获得频率为
1 Hz 的脉冲信号，被送到"秒"显示器中。"秒"显示器是一个六十进制的加法计数器加上译
码显示电路，按六十进制计数，并且显示 0～59 六十个数码。当显示数码 59 后再送入一个脉
冲信号，"秒针"复位，同时向"分针"送入一个进位脉冲。"分针"电路的工作过程与"秒针"
相似，计满 60 就自动复位到零，并向"时针"电路送入一个进位脉冲。"时针"电路是使十二
进制计数器加上译码显示器，当它计满十二个脉冲时，就自动恢复到零。

本章小结

　　本章主要讨论了时序逻辑电路的基本单元——触发器时序逻辑主要部件及其应用。

　　触发器是数字电路的极其重要的基本单元。触发器有两个稳定状态，在外界信号作用
下，可以从一个稳态转变为另一个稳态；无外界信号作用时状态保持不变。因此，触发器可
以作为二进制存储单元使用。

　　触发器的逻辑功能可以用真值表、卡诺图、特性方程、状态图和波形图等 5 种方式来描
述。触发器的特性方程是表示其逻辑功能的重要逻辑函数，在分析和设计时序电路时常用来
作为判断电路状态转换的依据。

　　基本 RS 触发器：$Q_{n+1} = \bar{S} + \bar{R}Q_n$

　　其约束条件为：$\bar{R} + \bar{S} = 1$

　　同步 RS 触发器：$Q_{n+1} = S + \bar{R}Q_n$

　　其约束条件为：$RS = 0$

　　JK 触发器：$Q_{n+1} = J\bar{Q}_n + \bar{K}Q_n$

　　D 触发器：$Q_{n+1} = D$

　　T 触发器：$Q_{n+1} = T\bar{Q}_n$

　　T' 触发器：$Q_{n+1} = \bar{Q}_n$

　　触发器是数字系统中的基本逻辑单元，本章仅讨论双稳态触发器，它有两个稳定状态，
在外加信号作用下，两个稳定状态可互相转换。当没有外加信号时，保持原状态不变，因此
触发器有记忆功能。

　　根据逻辑功能的不同，触发器可分为 RS 触发器、D 触发器、JK 触发器、T 触发器等；按
电路组成结构的不同，可分为同步触发器、主从触发器和边沿触发器等。描述触发器逻辑功
能的常用方法有状态表、特征方程驱动表、波形图等。

　　分析含有触发器的电路时，应注意两点：一是触发器翻转的有效时刻；二是触发器的逻
辑功能。时序逻辑电路由触发器和组合逻辑电路组成，触发器必不可少，时序电路的输出不
仅和当时的输入有关，而且还与电路原来的状态有关，电路的状态由触发器记忆并输出。时
序逻辑电路分为同步时序电路和异步时序电路两大类。

　　寄存器主要用来存放数码；移位寄存器不仅可存放数码，而且还能进行数据移位。移位
寄存器有单向移位和双向移位两种。集成移位寄存器使用方便、功能也齐全。

　　计数器是累计输入脉冲的数字部件，按计数进制可分为二进制计数器、十进制计数器及
任意进制计数器；按计数增减规律可分为加法计数器、减法计数器、加/减可逆计数器；按触
发器翻转是否一致可分为同步计数器和异步计数器。

复习思考题

8-1 双稳态触发器的主要特点是什么?

8-2 触发器的触发方式有几种? 都是哪几种?

8-3 请分别写出 RS、JK、D 触发器的真值表和特征方程。

8-4 在题图 8-1 中, 所示各触发器的现态为 1, 现要求次态为 0, 试将输入信号填入括号中。

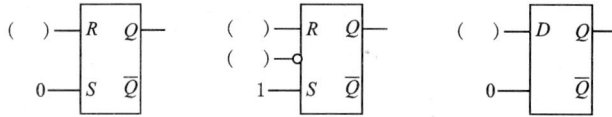

题图 8-1

8-5 试分析题图 8-2 的逻辑功能。

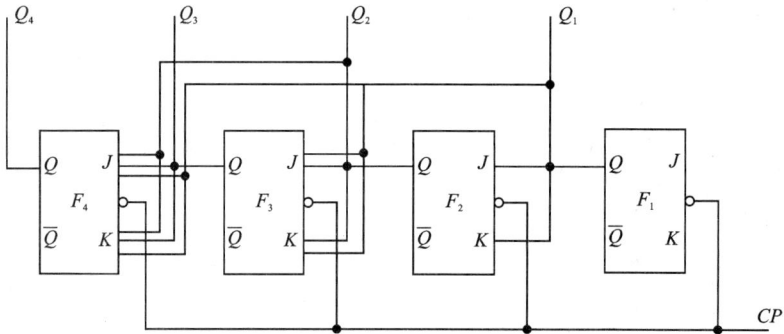

题图 8-2

8-6 串行加法器逻辑框图如图题图 8-3 所示, 你能说明它的工作过程吗?

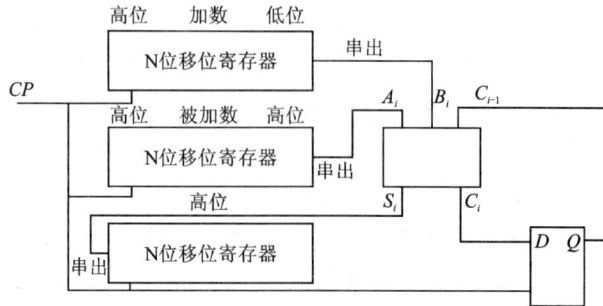

题图 8-3

8 - 7　试用 JK 触发器组成四位左移寄存器。

8 - 8　试用 JK 触发器组成四位二进制减法计数器。

8 - 9　某数控机床用一个 20 位的二进制计数器，它最多能累计多少个脉冲？

8 - 10　一个五位二进制计数器，设开始时为"01001"，当最低位接收 19 个脉冲时，触发器状态 $F_5 \sim F_1$ 的 $Q_5 Q_4 Q_3 Q_2 Q_1 = ?$

能力训练九　计数器及其应用

1．训练目的

（1）学习用集成触发器构成计数器的方法。

（2）掌握中规模集成计数器的使用及功能测试方法。

（3）运用集成计数器构成 1/N 分频器。

2．训练能力要求

（1）要求同学们掌握计数器的计数、定时、分频和执行数字运算基本原理。

（2）掌握触发器构成计数器电路及集成计数电路的连接、计数模长的扩展技术等。

（3）掌握输出信号与控制信号、输入信号的关系。

（4）掌握 5 V 直流电源、双踪示波器、脉冲源、逻辑电平开关、逻辑电平显示器、译码显示器等仪器设备及逻辑部件的使用。

3．训练原理

计数器是一个用以实现计数功能的时序部件，它不仅可用来计脉冲数，还常用作数字系统的定时、分频和执行数字运算以及其他特定的逻辑功能。

计数器种类很多。按构成计数器中的各触发器是否使用一个时钟脉冲源来分，有同步计数器和异步计数器；根据计数制的不同，分为二进制计数器、十进制计数器和任意进制计数器；根据计数的增减趋势，又分为加法、减法和可逆计数器；还有可预置数和可编程序功能计数器，等等。目前，无论是 TTL 还是 CMOS 集成电路，都有品种较齐全的中规模集成计数器。使用者只要借助于器件手册提供的功能表和工作波形图以及引出端的排列，就能正确地运用这些器件。

（1）用 D 触发器构成异步二进制加/减计数器

训练图 9 - 1 是用四只 D 触发器构成的四位二进制异步加法计数器，它的连接特点是将每只 D 触发器接成 T 触发器，再由低位触发器的 $\overline{Q}$ 端和高一位的 CP 端相连接。

若将训练图 9 - 1 稍加改动，即将低位触发器的 Q 端与高一位的 CP 端相连接，即构成了一个 4 位二进制减法计数器。

（2）中规模十进制计数器

CC40192 是同步十进制可逆计数器，具有双时钟输入，并具有清除和置数等功能，其引脚排列及逻辑符号如训练图 9 - 2 所示。

CC40192（同 74LS192，二者可互换使用）的功能如训练表 9 - 1，说明如下：

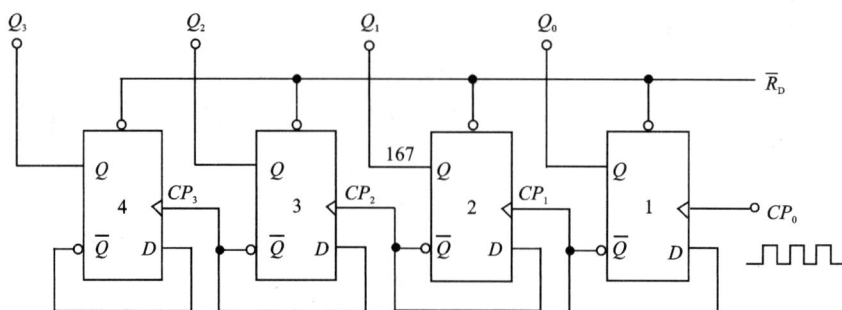

训练图 9-1　四位二进制异步加法计数器

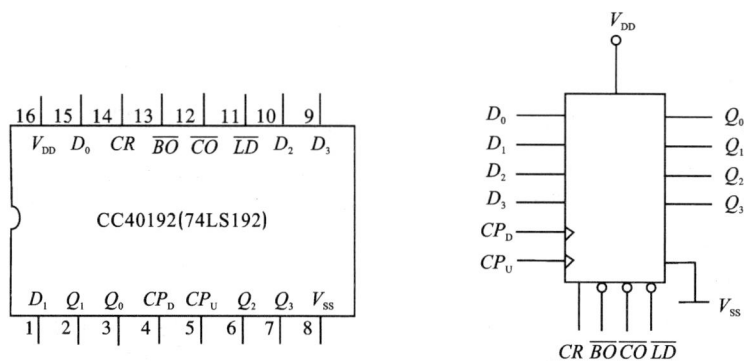

训练图 9-2　CC40192 引脚排列及逻辑符号

图中：$\overline{LD}$—置数端　CP_U—加计数端　CP_O—减计数端　$\overline{CO}$—非同步进位输出端　$\overline{BO}$—非同步借位输出端　D_0、D_1、D_1、D_3—计数器输入端　Q_0、Q_1、Q_2、Q_3—数据输出端　CR—清除端

训练表 9-1　CC40192 功能表

输　　　入								输　　出			
CR	$\overline{LD}$	CP_U	CP_O	D_3	D_2	D_1	D_0	Q_3	Q_2	Q_1	Q_0
1	×	×	×	×	×	×	×	0	0	0	0
0	0	×	×	d	c	b	a	d	c	b	a
0	1	↑	1	×	×	×	×	加　计　　数			
0	1	1	↑	×	×	×	×	减　计　　数			

当清除 CR 端为高电平"1"时，计数器直接清零；CR 置低电平则执行其他功能。

当 CR 为低电平，置数端 $\overline{LD}$ 也为低电平时，数据直接从置数端 D_0、D_1、D_2、D_3 置入计数器。

当 CR 为低电平，$\overline{LD}$ 为高电平时，执行计数功能。执行加计数时，减计数端 CP_O 接高电平，计数脉冲由 CP_U 输入，在计数脉冲上升沿进行 8421 码十进制加法计数；执行减计数时，

加计数端 CP_U 接高电平,计数脉冲由减计数端 P_0 输入。训练表 9 – 2 为 8421 码十进制加、减计数器的状态转换表。

训练表 9 – 2　8421 码十进制加、减计数器的状态转换表

输入脉冲数		0	1	2	3	4	5	6	7	8	9
输 出	Q_3	0	0	0	0	0	0	0	0	1	1
	Q_2	0	0	0	0	1	1	1	1	0	0
	Q_1	0	0	1	1	0	0	1	1	0	0
	Q_0	0	1	0	1	0	1	0	1	0	1

（3）计数器的级联使用

一个十进制计数器只能表示 0 ~ 9 十个数,为了扩大计数器范围,常用多个十进制计数器级联使用。

同步计数器往往设有进位(或借位)输出端,故可选用其进位(或借位)输出信号驱动下一级计数器。

训练图 9 – 3 是由 CC40192 利用进位输出 $\overline{CO}$ 控制高一位的 CP_U 端构成的加数级联图。

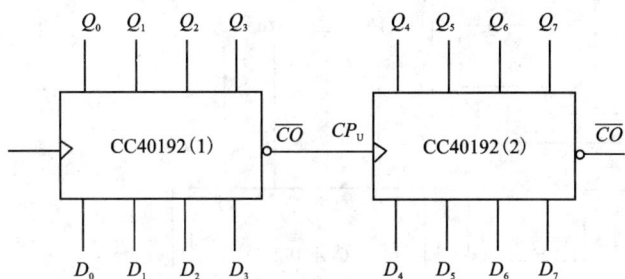

训练图 9 – 3　CC40192 级联电路

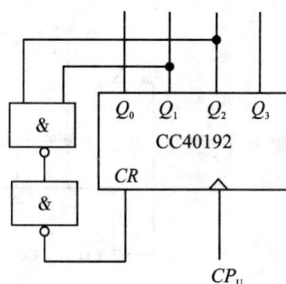

训练图 9 – 4　六进制计数器

（4）实现任意进制计数

① 用复位法获得任意进制计数器

假定已有 N 进制计数器,而需要得到一个 M 进制计数器时,只要 M < N,用复位法使计数器计数到 M 时置"0",即获得 M 进制计数器。如训练图 9 – 4 所示为一个由 CC40192 十进制计数器接成的 6 进制计数器。

② 利用预置功能获 M 进制计数器

训练图 9 – 5 为用三个 CC40192 组成的 421 进制计数器。

外加的由与非门构成的锁存器可以克服器件计数速度的离散性,保证在反馈置"0"信号作用下计数器可靠置"0"。

训练图 9 – 6 是一个特殊 12 进制的计数器电路方案。在数字钟里,对时位的计数序列是 1, 2, …, 12; 1, …, 12 是 12 进制的,且无 0 数。如图所示,当计数到 13 时,通过与非门产生一个复位信号,使 CC40192(2)〔时十位〕直接置成 0000,而 CC40192(1),即时的个位直接置成0001，从而实现了1～12计数。

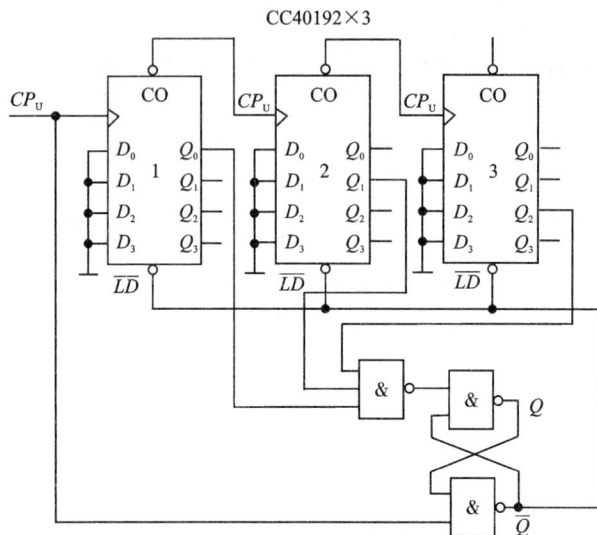

训练图9-5 421进制计数器

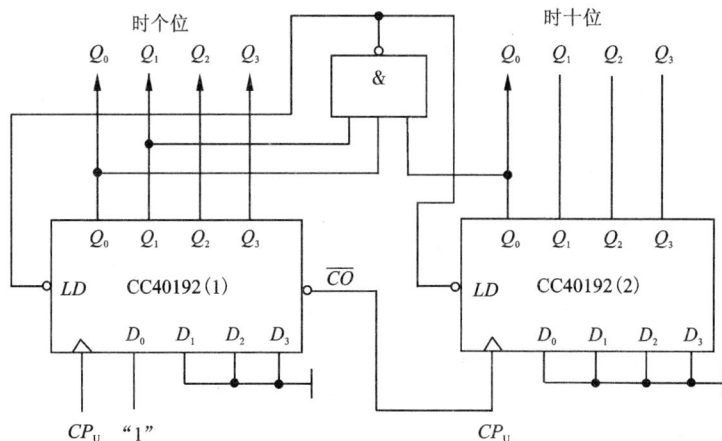

训练图9-6 特殊12进制计数器

4．训练设备与器件

（1）+5 V直流电源 （2）双踪示波器

（3）连续脉冲源 （4）单次脉冲源

（5）逻辑电平开关 （6）逻辑电平显示器

（7）译码显示器

（8）CC4013×2（74LS74）CC40192×3（74LS192）CC4011（74LS00）CC4012（74LS20）

5．训练内容

（1）用CC4013或74LS74 D触发器构成4位二进制异步加法计数器。

① 按训练图9-1接线，$\overline{R}_D$接至逻辑开关输出插口，将低位CP_0端接单次脉冲源，输出

端 Q_3、Q_2、Q_1、Q_0 接逻辑电平显示输入插口，各 $\overline{S}_D$ 接高电平"1"。

② 清零后，逐个送入单次脉冲，观察并列表记录 $Q_3 \sim Q_0$ 状态。

③ 将单次脉冲改为 1 Hz 的连续脉冲，观察 $Q_3 \sim Q_0$ 的状态。

④ 将 1 Hz 的连续脉冲改为 1 kHz，用双踪示波器观察 CP、Q_3、Q_2、Q_1、Q_0 端波形，描绘之。

⑤ 将训练图 9 – 1 电路中的低位触发器的 Q 端与高一位的 CP 端相连接，构成减法计数器，按实验内容②、③、④进行实验，观察并列表记录 $Q_3 \sim Q_0$ 的状态。

（2）测试 CC40192 或 74LS192 同步十进制可逆计数器的逻辑功能

计数脉冲由单次脉冲源提供，清除端 CR、置数端 $\overline{LD}$、数据输入端 D_3、D_2、D_1、D_0 分别接逻辑开关，输出端 Q_3、Q_2、Q_1、Q_0 接实验设备的一个译码显示器，输入相应插口 A、B、C、D；$\overline{CO}$ 和 $\overline{BO}$ 接逻辑电平显示插口。按训练表 9 – 1 逐项测试并判断该集成块的功能是否正常。

① 清除

令 $CR = 1$，其他输入为任意态，这时 $Q_3 Q_2 Q_1 Q_0 = 0000$，译码数字显示为 0。清除功能完成后，置 $CR = 0$

② 置数

$CR = 0$，CP_U、CP_O 任意，数据输入端输入任意一组二进制数，令 $\overline{LD} = 0$，观察计数译码显示输出，预置功能是否完成，此后置 $\overline{LD} = 1$。

③ 加计数

$CR = 0$，$\overline{LD} = CP_U = 1$，CP_O 接单次脉冲源。清零后送入 10 个单次脉冲，观察译码数字显示是否按 8421 码十进制状态转换表进行；输出状态变化是否发生在 CP_U 的上升沿。

④ 减计数

$CR = 0$，$\overline{LD} = CP_U = 1$，CP_O 接单次脉冲源。参照③进行实验。

（3）训练图 9 – 3 所示，用两片 CC40192 组成两位十进制加法计数器，输入 1 Hz 连续计数脉冲，进行由 00 ~ 99 累加计数，记录之。

（4）将两位十进制加法计数器改为两位十进制减法计数器，实现由 99 ~ 00 递减计数，记录之。

（5）按训练图 9 – 4 电路进行实验，记录之。

（6）按训练图 9 – 5，或训练图 9 – 6 进行实验，记录之。

（7）设计一个数字钟移位 60 进制计数器并进行实验。

6. 训练预习要求

（1）复习有关计数器部分内容。

（2）绘出各实验内容的详细线路图。

（3）拟出各实验内容所需的测试记录表格。

（4）查手册，给出并熟悉实验所用各集成块的引脚排列图。

模块四　典型电路及应用

第9章　典型集成电路及其应用

9.1　555集成电路

9.1.1　555集成电路介绍

555定时器是一种多用途的中规模集成电路。该电路使用灵活、方便,只需外接少量的阻容元件就可以构成单稳、多谐和施密特触发器。因而在波形的产生与变换、测量与控制、家用电器和电子玩具等许多领域中都得到了广泛的应用。

目前生产的定时器有双极型和CMOS两种类型,其型号分别有NE555(或5G555)和C7555等多种。通常,双极型产品型号最后的三位数码都是555,CMOS产品型号的最后四位数码都是7555,它们的结构、工作原理以及外部引脚排列基本相同。

1. 555集成电路的结构

5G555定时器内部电路如图9-1-1所示,一般由分压器、比较器、触发器和开关及输出等四部分组成。

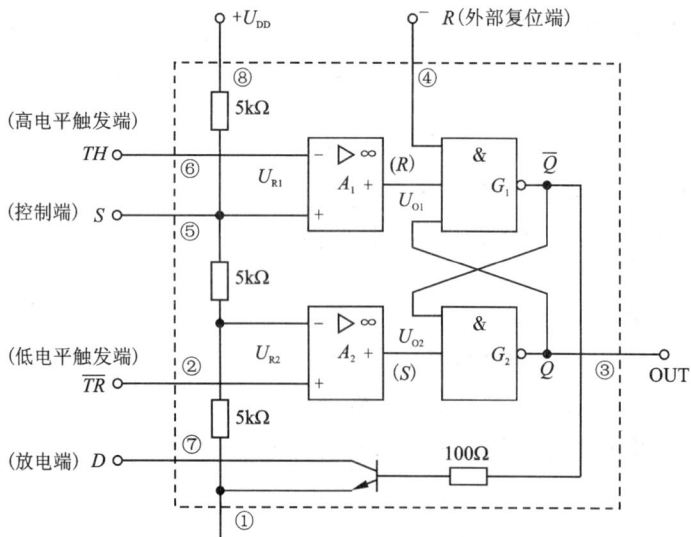

图9-1-1　5G555定时器内部电路

2. 555 集成电路的工作原理

当 5 脚悬空时，比较器 A_1 和 A_2 的比较电压分别为 $\frac{2}{3}U_{DD}$ 和 $\frac{1}{3}U_{DD}$。

(1)当 $U_{TH} > \frac{2}{3}U_{DD}$，$U_{\overline{TR}} > \frac{1}{3}U_{DD}$ 时，比较器 A_1 输出低电平，A_2 输出高电平，基本 RS 触发器被置 0，放电三极管 T 导通，输出端 U_0 为低电平；

(2)当 $U_{TH} < \frac{2}{3}U_{DD}$，$U_{\overline{TR}} < \frac{1}{3}U_{DD}$ 时，比较器 A_1 输出高电平，A_2 输出低电平，基本 RS 触发器被置 1，放电三极管 T 截止，输出端 U_0 为高电平；

(3)当 $U_{TH} < \frac{2}{3}U_{DD}$，$U_{\overline{TR}} > \frac{1}{3}U_{DD}$ 时，比较器 A_1 输出高电平，A_2 也输出高电平，基本状态不变，电路亦保持原状态不变。

如果在电压控制端(5 脚)施加一个外加电压(其值在 $0 \sim U_{DD}$ 之间)，比较器的参考电压将发生变化，电路相应的电平也将随之变化，并进而影响电路工作状态。

另外，$\overline{R}$ 为复位输入端，当 $\overline{R}$ 为低电平时，不管其他输入端的状态如何，输出 U_0 为低电平，即 $\overline{R}$ 的控制级别最高。正常工作时，一般应将其接高电平。

3. 555 集成电路的外部端脚参数与功能(见表 9 – 1 – 1)

表 9 – 1 – 1　5G555 定时器功能表

输　　入			输　　出	
复位 $\overline{R}$	高电平触发端 U_{TH}	低电平触发端 $U_{\overline{TR}}$	输出(U_0)	放电管 D
0	×	×	低	导通
1	$> \frac{2}{3}U_{DD}$	$> \frac{1}{3}U_{DD}$	低	导通
1	$< \frac{2}{3}U_{DD}$	$> \frac{1}{3}U_{DD}$	不变	不变
1	$< \frac{2}{3}U_{DD}$	$< \frac{1}{3}U_{DD}$	高	截止
1	$> \frac{2}{3}U_{DD}$	$< \frac{1}{3}U_{DD}$	高	截止

9.1.2　555 集成电路的应用

1. 单稳态触发器

图 9 – 1 – 2(a)是由 555 定时器构成的单稳态触发器的连线图，R 和 C 为外接定时器件。

当电路无触发信号时，u_i 保持高电平，电路工作在稳定状态，即输出端 u_0 保持低电平，555 内放电三极管饱和导通，管脚 7"接地"，电容电压 u_C 为 0 V。

当 u_i 下降沿到达时，555 低电平触发输入端(2 脚)由高电平跳变为低电平，电路被触发，u_0 由低电平跳变为高电平，电路由稳态转入暂稳态。

在暂稳态期间，555 内放电三极管截止，V_{DD} 通过 R 向 C 充电。其充电回路为 $V_{DD} \rightarrow R \rightarrow C$ $\rightarrow$ 地，电容电压 u_C 由 0 V 开始增大，在电容电压 u_C 上升到电压 $\frac{2}{3}U_{DD}$ 之前，电路将保持暂稳

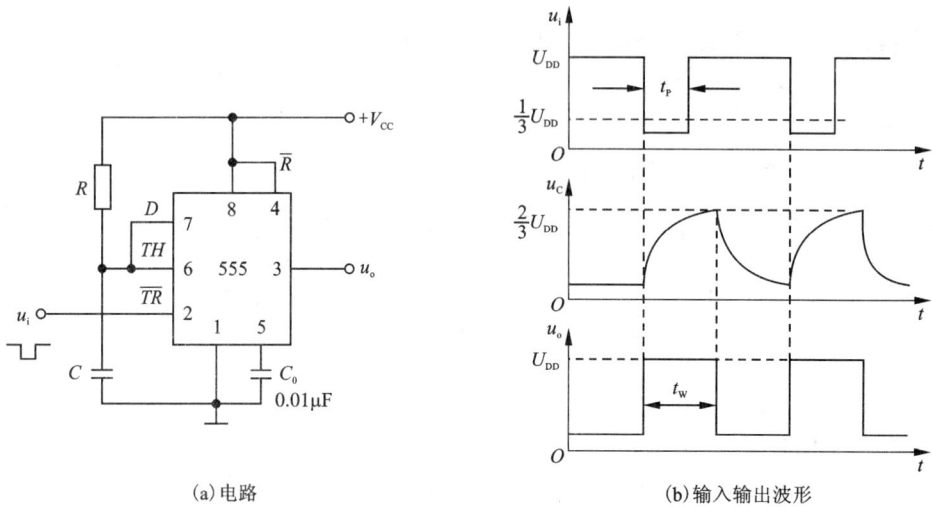

图 9 - 1 - 2　用 555 定时器构成的单稳态触发器

态不变。

当 u_C 上升至电压 $\frac{2}{3}U_{DD}$ 时，输出电压 U_0 由高电平跳变为低电平，555 内放电三极管由截止转为饱和导通，管脚 7"接地"，电容 C 经放电三极管对地迅速放电，电压 u_C 由 $\frac{2}{3}U_{DD}$ 迅速降至 0 V(放电三极管的饱和压降)，电路由暂稳态重新转入稳态。

当暂稳态结束后，电容 C 通过饱和导通的三极管放电，时间常数 $\tau = R_{CES}C$，式中 R_{CES} 是三极管的饱和导通电阻，其阻值非常小，因此 τ 之值亦非常小。经过 $(3 \sim 5)\tau$ 后，电容 C 放电完毕，恢复过程结束。

恢复过程结束后，电路返回到稳定状态，单稳态触发器又可以接收新的触发信号。图 9 - 1 - 2(b)给出了各点的工作波形。

由图 9 - 1 - 2(b)工作波形可以看出，输出脉冲宽度 t_W 等于电容电压由 0 充电上升至 $\frac{2}{3}U_{DD}$ 所需时间，代入 RC 过渡过程计算公式，可得

$$t_W = RC\ln\frac{V_{DD} - 0}{V_{DD} - \frac{2}{3}V_{DD}} = RC\ln 3 = 1.1RC$$

上式说明，单稳态触发器输出脉冲宽度 t_W 仅决定于定时元件 R、C 的取值，与输入触发信号和电源电压无关，调节 R、C 的取值，即可方便的调节 t_W。

2. 无稳态触发器(多谐振荡器)

图 9 - 1 - 3(a)是用 555 定时器构成的多谐振荡器，R_1、R_2 和 C 为外接定时器件，触发信号为自给电压。

假定零时刻电容初始电压为零，零时刻接通电源后，因电容两端电压不能突变，则有 $U_{TH} = U_{\overline{TR}} = U_C = 0 < \frac{1}{3}U_{DD}$，输出高电平，进入第一暂稳态；同时放电端 D 与地断路，电源通

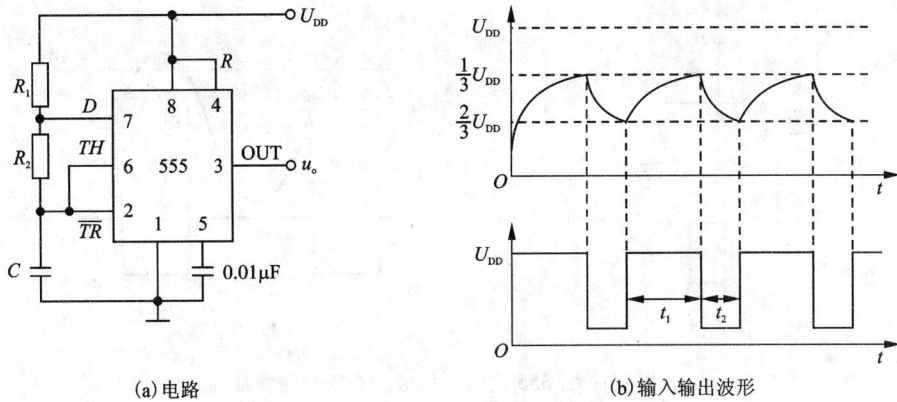

(a)电路

(b)输入输出波形

图 9 – 1 – 3 用 555 定时器构成的多谐振荡器

过 R_1、R_2 向电容充电,电容电压开始上升,当电容两端电压 $U_C \geq \frac{2}{3} U_{DD}$ 时,$U_{TH} = \frac{2}{3} U_{DD} = U_C \geq \frac{2}{3} U_{DD}$,输出低电平,电路进入第二暂稳态;由于充电电流从放电 D 入地,电容不再充电,反而通过电阻 R_2 和放电端 D 向地放电,电容电压开始下降,当电容两端电压 $U_C \leq \frac{1}{3} U_{DD}$ 时,$U_{TH} = \frac{1}{3} U_{DD} = U_C \leq \frac{1}{3} U_{DD}$,那么输出就由低电平变为高电平,同时放电端 D 由接地变为与地断路;电源通过 R_1、R_2 重新向 C 充电,重复上述过程。如此周而复始,形成自激振荡,图 9 – 1 –3(b)给出了各点的工作波形。

由图 9 – 1 –3(b)的波形可知,振荡器第一暂稳态的持续时间 t_1 是电容电压由 $\frac{1}{3} U_{DD}$ 充电上升至 $\frac{2}{3} U_{DD}$ 所需要的时间,第二暂稳态的持续时间 t_2 是电容电压由 $\frac{2}{3} U_{DD}$ 放电下降至 $\frac{1}{3} U_{DD}$ 所需要的时间,代入 RC 过渡过程计算公式进行计算:

$$t_1 = (R_1 + R_2) C \ln \frac{V_{DD} - \frac{1}{3} V_{DD}}{V_{DD} - \frac{2}{3} V_{DD}} = (R_1 + R_2) C \ln 2 = 0.7 (R_1 + R_2) C$$

$$t_2 = 0.7 R_2 C$$

电路振荡周期 T

$$T = t_1 + t_2 = 0.7 (R_1 + 2R_2) C$$

3. 施密特触发器

图 9 – 1 –4(a)是用 555 定时器构成的施密特触发器。

$u_i = 0$ V 时,U_0 输出高电平,当 u_i 上升到 $\frac{2}{3} U_{DD}$ 时,U_0 输出低电平,当 u_i 由 $\frac{2}{3} U_{DD}$ 继续上升,U_0 保持不变,当 u_i 下降到 $\frac{1}{3} U_{DD}$ 时,电路输出跳变为高电平。而且在 u_i 继续下降到

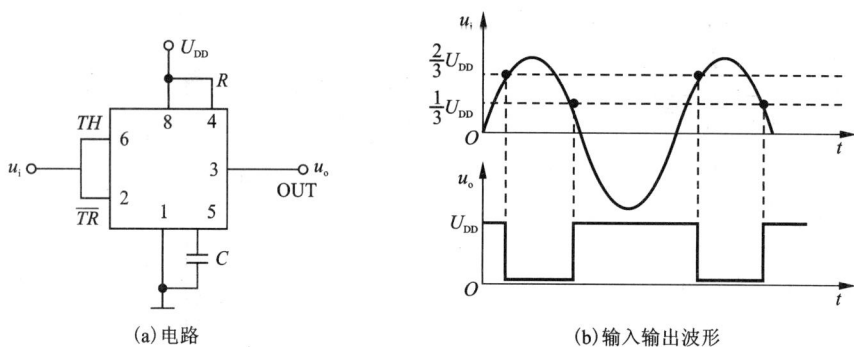

图 9 - 1 - 4　555 定时器构成的施密特触发器

0 V 时，电路的这种状态不变。图 9 - 1 - 4(b)给出了各点的工作波形。

4. 其他应用

（1）压控振荡器

压控振荡器的电路如图 9 - 1 - 5 所示。

（2）波形产生电路

555 定时器如果加上适当的外部电路，还可以产生锯齿波、三角波、脉冲等信号。自举式锯齿波产生器电路如图 9 - 1 - 6 所示。

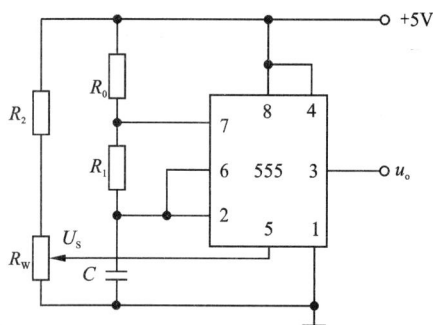

图 9 - 1 - 5　压控振荡器

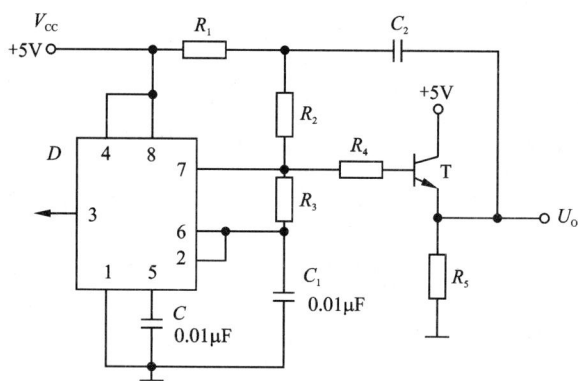

图 9 - 1 - 6　自举式锯齿波产生器

（3）时控电路

在工业控制中，周围环境往往存在大量的干扰信号产生，如高频火花、电磁波、继电器的开关，必须要提高控制所用的定时电路的抗干扰能力。一个抗干扰定时电路如图 9 - 1 - 7 所示。

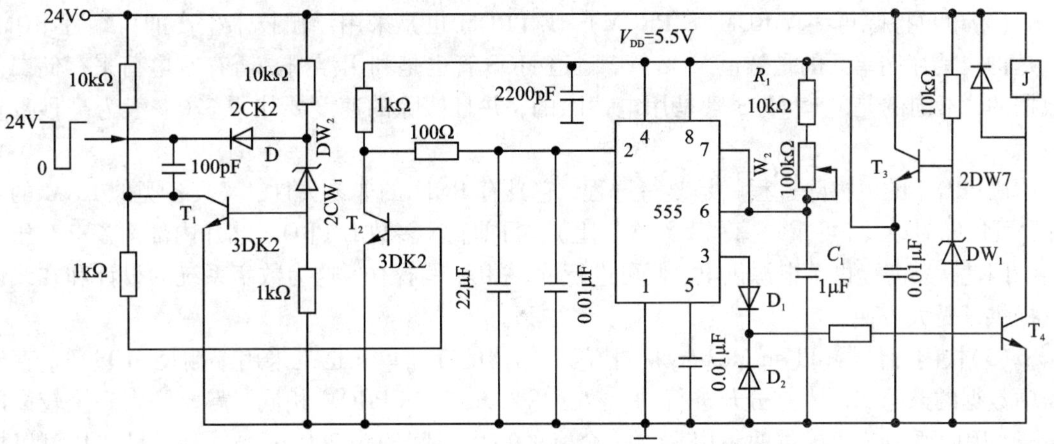

图 9 – 1 – 7 抗干扰的定时电路

9.2 存储器

9.2.1 只读存储器(ROM)

存储器是数字系统中用于存储大量二进制信息的部件,可以存放各种程序、数据和资料。半导体存储器按照内部信息的存取方式不同分为只读存储器(ROM—Read-Only Memory)和随机存取存储器(RAM—Random Access Memory)两大类。每个存储器的存储容量为字线×位线。

ROM 因工作时其内容只能读出而得名,常用于存储数字系统及计算机中不需改写的数据,例如数据转换表及计算机操作系统程序等。ROM 存储的数据不会因断电而消失,即具有非易失性。

ROM 一般需由专用装置写入数据。按照数据写入方式特点不同,ROM 可分为以下几种:

(1)固定 ROM。也称掩膜 ROM,这种 ROM 在制造时,厂家利用掩膜技术直接把数据写入存储器中,ROM 制成后,其存储的数据也就固定不变了,用户对这类芯片无法进行任何修改。

(2)一次性可编程 ROM(PROM)。PROM 在出厂时,存储内容全为1(或全为0),用户可根据自己的需要,利用编程器将某些单元改写为0(或1)。PROM 一旦进行了编程,就不能再修改了。

(3)光可擦除可编程 ROM(EPROM)。EPROM 是采用浮栅技术生产的可编程存储器,它的存储单元多采用 N 沟道叠栅 MOS 管,信息的存储是通过 MOS 管浮栅上的电荷分布来决定的,编程过程就是一个电荷注入过程。编程结束后,尽管撤除了电源,但是,由于绝缘层的包围,注入到浮栅上的电荷无法泄漏,因此电荷分布维持不变,EPROM 也就成为非易失性存储器件了。当外部能源(如紫外线光源)加到 EPROM 上时,EPROM 内部的电荷分布才会被破坏,此时聚集在 MOS 管浮栅上的电荷在紫外线照射下形成光电流被泄漏掉,使电路恢复到初始状态,从而擦除了所有写入的信息。这样 EPROM 又可以写入新的信息。

(4)电可擦除可编程 ROM(E^2PROM)。E^2PROM 也是采用浮栅技术生产的可编程 ROM,但是构成其存储单元的是隧道 MOS 管,隧道 MOS 管也是利用浮栅是否存有电荷来存储二值数据的,不同的是隧道 MOS 管是用电擦除的,并且擦除的速度要快得多(一般为毫秒数量级)。

E^2PROM 的电擦除过程就是改写过程,它具有 ROM 的非易失性,又具备类似 RAM 的功能,可以随时改写(可重复擦写 1 万次以上)。目前,大多数 E^2PROM 芯片内部都备有升压电路。因此,只需提供单电源供电,便可进行读、擦除/写操作,这为数字系统的设计和在线调试提供了极大方便。

(5)快闪存储器(Flash Memory)。快闪存储器的存储单元也是采用浮栅型 MOS 管,存储器中数据的擦除和写入是分开进行的,数据写入方式与 EPROM 相同,需要输入一个较高的电压,因此要为芯片提供两组电源。一个字的写入时间约为 200 μs,一般一只芯片可以擦除/写入 100 次以上。

1. ROM 的结构

ROM 的内部结构由地址译码器和存储矩阵组成,图 9 - 2 - 1 所示是 ROM 的内部结构示意图。

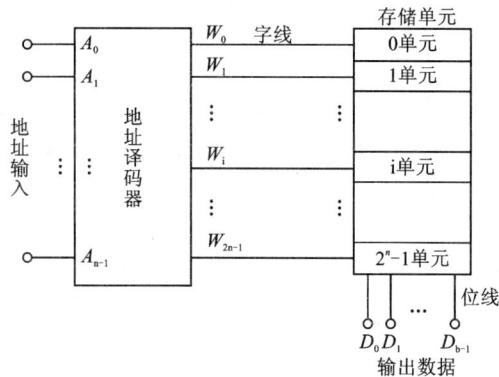

图 9 - 2 - 1　ROM 的内部结构示意图

2. ROM 的基本工作原理

(1)电路组成

二极管 ROM 电路图 9 - 2 - 2 所示,输入地址码是 $A_1 A_0$,输出数据是 $D_3 D_2 D_1 D_0$。输出缓冲器用的是三态门,它有两个作用,一是提高带负载能力;二是实现对输出端状态的控制,以便于和系统总线的连接。

其中与门阵列组成译码器,或门阵列构成存储矩阵,其存储容量为 $4 \times 4 = 16$ 位。

(2)输出信号表达式

与门阵列输出表达式:

$$W_0 = \bar{A}_1 \bar{A}_0 \quad W_1 = \bar{A}_1 A_0 \quad W_2 = A_1 \bar{A}_0 \quad W_3 = A_1 A_0$$

或门阵列输出表达式:

$$D_0 = W_0 + W_2 \quad D_1 = W_1 + W_2 + W_3 \quad D_2 = W_0 + W_2 + W_3 \quad D_3 = W_1 + W_3$$

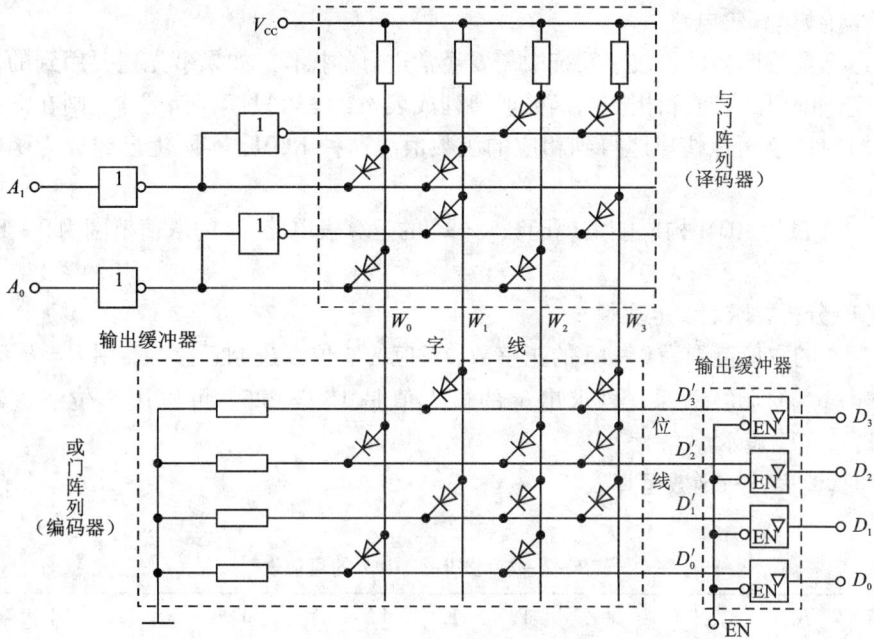

图9-2-2　二极管 ROM 电路

(3)ROM 输出信号的真值表(表9-2-1)

表9-2-1　ROM 输出信号真值表

A_1	A_0	D_3	D_2	D_1	D_0
0	0	0	1	0	1
0	1	1	0	1	0
1	0	0	1	1	1
1	1	1	1	1	0

(4)功能说明

从存储器角度看,A_1A_0 是地址码,$D_3D_2D_1D_0$ 是数据。表9-2-1说明:在00地址中存放的数据是0101;01地址中存放的数据是1010;10地址中存放的是0111;11地址中存放的是1110。

从函数发生器角度看,A_1、A_0 是两个输入变量,D_3、D_2、D_1、D_0 是4个输出函数。表9-2-1说明:当变量 A_1、A_0 取值为00时,函数 $D_3 = 0$、$D_2 = 1$、$D_1 = 0$、$D_0 = 1$;当变量 A_1、A_0 取值为01时,函数 $D_3 = 1$、$D_2 = 0$、$D_1 = 1$、$D_0 = 0$…

从译码编码角度看,与门阵列先对输入的二进制代码 A_1A_0 进行译码,得到4个输出信号 W_0、W_1、W_2、W_3,再由或门阵列对 $W_0 \sim W_3$ 4个信号进行编码。表9-2-1说明:W_0 的编码是 0101，W_1 的编码是 1010，W_2 的编码是 0111，W_3 的编码是 1110。

3. ROM 的应用

(1)作函数运算表电路

数学运算是数控装置和数字系统中需要经常进行的操作，如果事先把要用到的基本函数变量在一定范围内的取值和相应的函数取值列成表格，写入只读存储器中，则在需要时只要给出规定"地址"就可以快速地得到相应的函数值。这种 ROM，实际上已经成为函数运算表电路。

例 9 - 1 试用 ROM 构成能实现函数 $y = x^2$ 的运算表电路，x 的取值范围为 0～15 的正整数。

解：(1)分析要求、设定变量

自变量 x 的取值范围为 0～15 的正整数，对应的 4 位二进制正整数，用 $B = B_3 B_2 B_1 B_0$ 表示。根据 $y = x^2$ 的运算关系，可求出 y 的最大值是 $15^2 = 225$，可以用 8 位二进制数 $Y = Y_7 Y_6 Y_5 Y_4 Y_3 Y_2 Y_1 Y_0$ 表示。

(2)列真值表——函数运算表

表 9 - 2 - 2 例 9 - 1 中 Y 的真值表

B_3	B_2	B_1	B_0	Y_7	Y_6	Y_5	Y_4	Y_3	Y_2	Y_1	Y_0	十进制数
0	0	0	0	0	0	0	0	0	0	0	0	0
0	0	0	1	0	0	0	0	0	0	0	1	1
0	0	1	0	0	0	0	0	0	1	0	0	4
0	0	1	1	0	0	0	0	1	0	0	1	9
0	1	0	0	0	0	0	1	0	0	0	0	16
0	1	0	1	0	0	0	1	1	0	0	1	25
0	1	1	0	0	0	1	0	0	1	0	0	36
0	1	1	1	0	0	1	1	0	0	0	1	49
1	0	0	0	0	1	0	0	0	0	0	0	64
1	0	0	1	0	1	0	1	0	0	0	1	81
1	0	1	0	0	1	1	0	0	1	0	0	100
1	0	1	1	0	1	1	1	1	0	0	1	121
1	1	0	0	1	0	0	1	0	0	0	0	144
1	1	0	1	1	0	1	0	1	0	0	1	169
1	1	1	0	1	1	0	0	0	1	0	0	196
1	1	1	1	1	1	1	0	0	0	0	1	225

(3)写标准与或表达式

$Y_7 = m_{12} + m_{13} + m_{14} + m_{15}$　　　　$Y_6 = m_8 + m_9 + m_{10} + m_{11} + m_{14} + m_{15}$

$$Y_5 = m_6 + m_7 + m_{10} + m_{11} + m_{13} + m_{15} \qquad Y_4 = m_4 + m_5 + m_7 + m_9 + m_{11} + m_{12}$$

$$Y_3 = m_3 + m_5 + m_{11} + m_{13} \qquad\qquad\quad Y_2 = m_2 + m_6 + m_{10} + m_{14}$$

$$Y_1 = 0 \qquad\qquad\qquad\qquad\qquad\qquad Y_0 = m_1 + m_3 + m_5 + m_7 + m_9 + m_{11} + m_{13} + m_{15}$$

（4）画 ROM 存储矩阵节点连接图

为做图方便，可将 ROM 矩阵中的二极管用节点表示。

在图 9 – 2 – 3 所示电路中，字线 $W_0 \sim W_{15}$ 分别与最小项 $m_0 \sim m_{15}$ 一一对应，我们注意到作为地址译码器的与门阵列，其连接是固定的，它的任务是完成对输入地址码（变量）的译码工作，产生一个个具体的地址——地址码（变量）的全部最小项；而作为存储矩阵的或门阵列是可编程的，各个交叉点——可编程点的状态，也就是存储矩阵中的内容，可由用户编程决定。

当我们把 ROM 存储矩阵做一个逻辑部件应用时，可将其用方框图表示如图 9 – 2 – 4。

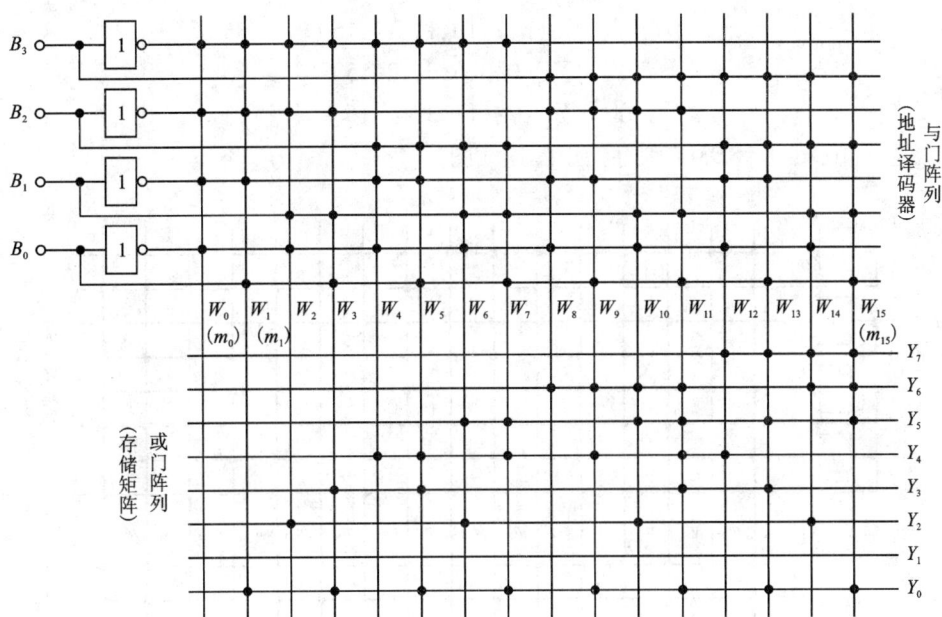

图 9 – 2 – 3　例 9 – 1 ROM 存储矩阵连接图

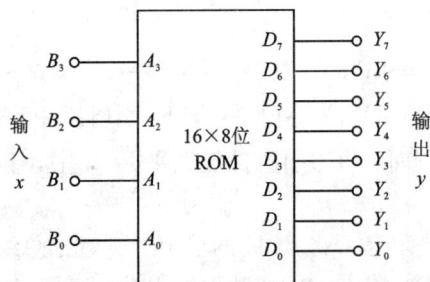

图 9 – 2 – 4　例 9 – 1 ROM 的方框图表示方法

（2）实现任意组合逻辑函数

从 ROM 的逻辑结构示意图可知，只读存储器的基本部分是与门阵列和或门阵列，与门阵列实现对输入变量的译码，产生变量的全部最小项，或门阵列完成有关最小项的或运算，因此从理论上讲，利用 ROM 可以实现任何组合逻辑函数。

例 9.2 试用 ROM 实现下列函数：

$$Y_1 = \overline{A}BC + \overline{A}B\overline{C} + A\overline{B}C + ABC \qquad Y_2 = BC + CA$$

$$Y_3 = \overline{A}\,\overline{B}\,\overline{C}\,\overline{D} + \overline{A}\,\overline{B}C\overline{D} + \overline{A}B\overline{C}\overline{D} + A\overline{B}\overline{C}\overline{D} + AB\overline{C}\overline{D} + ABCD$$

$$Y_4 = ABC + ABD + ACD + BCD$$

解：（1）写出各函数的标准与或表达式，按 A、B、C、D 顺序排列变量，将 Y_1、Y_2 扩展成为四变量逻辑函数。

$$Y_1 = \sum{}_m(2,3,4,5,8,9,14,15)$$

$$Y_2 = \sum{}_m(6,7,10,11,14,15)$$

$$Y_3 = \sum{}_m(0,3,6,9,12,15)$$

$$Y_4 = \sum{}_m(7,11,13,14,15)$$

（2）选用 16×4 位 ROM，画存储矩阵连线图

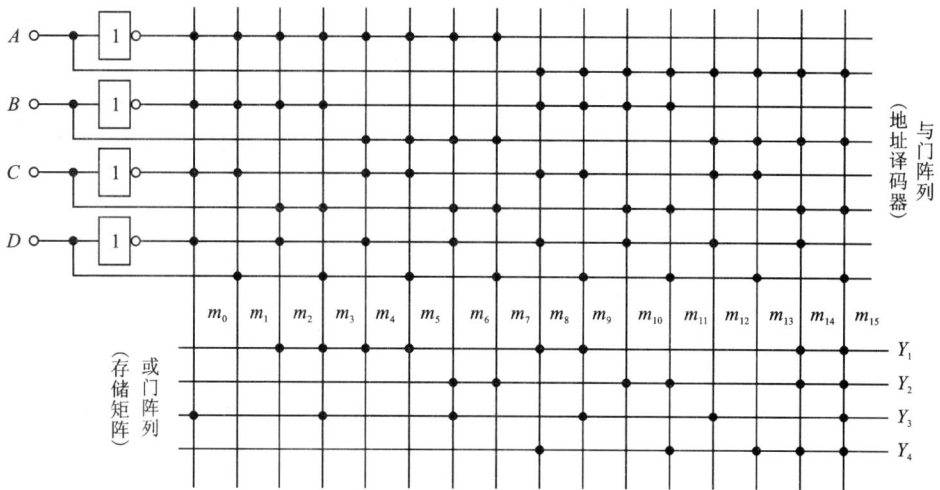

图 9 - 2 - 5　例 9 - 2 ROM 存储矩阵连线图

4. 常用的 EPROM 举例——EPROM 2764，如图 9 - 2 - 6，9 - 2 - 7 所示。

在正常使用时，$V_{CC} = +5$ V、V_{IH} 为高电平，即 V_{PP} 引脚接 + 5 V、$\overline{PGM}$ 引脚接高电平，数据由数据总线输出。在进行编程时，$\overline{PGM}$ 引脚接低电平，V_{PP} 引脚接高电平（编程电平 + 25 V），数据由数据总线输入。

$\overline{OE}$：输出使能端，用来决定是否将 ROM 的输出送到数据总线上去，当 $\overline{OE} = 0$ 时，输出可以被使能，当 $\overline{OE} = 1$ 时，输出被禁止，ROM 数据输出端为高阻态。

$\overline{CS}$：片选端，用来决定该片 ROM 是否工作，当 $\overline{CS} = 0$ 时，ROM 工作，当 $\overline{CS} = 1$ 时，ROM 停止工作，且输出为高阻态（无论 $\overline{OE}$ 为何值）。

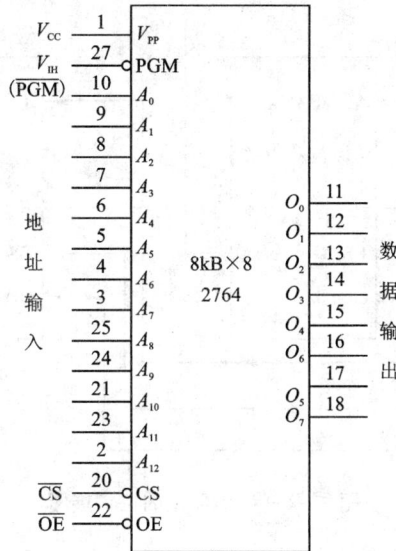

图 9 – 2 – 6 标准 28 脚双列直插 EPROM 2764 逻辑符号

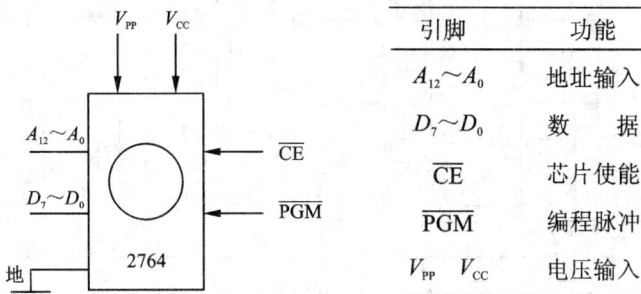

引脚	功能
$A_{12} \sim A_0$	地址输入
$D_7 \sim D_0$	数 据
$\overline{CE}$	芯片使能
$\overline{PGM}$	编程脉冲
V_{PP} V_{CC}	电压输入

图 9 – 2 – 7 Intel 2764 EPROM 的外形和引脚信号

ROM 输出能否被使能决定于 $\overline{CS} + \overline{OE}$ 的结果，当 $\overline{CS} + \overline{OE} = 0$ 时，ROM 输出使能，否则将被禁止，输出端为高阻态。另外，当 $\overline{CS} = 1$ 时，还会停止对 ROM 内部的译码器等电路供电，其功耗降低到 ROM 工作时的 10% 以下。这样会使整个系统中 ROM 芯片的总功耗大大降低。

5. ROM 容量的扩展

在实际应用中，经常需要大容量的 ROM。在单片 ROM 芯片容量不能满足要求时，就需要进行扩展，将多片 ROM 组合起来，构成存储器系统(也称存储体)。

(1)ROM 的位扩展。(现有型号的 EPROM 输出多为 8 位)

如图 9 – 2 – 8 所示是将两片 2764 扩展成 16k × 16 位 EPROM 的连线图。

(2)ROM 的字扩展。

用 8 片 2764 扩展成 64k × 8 位 EPROM(如图 9 – 2 – 9 所示)。

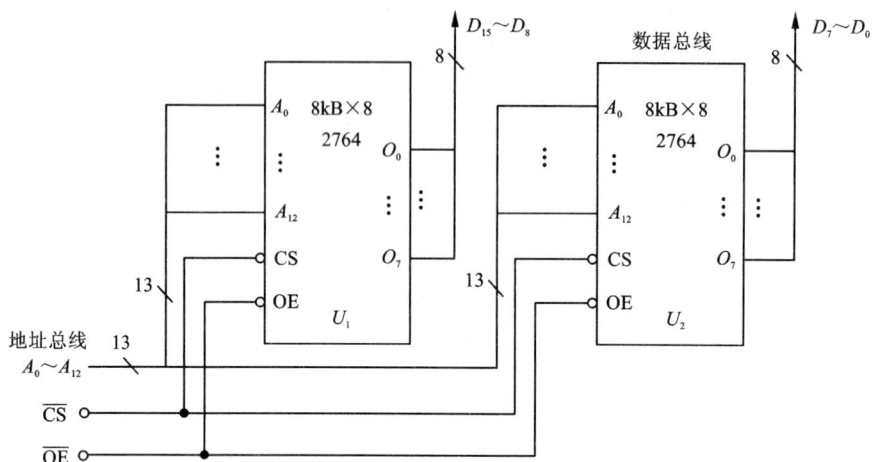

图 9 - 2 - 8 ROM 的位扩展图

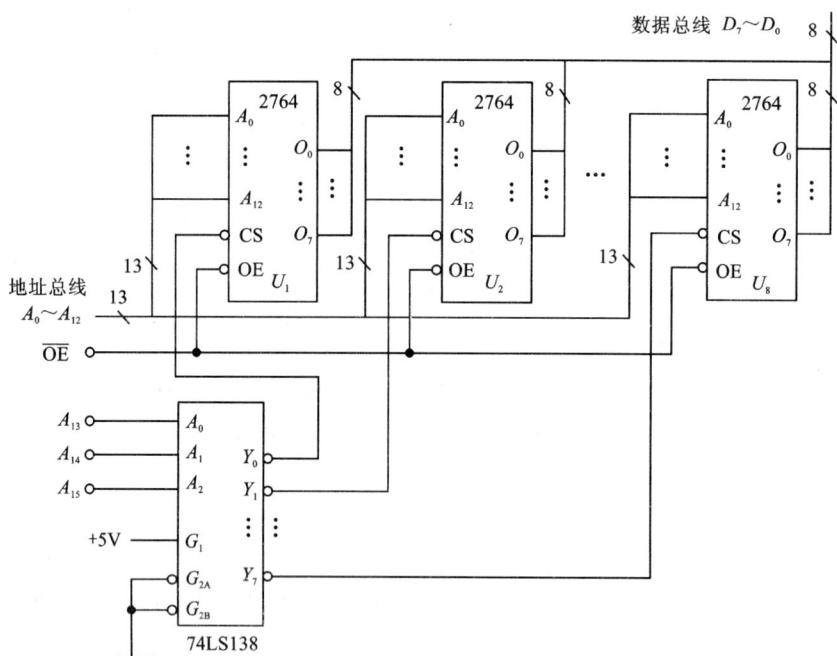

图 9 - 2 - 9 ROM 的字扩展图

9.2.2 随机存取存储器(RAM)

随机存取存储器简称 RAM,也叫做读/写存储器,既能方便地读出所存数据,又能随时写入新的数据。RAM 的缺点是数据的易失性,即一旦掉电,所存的数据全部丢失。

1. RAM 的基本结构(如图 9 - 2 - 10 所示)

由存储矩阵、地址译码器、读写控制器、输入/输出控制、片选控制等几部分组成。

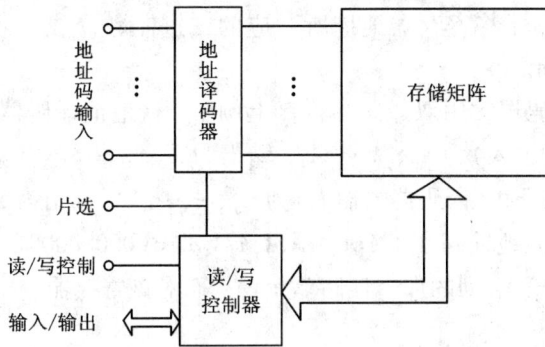

图 9 - 2 - 10　RAM 的结构示意框图

（1）存储矩阵

RAM 的核心部分是一个寄存器矩阵，用来存储信息，称为存储矩阵。

图 9 - 2 - 11 所示是 1024 × 1 位的存储矩阵和地址译码器。属多字 1 位结构，1024 个字排列成 32 × 32 的矩阵，中间的每一个小方块代表一个存储单元。为了存取方便，给它们编上

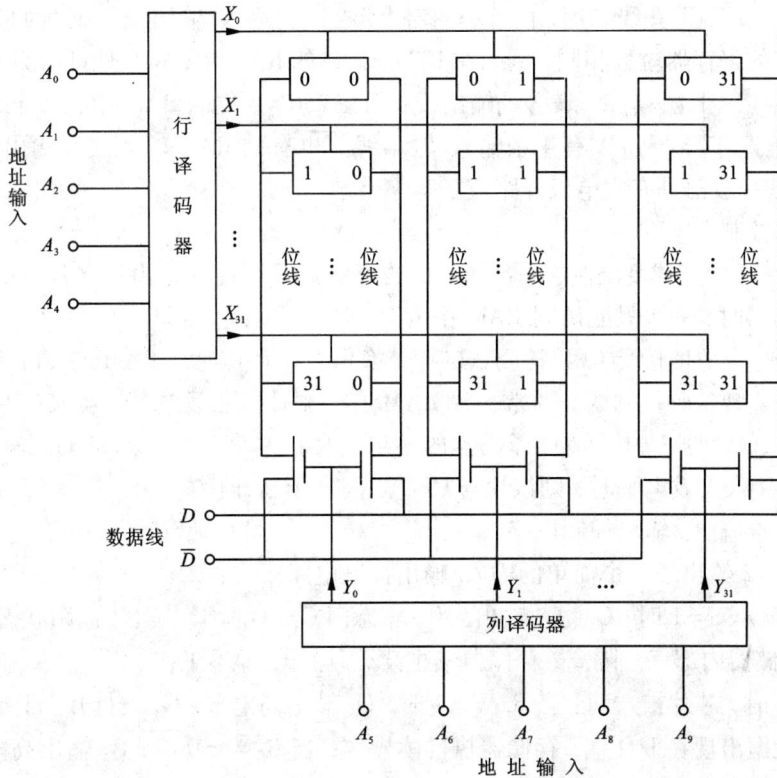

图 9 - 2 - 11　1024 × 1 位 RAM 的存储矩阵和地址译码器

号，32 行编号为 X_0、$X_1 \cdots X_{31}$，32 列编号为 Y_0、$Y_1 \cdots Y_{31}$。这样每一个存储单元都有了一个固定的编号（X_i 行、Y_j 列），称为地址。

（2）地址译码器

地址译码器的作用，是将寄存器地址所对应的二进制数译成有效的行选信号和列选信号，从而选中该存储单元。

存储器中的地址译码器常用双译码结构。上例中，行地址译码器用 5 输入 32 输出的译码器，地址线（译码器的输入）为 A_0、$A_1 \cdots A_4$，输出为 X_0、$X_1 \cdots X_{31}$；列地址译码器也用 5 输入 32 输出的译码器，地址线（译码器的输入）为 A_5、$A_6 \cdots A_9$，输出为 Y_0、$Y_1 \cdots Y_{31}$，这样共有 10 条地址线。例如，输入地址码 $A_9A_8A_7A_6A_5A_4A_3A_2A_1A_0 = 0000000001$，则行选线 $X_1 = 1$、列选线 $Y_0 = 1$，选中第 X_1 行第 Y_0 列的那个存储单元。从而对该寄存器进行数据的读出或写入。

（3）读/写控制

访问 RAM 时，对被选中的寄存器，究竟是读还是写，通过读/写控制线进行控制。如果是读，则被选中单元存储的数据经数据线、输入/输出线传送给 CPU；如果是写，则 CPU 将数据经过输入/输出线、数据线存入被选中单元。

一般 RAM 的读/写控制线高电平为读，低电平为写；也有的 RAM 读/写控制线是分开的，一根为读，另一根为写。

（4）输入/输出

RAM 通过输入/输出端与计算机的中央处理单元（CPU）交换数据，读出时它是输出端，写入时它是输入端，即一线二用，由读/写控制线控制。输入/输出端数据线的条数，与一个地址中所对应的寄存器位数相同，例如在 1024×1 位的 RAM 中，每个地址中只有 1 个存储单元（1 位寄存器），因此只有 1 条输入/输出线；而在 256×4 位的 RAM 中，每个地址中有 4 个存储单元（4 位寄存器），所以有 4 条输入/输出线。也有的 RAM 输入线和输出线是分开的。RAM 的输出端一般都具有集电极开路或三态输出结构。

（5）片选控制

由于受 RAM 的集成度限制，一台计算机的存储器系统往往是由许多片 RAM 组合而成。CPU 访问存储器时，一次只能访问 RAM 中的某一片（或几片），即存储器中只有一片（或几片）RAM 中的一个地址接受 CPU 访问，与其交换信息，而其他片 RAM 与 CPU 不发生联系，片选就是用来实现这种控制的。通常一片 RAM 有一根或几根片选线，当某一片的片选线接入有效电平时，该片被选中，地址译码器的输出信号控制该片某个地址的寄存器与 CPU 接通；当片选线接入无效电平时，则该片与 CPU 之间处于断开状态。

（6）RAM 的输入/输出控制电路

图 9 – 2 – 12 给出了一个简单的输入/输出控制电路。

当选片信号 CS = 1 时，G_5、G_4 输出为 0，三态门 G_1、G_2、G_3 均处于高阻状态，输入/输出（I/O）端与存储器内部完全隔离，存储器禁止读/写操作，即不工作。

当 CS = 0 时，芯片被选通：当 $R/\overline{W} = 1$ 时，G_5 输出高电平，G_3 被打开，于是被选中的单元所存储的数据出现在 I/O 端，存储器执行读操作；当 $R/\overline{W} = 0$ 时，G_4 输出高电平，G_1、G_2 被打开，此时加在 I/O 端的数据以互补的形式出现在内部数据线上，并被存入到所选中的存储单元，存储器执行写操作。

2. RAM 的芯片简介

（1）芯片引脚排列图

图 9 – 2 – 13 所示是 2K × 8 位静态 CMOS RAM 6116 的引脚排列图。$A_0 \sim A_{10}$ 是地址码输入端，$D_0 \sim D_7$ 是数据输出端，$\overline{CS}$ 是选片端，$\overline{OE}$ 是输出使能端，$\overline{WE}$ 是写入控制端。

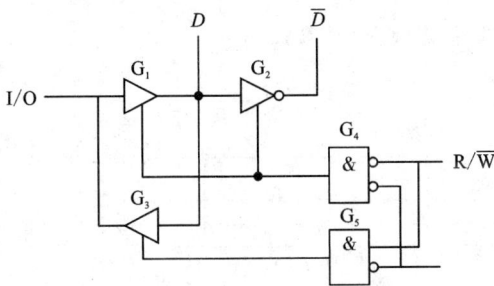

图 9 – 2 – 12　输入/输出控制电路

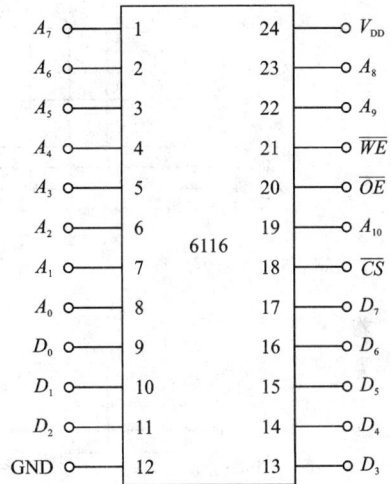

图 9 – 2 – 13　静态 RAM 6116 引脚排列图

（2）芯片工作方式和控制信号之间的关系

表 9 – 2 – 3 所列是 6116 的工作方式与控制信号之间的关系，读出和写入线是分开的，而且写入优先。

表 9 – 2 – 3　静态 RAM 6116 工作方式与控制信号之间的关系

$\overline{CS}$	$\overline{OE}$	$\overline{WE}$	$A_0 \sim A_{10}$	$D_0 \sim D_7$	工作状态
1	×	×	×	高阻态	低功耗维持
0	0	1	稳定	输出	读
0	×	0	稳定	输入	写

3. RAM 的容量扩展

同样在实际应用中，经常需要将多片 RAM 组合起来构成大容量的 RAM。

（1）位扩展

用 8 片 1024(1K) × 1 位 RAM 构成的 1024 × 8 位 RAM 系统。

（2）字扩展

用 8 片 1K × 8 位 RAM 构成的 8K × 8 位 RAM。

图中输入/输出线，读/写线和地址线 $A_0 \sim A_9$ 是并联起来的，高位地址码 A_{10}、A_{11} 和 A_{12} 经 74138 译码器 8 个输出端分别控制 8 片 1K × 8 位 RAM 的片选端，以实现字扩展。

如果需要，我们还可以采用位与字同时扩展的方法扩大 RAM 的容量。

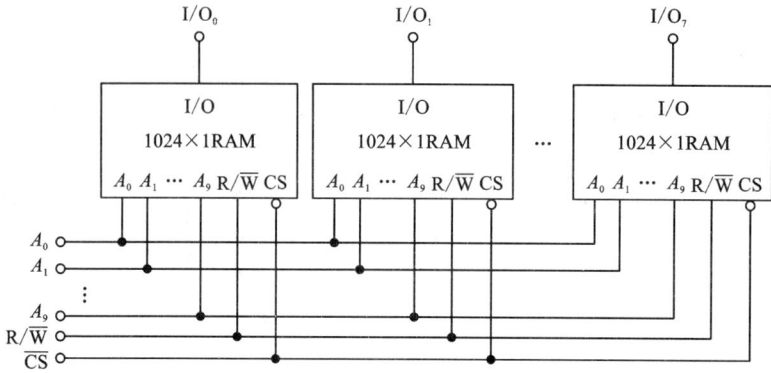

图 9 – 2 – 14　1K×1 位 RAM 扩展成 1K×8 位 RAM

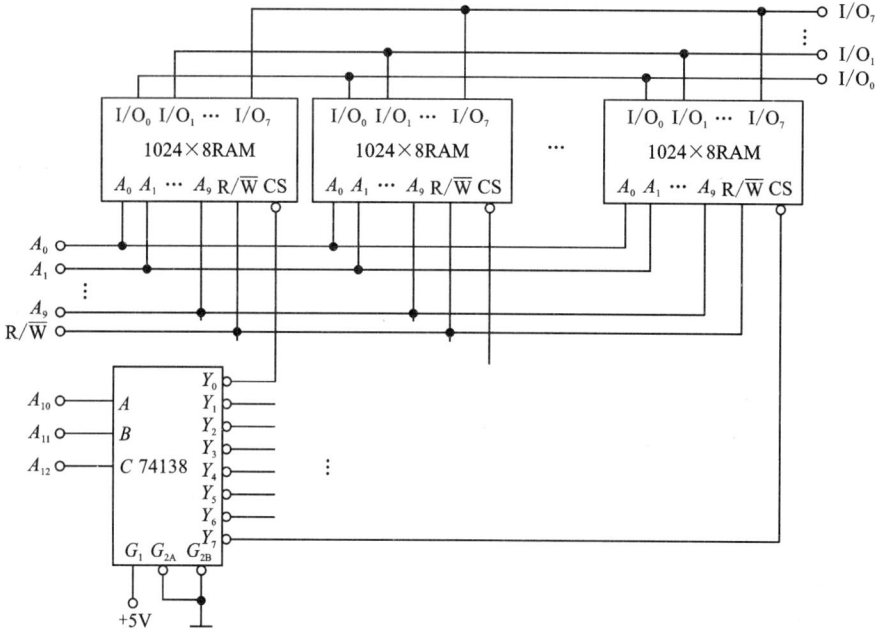

图 9 – 2 – 15　1K×8 位 RAM 扩展成 8K×8 位 RAM

9.3　可编程逻辑器件(PLD)

可编程逻辑器件(Programmable Logic Device)是一种电路的半成品芯片,这种芯片是按一定排列方式集成了大量的门和触发器等基本逻辑元件,出厂时不具有特定的逻辑功能,需要用户利用专用的开发系统对其进行编程,在芯片内部的可编程连接点进行电路连接,使之完成某个逻辑电路或系统的功能,才能成为一个可在实际电子系统中使用的专用芯片。

PLD 自问世以来,经历了从低密度的可编程只读存储器(PROM)、可编程逻辑阵列

（PLA）、可编程阵列逻辑（PAL）、通用阵列（GAL）到高密度的现场可编程门阵列（FPGA,Field Programmable Gate Array）和复杂可编程逻辑器件（CPLD,Complex Programmable Logic Device）的发展过程。

可编程逻辑器件（PLD）的分类如图9-3-1所示。

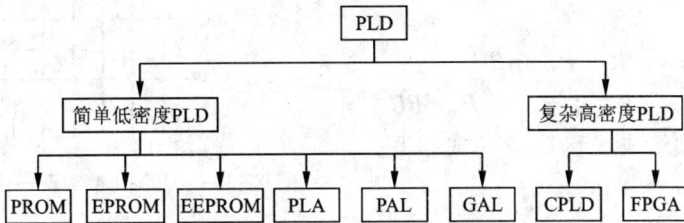

图9-3-1　PLD 的分类

PLD 采用的可编程元件有四类：① 一次性编程的熔丝或反熔丝元件。② 紫外线擦除、电可编程序的 EPROM。③ 电擦除、电可编程存储单元。④ 静态存储器（SRAM）的编程元件。

为了方便阅读和描述逻辑，可采用图9-3-2所示的表示方法表示 PLD。

图9-3-2(a)是 PLD 中输入缓冲器的表示方法，它的两个输出分别是输入的原码和反码。图9-3-2(b)给出了与门的标准逻辑表示符号。图9-3-2(c)为与门在 PLD 中常用的表示方法。图9-3-2(d)和图9-3-2(e)分别给出了或门的标准逻辑符号和在 PLD 中采用的表示方法。图9-3-2(f)表示该或门有四个乘积项输入。在 PLD 中，门输入部分只画一根线，通常称为乘积线。竖线和乘积线的交叉点均有耦合元件，交叉点的"·"表示固定连接，"×"表示可编程连接，无任何标记则表示不连接。

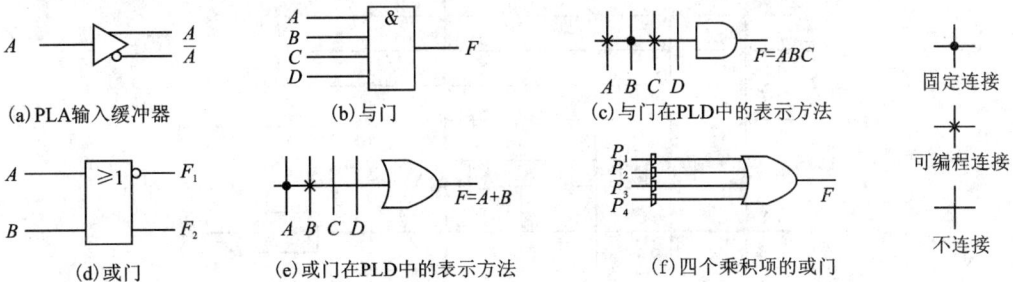

图9-3-2　PLD 采用的逻辑符号

9.3.1　可编程逻辑阵列（PLA）

可编程逻辑器件都包含一个与阵列和一个或阵列，二者都是可编程的，故可以实现非标准式的各种电路。用 PLA 实现组合逻辑电路时，首先将逻辑函数进行化简，再将化简后的逻辑函数表达式中各乘积项填入逻辑阵列图中。

例9-3　用 PLA 实现一位二进制全加器。

解：由全加器真值表，用卡诺图化简得最简逻辑表达式为：

$$S = \overline{A}\,\overline{B}C + \overline{A}B\overline{C} + A\overline{B}\,\overline{C} + ABC$$

$$C_i = AB + AC + BC$$

式中：A、B 为两个加数，C 为低位进位，S 为本位和，C_i 为本位向高位的进位。

在 S 及 C_i 表达式中共有七个乘积项，它们是：

$$P_0 = \overline{A}\,\overline{B}C \quad P_1 = \overline{A}B\overline{C} \quad P_2 = A\overline{B}\,\overline{C}$$

$$P_3 = ABC \quad P_4 = AB \quad P_5 = AC \quad P_6 = BC$$

用这些乘积项组成 S 和 C_i 表达式如下：

$$S = P_0 + P_1 + P_2 + P_3$$

$$C_i = P_4 + P_5 + P_6$$

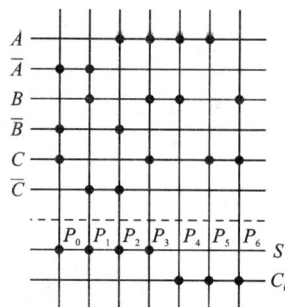

图 9 − 3 − 3　用 PLA 实现一位二进制全加器

根据上式，可画出由 PLA 实现全加器的阵列结构图，如图 9 − 3 − 3 所示。

9.3.2　可编程阵列逻辑(PAL)

PAL 是在 PROM 基础上发展起来的一种可编程逻辑器件，采用了熔丝编程方式、双极型工艺制造，因而器件的工作速度很高(可达十几 ns)。PAL 器件由可编程的与阵列、固定的或阵列和输出电路三部分组成。由于它们是与阵列可编程，而且输出结构种类很多，因而给逻辑设计带来很大的灵活性。

1. PAL 的基本结构

PAL 基本与门阵列是可编程的，而或门阵列是固定连接的。如图 9 − 3 − 4 所示。

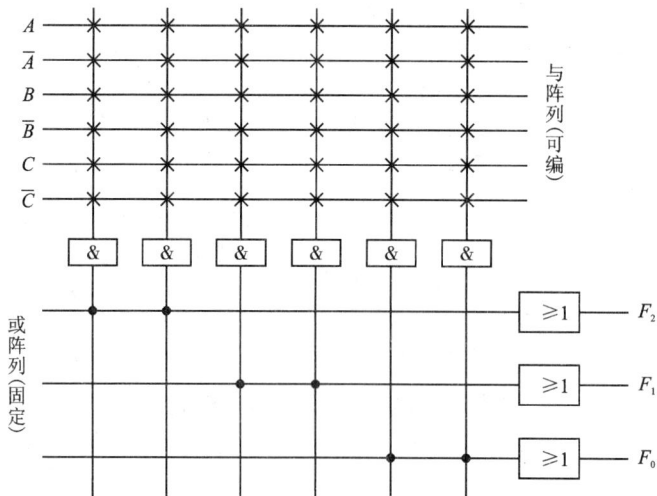

图 9 − 3 − 4　PAL 基本结构

2. PAL 的几种输出结构

PAL 具有多种输出结构。组合逻辑常采用"专用输出的基本门阵列结构"，其输出结构如图 9 − 3 − 5 所示。图中，若输出部分采用或非门输出时，为低电平有效器件；若采用或门输出时,为高电平有效器件;有的器件还用互补输出的或门,故称为互补型输出,这种输出结构只适用于实现组合逻辑函数。目前常用的产品有 PAL10H8(10 输入,8 输出,高电平有效)、AL10L8(10 输入,8 输出,低电平有效)、PAL16A1(16 输入,1 输出,互补型)等。

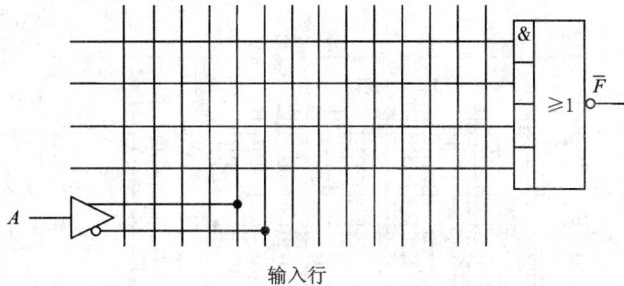

图 9 – 3 – 5　专用输出门阵列结构

PAL 实现时序逻辑电路功能时,其输出结构如图 9 – 3 – 6 所示,输出部分采用了一个 D 触发器,其输出通过选通三态缓冲器送到输出端,构成时序逻辑电路。

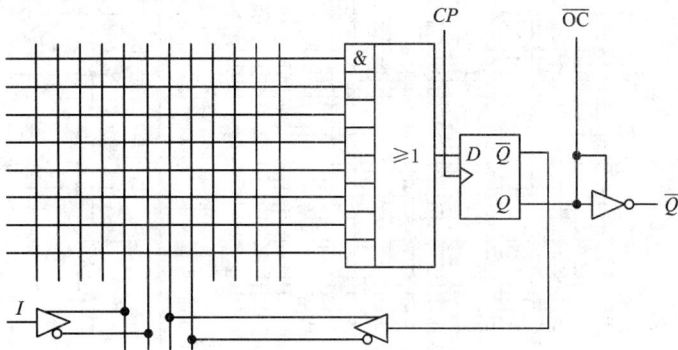

图 9 – 3 – 6　时序输出结构

3. PAL 的特点

① 提高了功能密度,节省了空间。

② 提高了设计的灵活性,且编程和使用都比较方便。

③ 有上电复位功能,可以防止非法复制。

PAL 的主要缺点是由于它采用双极型熔丝工艺(PROM 结构),只能一次性编程,因而使用者仍要承担一定的风险。

9.3.3　通用阵列逻辑(GAL)

通用阵列逻辑 GAL 是 Lattice 公司于 1985 年首先推出的新型可编程逻辑器件。GAL 是 PAL 的第二代产品,但它采用了 ECMOS 工艺,可编程的 I/O 结构,使之成为用户可以重复修改芯片的逻辑功能,在不到 1 秒钟时间内即可完成芯片的擦除及编程的逻辑器件,按门阵列的可编程结构,GAL 可分成两大类:一类是与 PAL 基本结构相似的普通型 GAL 器件,其与门阵列是可编程的，或门阵列是固定连接的，如 GAL16V8；另一类是与 FPGA 器件相类似的新一代 GAL 器件，其与门阵列及或门阵列都是可编程的，如 GAL39V18。如图 9 - 3 - 7 所示是 GAL16V8 的逻辑电路图，它有 16 个输入引脚(其中八个为固定输入引脚)和八个输出引脚。其内部结构是由八个输入缓冲器，八个输出反馈/输入缓冲器，八个输出三态缓冲器，八个输

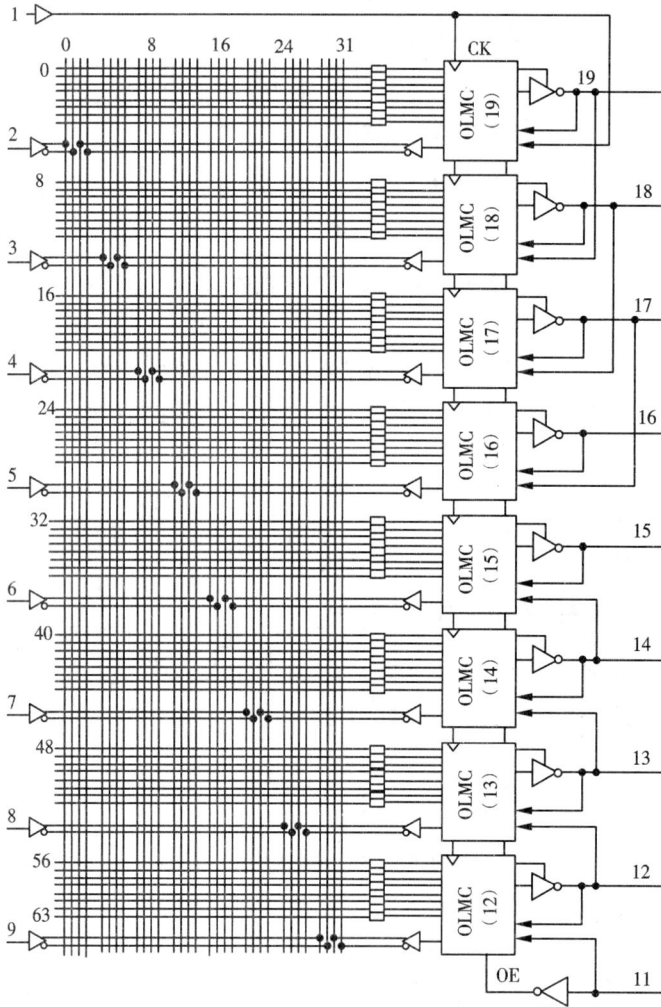

图 9 - 3 - 7 GAL16V8 逻辑图

出逻辑宏单元 OLMC，8×8 个与门构成的与门阵列以及时钟和输出选通信号输入缓冲器等组成。一个 OLMC 由与阵列输出组成，其内部结构如图 9 - 3 - 8 所示，每个 OLMC 包括或门阵列中的一个或门，或门的每一个输入对应一个乘积项，因此或门的输出为有关乘积项之和；图中的异或门用于控制输出信号的极性，当 XOR(n)端为 1 时，异或门起反相器作用；反之为同相器，XOR(n)对应于结构控制字中的一位，n 为引脚号；D 触发器对异或门的输出状态起记忆作用，使 GAL 适用于时序逻辑电路。每个 OLMC 中有四个多路开关 MUX，FIMUX 用于控制第一乘积项；TSMUX 用于选择输出三态缓冲器的选通信号；FMUX 决定反馈信号的来

源；OMUX 用于选择输出信号是组合逻辑的还是寄存逻辑的。多路开关状态取决于结构控制字中的 AC_0 和 $AA1(n)$ 位的值。例如，TSMUX 的控制信号是 AC_0 和 $AA1(n)$，当 $AC_0 \cdot AA1(n) = 11$ 时，表示多路开关 TSMUX 的数据输入端 11 被选通，表示三态门的选通信号是第一乘积项。表 9 - 3 - 1 列出有关控制信号与 OLMC 的配置关系。

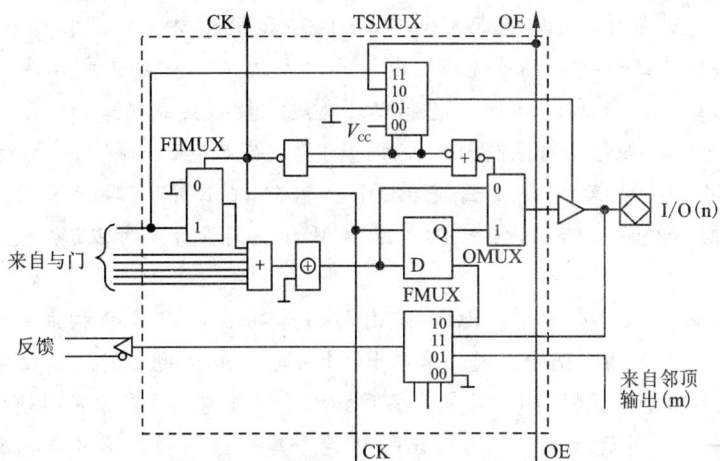

图 9 - 3 - 8　OLMC 内部结构

表 9 - 3 - 1　OLMC 的配置控制

SYN	AC_0	$AA1(n)$	$XOR(n)$	配置功能	输出极性
1	0	1	/	输入模式	/
1	0	0	0	所有输出是组合的	低有效 高有效
1	1	1	0	所有输出是组合的	低有效 高有效
0	1	1	0 1	组合输出积存输出	低有效 高有效
0	1	0	0 1	寄存输出	低有效 高有效

表 9 - 3 - 1 中 SYN、AC_0、$AA1(n)$ 和 $XOR(n)$ 都是结构控制字中可编程位。SYN = 0 时，GAL 器件有寄存输出能力；SYN = 1 时，GAL 为一个纯粹组合逻辑器件。在两个宏单元 OLMC(12) 和 OLMC(19) 中，SYN 还代替了 $AA1(m)$，而 SYN 代替了 AC_0，以仿真 PAL 的型号。$XOR(n)$ 位决定着每个输出的极性，当 $XOR(n) = 0$，输出低电平有效；当 $XOR(n) = 1$ 时，输出高电平有效。GAL 器件具有了许多优良特性，但其应用取决于开发环境——硬件工具 Logic Lab 编程器及软件工具 GALLAB 和 CUPL。

本章小结

1. 555 定时器主要由比较器、基本 RS 触发器、门电路构成。除了能组成施密特触发器、单稳态触发器和多谐振荡器以外，还可以接成各种灵活多变的应用电路。

2. 除了 555 定时器外，目前还有 556（双定时器）和 558（四定时器）等。

3. 半导体存储器是现代数字系统特别是计算机系统中的重要组成部件，它可分为 RAM 和 ROM 两大类，绝大多数属于 MOS 工艺制成的大规模数字集成电路。

4. ROM 是一种非易失性的存储器，它存储的是固定数据，一般只能被读出。根据数据写入方式的不同，ROM 又可分成固定 ROM 和可编程 ROM。后者又可细分为 PROM、EPROM、E^2PROM 和快闪存储器等，特别是 E^2ROM 和快闪存储器可以进行电擦写，已兼有了 RAM 的特性。

5. 从逻辑电路构成的角度看，ROM 是由与门阵列和或门阵列构成的组合逻辑电路。ROM 的输出是输入最小项的组合，因此采用 ROM 可方便地实现各种逻辑函数。随着大规模集成电路成本的不断下降，利用 ROM 构成各种组合、时序电路，愈来愈具有吸引力。

6. RAM 是一种时序逻辑电路，具有记忆功能。其他存储的数据随电源断电而消失，因此是一种易失性的读写存储器。它包含有 SRAM 和 DRAM 两种类型，前者用触发器记忆数据，后者靠 MOS 管栅极电容存储数据。因此，在不停电的情况下，SRAM 的数据可以长久保持，而 DRAM 则必须定期刷新。

7. PLD 都是由与阵列和或阵列构成的。PLA 的与或阵列都是可编程的；PAL 的与阵列是可编程的，而或阵列是固定的；GAL 两种实现方式都有，但其编程只有在开发软件和硬件的支持下才能完成。

8. GAL 是各种 PLD 器件的理想产品，输出具有可编程的逻辑宏单元，可以由用户定义所需的输出状态，具有速度快、功耗低、集成度高等特点。

复习思考题

9 - 1　555 定时器主要由哪几部分组成？每部分各起什么作用？

9 - 2　555 定时器应用电路的基本形式有哪几种？

9 - 3　存储器有哪几种？它们的存储容量如何计算？

9 - 4　256×8 的存储器有多少根地址线、字线、位线？

9 - 5　随机存取的存储器与只读存储器有什么不同？

9 - 6　PLA 的与或阵列与 ROM 的与或阵列有什么区别？

9 - 7　选择题

（1）TTL 单定时器型号的最后几位数字为＿＿。

A. 555　　　　　　B. 556　　　　　　C. 7555　　　　　　D. 7556

（2）555 定时器可以组成 ＿＿ 。

A. 多谐振荡器　　B. 单稳态触发器　　C. 施密特触发器　　D. JK 触发器

（3）一个容量为 $1k \times 8$ 的存储器有 ＿＿ 个存储单元。

A. 8　　　　　　B. 8 K　　　　　　C. 8000　　　　　D. 8192

（4）要构成容量为 $4K \times 8$ 的 RAM，需要 ＿＿ 片容量为 256×4 的 RAM。

A. 2　　　　　　B. 4　　　　　　C. 8　　　　　D. 32

（5）寻址容量为 $16K \times 8$ 的 RAM 需要 ＿＿ 根地址线。

A. 4　　　　　B. 8　　　　　C. 14　　　　　D. 16　　　　　E. 16K

（6）某存储器具有 8 根地址线和 8 根双向数据线，则该存储器的容量为 ＿＿ 。

A. 8×3　　　　B. $8K \times 8$　　　　C. 256×8　　　　D. 256×256

（7）随机存取存储器具有 ＿＿ 功能。

A. 读/写　　　　B. 无读/写　　　　C. 只读　　　　D. 只写

（8）只读存储器 ROM 在运行时具有 ＿＿ 功能。

A. 读/无写　　　　B. 无读/写　　　　C. 读/写　　　　D. 无读/无写

（9）只读存储器 ROM 中的内容，当电源断掉后又接通，存储器中的内容 ＿＿ 。

A. 全部改变　　　B. 全部为 0　　　C. 不可预料　　　D. 保持不变

（10）随机存取存储器 RAM 中的内容，当电源断掉后又接通，存储器中的内容 ＿＿ 。

A. 全部改变　　　B. 全部为 1　　　C. 不确定　　　D. 保持不变

9 – 8　判断题（正确打"√"，错误的打"×"）

（1）实际中，常以字数和位数的乘积表示存储容量。（　）

（2）RAM 由若干位存储单元组成，每个存储单元可存放一位二进制信息。（　）

（3）用 2 片容量为 $16K \times 8$ 的 RAM 构成容量为 $32K \times 8$ 的 RAM 是位扩展。（　）

（4）所有的半导体存储器在运行时都具有读和写的功能。（　）

（5）ROM 的每个与项（地址译码器的输出）都一定是最小项。（　）

（6）PROM 不仅可以读，也可以写（编程），则它的功能与 RAM 相同。（　）

（7）PAL 的每个与项都一定是最小项。（　）

（8）PAL 和 GAL 都是与阵列可编程、或阵列固定。（　）

（9）PAL 的输出电路是固定的，不可编程，所以它的型号很多。（　）

（10）GAL 不需专用编程器就可以对它进行反复编程。（　）

9 – 9　用 PLA 实现下列逻辑函数：

$$F_1 = AB\bar{C} + \bar{A}C + A\bar{B}C$$

$$F_2 = \bar{A}B + AC + ABD + BCD$$

9 – 10　分析题图 9 – 1 所示 555 定时器断线光电隔离式保护电路的工作原理。

能力训练十　用 555 集成电路设计一个消防报警器

1. 训练目的

（1）掌握 555 集成定时器的各个引脚的功能。

（2）掌握 555 集成定时器的应用。

2. 训练能力要求

（1）熟悉掌握 555 集成定时器内部电路结构、工作原理及其特点。

（2）会使用常用的工具：万用电表测试元器件、双综示波器测试各点波形等。

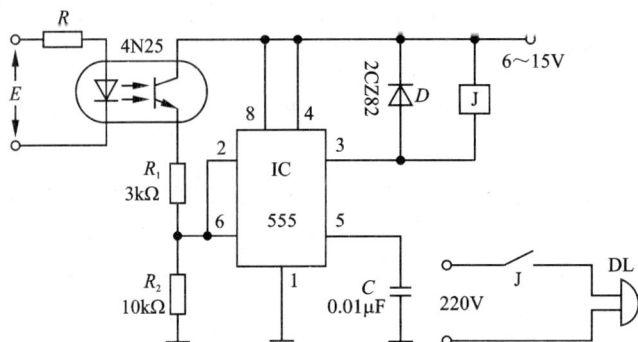

题图 9-1 断线光电隔离式保护电路

（3）会分析基本单元电路的工作原理及测试方法。

3. 训练器材

（1）+6V 直流电源一个

（2）一个万用电表一块

（3）双综示波器一个

（4）电吹风一把

（5）555 芯片 1 块

（6）晶体三极管 3A×31(3A×81 或 3AG 或 3DU 型光敏管)1 个

（7）电容器：10 μF/10V 电解电容 1 个，0.01 μF 2 个。

（8）电阻：20 kΩ 1 个，100 kΩ 1 个，滑动变阻器 2k Ω 1 个。

（9）5W8Ω 扬声器 1 个

（10）导线若干

4. 训练步骤

（1）电路组成

简易消防报警电路如训练图 10-1：

（2）电路工作原理

3A×31 锗管在常温下，集电极和发射极之间的穿透电流 I_{CEO} 一般在 10～50 μA，且随温度升高而增大较快。当温度低于设定温度值时，晶体管 T 的穿透电流 I_{CEO} 较小，555 复位端 $\overline{R}_D$。(4)脚的电压较低，电路工作在复位状态，555 定时器构成的多谐振荡器停振，扬声器不发声。当温度升高到设定温度值时，晶体管 T 的穿透电流 I_{CEO} 较大，555 复位端 $\overline{R}_D$ 的电压升高到解除复位状态之电位，555 定时器构成的多谐振荡器开始振荡，扬声器发出报警声。

（3）技能训练

按图接线，①先把测温元件 3A×31 置于要求报警的温度下，调节 R_1 使电路刚发出报警声，然后固定电阻 R_1。②用冷吹风吹 3A×31，试听音响效果。③用热吹风吹 3A×31，再试听音响效果。④根据电路鸣叫和不鸣叫的不同状态，测量集成电路有关引脚的电压并记录在下表中。

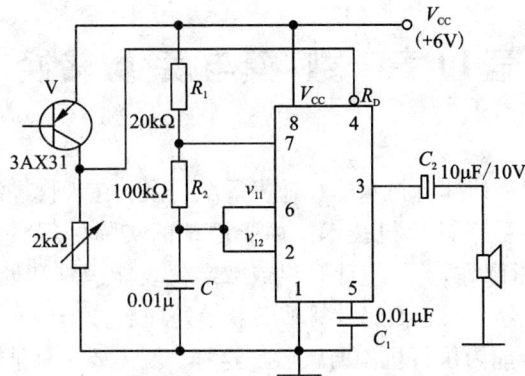

训练图 10 - 1　简易消防报警电路图

测量点	电压值（V）							
555 引脚	①	②	③	④	⑤	⑥	⑦	⑧
不鸣叫								
鸣叫								
测试中出现的故障及排除方法								

5. 注意事项

报警的音调取决于 555 定时器构成的多谐振荡器的振荡频率，由元件 R_2、R_3 和 C 决定，改变这些元件值，可改变音调，但要求 R_2 大于 1 kΩ。

第 10 章　数/模与模/数转换

随着数字技术,特别是计算机技术的飞速发展与普及,在现代控制、通信及检测领域中,对信号的处理广泛采用了数字计算机技术。由于系统的实际处理对象往往都是一些模拟量(如温度、压力、位移、图像等),要使计算机或数字仪表能识别和处理这些信号,必须首先将这些模拟信号转换成数字信号;而经计算机分析、处理后输出的数字量往往也需要将其转换成为相应的模拟信号才能为执行机构所接收。这样,就需要一种能在模拟信号与数字信号之间起桥梁作用的电路——模数转换电路和数模转换电路。

能将模拟信号转换成数字信号的电路,称为模数转换器(简称 A/D 转换器);而将能把数字信号转换成模拟信号的电路称为数模转换器(简称 D/A 转换器)。A/D 转换器和 D/A 转换器已经成为计算机系统中不可缺少的接口电路。

本章主要介绍几种常用 A/D 与 D/A 转换器的电路结构、工作原理,并结合典型集成芯片介绍其应用。

10.1　D/A 转换器

10.1.1　D/A 转换器的基本原理

数字量是用代码按数位组合起来表示的,对于有权码,每位代码都有一定的权。为了将数字量转换成模拟量,必须将每 1 位的代码按其权的大小转换成相应的模拟量,然后将这些模拟量相加,即可得到与数字量成正比的总模拟量,从而实现了数字—模拟转换。这就是构成 D/A 转换器的基本思路。

图 10-1-1 所示是 D/A 转换器的输入、输出关系框图,$D_0 \sim D_{n-1}$ 是输入的 n 位二进制数,V_o 是与输入二进制数成比例的输出电压。

图 10-1-2 所示是一个输入为 3 位二进制数时 D/A 转换器的转换特性,它具体而形象地反映了 D/A 转换器的基本功能。

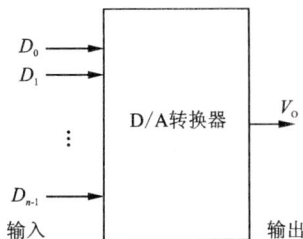

图 10-1-1　D/A 转换器的输入、输出关系框图

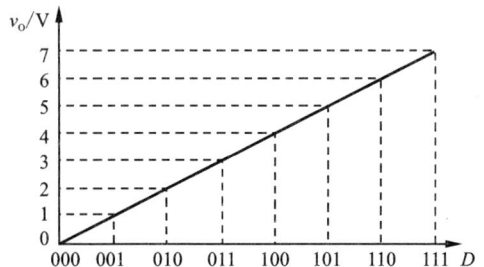

图 10-1-2　3 位 D/A 转换器的转换特性

10.1.2　倒 T 形电阻网络 D/A 转换器

在单片集成 D/A 转换器中，使用最多的是倒 T 形电阻网络 D/A 转换器。四位倒 T 形电阻网络 D/A 转换器的原理图如图 10 - 1 - 3 所示。

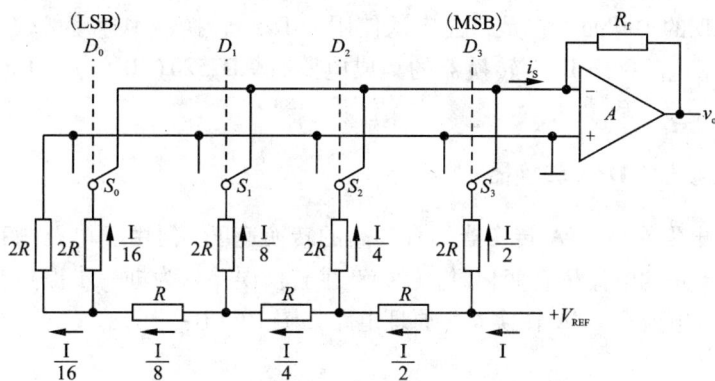

图 10 - 1 - 3　倒 T 形电阻网络 D/A 转换器

$S_0 \sim S_3$ 为模拟电子开关，$R - 2R$ 电阻解码网络呈倒 T 形，运算放大器 A 构成求和电路。S_i 由输入数码 D_i 控制，当 $D_i = 1$ 时，S_i 接运放反相输入端("虚地")，I_i 流入求和电路；当 $D_i = 0$ 时，S_i 将电阻 $2R$ 接地。

无论模拟开关 S_i 处于何种位置，与 S_i 相连的 $2R$ 电阻均等效接"地"("地"或"虚地")。这样流经 $2R$ 电阻的电流与开关位置无关，为确定值。

分析 $R - 2R$ 电阻解码网络不难发现，从每个节点向左看的二端网络等效电阻均为 R，流入每个 $2R$ 电阻的电流从高位到低位按 2 的整倍数递减。设由基准电压源提供的总电流为 I（$I = V_{REF}/R$），则流过各开关支路（从右到左）的电流分别为 $I/2$、$I/4$、$I/8$ 和 $I/16$。于是可得总电流

$$i_{\sum} = \frac{V_{REF}}{R}\left(\frac{D_0}{2^4} + \frac{D_1}{2^3} + \frac{D_2}{2^2} + \frac{D_3}{2^1}\right) = \frac{V_{REF}}{2^4 \times R}\sum_{i=0}^{3}(D_i \cdot 2^i) \qquad (10 - 1 - 1)$$

输出电压

$$V_0 = -i_{\sum}R_f = -\frac{R_f}{R} \cdot \frac{V_{REF}}{2^4}\sum_{i=0}^{3}(D_i \cdot 2^i) \qquad (10 - 1 - 2)$$

将输入数字量扩展到 n 位，可得 n 位倒 T 形电阻网络 D/A 转换器输出模拟量与输入数字量之间的一般关系式如下：

$$V_0 = -\frac{R_f}{R} \cdot \frac{V_{REF}}{2^n}\left[\sum_{i=0}^{n-1}(D_i \cdot i^i)\right] \qquad (10 - 1 - 3)$$

设 $K = \frac{R_f}{R} \cdot \frac{V_{REF}}{2^n}$，$N_B$ 表示括号中的 n 位二进制数，则：

$$V_O = -KN_B \qquad (10 - 1 - 4)$$

要使 D/A 转换器具有较高的精度，对电路中的参数有以下要求：

(1)基准电压稳定性好；

（2）倒 T 形电阻网络中 R 和 $2R$ 电阻的比值精度要高；

（3）每个模拟开关的开关电压降要相等。为实现电流从高位到低位按 2 的整倍数递减，模拟开关的导通电阻也相应地按 2 的整倍数递增。

由于在倒 T 形电阻网络 D/A 转换器中，各支路电流直接流入运算放大器的输入端，它们之间不存在传输上的时间差。电路的这一特点不仅提高了转换速度，而且也减少了动态过程中输出端可能出现的尖脉冲。它是目前广泛使用的 D/A 转换器中速度较快的一种。常用的 CMOS 开关倒 T 形电阻网络 D/A 转换器的集成电路有 AD7520（10 位）、DAC1210（12 位）和 AK7546（16 位高精度）等。

10.1.3　权电流型 D/A 转换器

尽管倒 T 形电阻网络 D/A 转换器具有较高的转换速度，但由于电路中存在模拟开关电压降，当流过各支路的电流稍有变化时，就会产生转换误差。为进一步提高 D/A 转换器的转换精度，可采用权电流型 D/A 转换器。原理电路如图 10 - 1 - 4 所示。

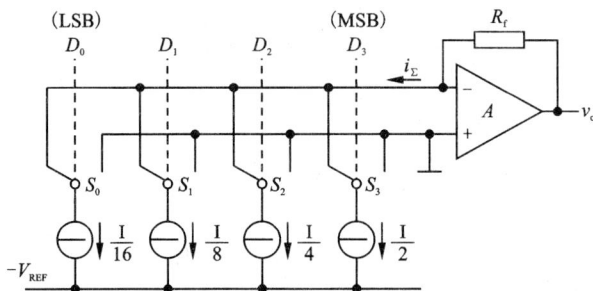

图 10 - 1 - 4　权电流型 D/A 转换器的原理电路

这组恒流源从高位到低位电流的大小依次为 $I/2$、$I/4$、$I/8$、$I/16$。当输入数字量的某一位代码 $D_i = 1$ 时，开关 S_i 接运算放大器的反相输入端，相应的权电流流入求和电路；当 $D_i = 0$ 时，开关 S_i 接地。分析该电路可得出

$$v_0 = -i_\Sigma R_f = R_f \left(\frac{I}{2} D_3 + \frac{I}{4} D_2 + \frac{I}{8} D_1 + \frac{I}{16} D_0 \right)$$

$$= \frac{I}{2^4} \cdot R_f (D_3 \cdot 2^3 + D_2 \cdot 2^2 + D_1 \cdot 2^1 + D_0 \cdot 2^0)$$

$$= \frac{I}{2^4} \cdot R_f \sum_{i=0}^{3} D_i \cdot 2^i \tag{10 - 1 - 5}$$

采用了恒流源电路之后，各支路权电流的大小均不受开关导通电阻和压降的影响，这就降低了对开关电路的要求，提高了转换精度。

10.1.4　D/A 转换器的主要技术指标

1. 转换精度

D/A 转换器的转换精度通常用分辨率和转换误差来描述。

（1）分辨率——D/A 转换器模拟输出电压可能被分离的等级数。

　　输入数字量位数越多，输出电压可分离的等级越多，即分辨率越高。在实际应用中，往往用输入数字量的位数表示 D/A 转换器的分辨率。此外，D/A 转换器也可以用能分辨的最小输出电压(此时输入的数字代码只有最低有效位为 1，其余各位都是 0)与最大输出电压(此时输入的数字代码各有效位全为 1)之比给出。N 位 D/A 转换器的分辨率可表示为 $\dfrac{1}{2^n-1}$。它表示 D/A 转换器在理论上可以达到的精度。

　　(2)转换误差

　　转换误差的来源很多，转换器中各元件参数值的误差，基准电源不够稳定和运算放大器的零漂的影响等。

　　D/A 转换器的绝对误差(或绝对精度)是指输入端加入最大数字量(全 1)时，D/A 转换器的理论值与实际值之差。该误差值应低于 LSB/2。

　　例如，一个 8 位的 D/A 转换器，对应最大数字量(FFH)的模拟理论输出值为 $\dfrac{255}{256}V_{REF}$，$\dfrac{1}{2}LSB=\dfrac{1}{512}V_{REF}$，所以实际值不应超过 $(\dfrac{255}{256}\pm\dfrac{1}{512})V_{REF}$。

　　2. 转换速度

　　(1)建立时间(t_{set})——指输入数字量变化时，输出电压变化到相应稳定电压值所需时间。一般用 D/A 转换器输入的数字量 NB 从全 0 变为全 1 时，输出电压达到规定的误差范围($\pm$LSB/2)时所需时间表示。D/A 转换器的建立时间较快，单片集成 D/A 转换器建立时间最短可达 0.1 μs 以内。

　　(2)转换速率(SR)——大信号工作状态下模拟电压的变化率。

　　3. 温度系数——指在输入不变的情况下，输出模拟电压随温度变化产生的变化量。一般用满刻度输出条件下温度每升高 1℃，输出电压变化的百分数作为温度系数。

10.2　A/D 转换器

10.2.1　A/D 转换的基本步骤

　　A/D 转换的基本步骤如图 10 - 2 - 1 所示。

　　在 A/D 转换器中，因为输入的模拟信号在时间上是连续量，而输出的数字信号代码是离散量，所以进行转换时必须在一系列选定的瞬间(亦即时间坐标轴上的一些规定点上)对输入的模拟信号取样，然后再把这些取样值转换为输出的数字量。因此，一般的 A/D 转换过程是通过取样、保持、量化和编码这四个步骤完成的。

　　1. 取样定理

　　可以证明，为了正确无误地用图 10 - 2 - 2 中所示的取样信号 v_S 表示模拟信号 v_I，必须满足：

$$f_S \geqslant 2f_{imax} \tag{10 - 2 - 1}$$

式中：f_S 取样频率；f_{imax} 为输入信号 v_i 的最高频率分量的频率。

　　在满足取样定理的条件下，可以用一个低通滤波器将信号 v_S 还原为 v_I，这个低通滤波器

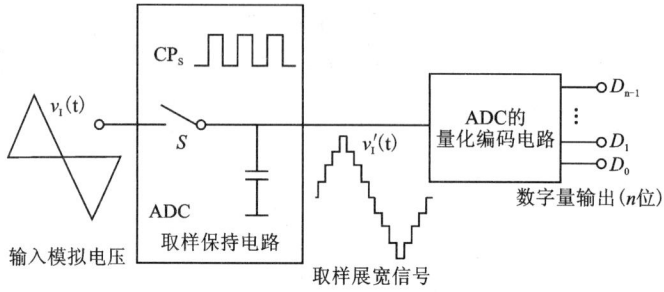

图 10 - 2 - 1   模拟量到数字量的转换过程

的电压传输系数在低于 f_{imax} 的范围内应保持不变,而在 $f_S - f_{imax}$ 以前应迅速下降为零,如图 10 - 2 - 3 所示。因此,取样定理规定了 A/D 转换的频率下限。

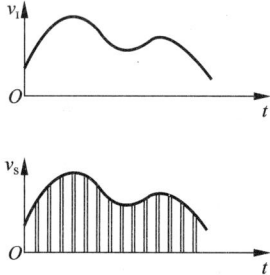

图 10 - 2 - 2   对输入模拟信号的采样

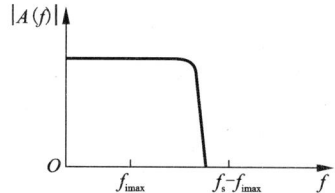

图 10 - 2 - 3   还原取样信号所用滤波器的频率特性

因为每次把取样电压转换为相应的数字量都需要一定的时间,所以在每次取样以后,必须把取样电压保持一段时间。可见,进行 A/D 转换时所用的输入电压,实际上是每次取样结束时的 v_I 值。

2. 取样保持电路

电路组成及工作原理如图 10 - 2 - 4 所示。N 沟道 MOS 管 V 作为取样开关用。

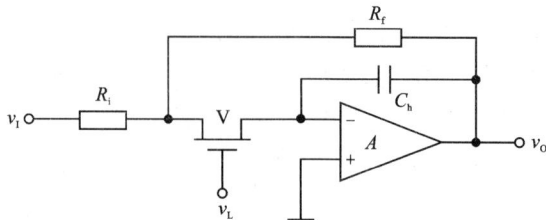

图 10 - 2 - 4   取样保持电路的基本形式

当控制信号 v_L 为高电平时,V 导通,输入信号 v_I 经电阻 R_i 和 V 向电容 C_h 充电。若取 $R_i = R_f$,则充电结束后 $v_O = -v_I = v_C$。

当控制信号返回低电平，V 截止。由于 C_h 无放电回路，所以 v_O 的数值被保存下来。缺点是取样过程中需要通过 R_i 和 V 向 C_h 充电，所以使取样速度受到了限制。同时，R_i 的数值又不允许取得很小，否则会进一步降低取样电路的输入电阻。

3. 量化和编码

我们知道，数字信号不仅在时间上是离散的，而且在数值上的变化也不是连续的。这就是说，任何一个数字量的大小，都是以某个最小数量单位的整倍数来表示的。因此，在用数字量表示取样电压时，也必须把它化成这个最小数量单位的整倍数，这个转化过程就叫做量化。所规定的最小数量单位叫做量化单位，用 Δ 表示。显然，数字信号最低有效位中的 1 表示的数量大小，就等于 Δ。把量化的数值用二进制代码表示，称为编码。这个二进制代码就是 A/D 转换的输出信号。

既然模拟电压是连续的，那么它就不一定能被 Δ 整除，因而不可避免地会引入误差，我们把这种误差称为量化误差。在把模拟信号划分为不同的量化等级时，用不同的划分方法可以得到不同的量化误差。

假定需要把 0 ~ +1 V 的模拟电压信号转换成 3 位二进制代码，这时便可以取 $\Delta = (1/8)$ V，并规定凡数值在 0 ~ (1/8)V 之间的模拟电压都当作 $0 \times \Delta$ 看待，用二进制的 000 表示；凡数值在 (1/8)V ~ (2/8)V 之间的模拟电压都当作 $1 \times \Delta$ 看待，用二进制的 001 表示，等等。如图 10-2-5 所示。不难看出，最大的量化误差可达 Δ，即 (1/8)V。

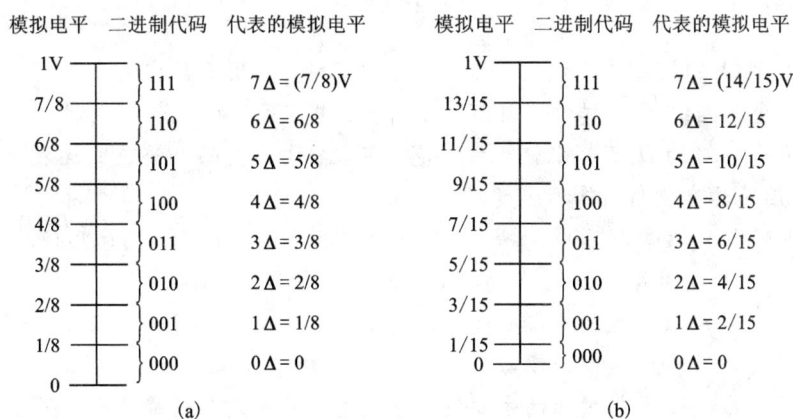

图 10 - 2 - 5　划分量化电平的两种方法

为了减少量化误差，通常采用图 10 - 2 - 5(b) 所示的划分方法，取量化单位 $\Delta = (2/15)$ V，并将 000 代码所对应的模拟电压规定为 0 ~ (1/15)V，即 0 ~ $\Delta/2$。这时，最大量化误差将减少为 $\Delta/2 = (1/15)$ V。这个道理不难理解，因为现在把每个二进制代码所代表的模拟电压值规定为它所对应的模拟电压范围的中点，所以最大的量化误差自然就缩小为 $\Delta/2$ 了。

10.2.2　A/D 转换器的主要技术指标

1. 转换精度

单片集成 A/D 转换器的转换精度是用分辨率和转换误差来描述的。

(1) 分辨率——它说明 A/D 转换器对输入信号的分辨能力。

A/D 转换器的分辨率以输出二进制（或十进制）数的位数表示。从理论上讲，n 位输出的 A/D 转换器能区分 2^n 个不同等级的输入模拟电压，能区分输入电压的最小值为满量程输入的 $1/2^n$。在最大输入电压一定时，输出位数愈多，量化单位愈小，分辨率愈高。例如 A/D 转换器输出为 8 位二进制数，输入信号最大值为 5 V，那么这个转换器应能区分输入信号的最小电压为 19.53 mV。

（2）转换误差——表示 A/D 转换器实际输出的数字量和理论上的输出数字量之间的差别。常用最低有效位的倍数表示。例如给出相对误差 $\leqslant \pm \text{LSB}/2$，这就表明实际输出的数字量和理论上应得到的输出数字量之间的误差小于最低位的半个字。

2. 转换时间

指 A/D 转换器从转换控制信号到来开始，到输出端得到稳定的数字信号所经过的时间。

不同类型的转换器转换速度相差甚远。其中并行比较 A/D 转换器转换速度最高，8 位二进制输出的单片集成 A/D 转换器转换时间可达 50 ns 以内。逐次比较型 A/D 转换器次之，他们多数转换时间在 10～50 μs 之间，也有达几百纳秒的。间接 A/D 转换器的速度最慢，如双积分 A/D 转换器的转换时间大都在几十毫秒至几百毫秒之间。在实际应用中，应从系统数据总的位数、精度要求、输入模拟信号的范围及输入信号极性等方面综合考虑 A/D 转换器的选用。

本章小结

1. A/D 和 D/A 转换器是现代数字系统的重要部件，应用日益广泛。

2. 倒 T 型电阻网络 D/A 转换器具有如下特点：电阻网络阻值仅有两种，即 R 和 $2R$；各 $2R$ 支路电流 I_i 与相应的 D_i 数码状态无关，是一定值；由于支路电流流向运放反相端时不存在传输时间，因而具有较高的转换速度。

3. 在权电流型 D/A 转换器中，由于恒流源电路和高速模拟开关的运用使其具有精度高、转换快的优点，双极型单片集成 D/A 转换器多采用此种类型电路。

4. 不同的 A/D 转换方式具有各自的特点，但是 A/D 转换的基本步骤是一样的，即都要经过取样、保持、量化和编码四个步骤。

5. A/D 转换器和 D/A 转换器的主要技术参数是转换精度和转换速度，在与系统连接后，转换器的这两项指标决定了系统的精度与速度。目前，A/D 与 D/A 转换器的发展趋势是高速度、高分辨率及易于与微型计算机接口，用以满足各个应用领域对信号处理的要求。

复习思考题

10-1　简述倒 T 形电阻网络实现 D/A 转换的基本原理。

10-2　简述 A/D 转换的基本步骤。

10-3　举例说明 D/A 转换器、A/D 转换器在现实生活中的应用情况。

能力训练十一　模/数与数/模转换器的应用与仿真

一、实验目的

加强对 D/A、A/D 转换器的理解，学会使用 D/A、A/D 转换器集成芯片，掌握 D/A 转换电路零点和满度值的调整方法。学会选择基准电压 V_{REF} 方法。

二、实验内容

用 D/A 转换器将数字量转换为模拟量；用 A/D 转换器将模拟量转换为数字量。

三、实验要求

1. 自拟实验电路和实验方案，并画出电路原理图。

2. 写出实验步骤，设计记录数据的表格。

3. 仿真分析实验结果，并绘制转换曲线。

附录1　常用符号一览表

1. 元器件(分立元件)

(1) 器件名称

V　　　　二极管、三极管、晶闸管、场效应管

A　　　　放大器

S　　　　开关

T　　　　变压器

R_P　　　电位器

(2) 器件管脚名称

本书采用小写英文字母表示各管脚名称(个别除外)

b　　　　三极管基极

c　　　　三极管集电极

e　　　　三极管发射极,单结晶体管发射极

g(G)　　场效应管栅极、晶闸管控制极

d(D)　　场效应管漏极

s(S)　　场效应管源极

a　　　　晶闸管阳极

k　　　　晶闸管阴极

b_1、b_2　单结管第一基极、第二基极

2. 电压与电流

(1) 电源电压

① 符号规定

大写的英文字母 U,下角标采用大写的英文字母,并双写该字母。

② 符号

U_{BB}　　晶体三极管基极电源电压、单结晶体管的电源电压

U_{CC}　　晶体三极管集电极电源电压

U_{EE}　　晶体三极管发射极电源电压

U_{GG}　　场效应管栅极电源电压、晶闸管控制极电源电压

U_{DD}　　场效应管漏极电源电压

U_{AA}　　晶闸管阳极电源电压

(2) 电压与电流

①符号规定

英文小写字母符号 $u(i)$,其下标若为英文小写字母,则表示交流电压(电流)瞬时值(例如,u_o 表示输出交流电压瞬时值)。

英文小写字母符号 $u(i)$,其下标若为英文大写字母,则表示含有直流的电压(电流)瞬时

值(例如,u_0表示含有直流的输出电压瞬时值)。

英文大写字母符号 $U(I)$,其下标若为英文小写字母,则表示正弦电压(电流)有效值或幅值(例如,U_o表示输出正弦电压有效值)。

英文大写字母符号 $U(I)$,其下标若为英文大写字母,则表示直流电压(直流)(例如,U_0表示输出直流电压)。

若在英文大写字母符号 $U(I)$ 之前加符号"Δ",则表示直流电压(电流)的变化量。

②符号使用

U_B、U_C、U_E	基极、集电极、发射极的直流电压
U_{BE}	三极管基射极间的直流电压
$U_{(BR)CEO}$	基极开路时三极管集射极间的反向击穿电压
$U_{(BR)EBO}$	集电极开路时三极管射基极间的击穿电压
u_i	交流输入电压
u_o	交流输出电压
U_{CE}	三极管集射极间直流电压
U_{CES}	三极管的集射极间饱和压降
u_s	信号源电压
i_B	基极含有直流成分的瞬时电流
i_C	集电极含有直流成分的瞬时电流
i_E	发射极含有直流成分的瞬时电流
i_b	基极交流电流
i_c	集电极交流电流
i_e	发射极交流电流
I_{BQ}、I_{CQ}、I_{EQ}	基极、集电极、发射极的静态工作电流
I_{BS}	临界基极饱和电流
I_{CS}	临界集电极饱和电流
I_{CBO}	发射极开路时的集基极间的反向饱和电流
I_{CEO}	基极开路时的集射极间的穿透电流
I_{CM}	集电极最大允许电流
$I_{GS(th)}$	场效应管开启电压
$U_{GS(off)}$	场效应管夹断电压
U_{GS}	场效应管栅源间直流电压
U_{gs}	栅源间的交流电压
I_D	漏极直流电流
U_{DS}	漏源间直流电压
U_{ds}	漏源间的交流电压
I_A	流过晶闸管阳极的直流电流
i_a	流过晶闸管阳极的交流电流
U_{GK}	晶闸管控制极至阴极间的直流电压
u_f	反馈电压

u_{id}	差模输入电压，净输入电压
u_{ic}	共模信号电压
U_+、I_+	运放同相端的输入电压、输入电流
U_-、I_-	运放反相端的输入电压、输入电流
U_Z、I_Z	稳压管的稳定电压、稳定电流
I_F	最大整流电流
U_{RM}	最大反向工作电压
I_R	二极管的反向电流
f_M	二极管的最高工作频率
U_{REF}	电压比较器的参考电压
U_{TH}	阈值电压或门限电压
U_{TH}、U_{TL}	上门限电压、下门限电压
ΔU_{TH}	回差电压
u_{FM}	调频信号电压
u_{AM}	调幅信号电压
u_{PM}	调相信号电压
u_{DSB}	双边带调幅信号电压
u_{SSB}	单边带调幅信号电压
u_Ω	调制信号电压
u_C	载波电压

3. 功率

P_{CM}	集电极最大耗散功率
P_{DC}	直流电源提供的功率
P_C	二极管耗散功率
P_O	输出功率
P_{Omax}	最大输出功率

4. 电阻、电容、电感

R_b	基极偏置电阻
R_c	集电极电阻
R_e	发射极电阻
R_L	负载电阻
r_i	输入交流电阻
r_{be}	基射极间的输入电阻
r_o	输出交流电阻
r_s	信号源内阻
r_{id}	差模输入电阻
r_{od}	差模输出电阻
r_{if}	具有反馈时的输入电阻
R_{of}	具有反馈时的输出电阻

R_G	场效应管的栅极电阻
R_g	场效应管的漏极电阻
R_s	场效应管的源极电阻
C	电容
L	电感

5. 频率参数

r_H	放大电路的上限截止频率
r_L	放大电路的下限截止频率
BW	通频带
f_0	振荡频率
ω_0	谐振角频率
f_{Hf}	具有反馈时的上限截止频率
f_{Lf}	具有反馈时的下限截止频率
f_s	晶体的串联谐振频率
f_p	晶体的并联谐振频率

6. 性能参数

$\bar{\beta}$	三极管直流电流放大倍数
β	三极管交流电流放大倍数
A_u	交流电压放大倍数
A_{us}	源电压放大倍数
A_i	电流放大倍数
g_m	场效应管低频跨导
η	效率
A_{ud}	差模电压放大倍数
A_{uc}	共模电压放大倍数
K_{CMR}	共模抑制比
A	开环放大倍数
A_{uf}	闭环电压放大倍数
γ	稳压系数
s	纹波电压
δ	占空比
S_T	温度系数
φ_A	放大电路的相位移
φ_B	反馈网络的相位移

附录 2 常用名词术语英汉对照表

1. 低频电子线路　　　　　low frequency electronic circuits
2. 高频电子线路　　　　　high frequency electronic circuits
3. 模拟电子线路　　　　　analogue electronic circuits
4. 数字电路　　　　　　　digital circuits
5. 电力电子　　　　　　　power electronic
6. 无线电技术基础　　　　fundamentals of radio technology
7. 电路基础　　　　　　　fundamentals of electronic circuits
8. 电路 CAD　　　　　　　CAD in electronic
9. 微机原理　　　　　　　microcomputer systems
10. 传感技术　　　　　　　sensor-based technology
11. 信号与系统　　　　　　signals and systems
12. 通信原理　　　　　　　communication principle
13. 移动通信　　　　　　　mobile communication
14. 光纤通信　　　　　　　fiber optic communication
15. 卫星通信　　　　　　　satellite communication
16. 数字通信　　　　　　　digital communication
17. 通信终端设备　　　　　terminal units of communication
18. 电子测量　　　　　　　measurement and instrumentation
19. 专业英语　　　　　　　professional English
20. 电磁场和电磁波　　　　electromagnetic field and electromagnetic wave
21. 计算机应用基础　　　　basis of computer application
22. 电视原理　　　　　　　television principles
23. 彩色电视机原理　　　　color television principles
24. 音像技术　　　　　　　technology of audio – visuals
25. 接口技术　　　　　　　computer interfacing
26. C 语言　　　　　　　　computing in C Language
27. 单片机原理　　　　　　single-chip computer systems
28. 计算机网络　　　　　　computer network
29. 网络与通信　　　　　　network and communications
30. 办公自动化设备　　　　OA equipment
31. 多媒体技术　　　　　　multimedia technology
32. 电阻　　　　　　　　　resistor
33. 电解电容　　　　　　　electrolytic capacitor
34. 电容　　　　　　　　　capacitor

35.	电感	inductor
36.	运算放大器	operational amplifier
37.	直流电压器	DC voltage source
38.	直流电流器	DC current source
39.	交流电压器	AC voltage source
40.	交流电流器	AC current source
41.	三极管	transistor
42.	二极管	diode
43.	发光二极管	LED（light－emitting diode）
44.	稳压二极管	zener diode
45.	与门	AND
46.	或门	OR
47.	非门	NOT
48.	与非门	NOAND
49.	或非门	NOR
50.	与或非门	AND－OR－NOT
51.	异或门	EOR
52.	同或门	XOR
53.	二进制数	Binary number
54.	二－十进制码	Binary-decimal-code（BCD）
55.	十进制数	Decimal number
56.	八进制数	Octal number
57.	十六进制数	Hexdecimal number
58.	正逻辑	Positive logic
59.	负逻辑	Negative logic
60.	上升沿	Rise edge
61.	下降沿	Fall edge
62.	电平触发	Level triggered
63.	边沿触发	Edge triggered
64.	开关特性	Switching characteristics
65.	开关时间	Switching time
66.	开启电压	Threshold voltage
67.	地	ground
68.	时钟	Clock
69.	脉冲	Pulse
70.	延迟	Delay
71.	复位	Reset
72.	同步	Synchronous
73.	异步	Asynchronous

74. 集成电路	Integrated circuit (IC)
75. 组合逻辑电路	Combinational logic circuit
76. 时序逻辑电路	Sequential logic circuit
77. 奇偶校验	Parity check
78. 存储器	Memory
79. 只读存储器	Read-only memory (ROM)
80. 随机存取存储器	Random access memory (RAM)
81. 触发器	flip-flop
82. 锁存器	latch
83. 反相器	Inverter
84. 计数器	Counter
85. 分频器	Frequency devider
86. 比较器	Comparator
87. 加法器	Adder
88. 半加器	Half Adder
89. 全加器	Full Adder
90. 串行进位加法器	Serial carry Adder
91. 译码器	Decoder
92. 编码器	Encoder
93. 寄存器	Register
94. 寄存器	Shift Register
95. 数据选择器	Multiplexer
96. 数据分配器	Data distributor/ Demultiplexer
97. 七段显示器	Seven-segment display
98. 七段译码器/驱动器	Seven-segment decoder/driver
99. 多谐振荡器	Multivibrator
100. 数/模转换器	Digital to Analog converter (ADC)
101. 模/数转换器	Analog to Digital converter (DAC)

参考答案

上篇

第4章

4-3　(a) 1 V　　-3 V　　-15 V　　(b) 7 V　　5 V　　0 V

4-4　2 V　　4 V　　$U_{AB} = -2$ V

4-5　5 V　　0.2 A

4-6　25 W　　9×10^4 J　　0.025 度

4-7　0.5 W　吸　　5 W　吸　　10W　发

4-8　$U_1 = 18$ V　　$U_2 = 6$ V　　$P_R = 18$ W　　$P_{US} = 36$ W　　$P_{IS} = -54$ W

4-9　1 A　　99 V　　0 A　　100 V　　100 A　　0 V

4-10　$P_L = 99$W　　$P_E = 100$ W　　$P_L = 0$　　$P_E = 0$　　$P_L = 0$　　$P_E = 10$ kW。

4-11　40 Ω　　1.6 W

4-13　0.8 A

4-14　7.2 V

4-16　(a) -5 A　　(b) +9 A　　-3 A

4-17　10 V　　6 V　　4 A

4-18　-6 V　　4 V

第5章

5-1　0 Ω　　8 W

5-3　96 Ω　　400 Ω　　600 Ω

5-4　(a) 12 Ω　　(b)6 Ω

5-5　$I_1 = 3$ A　　$I_2 = -1$ A　　$I_3 = 2$ A

5-6　$I_1 = 2$ A　　$I_2 = 3$ A

5-7　9 A

5-8　1.8 A

第6章

6-1　(1) 12 mA　　1.00 ms　　10^3 Hz　　6.28×10^3 rad/s　　π/5　　(2) $12\sin(6.28 \times 10^3 t + \pi/5)$ mA

6-2　(1) $\dot{U}_m = 10\sqrt{2} \angle 0°$ V　　(2) $\dot{I}_m = 5 \angle 120°$ A

6-3　220 V　　$311\sin(314t - 60°)$

6-4　(1) $\dot{I}_1 = \sqrt{2} \angle -27°$ A　　$\dot{I}_2 = 1.5\sqrt{2} \angle 45°$ A　　(2) $\dot{U}_1 = 50\sqrt{2} \angle 135°$ V　　$\dot{U}_2 = 125\sqrt{2} \angle 0°$ V

6-7　$Z_1 = 4.54 \angle 10° \Omega$　　$Z_2 = 10 \angle -53° \Omega$

6-8　3A　　3A

6 – 9　$u_R(t) = 100\sin314t\,V$　$U_L(t) = 31.4\sin(314t+90°)\,V$　$u_C(t) = 318\sin(314t-90°)\,V$

6 – 11　(1) $R = 1.24\ k\Omega$　$X = 0.32\ k\Omega$　(2) $R = 10\ \Omega$　$X = 10\sqrt{3}\,\Omega$　(3) $R = 0$　$X = 20\ \Omega$

6 – 15　$U_R = U_L = U_C = U = 10\ V$　$|Z| = 10\ \Omega$

6 – 16　$I = 4.4\ A$　$I_1 = 2.83\ A$

6 – 18　$R = 10\ \Omega$　$X_C = 80\ \Omega$

6 – 20　40 V

6 – 22　$R = 100\ \Omega$　$L = 0.067H$　$C = 1.67\mu$

第 7 章

7 – 6　220 V　22 A　22 A　11.58 kW

7 – 7　380 V　38 A　66 A　34.7 kW

7 – 8　$I_L = I_P = 38\ A$

7 – 9　(1)22 A　11 A　7.3 A　(2)22 A　11 A　220 V　(3)7.6 A　152 V　228 V

7 – 10　9.09 A　49.32 kW

第 8 章

8 – 8　(1)4.65 kW　(2)8.31 A　14.4 A　(3)26.3 N/m

8 – 9　228 V　不能

8 – 10　(1)3.03 A　45.45 A　(2)250 盏

8 – 11　0.088 W

8 – 12　(1)26.1　8.3 A　217 A　(2)40.6 kW

第 9 章

（略）

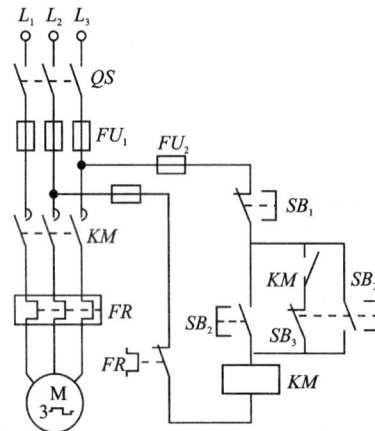

第 10 章

10 – 2　短路保护，过载保护，欠压和失压保护

10 – 3　将一个接触器的辅助常闭触点串联在另一个接触器线圈的电路中，使两个接触器相互制约的控制称为互锁控制

10 - 4　不能

(1)短路保护,常用熔断器和自动空气断路器。

(2)过载保护,常用热继电器。

(3)欠压保护,常用接触器和电磁式继电器。

(4)零压保护,常用接触器和中间继电器。

下篇

第 3 章

3 - 6　$U_i = 0.105$ V　　$U_f = 0.1$ V　　$U_{id} = 0.005$ V

3 - 7　$A_u = 1000$　　F = 0.1

3 - 8　$u_o = 5$ V

3 - 9　$R_f = 50$ kΩ　　$R_2 = 14.3$ kΩ

3 - 10　1.1 V

3 - 11　$u_o = -4$V

3 - 12　(a)$u_o = -4u_{i1} - 2u_{i2}$　　(b)$u_o = -0.5u_{i1} - 1.5u_{i2} + 3u_{i3}$

3 - 15　$|A_u| = 2.83$　　$\varphi = -45°$

3 - 20　690 Hz

第 4 章

4 - 1

解:

(1)图为完整的整流、滤波、稳压电路。其中的串联式稳压电路包含:调整管、基准电压、取样环节、放大环节四部分。它们分别由下列元器件构成:

① 调整管由三极管 T_1 构成。

② 基准电压由电阻 R 和稳压管组成。

③ 取样环节由电阻 R_1、R_2 和电位器 R_W 组成。

④ 放大环节由三极管 T_2 和电阻 R_{C2} 组成。

(2)当 R_W 的滑动端在最下端时,有:

$$U_o \frac{R_2}{R_1 + R_W + R_2} = U_Z + U_{BE2}$$

因此,可得:

$$R_W = \frac{U_o R_2}{U_Z + U_{BE2}} - R_1 - R_2 = \frac{15 \times 200}{5.3 + 0.7} - 200 - 200 = 100$$

(3)若 R_W 的滑动端移至最上端时,可得:

$$U_o = (U_Z + U_{BE2}) \frac{R_1 + R_W + R_2}{R_W + R_2} = (5.3 + 0.7) \frac{200 + 100 + 200}{200 + 100} = 10(V)$$

4 - 2

解:

图示电路由桥式整流、电容滤波、串联式稳压电路组成。

(1)电容滤波电路的电压平均值: $U_A = 1.2U_2 = 1.2 \times 20 = 24$ V

基准电压 U_C 与取样电压 U_D 相等：$U_C = U_D = U_Z = 6$ V

输出电压由基准电压和取样电路决定：$U_B = U_0 = 6 \times \dfrac{300 + 300 + 300}{300 + \dfrac{1}{2} \times 300} = 2$（V）

U_E 与 U_B 相差 $2U_{BE}$：

$U_E = U_B + 2U_{BE} = 12 + 2 \times 0.7 = 13.4$（V）

$U_{CE1} = U_A - U_B = 24 - 12 = 12$（V）

（2）当电位器 R_W 调到最下端时，有：

$$U_{OMAX} = U_Z \frac{R_1 + R_W + R_2}{R_2} = 6 \frac{300 + 300 + 300}{300} = 18（V）$$

当电位器 R_W 调到最上端时，有：

$$U_{OMIN} = U_Z \frac{R_1 + R_W + R_2}{R_W + R_2} = 6 \frac{300 + 300 + 300}{300 + 300} = 9（V）$$

输出电压的调节范围：$9 \sim 18$（V）

4 – 3

解：

$$U_0 = U_{REF} \frac{R_1 + R_2}{R_1}$$

（1）

当电位器 R_2 调到最上端时，有：

$$U_{OMIN} = U_{REF} = 1.25 \text{ V}$$

当电位器 R_2 调到最下端时，有：

$$U_{OMAX} = U_{REF} \frac{R_1 + R_2}{R_1} = 1.25 \frac{0.24 + 1.8}{0.24} \approx 10.6（V）$$

（2）为了防止电路产生自激振荡，应当在输出端对地接一个电容 C。接上 C 后，如果输入端出现短路，电容 C 上存储的电荷将会产生很大的电流反向流入稳压器，并使之损坏。因此，必须接入二极管 D_1 进行保护。电容 C_2 的作用是减小电阻 R_2 上的电压波动。但在输入端短路时，电容 C_2 上存储的电荷也会产生很大的电流反向流入稳压器并使之损坏。必须接入二极管 D_2 进行保护。

9 – 7 1. A   2. A B C   3. B D   4. D   5. C   6. C   7. A   8. A   9. D   10. C

9 – 8 1 – 5 √   √   √   6 – 10 √   √

参考文献

[1] 蔡元宇. 电路及磁路. 北京：高等教育出版社，1991
[2] 邱关源. 电路. 北京：高等教育出版社，1995
[3] 秦曾煌. 电工学. 北京：高等教育出版社，2003
[4] 刘连青. 电工与电子技术基础. 北京：电子工业出版社，2003
[5] 刘子林. 电机与电气控制. 北京：电子工业出版社，2003
[6] 丁卫民. 电工学与工业电子学. 北京：机械工业出版社，2002
[7] 陈小虎. 电工电子技术. 北京：高等教育出版社，2000
[8] 赵承荻. 电机与电气控制技术. 北京：高等教育出版社，2002
[9] 黄净. 电气控制与可编程序控制器. 北京：机械工业出版社，2004
[10] 甄贵章. 机电控制技术. 北京：农业出版社，2004
[11] 王少华. 电工电子技术基础. 长沙：中南大学出版社，2005
[12] 康华光. 电子技术基础（模拟部分）. 北京：高等教育出版社，1999
[13] 李源生. 电工电子技术. 北京：清华大学出版社，2004
[14] 陈新龙，胡国庆. 电工电子技术基本教程. 北京：清华大学出版社，2006
[15] 华成英. 模拟电子技术基础教程. 北京：清华大学出版社，2006
[16] 张立生，危水根. 电路与模拟电子技术. 北京：清华大学出版社，2006
[17] 胡宴如. 模拟电子技术. 北京：高等教育出版社，2000
[18] 付植桐. 电子技术. 北京：高等教育出版社，2004
[19] 张龙兴. 电子技术基础. 北京：高等教育出版社，2003

图书在版编目（ＣＩＰ）数据

电工电子技术基础 / 王少华, 陶炎焱主编. --长沙：
中南大学出版社，2007.8

ISBN 978 - 7 - 81105 - 540 - 5

Ⅰ. 电… Ⅱ.①王…②陶… Ⅲ.①电工电子②电子技术
Ⅳ. TM TN

中国版本图书馆 CIP 数据核字(2007)第 115245 号

电工电子技术基础

主编　王少华　陶炎焱

□责任编辑	陈应征		
□责任印制	易红卫		
□出版发行	中南大学出版社		
	社址：长沙市麓山南路		邮编：410083
	发行科电话：0731 - 8876770		传真：0731 - 8710482
□印　　装	长沙市宏发印刷有限公司		

□开　　本	787×1092　1/16	□印张 23.5	□字数 590 千字		
□版　　次	2007 年 7 月第 1 版	□2019 年 1 月第 6 次印刷			
□书　　号	ISBN 978 - 7 - 81105 - 540 - 5				
□定　　价	48.00 元